"十二五"国家重点图书出版规划项目
21世纪新能源丛书

绿色二次电池的材料表征
和电极过程机理

杨传铮　娄豫皖　张　建　谢晓华　夏保佳　著

本书由上海杉杉科技有限公司、
国家自然科学基金项目(51277173,21303245)资助出版

科 学 出 版 社

北 京

内 容 简 介

本书详细介绍中国科学院上海微系统与信息技术研究所新能源技术中心电池(化学电源)课题组利用 X 射线等实验方法研究氢镍和锂离子两类绿色电池活性材料晶体结构、精细结构和微结构及其在电池活化、充放电、循环寿命实验和储存等电极过程中的变化规律,并把这些变化与电池性能紧密联系起来,揭示这类化学电源体系中的化学物理现象,提出和阐明这类绿色电池充放电过程导电的脱嵌理论以及在其他各种电极过程(如循环、储存)中的物理机理。全书分六部分,共 22 章。第一部分(第 1、2 章),介绍主要实验方法和衍射数据处理的主要方法;第二部分(第 3~8 章)是活性材料的 X 射线表征;有关电池活化和充放电过程归入第三部分(第 9~12 章),描述了三类电池充放电过程的脱嵌理论和导电机理;第四部分(第 13~17 章)是三类电池循环寿命实验的电极过程机理;关于电池储存过程机理归入第五部分(第 18~20 章);第六部分(第 21、22 章)从实际应用和理论两个方面对全书进行总结。

本书可供电池活性材料研制、生产以及电池研制、开发和生产单位的工程技术人员阅读和参考,也可供高等院校和研究院所有关化学化工、电化学、精细化工、化学电源等专业的教师、研究人员以及本科高年级学生、硕士、博士研究生查阅和参考。

图书在版编目(CIP)数据

绿色二次电池的材料表征和电极过程机理/杨传铮等著 . —北京:科学出版社,2016.2
(21 世纪新能源丛书)
"十二五"国家重点图书出版规划项目
ISBN 978-7-03-047239-7

Ⅰ.①绿… Ⅱ.①杨… Ⅲ.①蓄电池-无污染技术-电极-电化学反应-研究 Ⅳ.①TM912

中国版本图书馆 CIP 数据核字(2016)第 018078 号

责任编辑:刘凤娟 / 责任校对:邹慧卿
责任印制:张 倩 / 封面设计:耕 者

科学出版社 出版
北京东黄城根北街 16 号
邮政编码:100717
http://www.sciencep.com

北京市通州皇家印刷厂 印刷
科学出版社发行 各地新华书店经销
*
2015 年 12 月第 一 版 开本:720×1000 1/16
2015 年 12 月第一次印刷 印张:27
字数:560 000
定价:159.00 元
(如有印装质量问题,我社负责调换)

作 者 简 介

杨传铮，男，出生于 1939 年 8 月，湖南省新晃县人，侗族，教授。

1963 年 6 月毕业于上海科学技术大学金属物理专业。1963.7～1988.9 在中国科学院上海冶金研究所从事材料物理和 X 射线衍射以及电子显微镜应用方面的研究。1988.10～1993.5 先后应美国 EXXON 研究与工程公司和美国 Biosym 技术有限公司邀请，在美国长岛 Brookhaven 国家实验室（BNL）从事材料的同步辐射和中子衍射散射合作研究。1993.6～1999.8 在上海大学物理系任教，退休。

先后为研究生开设"材料 X 射线分析"、"激光光谱学"、"Introduction to Laser Spectroscopy"（为外国留学生）、"物质结构研究的理论与方法"、"同步辐射应用基础"和"应用物理前沿系列讲座"等课程。先后在各种期刊上发表相关论文 60 多篇。"材料科学中的晶体结构和缺陷的 X 射线研究"获 1982 年国家自然科学四等奖（排名第二），"遥控式 X 射线照相机"获 1984 年上海市重大科研成果三等奖（排名第一）。著有：《物相衍射分析》（冶金工业出版社，1989）；《晶体的射线衍射基础》（南京大学出版社，1992）。

曾任中国物理学会 X 射线专业委员会第一届委员（1982～1998）兼秘书长（1982～1986），上海市物理学会 X 射线专业委员会第一届委员兼秘书长（1982～1992），上海市金属学会理事兼材料专业委员会副主任。现任上海市物理学会 X 射线和同步辐射专业委员会资深委员。

2003.3～2011.10 应中国科学院上海微系统与信息技术（原冶金）研究所之聘，在纳米材料和电池活性材料及电极过程等方面进行大量研究，发表论文 50 多篇，获 4 项发明专利。著有《同步辐射 X 射线应用技术基础》（上海科技出版社，2009）；《纳米材料的 X 射线分析》（化学工业出版社，2010）；《材料的射线衍射和散射分析》（高等教育出版社，2010）；《X 射线衍射技术及其应用》（华东理工大学出版社，2010）；《中子衍射技术及其应用》（科学出版社，2012）；《内应力衍射分析》（科学出版社，2013）；《科研征途辛乐行记》（上海大学出版社，2015）。

娄豫皖，女，博士，研究员，出生于 1971 年 7 月，河南省新乡市人。上海市新能源汽车检测产业技术创新战略联盟技术专家。

1989.9～1993.7，哈尔滨工业大学应用化学系获学士学位；1999.6～2002.10，河南师范大学应用化学系获硕士学位；2003～2007，中国科学院上海微系统与信息技术研究所获博士学位。

1993.7～2002.2，国营第七五五厂，助理工程师、工程师；2002.3～2014.8，中国科学院上海微系统与信息技术研究所，工程师、副研究员、研究员；2008.8～2010.8，上海国际汽车城博士后创新实践基地，博士后。

1993 年起从事化学电源及相关材料的研究，累计参加省部级以上项目 20 余项，主持 10 项。在国内外期刊上发表论文 30 余篇，专利 20 余项，具有较好的产学研相结合的经验。2012 年获上海市技术发明三等奖（排名第二）。

张建，男，副研究员，出生于 1977 年 11 月，福建省闽侯县人。

1997.9～2001.7，哈尔滨工业大学应用化学系获学士学位；2002.9～2004.7，哈尔滨工业大学应用化学系获硕士学位。

2004.8 至今，中国科学院上海微系统与信息技术研究所研究实习员、助理研究员。

2004 年起从事锂离子电池及其材料的研究，累计参加省部级以上项目 20 余项，主持 6 项，在国内外期刊上发表论文 20 余篇，申请发明专利 10 余项。在锂离子电池材料的合成、结构和性能表征、电池的设计和制作等方面具有较好的基础，并具有较好的产学研相结合的经验。

谢晓华，女，博士，副研究员，出生于 1979 年 7 月，辽宁省海城市人。

1997.9～2001.7，哈尔滨工程大学化学工程系获学士学位；2001.9～2004.3，哈尔滨工程大学化工学院获硕士学位；2004.9～2008.6，中国科学院上海微系统与信息技术研究所获博士学位。

2008.7 至今，中国科学院上海微系统与信息技术研究所，助理研究员、副研究员。

2001 年起从事锂离子电池及相关材料的研究，累计参加省部级以上项目 10 余项，主持 5 项。在国内外期刊共发表论文 30 余篇，申请发明专利 13 项，其中授权 4 项。

夏保佳，男，研究员，博士生导师，课题组负责人，出生于 1961 年 9 月，江苏省泰州市人。中国碱性蓄电池标委会委员、电化学委员会委员，化学与物理电源协会理事，固态离子学会理事，国家科技奖评审专家，上海市化学化工学会理事、电池组组长、纳米技术及应用国家工程中心客座教授。

1982.9～1986.7，哈尔滨工业大学应用化学系获学士学位；1986.9～1989.7，哈尔滨工业大学应用化学系获硕士学位；1989 年哈尔滨工业大学应用化学系硕士毕业后留校任教，主讲"化学电源"和"电化学工程进展"等课程，并从事铝-空气电池组和镍氢电池的研究。1995.9～1999.7，哈尔滨工业大学应用化学系获博士学位；1999.12～2001.12，中国科学院上海微系统与信息技术研究所博士后，2002 年博士后出站留所以来，一直担任中国科学院知识创新工程的项目负责人，先后任能源室常务副主任、人教处处长、能源室主任和所长助理。

主要从事动力和储能电池及其材料的应用基础和关键技术方面的研究和产业化，主持完成近 20 项国家和省部级项目。曾获上海市技术发明三等奖（排名第一）、航天部科技进步三等奖（排名第三）、黑龙江省教委二等奖、中国科学院优秀教师和嘉定区科技进步二等奖，并入选上海市优秀学科带头人、张江高新区突出贡献个人和嘉定区领军人才。近十年，发表论文 160 多篇，获得发明专利授权 28 项，培养研究生 20 余名。

《21世纪新能源丛书》序

物质、能量和信息是现代社会赖以存在的三大支柱。很难想象没有能源的世界是什么样子。每一次能源领域的重大变革都带来人类生产、生活方式的革命性变化，甚至影响着世界政治和意识形态的格局。当前，我们又处在能源生产和消费方式发生革命的时代。

从人类利用能源和动力发展的历史看，古代人类几乎完全依靠可再生能源，人工或简单机械已经能够适应农耕社会的需要。近代以来，蒸汽机的发明唤起了第一次工业革命，而能源则是以煤为主的化石能源。这之后，又出现了电和电网，从小规模的发电技术到大规模的电网，支撑了与大工业生产相适应的大规模能源使用。石油、天然气在内燃机、柴油机中的广泛使用，奠定了现代交通基础，也把另一个重要的化石能源引入了人类社会；燃气轮机的技术进步使飞机突破声障，进入了超声速航行的时代，进而开始了航空航天的新纪元。这些能源的利用和能源技术的发展，进一步适应了高度集中生产的需要。

但是化石能源的过度使用，将造成严重环境污染，而且化石能源资源终将枯竭。这就严重地威胁着人类的生存和发展，人类必然再一次使用以可再生能源为主的新能源。这预示着人类必将再次步入可再生能源时代——一个与过去完全不同的建立在当代高新技术基础上创新发展起来的崭新可再生能源时代。一方面，要满足大规模集中使用的需求；另一方面，由于可再生能源的特点，同时为了提高能源利用率，还必须大力发展分布式能源系统。这种能源系统使用的是多种新能源，采用高效、洁净的动力装置，用微电网和智能电网连接。这个时代，按照里夫金《第三次工业革命》的说法，是分布式利用可再生能源的时代，它把能源技术与信息技术紧密结合，甚至可以通过一条管道来同时输送一次能源、电能和各种信息网络。

为了反映我国新能源领域的最高科研水平及最新研究成果，为我国能源科学技术的发展和人才培养提供必要的资源支撑，中国工程热物理学会联合科学出版社共同策划出版了这套《21世纪新能源丛书》。丛书邀请了一批工作在新能源科研一线的专家及学者，为读者展现国内外相关科研方向的最高水平，并力求在太阳能热利用、光伏、风能、氢能、海洋能、地热、生物质能和核能等新能源领域，反映我国当前的科研成果、产业成就及国家相关政策，展望我国新能源领域未来发展的趋势。本丛书可以为我国在新能源领域从事科研、教学和学习的学者、教师、研究生提供实用系统的参考资料，也可为从事新能源相关行业的企业管理者和技术人员提供有益的帮助。

中国科学院院士

2013 年 6 月

Characterization of Materials and Mechanisms of Electrode Processes for Green Secondary Battery

C. Z. Yang, Y. W. Lou, J. Zhang, X. H. Xie and B. J. Xia

Beijing: Press of Science

2015. 9

Content synopsis

Characterization of Materials and Mechanisms of Electrode Processes for Green Secondary Battery have detail introduced that workers research the crystal structure, fine structure and micro-structure of electrode active materials, as well as their change law during activation, charge-discharge, cycling and storage process for two kinds of green secondary batteries of hydrogen-nickel and Li-ion batteries by mean of methods of X-ray diffraction et al. These change law of the structures have been contacted close together with battery performance. The chemical physics phenomena in these systems of chemical electric source have been revealed. The intercalation-de-intercalation theory of ion conductive electricity and the mechanism of each electrode process (cycling, storage) for the green secondary battery have been provide and clarified.

Whole book has been included six parts and 22 chapters. The first part (Chapters 1 and 2) introduces the applied main methods of experimental and treating diffraction data. The second part (Chapters 3~8) are the X-ray characterization of electrode active materials, which includes β-Ni(OH)$_2$, storage hydrogen alloy of AB$_5$ type, LiMeO$_2$, LiFePO$_4$ and 2-H graphite. On battery activation, charge-discharge process has been included in the third part (Chapters 9~12). The fourth (Chapters 13~17) and fifth (Chapters 18~20) parts respectively described mechanisms of electrode process and of properties decay during cycling life-span test and storage process for three kinds of battery. The sixth part is the sum of whole book. The 21st chapter has introduced several methods and theirs action mechanism for raising performance of green secondary battery. The intercalation-deintercalation behaviour of conductive ion in active materials, ion conduction mechanism, the causes of intercalation-deintercalation stress et al have been described in the 22nd chapter.

前　言

化学电源,简称电池,是一种通过化学反应直接将化学能转变为电能的装置,氢镍(MH/Ni)电池和锂离子电池是最重要的两种化学电源,而且无环境污染,故被称为绿色二次电池,已得到十分广泛的应用,并将成为新能源和混合动力汽车的动力电池。

通过物理变化直接把光能、热能转换为电能的装置称为物理电源,如半导体太阳能电池、同位素温差电池等。核电池也属于物理电源。

化学电源在实现化学能直接转换成电能的过程中,必须具备两个必要条件:

(1) 必须把化学反应中失去电子(氧化)过程和得到电子(还原)过程分隔在正、负两个电极上进行,因此它与一般的氧化还原反应不同;

(2) 两个电极分别发生氧化反应和还原反应时,电子必须通过外电路做功,因此它与电化学腐蚀的微电池效应不同。

国内已出版了一些相关的书,有代表性的如下:

唐有根.氢镍电池.北京:化学工业出版社,2007.

陈军,陶占良.氢镍二次电池.北京:化学工业出版社,2006.

其鲁.电动汽车用锂离子二次电池(第 2 版).北京:科学出版社,2013.

吴宇平,袁翔,董超,等.锂离子电池——应用与实践(第 2 版).北京:化学工业出版社,2012.

李国欣.新型化学电源技术概论.上海:上海科学技术出版社,2007.

这些书籍介绍电池的基本原理、结构、特性、应用、发展现状和趋势,以及相关材料制备、性能和电解液等方面,基本未涉及 X 射线衍射问题。本书介绍 X 射线衍射在电池活性材料表征和电极过程机理方面的研究成果,是材料物理学、X 射线分析专家与电化学、化学电源专家紧密合作的成果,是学科交叉的重要成果。

本书对化学电源这种化学体系中的电极(如活化、充放电以及循环、储存等)过程中存在的物理现象、工作的物理机理进行研究,不仅具有理论学术意义,还具有实际意义。

研究“电池电极过程机理”必须从组成电池的正负极活性材料、隔膜以及电解液在电极(化学)过程的变化规律入手,特别要着重研究正负极活性材料的晶体结构、精细结构和微结构在电极(化学)过程的变化及变化规律,并把这些结构变化的规律与电池性能的变化规律联系起来。要正确全面地揭示活性材料的这些变化,对相关材料进行正确全面的表征是首先要解决的问题。

　　X 射线衍射和散射是表征和研究绿色二次电池中正负极活性材料结构和微结构最有力、最方便的实验分析方法。因此,本书定名为《绿色二次电池的材料表征和电极过程机理》,简言之,本书系统介绍用 X 射线衍射和散射等表征和研究电池活性材料的方法和应用,以及用这些方法研究绿色二次(MH/Ni 和锂离子)电池这种化学系统在各种电极过程中的物理现象和物理机理所取得的一系列成果。

　　全书分六部分,共 22 章。第一部分(第 1、2 章),介绍主要实验方法和衍射数据处理的主要方法;第二部分(第 3～8 章)是活性材料的 X 射线表征,包括 β-Ni(OH)$_2$ 和 AB$_5$ 储氢合金、LiMeO$_2$ 类材料的合成机理、Li(Ni,Co,Mn)O$_2$ 材料中 Ni/Li 原子混合占位、Li(Ni$_{1/3}$Co$_{1/3}$Mn$_{1/3}$)O$_2$ 材料中的超结构、LiFePO$_4$ 和 2-H 石墨;有关电池活化和充放电过程归入第三部分(第 9～12 章),包括锂离子电池石墨电极表面固体—电解质界面膜、氢-镍(MH/Ni)电池、石墨/LiMeO$_2$ 电池和石墨/LiFePO$_4$ 三类电池充放电过程脱嵌理论和导电机理;第四部分(第 13～17 章)是三类电池循环寿命实验的电极过程机理,其中第 14 章介绍提高氢镍电池性能的 β-Ni(OH)$_2$ 添加剂效应;关于电池储存过程机理归入第五部分(第 18～20 章);第六部分(第 21、22 章)从实际应用和理论两个方面对全书进行了总结,其中第 21 章介绍提高绿色二次电池性能的方法和作用机理,第 22 章介绍绿色二次电池离子导电的脱嵌行为、导电机理和脱嵌应力的由来及脱嵌应力对电极活性材料及电池功能的影响。

　　本书的特色和创新点可概括如下。

　　(1) 本书是以应用最广泛的绿色二次(氢镍和锂离子)电池为切入点,主要使用 X 射线衍射为实验手段,开展电极活性材料表征和电池在电极过程中化学物理行为和物理机理研究的成果,是作者多年进行系统深入的研究,撰写的在理论上具有重大创新或在实验上有不少发现的学术著作,在国内外尚属首次。它是材料物理学、X 射线分析专家和电化学、化学电源专家学科交叉、紧密合作的研究成果。

　　(2) 本书全面地揭示活性材料在各电极过程中的变化,相关材料正确全面的表征又是首先要解决的问题,并且是研究电极过程中活性材料结构和微结构变化的基础。为了便于研究正负极活性材料在电极过程的变化,对重要的电极活性材料(如 β-Ni(OH)$_2$、AB$_5$ 储氢合金、LiCoO$_2$、Li(Ni$_x$Co$_y$Mn$_{1-x-y}$)O$_2$、LiFePO$_4$ 和石墨等)的制备和改性的 X 射线表征及分析分章进行介绍。

　　(3) 为了用 X 射线衍射等相关方法研究电池电极过程中的问题,作者与合作者提出和建立了一系列表征各种活性材料的 X 射线方法,相关论文已公开发表。并且应用所建立的测试方法为相关工厂和公司(如上海杉杉科技有限公司、江苏海四达集团有限公司等)做了大量的测试工作。发展和建立了一系列数据处理分析的理论和方法:①分离 X 射线衍射线因微晶-微观应力、微晶-堆垛层错、微观应变-层错二重宽化效应和微晶-微观应变-层错三重宽化效应的一般理论和最小二乘方法求解方法以及计算程序;②研究 LiNiO$_2$、Li(Ni,Co)O$_2$、Li(Ni,Mn)O$_2$ 和 Li(Ni,Co,Mn)

O_2 这类材料 Ni/Li 原子在 3a 和 3b 晶体学位置的混合占位的模拟计算分析方法，建立了从实验测得衍射强度比的根方值求解混合占位参数 x 的一系列线性方程；③测定六方结构石墨影响 Li 原子脱嵌性能的堆垛无序度新方法等。

（4）本书不是对组成电池的所有材料（如正负极材料、隔膜材料和电解液）全面展开，而是用与 X 射线等有关方法重点对组成电池的正负极活性材料和隔膜材料的晶体结构、精细结构、微结构、电极表面形貌和成分及其在电极过程的变化规律开展研究，已获得一系列重要创新成果；并将这些变化规律与相关电池性能的变化规律联系起来，探讨正负极活性材料和隔膜在电极化学过程中的物理行为，阐明相关的物理机理。

（5）作者首次发现，化学电源在充放电过程中由于导电离子在正负极活性材料中的脱嵌引起材料中内应力，包括宏观应力和微观应力，所以从应力（应变）衍射分析的角度来研究电池的电极过程成为本书的一个新亮点。

（6）在氢镍电池的电极过程机理研究中获得许多新的前人从未报道的结果，最值得提及的是氢镍（β-Ni(OH)$_2$-AB$_5$）电池充放电过程的离子脱嵌理论和导电物理机理。

一般把工作原理写成下列化学反应式：

<table>
<tr><td></td><td>正极</td><td>负极</td></tr>
<tr><td>充电</td><td>$\beta\text{-Ni(OH)}_2 + OH^- \rightarrow \beta\text{-NiOOH} + H_2O + e^-$</td><td>$M + H_2O + e^- \rightarrow MH(氢化物) + OH^-$</td></tr>
<tr><td>放电</td><td>$\beta\text{-NiOOH} + H_2O + e^- \rightarrow \beta\text{-Ni(OH)}_2 + OH^-$</td><td>$MH(氢化物) + OH^- \rightarrow M + H_2O + e^-$</td></tr>
<tr><td>总的反应</td><td colspan="2">$M + \beta\text{-Ni(OH)}_2 \Longleftrightarrow MH(氢化物) + \beta\text{-NiOOH}$</td></tr>
</table>

上面关于 MH/Ni 电池工作原理的描述已写入相关教材和学术专著。

由以上叙述可知，导电机理是：

① 在充电过程中发生 β-Ni(OH)$_2 \rightarrow \beta$-NiOOH 相变，H^+ 由这种相变提供；

② 在充电过程中发生 AB$_5 \rightarrow$ AB$_5$H$_x$（氢化物）的转变；

③ 上述两种相变在充放电过程中是完全可逆的。

上述导电机理可称为相变理论。从上述还可知，在电场的作用下，β-Ni(OH)$_2 \rightarrow$ β-NiOOH相变的驱动力是氧化，β-NiOOH $\rightarrow \beta$-Ni(OH)$_2$ 的驱动力是还原。要特别注意，这里所指的氧化和还原都是对 Ni 而言，充电使二价 Ni 的 β-Ni(OH)$_2$ 被氧化为三价 Ni 的 β-NiOOH，放电使三价 Ni 的 β-NiOOH 还原为二价 Ni 的 β-Ni(OH)$_2$。氧化和还原都在正极上分别于充电和放电时发生。

作者通过 MH/Ni 电池第一次充放电的在线（*in situ*）和准动态的 X 射线研究发现，在充电过程中的确未发生 β-Ni(OH)$_2 \rightarrow \beta$-NiOOH 的相变，只有在满充和过充时，才有部分 β-Ni(OH)$_2$ 转变成 γ-NiOOH，且一直是 β-Ni(OH)$_2$ 和 γ-NiOOH 两相共存；在充电过程中不是由 β-Ni(OH)$_2 \rightarrow \beta$-NiOOH 相变来提供氢离子，而是氢原子离开 β-Ni(OH)$_2$ 的点阵位置提供氢离子；在负极，开始时，氢原子是以间隙

式嵌入 AB_5 点阵形成固溶体,只有当 AB_5 因氢原子的嵌入使其体积变化达到一定百分数后或氢原子达到一定浓度后,才析出 AB_5H_x 氢化物。简言之,MH/Ni 电池的物理导电机理是在正负极活性材料中脱离和嵌入形成的氢离子在电极间的定向迁移运动。

人们能够看到,在充电过程中,不是 $\beta\text{-}Ni(OH)_2$ 被氧化成 $\beta\text{-}NiOOH$,而在正极,离开 $\beta\text{-}Ni(OH)_2$ 点阵的氢原子失去一个电子(氧化)形成 H^+,在负极,H^+ 获得一个电子(还原)后嵌入 AB_5 点阵。无论是充电过程,还是放电过程,氧化和还原都分别在正负极上发生。因此,能写出下列新的反应式:

$$\qquad\qquad\qquad\text{正极}\qquad\qquad\qquad\qquad\qquad\qquad\qquad\text{负极}$$

充电　$\beta\text{-}Ni(OH)_2 \rightarrow \beta\text{-}Ni(OH_{1-x})_2 + 2xH^+ + e^-$　$AB_5 + 2xH^+ + e^- \rightarrow AB_5\text{-}2xH$

$0 < x < 0.50$　　　　　　　　　　　　　　　　　　　　　　　　　（固溶体）

过充电　$2\beta\text{-}Ni(OH)_2 \rightarrow \beta\text{-}Ni(OH)_2 + \gamma\text{-}NiOOH + H^+ + e^-$　$AB_5 + H^+ + e^- \rightarrow$

$$\qquad\qquad\qquad\qquad\qquad\qquad\qquad\qquad\qquad\qquad\qquad\qquad AB_5H（氢化物）$$

放电　$\beta\text{-}Ni(OH_{1-x})_2 + 2xH^+ + 2xe^- \rightarrow \beta\text{-}Ni(OH)_2$　$AB_5\text{-}2xH \rightarrow AB_5 + 2xH^+ + e^-$

充放电的总反应　$\beta\text{-}Ni(OH)_2 + AB_5 \leftrightarrow \beta\text{-}Ni(OH_{1-x})_2 + AB_5\text{-}2xH$（固溶体）

过充放电总反应　$\beta\text{-}Ni(OH)_2 + AB_5 \leftrightarrow \beta\text{-}Ni(OH)_2 + \gamma\text{-}NiOOH + AB_5H$（氢化物）

这就是氢镍电池充放电过程导电的脱嵌理论。

(7) 在锂离子电池的充放电过程研究中也获得许多新的之前从未报道的结果,最值得提及的是锂离子($2H$-石墨/$LiCoO_2$)电池第一次充放电过程中正负极活性材料的精细结构的变化和导电物理机理。目前,一般把锂离子电池的充放电反应写为

$$LiCoO_2 + 6C \longleftrightarrow Li_{1-x}CoO_2 + Li_xC_6$$

在正极的反应

$$LiCoO_2 \longleftrightarrow Li_{1-x}CoO_2 + xLi^+ + xe^-$$

在负极的反应

$$xLi^+ + 6C + xe^- \longleftrightarrow Li_xC_6$$

上述锂离子电池的工作机理认为:①锂离子电池的导电能力完全是依靠 Li^+ 在正极和负极之间的定向迁移来实现的;②锂嵌入负极后,锂原子以共价键与碳原子形成 Li_xC_6 化合物;③电池充放电过程的电极反应是完全可逆的。还有人认为,在充电过程中,$R\text{-}3m$ 结构的 $LiCoO_2$ 变为单斜 $Li_{1-x}CoO_2$,最后变为六方结构的 CoO_2。然而,锂离子电池的工作机理只阐述了电池导电能力的由来,但关于锂离子究竟是怎样迁移的并未给出明确解释。

作者研究发现,在电池充电过程中,锂嵌入石墨层中,优先进入碳原子六方网格面间的间隙位置,导致石墨的点阵参数 a 和 c 以及微观应变 ε 增大,堆垛无序度 P 的变化,电池充电至 20% 后负极中开始形成 $Li\text{-}C$ 化合物;电池充电时,正极

LiCoO$_2$中处于(000)位的锂原子优先脱离晶体点阵,随着正极材料脱锂量的增大,其点阵参数 a 减小,c 增大,微观应变 ε 也随之增加。在整个充电和放电过程中,LiCoO$_2$ 均未发生结构相变。锂离子电池的导电机理是:充电时,锂离子的迁移从负极-电解液界面开始;放电时,其迁移从正极-电解液界面开始;在充放电过程中,正负极活性材料中嵌脱锂都有一个从电极表面到内层的过程,电池的充放电过程不是完全可逆的。因此把导电过程的反应新写成如下形式。

总的反应

$$\mathrm{LiCoO_2+C} \longleftrightarrow \mathrm{Li_{1-x}CoO_2+Li\text{-}xC(固溶体)} \longleftrightarrow \mathrm{Li_{1-0.25}CoO_2+LiC_{24}}$$
$$\longleftrightarrow \mathrm{Li_{1-0.5}CoO_2+LiC_{12}} \longleftrightarrow \mathrm{Li_{1-1}CoO_2+LiC_6}$$

在负极中可能出现两相(结构相同但点阵参数不同或结构不同的两相)共存。

在正极的反应

$$\mathrm{LiCoO_2} \longleftrightarrow \mathrm{Li_{1-x}CoO_2+xLi^++xe^-} \quad (x \text{ 随充电深度增加而增大,直至 } x=1)$$

在负极的反应

$$x\mathrm{Li^+}+6\mathrm{C}+x e^- \longleftrightarrow \mathrm{Li\text{-}xC(固溶体)} \longleftrightarrow \mathrm{LiC_{24}} \longleftrightarrow \mathrm{LiC_{12}} \longleftrightarrow \mathrm{LiC_6}$$

关于上述的第(5)点和第(6)点,通过对充电过程和放电过程中正负极活性材料精细结构(包括点阵参数(宏观应变)、微应变)和精细结构参数的测定,研究分析了它们随充-放电深度变化的规律,在探究其起因时发现,是由氢原子(氢镍电池)或锂原子(锂离子电池)在正负极活性材料中的脱嵌所引起的。根据化学电源(电池)在充放电过程中的氧化和还原,无论是充电过程,还是放电过程,都是分别在正负极上发生的原则,对导电的相变理论产生质疑,因为相变过程的氧化和还原都是在正电极上分别于充电和放电时发生,而且实验研究证明,在充电过程中,β-Ni(OH)$_2$(氢镍电池)和 LiCoO$_2$(石墨/LiCoO$_2$ 电池)并没有发生相变。在此基础上提出,在充电过程中,氢原子(氢镍电池)脱离 β-Ni(OH)$_2$ 点阵在正极-电解液界面失去一个电子(氧化)变成 H$^+$,进入电解液,在电场的作用下定向地向负极迁移运动,到达电解液-负极界面获得从外电路的电子(还原)变成原子,嵌入负极。放电则与上述过程相反。

与此相似,对于锂离子电池,如石墨/LiCoO$_2$、石墨/Li(Ni,Co,Mn)O$_2$ 和石墨/LiFePO$_4$,都是锂原子在正负极的脱嵌,氧化和还原的主体是锂原子。导电离子的脱嵌理论是本书对化学电源的电化学和化学物理一个全新的重要的贡献。

(8)除第 6、7 章谈到的最新结果外,还有许多关于绿色二次电池电极(如循环、储存)过程机理研究所取得的重要结果,在此不可能一一提及,阅读各章后会发现,每一章都有新的结果和结论。

(9)就全书而言,重点不仅注意正负极活性材料和隔膜在充放过程的电导电机理、循环和储存过程中行为、循环性能和储存性能衰减机理,还根据对物理机理的理解,进行了提高电池的充放电性能、改善电池的循环性能和储存性能方法的研究和探索,获得有效的结果,第 14、15、21 章介绍了这方面的研究结果,很有实际意义和工程应用价值。

(10) 本书还有一个重要的特点是系统性和全面性。对绿色二次电池用的电极活性材料,如 β-Ni(OH)$_2$、AB$_5$(如 LaNi$_5$ 等)、LiCoO$_2$、Li(Ni$_x$Co$_y$Mn$_{1-x-y}$)O$_2$、LiFePO$_4$ 以及六方石墨等提出了全面正确的 X 射线表征方法,所研究的电池包括 MH-Ni、石墨-LiCoO$_2$、石墨-Li(Ni$_x$Co$_y$Mn$_{1-x-y}$)O$_2$、石墨-LiFePO$_4$ 典型的四种,不仅研究了这四种电池的充放电过程,还对它们的循环过程和储存过程进行了系统的研究。

因此,无论在研究方法、研究内容上,还是在每个研究内容中,所获得的结论都有所创新,所以本书的出版不仅在理论上和学术上具有重要意义,在实际中也具有重要应用价值。

本书可供电池活性枝料研制、生产以及电池研制、开发和生产单位的工程技术人员阅读和参考,也可供高等院校有关化学化工、电化学、精细化工、化学电源等专业的教师、本科高年级学生、硕士和博士研究生查阅和参考。

需要说明的是,本书实属集体的成果,著者只是持笔定稿罢了。其中有中国科学院上海微系统与信息技术研究所夏保佳研究员、解晶莹研究员(现上海空间电源研究所)的博士生、硕士生,值得提及的有李晓峰、李佳、刘辉、颜剑、刘浩涵和李玉霞、汪保国等,还有上海杉杉科技有限公司的李辉和刘芳两位高级工程师。借此向各位表示衷心感谢。

衷心感谢上海空间电源研究所李国欣研究员、上海交通大学姜传海教授和上海奥威科技开发有限公司教授级高级工程师王然对本书的推荐。

衷心感谢上海杉杉科技有限公司对本书的支持。

作为抛砖引玉把本书介绍给同行,盼同行们能用各种有效的方法去研究化学电源中的各种问题。由于作者的水平有限,书中不妥之处在所难免,敬请读者批评指正。

著　者

2015 年 5 月于上海

目　　录

第1章 电池材料表征和电极过程机理研究常用实验方法

1.1 电池的制备和性能测试[1,2]

在电池电极过程研究中包括氢镍电池和锂离子电池两大类。但就电池结构类型而言主要有两种：2025 型扣式电池和 18650 型圆柱电池。

1.1.1 电池的制备

1. 2025 型扣式电池的组装

将单面涂布的电极片冲压成直径为 1.4cm 的圆片，在氩气气氛的手套箱中，将极片与锂片用 Celgard® 2320 隔膜隔开；然后置入 2025 型扣式电池壳中，向其中注入电解液，其成分为 1 mol/L LiPF$_6$EC：DMC：DEC（体积比 1∶1∶1）；最后在扣式电池封口机上对电池封口。

2. 氢镍电池的制备

正极采用涂膏式电极，泡沫镍作为导电集流体。基本制作流程如下：干粉（活性物质、导电剂、添加剂等）与去离子水混合均匀→添加黏结剂搅匀制成浆料→滚浆（利用滚浆机将浆料涂敷到点焊好的泡沫镍基体上）→80℃烘箱内烘干→调整极板质量→碾压到一定的填充密度。

$$\rho = \frac{G}{a \times b \times c} \tag{1.1}$$

其中，ρ 为极板的填充密度（g/cm^3）；G 为极板的质量（g）；a 为极板的宽度（cm）；b 为极板的长度（cm）；c 为极板的厚度。其中 G 不包括极耳的质量。

负极采用干法成型工艺，将一定粒度的储氢合金粉利用对滚机直接压制到三维铜网导电基体上，基本制作流程如下：一定粒度的储氢合金粉→滚压到三维铜网导电基体上→裁减极板→电焊极耳→表面涂敷一定浓度的 PTFE→于 80℃烘箱内烘干。

用去离子水配制一定密度的由不同比例 KOH、NaOH 和 LiOH 组成的电解液。

电池组装流程如下：正极—隔膜—负极极板与卷绕→入壳→滚槽→注液→焊帽→封口→清洗→热塑包装。

3. 18650 型圆柱电池的组装

研究使用 LiMeO₂ 为正极活性材料。以人造六方石墨为负极的 18650 型锂离子电池,其制备方法如下:

(1) 将黏结剂聚偏氟乙烯(PVDF)经搅拌充分溶于 N-甲基吡咯烷酮(NMP)溶剂中,按 96∶4 的质量比向其中加入正极活性材料和导电剂超导炭黑(super P),充分搅拌混合制浆,在 GF-TU400-04 型间隙式涂布机上将其均匀涂布在铝箔上;然后在 80℃ 的真空恒温箱中烘干 12h;最后,在 C33 300 型双辊轧膜机上将极片辊压到指定厚度。

(2) 将丁苯橡胶(SBR)经搅拌充分溶于去离子水中,按 98∶2 的质量比向其中加入石墨和导电剂超导炭黑,充分搅拌混合制浆,在 GF-TU400-04 型间隙式涂布机上将其均匀涂布在铜箔上;然后在 40℃ 的真空恒温箱中烘干 12h;最后,在 C33 300 型双辊轧膜机上将极片辊压到指定厚度。

(3) 将双面涂布的正、负极片分别剪切成宽度为 56mm 和 58mm 的极片,采用 PC 型超声波点焊机分别在正、负极上焊接铝质和镍质极耳。在嘉拓半自动卷绕机上将正、负极用 Celgard® 2320 隔膜隔开,卷绕成电芯。将电芯装入铝质 18650 型电池壳中,并将负极极耳焊接在壳底上,在 GC35-W 型自动滚槽机上的电池壳上滚槽,装入垫圈,焊接盖帽。电池经 80℃ 真空烘干 12h 后,在氩气气氛的手套箱(Mikrouna,Super 1220/750/900)中注入电解液,其成分为 1mol·L⁻¹ LiPF₆ EC∶DMC∶DEC(体积比 1∶1∶1)。最后对电池封口。

1.1.2 MH/Ni 电池的性能测试[1,2]

1. 0.2C 容量测试及氢氧化镍利用率计算

电池化成后首先进行 0.2C 充放电循环检测电池容量,记录其充放电曲线。充放电循环制度是:在 (20±2)℃ 的环境中,以 0.2C 电流充电 7h,静置 30min 后,以 0.2C 电流放电至终止电压 1.0V;循环 3 次,取最后一次的容量(用放电时间与放电电流的乘积计算出电池放电容量 C_0)。电池中氢氧化镍的质量为 G_1(g),氢氧化镍在电池中的利用率计算式如下

$$利用率 = \frac{289G_1}{C_0} \times 100\% \tag{1.2}$$

式中,289 为氢氧化镍的理论比容量(mA·h/g)。

2. 倍率性能测试

1C(0.6A)电流充电 1.2h,同时以 $-\Delta V = 10mV$ 作为平行控制条件;静置 1h,再分别以 1C、5C、10C 电流放电至 1.0V、0.8V、0.8V。用放电时间与放电电流的

乘积计算出电池放电容量 C_1、C_5、C_{10}。

3. 循环寿命测试

常温寿命试验在 (20 ± 2)℃ 的环境中进行；高温寿命试验在 (60 ± 2)℃ 的环境中进行。

循环寿命测试制度：1C 电流充电 1.2h，同时以 $-\Delta V = 10\text{mV}$ 作为平行控制条件；再以 2C 电流放电至 1.0V，计为一个循环；充放电过程之间不设定开路搁置时间，记录循环次数和每次放电的容量，根据国标 GB/T11013—1996 的规定，当放电容量衰减到 $1C_5$ 放电容量标称值（300mA/g）的 60% 时的循环次数为其循环寿命。

4. 内阻测试

采用哈尔滨子木产 DK-3000 精密电池内阻仪测试电池循环不同阶段放电态的内阻。

5. 循环伏安法

循环伏安（cyclic voltammetry，CV）又被称为三角波线性电位扫描，是一种通过控制电极电位以某一恒定速度变化测量其电极电流变化的电化学研究方法。根据所得电位-电流曲线，便可以得到有关该电极反应过程的众多信息。比如，它可以探测物质的电化学活性、测量物质的氧化-还原电位、考察电化学反应的可逆性和反应机理等，另外，通过对扫描曲线形状的分析，可以估算电极反应参数。

对于存在扩散控制的电极过程来说，循环伏安曲线中将出现电流峰值。当电位扫描越过电极反应的平衡电位后，随着电极上过电位的增加，电极反应速度增大，电流呈现上升趋势，但同时也导致了电极表面反应物浓度的下降和生成物浓度的升高；随着电位的继续扫描，电极反应表现为扩散控制，扩散厚度增大，流量降低，反应电流下降，峰值随之出现。在负方向出现阴极还原峰，对应于电极表面氧化态物种的还原，在正扫描方向出现氧化峰，对应于还原物种的氧化。对循环伏安曲线进行数据分析，可以得到峰电流（i_p）、峰电势（φ_p）、反应动力学参数和反应历程等信息。

循环伏安测试在瑞士产电化学综合测试仪（Autolab 302N）上完成。扫描速率为 0.1 mV/s，从开路电压开始扫描。

6. 电化学阻抗谱

电化学阻抗谱（electrochemical impedance spectroscopy，EIS）或称交流阻抗谱，是研究电极过程动力学及界面结构的重要方法，已在各类电池研究中获得广泛应用。它通过对被测体系施加一个微小的正弦波交流信号从而引起相应的信号，由两者之间的关系即可得到有关电极过程动力学的信息。在测量过程中，由于小幅值的交变信号基本不会使被测体系的状态发生变化，所以用这种方法能够准确地研究各电极过程动力学参数与电极状态的关系。

电化学阻抗谱方法是一种频率域的测量方法，可以得到频率范围很宽的阻抗谱来研究电极系统，因而能比其他的电化学方法得到更多的动力学信息及电极界面结构的信息。通过等效电路对电化学阻抗谱进行拟合，可以在不同的频率范围得到如欧姆电阻、电极表面膜电阻和相关电容、电荷转移电阻和电双层电容等信息。因此，电化学阻抗谱在对电极/电解质界面过程的研究中显示出独特优势，广泛应用于锂离子电池碳材料和过渡金属氧化物电极的脱嵌锂特性和表面特性的研究。

电化学阻抗谱(nyquist 曲线)的绘制在瑞士产电化学综合测试仪上完成。EIS 测试的频率范围为 $10^5 \sim 10^{-2}$ Hz，施加的交流信号振幅为 5mV。实验中获得的阻抗数据用 Nova 1.6 软件进行拟合。

1.2　X 射线衍射分析的衍射仪法[3,4]

1.2.1　现代 X 射线粉末衍射仪的结构

粉末(多晶)X 射线衍射仪由 X 射线发生器、测角仪、探测-记录系统三大部件组成，粉末衍射仪的核心部件是测角仪。线焦源发出的线状 X 射线束经垂直发散 Soller 光阑 S_1、水平发散狭缝 DS 打到样品 C 上，试样产生的衍射 X 射线通过接收狭缝 RS、接收垂直发散 Soller 光阑 S_2、防散射狭缝 SS，最后进入探测器探头，如图 1.1 所示。从 X 射线管阳极靶面的焦点到衍射仪中心的距离与试样中心到接收狭缝 RS 的距离相等，称为衍射仪半径 r。图 1.1 给出 X 射线粉末衍射仪的实验光路和布置。试样中心严格与衍射仪轴重合，并绕衍射仪轴作 θ 扫描，而 RS、S_2 与计数管一起绕衍射仪轴作 2θ 扫描。在扫描过程中，RS 始终保持与以衍射仪轴为圆心、半径为 r 的衍射仪圆相切。由图 1.2 可见，这和聚焦照相机中底片安装在聚焦圆上不同，在粉末衍射仪中，探测器并不沿聚焦圆移动，而是沿衍射仪的同心圆移动。衍射仪圆与聚焦圆只有两个焦点，其中一个焦点是靶面交点 F，另一个焦点是变化的，也就是说，无论衍射条件如何改变，在一定的条件下，只能有一条衍射线在衍射仪圆上聚焦，因此，沿测角仪圆的同心圆圆周运动的探测器只能逐一对衍射线进行测量，聚焦圆的半径 R 也随之而改变。聚焦圆半径与 Bragg 角 θ 的关系可由图 1.2 得到

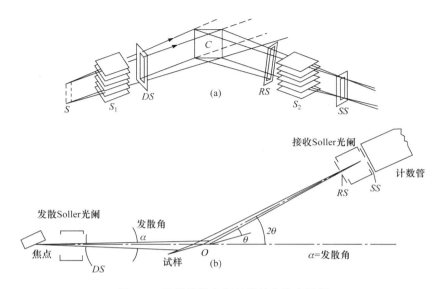

图 1.1　X 射线粉末衍射仪的实验布置图

（a）测角仪光学布置图；（b）聚焦圆平面（垂直于衍射仪轴的平面）

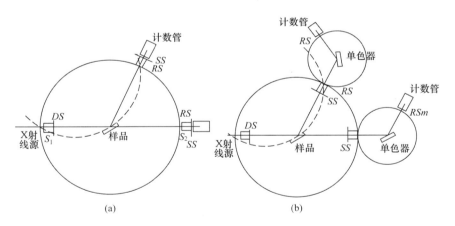

图 1.2　X 射线粉末衍射仪的衍射几何（聚焦圆半径随 2θ 增加而变小）图

（a）无晶体单色器；（b）带有衍射束晶体单色器

$$\begin{cases} \dfrac{r}{2R} = \cos\left(\dfrac{\pi}{2} - \theta\right) = \sin\theta \\[2mm] R = \dfrac{r}{2\sin\theta} \end{cases} \tag{1.3}$$

当 $\theta = 0.00°$ 时，聚焦圆半径为无穷大，随 θ 角的增大聚焦圆半径逐渐缩小；当 $\theta = 90.00°$ 时，$R = r/2$。因此，测角仪可以看成一个聚焦圆半径 R 随 θ 变化的不对

称聚焦照相机 。

粉末衍射仪分为水平扫描和垂直扫描两种,即扫描平面可为水平面或铅垂面,它们都与衍射仪轴垂直。两者比较如表 1.1 所示。

表 1.1　水平扫描和垂直扫描两种衍射仪的比较

粉末衍射仪扫描模式	水平扫描型	垂直扫描型
焦平面	水平面	铅 垂 面
X 射线管	固定靶:水平安装; 可折式靶:水平安装或垂直安装。 水平安装仅能使用两个窗口	垂直安装, 可同时使用四个窗口
空间利用率	较低	较高
2θ 扫描角范围	$-100°\sim165°$	$-40°\sim165°$
附件安装	便于改装,可安装结构分析、高低温、高压、反应器等特殊附件	原则上可以,但困难较多

1.2.2　粉末衍射仪的工作模式

现代粉末衍射仪有波长色散和能量色散两种工作模式。现分别介绍如下。

1. 波长色散粉末衍射

波长色散衍射通常用单色(特征)X 射线入射、计数管(如盖格管、闪烁管、正比计数管等)作探测器的粉末衍射,其衍射条件必须满足 Bragg 定律:$2d\sin\theta=n\lambda$。其有如下几种扫描方式,如表 1.2 所示。

表 1.2　波长色散 X 射线粉末衍射仪的扫描模式和特点

扫描方式	主要特点	主要应用
反射式 $\theta/2\theta$ 连动	衍射面近乎平行于试样表面,准聚焦几何	广角衍射和广角散射
反射式 2θ 扫描	掠入射,非聚焦几何,改变掠射角可改变参与衍射的深度,衍射面方位随 2θ 而改变参与衍射的深度,衍射面方位随 2θ 而变	薄膜样品的广角衍射和散射
θ 扫描	固定 2θ,仅 θ 扫描	一维极密度测定
$\theta\sim\theta$ 扫描	试样不动,射线源和探测器同步作 $\theta\sim\theta$ 扫描	最适宜液态样品
透射式 2θ 扫描	固定 θ 于 $-90°$,仅 2θ 扫描	较厚样品的非破坏分析

现代粉末衍射仪仍可分为连续扫描、分阶扫描(又分定时计数和定数计时)两种记录模式,其实两种扫描模式已经没有差别,连续扫描也是分阶的,这里阶宽

(step size)称为取样宽度(sampling width)。

当前,许多实验者对透射几何衍射技术的应用不够注意。现讨论如下:透射衍射几何如图 1.3 所示。其中(a)、(b)和(c)分别示出平行束、发散束和会聚束三种入射光的情况。仔细观察和分析图 1.3(a)和(b)可知:①衍射线明显宽化,一些衍射线会重叠,实际上可能变为一个个晕圈和/或晕圈重叠;②这种宽化重叠现象还会随试样厚度增加而更趋严重;③衍射峰位移和峰宽化的方向随样品厚度增加向低角度方向或高角度方向发展,这与以衍射仪轴为中心,厚度是向出射线方向或入射线方向增加有关。为了遏制或消除这种宽化,可在紧贴样品的出射面加一截限狭缝(SLS),添加一发散狭缝(DS-1),便能获得能与标准数据比对的衍射数据。如能使用经椭球形晶体单色器获得能聚焦于 RS 处的会聚光束,那是最理想的[5]。

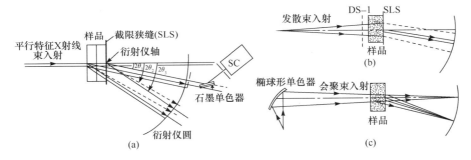

图 1.3　厚样品透射式 Laue 对称几何学

(a) 平行束入射,显示衍射线明显宽化;(b) 发散束入射,显示衍射光束的散焦效应;

(c) 会聚束入射,显示衍射束的聚焦效应

2. 能量色散粉末衍射

如果使用白色(连续波长)的 X 射线入射,不同 d 值的晶面处在相同方位,入射线的方向不变,则不同 d 值各晶面的衍射线方向相同,因此探测器必须固定在一选定的 2θ 位置,各衍射线服从

$$2d\sin\theta = 12.3985/E \qquad\qquad (1.4)$$

其中,E 为入射线的能量(keV);d 的单位为 Å;$\sin\theta$ 固定。因此,处在同样方位的不同 d 值的晶面衍射不同能量的 X 射线,入射线应为连续辐射,称为能量色散衍射。其有两种工作模式:

(1) 同时测量不同能量衍射强度的模式。入射线是不同能量的 X 射线同时入射,相同方位的不同 d 值晶面选择满足衍射条件的不同能量的 X 射线衍射到同一方向,因此探测器必须是在固定 2θ 位置的能量色散探测器,经过探测器的接收和后继处理给出各衍射线的能量和强度,即 I-E 谱。

(2) 入射线能量扫描模式。光源发出的 X 射线是能量连续分布的,在入射到

试样之前经分光晶体作能量扫描,换言之,不同能量的 X 射线相继入射到样品上,处在相同位置的不同 d 值的晶面选择满足衍射条件的能量相继产生衍射,固定在 $2\theta_S$ 位置的探测器相继测量不同能量衍射线的强度,给出 $I \sim 2\theta_m$ 花样,其中 θ_m 为分光晶体的 Bragg 角。

3. 波长色散和能量色散衍射方法的比较

这里不对波长色散衍射和能量色散衍射作全面比较,仅把两种透射式方法的特点列入表 1.3 中。从非破坏性检测的实用角度来看,在超厚样品效应和衍射中心位置两方面,能量色散衍射优越得多、方便得多;从有效穿透厚度和适用性来看,两种方法有自己的应用范围,波长色散衍射能检测样品厚度为 4～20mm(与用靶元素有关);能量色散衍射能检测样品厚度为～20cm 量级。在透射的情况下,能量色散衍射可以取代波长色散衍射,但波长色散衍射不能取代能量色散衍射。

表 1.3　波长色散衍射和能量色散衍射的比较

	比较项目	透射式波长色散衍射	透射式能量色散衍射
1	入射线	单色的辐射	一定能量范围的连续 X 射线
2	衍射线	与入射线相同的特征辐射,各衍射线在样品中的行程不同	选择一定能量范围的 X 射线衍射,各衍射在样品中的行程相同
3	衍射花样特征	与相同辐射的标准花样差不多	与选定的 2θ 位置有关
4	超厚样品效应	线条宽化和重叠效应严重,用截限狭缝可减少和克服这种效应	不存在线条宽化和重叠效应
5	衍射几何中心的位置	应处在 X 射线与检测物出射面交截处,实际中较难实现	可处在 X 射线与检测物相交截的任何位置,实际中不难实现
6	衍射花样的接收和记录	计数管作 2θ 扫描,使用零维或一维探测器	能量扫描,计数管固定在 2θ 位置或用固定在 2θ 位置的能量色散探测器
7	有效穿透厚度	小,与所用辐射波长有关	大得多,3～5 倍
8	适用性	用 AgKα 或 MoKα 辐射可作毒品和小包装爆炸物在线检查	用 Au 或 W 靶,60kV 或更高的管压,可在线检测大包装的爆炸物
9	价格	计数管扫描与能量扫描差不多,使用一维探测器与用能量色散探测器相差不会太大	

1.3　X 射线光电子能谱方法[6~8,11]

　　用常规的紫外线或 X 射线激发原子的光电子的紫外线光电子能谱(UPS)和 X 射线光电子能谱(XPS)已经比较成熟和广泛应用,特别是 XPS 能作为化学分析的重要手段,故被称为化学分析用电子能谱(ESCA)。同步辐射光电子能谱(SRPS)研究始于 20 世纪 70 年代初,目前已有四种光电子能谱的工作模式:①能量分布曲线(EDC)模式,即在入射光子能量 $h\nu$ 固定的条件下,用电子能谱仪测定由同步辐射软 X 射线激发光电子信号强度 I 随其能量 E 的分布 $I(E)$,又能考察 E 一定的光电子信号强度随 $h\nu$ 的变化,给出 $I(E, \nu)$ 的较完整图像;②恒初态谱(CIS),即利用同步辐射的光子能量与光电子能谱仪的分析器能量,作入射光子 $h\nu$ 和光电子能量 E_f 两种能量同步扫描的方法;③恒末态(CFS)模式,是入射光子能量 $h\nu$ 在测谱过程中连续扫描,而分析器接收的电子能量 E_i 却始终固定在某一数值,因此恒末态谱的产谱谱(YS)和部分产额谱(PYS),它们各自在测定表面电子态的态密度和角动量等方面发挥作用,是研究初态电子结构和部分产额谱的最佳方法;④光电子衍射,即在某方向接收光电子时,除有直接来自吸附原子发射的光电子外,还有被衬底原子散射的光电子,直接出射的光电子和被散射的光电子之间干涉将导致光电子强度随光子能量或角度而变化。用同步辐射进行光电子衍射实验是测正出射光电子强度随光子能量的变化关系。

1.3.1　光电子谱的能量和强度

　　由摔激出现的伴峰相对应的光电子动能 E_e^* 为

$$E_e^* = h\nu - (E_f^* - E_i^*) \tag{1.5}$$

其中,E_i^* 和 E_f^* 分别为摔激初态和末态的能量。伴峰与主峰间的能量间隔 ΔE 为

$$\Delta E = E_e - E_e^* = E_f^* - E_f \tag{1.6}$$

谱图上光电子峰的强度是指光电子峰的面积,其对应于未经非弹性散射的光子信号的强度,即发射光电子数目的多少。对于 i 元素能量为 E_{ei} 的光电子峰的强度 I_i 可表达为

$$I_i = I_0 C_i \sigma_i \lambda_{T(Eei)} D_{(Eei)} \tag{1.7}$$

其中,I_0 为入射线的光子能量;C_i 为 i 元素的浓度;σ_i 为光电效应截面,即光致激发几率;$\lambda_{T(Eei)}$ 是能量为 E_{ei} 的光电子在试样主体材料中的平均自由程;$D_{(Eei)}$ 是探测器对能量为 E_{ei} 的光电子的探测效率。

1.3.2　X 射线光电子能谱化学分析

　　由于元素周期表中每一种元素的原子结构都与其他元素不同,所以测定某元

素一条或几条光电子能谱峰的位置就能很容易识别分析样品表面存在的元素,即使是周期表中相邻元素同种能级的电子结合能相差还是相当远,因此能鉴定周期表中除 H 以外的所有元素。

由式(1.7)可知,如果 I_0、σ_i、λ_{TEei} 和 D_{Eei} 都已知,则根据测得的 I_i 可计算出浓度 C_i,但 I_0 和 $D_{(Eei)}$ 通常不知道,σ 和 λ_T 需作理论计算,因此作定量分析不是一件简单的事。

1.3.3　价态研究

光电子发射能够发生的前提是所用入射光源的光子能量必须大到足以把原先位于价带或芯能级上的电子激发到能量高于真空能级的末态,也就是说,在光电子发射过程中能量必须守恒,即

$$E_{f(k)} = E_{i(k)} + h\nu \tag{1.8}$$

可见激发价态电子需要的能量较低,因此紫外光电子谱又称价带光电子能谱,是研究原子价态以及态密度分布、能带在波矢空间的色散、波函数的对称性等。

原子的内壳层电子的结合能受到核内电荷和核外电荷分布的影响,任何引起这些电荷分布发生变化都会使光电子能谱上谱位置移动。由于原子处于不同化学环境而引起的结合能位移称为化学位移。根据光电子峰的化学位移的测定可得到分析样品的结构和化学信息,激发内层电子而产生的光电子称为芯态光电子能谱。根据激发芯能级结合能的不同,所用光源可以是光子能量为 100eV 的真空紫外辐射,也可以是能量为几百电子伏特到 1~2keV 的软 X 射线或者硬 X 射线,对于金属及其化合物中元素的芯态激发,多用硬 X 射线,故记为 XPS。

芯能级上电子的结合能 E_b,也称电离能 I_k,按 Koopmans 近似,它等于其自洽场(SCF)轨道能 E_k^{SCF} 的负值,即

$$E_b = I_k = -E_k^{SCF} \tag{1.9}$$

该近似还是相当不错的,这是因为造成 $I_k(-E_k^{SCF})$ 偏高的两个主要因素,即电子弛豫和电子关联作用,在一定程度上两者的作用是相互抵消的。

在能量体系中,体现 Koopmans 定则和对体系中电荷分布作基本描述的最简单近似下,两组芯态光电子信号的电离能差——化学位移可表示为

$$I_A - I_B = (E_B - E_A) + e(V_B - V_A) \tag{1.10}$$

其中,下标 A 和 B 用于区分同种元素原子的不同价态;轨道能 E_A 和 E_B 严格对应于价态原子的一种假想状态,通过把原子绝热地从所处化学环境移到自由空间得到;V_A 和 V_B 是原子在各自所处位置受到的静电势。值得注意的是,非局域项 $e(V_B - V_A)$ 通常与局域项 $(E_B - E_A)$ 符号相反,这是影响化学位移的重要因素。可见,原子周围的化学环境的差异,表现为光电子峰位置在单质和不同化合物中不一样,相互之间的能量差可以为零点几到十几电子伏特,这正是研究芯态光电子能谱

原子价态的依据。

1.3.4　价态研究实例——Li(Ni$_{0.6}$Co$_{0.2}$Mn$_{0.2}$)O$_2$合成过程中阳离子的价态研究

图 1.4 给出在合成 Li(Ni$_{0.6}$Co$_{0.2}$Mn$_{0.2}$)O$_2$ 的前驱体 Mn(OH)$_2$、500℃中间产物和 900℃最终产物的光电子能谱图。由 1.4(a)可知,前驱体中不存在 Li1s 的峰,中间产物和最终产物的 Li1s 峰都很明显,前者比较宽,后者有分裂的趋向。从图 1.4(b)看到,前驱体中 Ni 以+2 价存在,中间物和最终物的 Ni2p 峰都向低能方向移动,后者移动更大一些。综合起来看,在中间物和最终产物中,Li 有从+1 向 >+1 价变化,而 Ni 有从+2 向<+2 价的变化,这可能与 Li 和 Ni 在畸变的 Li(Ni$_{0.6}$Co$_{0.2}$Mn$_{0.2}$)O$_2$(中间产品)和畸变的 Li(Ni$_{0.6}$Co$_{0.2}$Mn$_{0.2}$)O$_2$(最终产物)的混合占位有关,有关它们的混合占位问题,可考阅第 4 章。

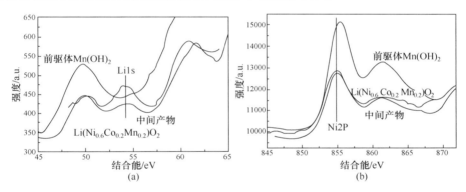

图 1.4　合成 Li(Ni$_{0.6}$Co$_{0.2}$Mn$_{0.2}$)O$_2$ 的三个主要阶段:前驱体 Mn(OH)$_2$、中间产物
和最终产物的光电子能谱图
(a)Li1s;(b)Ni2p

1.4　X 射线发射谱及应用[11,12]

1.4.1　X 射线发射谱

激发 X 射线可用高能电子束,也可以用 X 射线等其他高能离子。用 W 靶发出的 X 射线激发样品是常规荧光 X 射线分析;用同步辐射 X 射线激发样品的荧光 X 射线分析[12],始于 20 世纪 70 年代,与常规荧光 X 射线相比有如下特点。

(1) 选择激发,用于激发的入射线波长不受靶元素的限制,用晶体单色器选择波长小于待测元素吸收限和(或)均小于试样中各元素吸收限的单色 X 射线来激发样品,后者能对样品作全元素分析;若是前者,可以提供待测元素与其他元素荧光强度的相对比值,可简化结构,降低谱本底。

（2）由于同步辐射的亮度高，可利用同步辐射的特点采取降低背景的措施，极大地提高了检出限，系统检测已超过 ppm 量级到几十 ppm，目前已向 ppb 量级发展，比电子探针检测限 0.1‰ 高出许多量级。

（3）由于同步辐射 X 射线准直性好，尺寸小，能实现微区荧光 X 射线分析，空间分辨已能达到 μm 量级，随着第三代同步辐射光源的应用，空间分辨率能达到 50nm。

（4）同步辐射的光源的各种参数可以由计算获得，这对荧光分析来说就可以精确计算入射光的强度和能谱结构，有利于提高无标样分析的精确度和准确度。

当高能电子束或 X 射线激发样品时，原子内壳层上电子因电离而留下空位，由较外层电子向这一能级跃迁使原子释放能量的过程，发射特征 X 射线；另一种弛豫过程是：A 壳层电子电离产生空位，B 壳层电子向 A 壳层的空位跃迁，导致 C 壳层的电子发射，这就是 ABC Auger 电子发射。图 1.5 给出了原子发射特征 X 射线和特征 Auger 电子的能级跃迁示意图。例如，K 层电离，L 层电子向 K 层跃迁发射 KαX 射线，M 壳层向 K 层跃迁发射 KβX 射线等；同样，也能激发 K 系 Auger 电子，如 KL_1L_2、KL_1L_3 等，如果是 L 壳层电子电离，则会发射 L 系特征 X 射线和 L 系特征 Auger 电子。

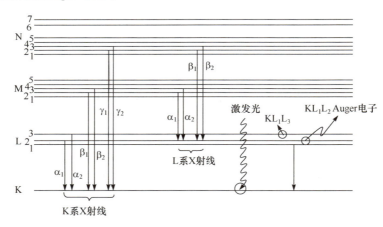

图1.5　激发态原子的弛豫：X 射线发射和 Auger 电子发射的能级跃迁示意图

1.4.2　X 射线发射谱化学分析

元素的定性分析是简单的，只需标定谱图中各峰的能量（或波长）与各元素的特征 X 射线谱的数据对比就可完成。定量分析与常规荧光 X 射线中的经验系数法、基本参数法相似，这里称为标样法和无标样法。

所谓标样法就是以纯元素为标样，分别对试样和标样测量选定特征线的强度

I_j 和 $I_{j_j}^o$,代入下式

$$C_j = \frac{Q_j I_j (\mu_{s.i} + \mu_{s.f} \sin\psi / \sin\phi) \rho_s}{1 - \exp[-(\mu_{s.i} + \mu_{s.f} \sin\psi / \sin\phi) \rho_s T \sin\psi]} \tag{1.11}$$

$$Q_j = \frac{1}{I_{j_j}^o} (\mu_{s.i}^o + \mu_{s.f}^o \sin\psi / \sin\phi) / \rho_s^o \tag{1.12}$$

即可求得试样单位质量中元素的质量 C_j 分数。其中,ψ、ϕ 分别为入射线与试样表面的夹角和发出荧光 X 射线对试样表面的夹角;T 为入射线激发试样的厚度;$\rho_s T$ 为均匀厚度样品单位面积的质量;$\mu_{s.i}/\rho_s$、$\mu_{s.f}/\rho_s$ 分别为试样对入射线和荧光 X 射线的质量吸收系数;$\mu_{s.i}^o/\rho_s^o$、$\mu_{s.f}^o/\rho_s^o$ 分别为纯元素标样对入射 X 射线和荧光 X 射线的质量吸收系数。

由上可知,元素浓度的测定依赖于人们对纯元素标样和未知成分试样对入射辐射及荧光辐射质量吸收,Sparks 已评论了这些系数的测定方法和荧光测量的数学处理。

无标样法不需要中间标准成分的标样或任何经验系数,通过一系列参数计算而得到结果。首先,入射辐射的光谱分布是无标样法所必需的第一个参数,这对同步辐射来说方便且较简单。其次,对于每种试样,都存在基本吸收和二次荧光,因此必须考虑:①波长为 λ 的一次辐射在试样中的穿透能力;②在 dx 层中各元素的一次激发;③dy 层中各元素受 dx 层中一次激发产生的特征辐射的二次激发产生的二次荧光;④基体对各新生辐射的吸收。从各元素 X 射线相对强度测量值估计这些元素的含量开始,计算出应被观测到的假设成分的强度,以此值与测量值比较,然后对假设成分进行修正,并由此计算出一套估计强度。如此反复,直至假设成分的 X 射线强度与测量 X 射线强度值的符合程度达可预先规定的精确程度,然后打印出分析结果。

对于薄膜样品,设用单色光激发,用能量色散谱仪测量,测试样中 i 元素的含量 c_i 按下式计算

$$c_i = \frac{I_i 4\pi R^2}{p_o D_i \sum_k [(u_k/\rho)_o w_k f_k]_i \rho_s T / \sin\varphi} \tag{1.13}$$

其中,$\sum_k [(u_k/\rho)_o w_k f_k]_i$ 对各元素是常数,用 ℓ_i 表示;$4\pi R^2 / (p_o D_i \rho_s T / \sin\varphi)$ 项只与测量有关,令其为 K,则上式可写为

$$c_i = I_i / K\ell_i \tag{1.14}$$

当用标准曲线或标准加入方法时,分母项 $K\ell_i$ 将消去,即强度与含量成正比。

特征 X 射线谱几乎与元素的物理状态或原子的化合价无关,这是 X 射线荧光分析的优点之一。这个特点并不适用于低原子序元素的 K 系谱线和高原子序元素的 L 系或 M 系谱线。当上述元素的原子价电子发生某种变化时,即出现谱线的

漂移和形状畸变；反之，精细测定谱线的漂移和谱线形状是研究原子之电子态的有效方法。

1.5　X射线吸收谱[9~11]

1.5.1　吸收限

实验研究表明，物质对 X 射线的质量吸收系数 μ_m 与波长及物质的原子序数 Z 有如下关系

$$\mu_m \propto \lambda^3 Z^3 \tag{1.15}$$

图 1.6 给出吸收系数 μ_m 与入射 X 射线波长（能量）的关系。可见，一般地说，吸收系数随波长的减小急剧下降，但出现一系列吸收突增的峰，对 Pt，$\lambda_K = 0.1582\text{Å}$，$\lambda_{L1} = 0.8940\text{Å}$，$\lambda_{L2} = 0.9348\text{Å}$，$\lambda_{L3} = 1.0731\text{Å}$，这些对应于突增峰的波长（或能量）称为吸收限。K 系的吸收限附近放大于图 1.6(b) 中，分为限前区、吸收限区、扩展区，后者又称扩展 X 射线吸收精细结构（EXAFS）区。吸收突增的现象解释如下：当原子俘获一个 X 射线光子而发生电离时，这个光子的能量必然等于或大于被击电子的结合能。当入射波长较长（能量较小）时，光子的能量 $h\dfrac{c}{\lambda}$ 小于某一壳层的电子结合能，就不能击出这个壳层的电子，但当入射光子能量恰好等于或略大于该壳层电子的结合能时，光子将被物质大量吸收，吸收系数突增。设 K 壳层的电子结合能为 W_K，则 K 系吸收限波长 λ_K 为

$$\lambda_K = \frac{hc}{W_K} \tag{1.16}$$

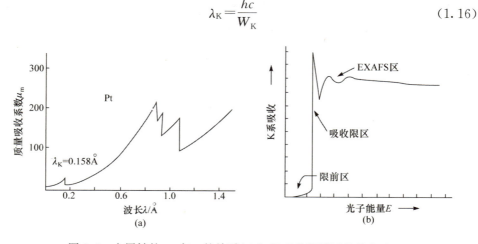

图 1.6　金属铂的 μ_m 与 λ 的关系(a)和 K 吸收限附近的放大(b)

1.5.2　用 X 射线吸收谱的化学定性定量分析

由前讨论可知,吸收限的能量和波长是元素的表征。如果试样由多种元素组成,当测定该试样的全吸收谱时,就能获得包含各元素的特征吸收限谱线的吸收谱,标定各谱线的能量或波长就能判断试样中存在的元素。用吸收限法做定量分析如下。

设试样由吸收限元素 A 和非吸收限元素 i 组成,显然,这里 $i=1,2,\cdots,n\neq A$,则试样的吸收系数为

$$\left(\frac{\mu}{\rho}\right)_m = w_A\left(\frac{\mu}{\rho}\right)_A + w_i\left(\frac{\mu}{\rho}\right)_i \tag{1.17}$$

那么透射强度按指数定律衰减,即

$$I = I_0\mathrm{e}^{-\left(\frac{\nu}{\rho}\right)_m\rho_m} = I_0\mathrm{e}^{-\left[\left(\frac{\mu}{\rho}\right)_A w_A + \left(\frac{\mu}{\rho}\right)_i w_i\right]\rho_m t} \tag{1.18}$$

在 A 元素吸收限上、下分别进行测量,这时 A 元素的质量吸收系数分别为 $\left(\frac{\mu}{\rho}\right)_{A上}$、

$\left(\frac{\mu}{\rho}\right)_{A下}$,但非吸收限元素的质量吸收系数不变,故有

$$I_上 = I_0\mathrm{e}^{-\left[\left(\frac{\mu}{\rho}\right)_{A上}w_A + \left(\frac{\mu}{\rho}\right)_i w_i\right]\rho_m t} \tag{1.19}$$

$$I_下 = I_0\mathrm{e}^{-\left[\left(\frac{\mu}{\rho}\right)_{A下}w_A + \left(\frac{\mu}{\rho}\right)_i w_i\right]\rho_m t} \tag{1.20}$$

两式相除,可得

$$\frac{I_上}{I_下} = \mathrm{e}^{w_A\left[\left(\frac{\mu}{\rho}\right)_{A下} - \left(\frac{\mu}{\rho}\right)_{A上}\right]\rho_m t} \tag{1.21}$$

令

$$\left(\frac{\mu}{\rho}\right)_{A下} - \left(\frac{\mu}{\rho}\right)_{A上} = k_A, \quad \rho_m t = M_m \tag{1.22}$$

$$W_A = \frac{l_n(I_上/I_下)}{k_A M_A} \tag{1.23}$$

于是,可测得吸收限元的重量百分数 W_A。其中,ρ_m、t 为试样的密度和厚度;M_m 为试样单位面积的质量。类似地,在 i 元素吸收限上、下进行测量就可求得 W_i。

1.5.3　近限结构

在图 1.6(b)所示的吸收限区,即凝聚态物质光电能元上连续谱中,阈值(吸收限)之上 30~60eV 能量区,吸收谱呈现出强的吸收特征和结构,称为 X 射线吸收近限结构(X-ray absorption near edge structure,XANES)。它是由于激发的光电子受到周围环境的多次散射而造成。分析这一谱结构,不仅能获得围绕吸收原

子周围的局域原子团(cluster)的原子几何配置情况的信息,而且反映出费米能级之上低位的电子态结构。

解释 XANES 谱特性的理论方法有:

(1) 多重散射理论。

(2) 独立粒子模型或单电子近似,其中 Hartree-Fock 近似已成功应用到电子结构的计算中;密度泛函理论提出了另一种有效的单电子理论,绘出更精确的基态总能量和电荷密度分布。

上述两种理论和方法,由于其复杂性,这里不作介绍。

1.5.4　扩展 X 射线吸收精细结构和局域结构研究

扩展 X 射线吸收精细结构(extended X-ray absorption fine structure, EXAFS)是在 X 射线吸收限高能侧 30~1000eV 范围内随入射 X 射线光子能量的增大而起伏的振荡现象。这种振荡的幅度很小,一般仅为吸收限处吸收系数的百分之几。这种现象在 20 世纪 30 年代就被发现,但直至 70 年代,Stern 等将 EXAFS 函数作 Fourier 变换,使它与物质结构(原子排列)联系起来,EXAFS 谱方法才成为一种新的重要结构分析手段,并已有一些书籍。

EXAFS 理论认为,被核束缚在原子内层的电子,当它吸收 X 射线光子而被激发时,所吸收的 X 射线光子能量的大小取决于电子的初态和末态。初态取决于内部接近于核的初态能级,这对应于实验上的吸收限;末态可用波动观点来说明。激发出来的光电子可以看成一支向外传播的电子波,它被吸收原子周围的近邻原子再背散射回来,这是一支向内传播的波。末态是外传电子波和内传电子波干涉叠加的结果。末态的不同反映在吸收系数 μ 随入射 X 射线光子能量 E 波动变化,这就是 EXAFS。由于:①EXAFS 峰的频率和吸收原子的配位近邻距离有关;②能从相位移测吸收原子附近的配位距离;③EXAFS 峰的振幅依据于近邻配位数和近邻原子散射能力以及键合力的形式和距离。因此 EXAFS 谱包含了丰富的结构信息。

目前用同步辐射进行 EXAFS 和 XANES 研究的实验技术,数据处理和解释都比较成熟,已广泛用于各种材料的研究,如金属及其合金、硅酸盐、非晶物质、催化剂、半导体和超导体的局域结构等。

参 考 文 献

[1] 娄豫皖. 金属氢化物-镍电池正负极活性物质微结构的 XRD 研究. 中国科学院上海微系统与信息技术研究所博士学位论文,2007

[2] 李佳. 锂离子电池储存性能的研究. 中国科学院上海微系统与信息技术研究所博士学位论文,2010

［3］杨传铮,谢达材,陈癸尊,等.物相衍射分析.北京:冶金工业出版社,1988:201～265

［4］张建中,杨传铮.晶体的射线衍射基础.南京:南京大学出版社,1992:1～9

［5］杨传铮,张建,程国峰.粉末 X 射线衍射仪 Laue 透射几何试样深度效应的研究.理学中国用户论文集,2009:11～14;程国峰,杨传铮,张建.填样深度对多晶粉末 X 射线衍射仪测试结果影响的研究.分析测试学报,2009,28(3):342～344

［6］Briggs D. Handbook of X-ray and Ultraviolet Photoelectron Spectroscopy. New York:Heyden & Son Ltd

［7］马礼敦,杨福家.同步辐射应用概论.上海:复旦大学出版社,2007

［8］程国峰,杨传铮,黄月鸿.纳米材料的 X 射线分析.北京:化学工业出版社,2010

［9］顾本源,陆坤权.X 射线吸收近边结构理论.物理学进展,1991,11(1):106～125

［10］王其武,刘文汉.X 射线吸收精细结构及其应用.北京:科学出版社,1994

［11］姜传海,杨传铮.材料射线衍射散射分析.北京:高等教育出版社,2010

［12］程国峰,杨传铮,黄月鸿.同步辐射 X 射线应用技术基础.上海:上海科学技术出版社,2009

第 2 章　电池材料表征和电极过程机理研究常用的 X 射线衍射分析方法

2.1　物相定性分析[1~3]

物相简称相,是具有某种晶体结构并能用某化学式表征其化学成分(或有一定的成分范围)的固体物质。例如,同样是铁,它能以体心立方结构的 α-Fe、面心立方结构的 γ-Fe 和体心立方结构的高温 δ-Fe 三种物相形式存在。高分子材料和其他凝聚态固体在热处理后,其结构常包括结晶相、过渡相、亚稳相和非结晶部分,现在人们常把这种材料中的非晶部分统称为非晶相。

2.1.1　物相定性分析的原理和方法

任何结晶物质,无论是单晶体还是多晶体,都具有特定的晶体结构类型、晶胞大小、晶胞中的原子、离子或分子数目以及它们所在的位置,因此能给出特定的多晶体衍射花样。事实上没有两种不同的结晶物质可以给出完全相同的衍射花样,就像不可能找到指纹完全相同的两个人一样。另外,未知混合物的衍射花样是混合物中各相物质衍射花样的总和,每种相的各衍射线条的 d 值、相对强度(I/I_1)不变,这就是能用各种衍射方法作物相定性分析(物相鉴定)的基础。

定性分析的基本方法是将未知物相的衍射花样与已知物质的衍射花样相对照。这种方法是由 Hanawalt 及其合作者首先创建的。起初,他们搜集了 1000 多种化合物的衍射数据作为基本参考。后来,美国材料试验学会和 X 射线及电子衍射学会在 1942 年出版了第一组衍射数据卡片,以后逐年增编,到 1963 年共出版了 13 组,后来每年出版一组,并分为有机和无机两部分,称为 ASTM 卡片。1969 年建立了国际性组织——粉末衍射标准联合委员会(JCPDS),在有关国家相应组织的支持下,编辑出版粉末衍射卡组,简称 PDF 卡组。1998 年改由国际衍射数据中心(ICDD)收集、编辑、出版 PDF 卡组,并以 Window 方式建立数据库。图 2.1 为 Fe_3O_4 标准粉末衍射卡片。

| PDF # 19-0269：QM＝Common(＝)；的 Diffractometer；I＝(Unknown) | | | | | PDF Card |

Magnetite，sys

$Fe+2Fe_2+3O_4$

Radiation＝CuKα1	Lambda＝1.5406	Filter＝
Calibration＝	2θ＝19.269~144.848	I/I_c(RIR)＝4.9
Ref：Level-1PDF		

Cubic，Fd-3m(227)	Z＝8	mp＝
Cell：8.396×8.396×8.396<90.0×90.0×90.0>	P.S＝	
Density(c)＝5.173　Density(m)＝　　Mwt＝　　Vol＝591.9		
Ref：lbid		

Strong Lines：2.53/X1.48/4　2.97/3　1.62/3　2.10/2　1.09/1　1.71/1　1.28/1

26 Lines，Wavelength to Compute θ＝1。54056(Cu) $I\%$＝(Unknown)

	$d/Å$	$I(f)$	(hkl)	2θ	θ	$1/(2d)$		$d/Å$	$I(f)$	(hkl)	2θ	θ	$1/(2d)$
1	4.8520	8.0	111	19.269	9.135	0.1031	14	1.1221	4.0	642	86.702	43.351	0.4456
2	2.9670	30.0	220	30.095	15.047	0.1685	15	1.0930	12.0	731	89.617	44.9808	0.4575
3	2.5320	100.0	311	35.422	17.711	0.1975	16	1.0496	6.0	800	94.425	47.213	0.4764
4	2.4243	8.0	222	37.052	18.526	0.2062	17	0.9696	2.0	660	10.2224	51.112	0.5053
5	2.0993	20.0	400	43.052	21.526	0.2382	18	0.9695	6.0	751	105.218	52.609	0.5157
6	1.7146	10.0	422	53.391	26.695	0.2916	19	0.9632	4.0	662	106.205	53.102	0.5191
7	1.6158	30.0	511	56.942	28.471	0.3094	20	0.9388	4.0	840	110.269	55.102	0.5191
8	1.4845	40.0	440	62.515	31.257	0.3368	21	0.8952	2.0	664	119.736	59.368	0.5585
9	1.4192	2.0	531	65.743	32.871	0.3523	22	0.8802	6.0	931	122.118	61.059	0.5681
10	1.3277	4.0	620	70.924	35.462	0.3766	23	0.8569	8.0	844	128.032	64.016	0.5835
11	1.2807	10.0	533	73.948	36.974	0.3904	24	0.8233	4.0	1020	138.032	69.325	0.6073
12	1.2659	4.0	622	74.960	37.480	0.3950	25	0.8117	6.0	951	143.235	71.617	0.6160
13	1.2119	2.0	444	78.929	39.464	0.4126	26	0.8080	4.0	1022	144.848	72.424	0.6188

图 2.1　存在 PC 硬盘中的(即 PDF-4)磁铁矿(Fe_3O_4)的标准粉末衍射卡片

2.1.2　Jade 定性相分析系统的应用[3,4]

所谓半自动或全自动检索就是利用 PDF 数据库和相关程序(如 Jade 等)的定性分析系统进行检索,现介绍如下。

(1) 左键双击"MDI Jade6.5",见图 2.2,即进入 Jade6.5 程序,出现如图 2.3 所示的图样;左键点击"▨",寻找欲分析的文件夹和"File Name",如点击 D 盘中的"HuangTS",如图 2.4 所示;左键双击"1221-0.raw"(或单击"1221-0.raw＋

Read")得到欲分析的衍射花样,如图 2.5 所示;右击 $\boxed{BG}$,左击"Apply"和"Strip K-alpha2"即去除 K-alpha2 成分,或左键单击"Apply"和"Remove" 即同时去除背景和 K-alpha2 成分;右击"✂"或"⊗",出现如图 2.6 所示的图样。

图 2.2

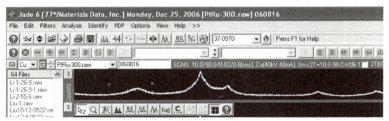

图 2.3

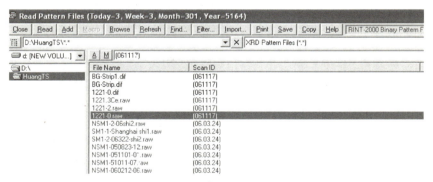

图 2.4

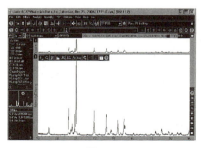

图 2.5

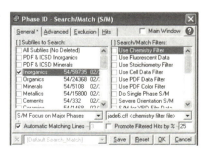

图 2.6

（2）左键单击"General →Reset"，恢复到没有设定的状态，设定"Subfiles to Search"和"Search/Match Filters"，见图 2.6，即出现元素周期表，如图 2.7 所示；选择样品中的元素，分必需的（O）和可能的（La 和 H）两种情况；左键单击"OK"再左键单击"OK"，则出现如图 2.8 所示的情形；选择"inorganic"和"use chemistry Filter"，点击"OK"则得图 2.9；再左键单击"No"或"Yes"（No 表示不扣除背景，而 Yes 为扣除背景），则出现许多候选的可能相的英文名称、化学式、PDF 卡号、空间群和点阵参数等，如图 2.10 下方所示；左键选择（逐条或跳选）可能符合的相与未知花样匹配，并在符合较好相的左侧点击，即打上勾，然后右击"⬛"，消除未选中的相，只保留 La_2O_3 和 $La(OH)_3$ 两个相，如图 2.11 所示。因此可进行检索/匹配。

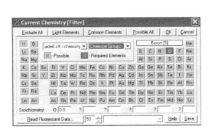

图 2.7

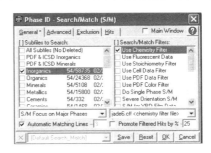

图 2.8

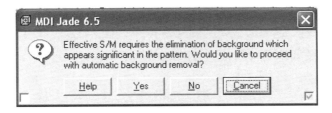

图 2.9

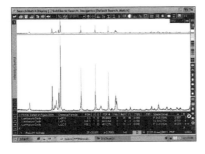

图 2.10

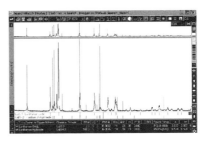

图 2.11

2.2　物相的定量分析[1,3]

2.2.1　物相定量分析的原理和强度公式

在 2.1.1 节已经提到,未知混合物的多晶 X 射线衍射花样是混合物中各相物质衍射花样的总和;每种相的各衍射线条的 d 值不变,相对强度也不变,即每种相的特征衍射花样不变;但混合物中各物相之间的相对强度则随各相在混合物中的百分比含量而变化。因此,我们可以通过测量和分析各物相之间的相对强度来测定混合物中各相的百分含量。要解决这个问题,首先必须知道各相的强度与百分含量之间的关系。定量相分析主要采用 X 射线衍射仪方法。

多晶试样的衍射强度问题只能用运动学衍射理论来处理。一般从一个自由电子对 X 射线散射强度开始,讨论一个多电子的原子对 X 射线的散射强度,进而研究一个晶胞和小晶体对 X 射线的散射强度,最后导出多晶试样的衍射积分强度表达式。这里只从单相试样某衍射线的积分强度的表达式开始。

在用 X 射线衍射仪进行实验时,如果试样为多相物质,则第 i 相某 hkl 衍射线条的积分强度 I_{hkl} 受整个混合物吸收的影响,该相的衍射体积 V_i 是总的衍射体积 $\bar{V}$ 的一部分。设混合物试样的线吸收系数为 $\bar{\mu}_l$,第 i 相的体积分数为 f_i,则第 i 相某 hkl 的衍射强度(略去下标 hkl)则为

$$I_i = \frac{RK_i\bar{V}}{2\bar{\mu}_l} \cdot f_i = \frac{RK_i\bar{V}}{2\bar{\mu}_m\bar{\rho}} \cdot f_i \tag{2.1}$$

如果第 i 相的密度和质量分数分别为 ρ_i、x_i,则 $x_i = \frac{W_i}{W} = \frac{\bar{V}f_i\rho_i}{\bar{V}\bar{\rho}} = \frac{f_i\rho_i}{\bar{\rho}}$,代入式(2.6)得

$$I_i = \frac{RK_i\bar{V}\bar{\rho}}{2\bar{\mu}_l\rho_i}x_i = \frac{RK_i\bar{V}}{2\bar{\mu}_m\rho_i}x_i \tag{2.2}$$

其中

$$R = \frac{I_0}{32\pi r} \cdot \frac{e^4\lambda^3}{m^2c^4} \tag{2.3}$$

$$K_{hkl} = N^2 \cdot P_{hkl} \cdot F_{hkl}^2 \cdot \frac{1+\cos^2 2\theta_{hkl}}{\sin^2\theta_{hkl} \cdot \cos\theta_{hkl}} \cdot e^{-2M} \tag{2.4}$$

R 和 K_{hkl} 分别称为物理-仪器常数和物相-实验参数;$\bar{\rho}$ 为混合试样的密度。式(2.1)和式(2.2)是与 i 相含量(体积分数 f_i、质量分数 x_i)直接相关的衍射强度公式,它们是定量相分析工作的出发点。

如果已知混合试样的元素组元 P 及其含量 ω_p,则混合试样的吸收系数可按下式求得

$$\bar{\mu}_l = \bar{\rho}\bar{\mu}_m = \bar{\rho}\sum_{p=1}^{m} \omega_p \mu_{mp} \tag{2.5}$$

类似地,可由混合物试样的物相组元 i 及其含量 x_i 求得吸收系数为

$$\bar{\mu}_l = \bar{\rho}\bar{\mu}_m = \bar{\rho}\sum_{i=1}^{m} x_i \mu_{mi} \tag{2.6}$$

其中,μ_{mi} 为 i 相的质量吸收系数,若已知该相的化学成分或化学式,即可按式(2.6)求 μ_{mi}。体积分数 f_i 为

$$f_i = \frac{V_i}{V} = V_i / (\sum_{i=1}^{n} V_i) \tag{2.7}$$

值得注意的是,从表面上看,式(2.1)和式(2.2)表明衍射强度与物相的含量(f_i 或 x_i)呈线性关系,但实际上不一定如此(图 2.12)。这是因为衍射强度还与总的衍射体积和试样的吸收系数有关,而衍射体积和吸收系数($\bar{\mu}_l$ 或 $\bar{\mu}_m$)又与相的含量有关。由图 2.12 可见,石英-方石英为直线,这是因为两者都是 SiO_2 的同分异构体,混合试样的衍射体积和质量吸收系数不随二者相对含量变化,$\bar{\rho}$ 的变化甚小;而另外两条曲线则因衍射体积和吸收系数随两相的相对含量而变化,故呈非线性关系。

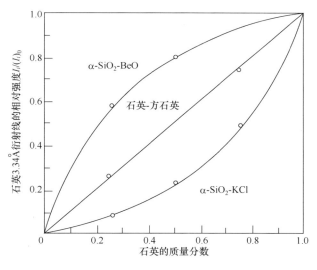

图 2.12　石英的定量分析曲线

2.2.2　定量相分析标样法及其比较

在实际工作中,K_i、$\bar{\mu}_l$、$\bar{\mu}_m$、$\bar{V}$ 在许多情况下都难以进行理论计算,因此许多 X 射线分析者采用不同的实验技术和数据处理方法,或是避免繁杂的计算,或是使

计算简单化,这样就出现了各种各样的定量相分析方法。其方法分为标样法和无标样法两类。

1. 标样法特点的比较

表 2.1 以对比的方式给出各种标样法的工作方程和方法要点。

表 2.1　X 射线衍射定量相分析标样法的比较

方法		工作方程	符号说明	方法要点说明
内标法	Alexander 法	$\dfrac{I_i'}{I_s'}=\left(\dfrac{K_i}{K_s}\cdot\dfrac{\rho_s}{\rho_i}\cdot\dfrac{1-x_s}{x_s}\right)x_i$	I_i',I_s' 分别为加标样 s 后第 i,s 相的衍射强度,x_s 为加入的分数	用样品中不存在的纯相 s 以同样的 x_s 加入一组 x_i 不同的参考样中,作 I_i'/I_s'-x_i 的工作曲线
	Z-Y 法	$\displaystyle\sum_{i=1,\neq s}^{n}\left(\dfrac{I_{sK}}{I_{iK}}\cdot\dfrac{I_{iJ}}{I_{sJ}}\cdot x_{iK}\right)=1$ $\displaystyle\sum_{i=1}^{n}x_{iK}=1$	下标小写和大写字母分别代表物相编号和样品编号。强度均为加入标样后	待测样 n 个,每个样中有 n 个相,用样品中不存在的纯相 s 以同样的 x_s 加入每个样中
增量法	Copeland 法	$\dfrac{I_i'}{I_j'}=\dfrac{K_i}{K_j}\cdot\dfrac{\rho_j}{\rho_i}\cdot\dfrac{x_i+x_{is}}{x_i}$		将待测相 i 加入待测样中,每个相作一系列的增量,对 (I_i'/I_j')-x_{is} 作图,其与 x_{is} 轴的截距即为 x_i
	Bezjak 法	$x_i=\dfrac{x_{is}}{\left(\dfrac{I_i'}{I_j'}\Big/\dfrac{I_i}{I_j}\right)-1}$	x_{is} 是以原样为 1 的分数	作一个增量样,分别对原样和增量样测量 I_i/I_j 和 I_i'/I_j'
	Popovic 法	$x_i=\dfrac{x_{is}R_{ji}}{P(1-R_{ji})}$ $P=1-\displaystyle\sum_{i=1}^{n}x_{is}$ $R_{ji}=\dfrac{I_j'}{I_i'}\cdot\dfrac{I_i}{I_j}$		以 $(n-1)$ 个纯相一起加入原样,分别对原样和增量样测定 I_i/I_j 和 I_i'/I_j'

续表

方法		工作方程	符号说明	方法要点说明
外标法	Lerocux 法	$x_i = \dfrac{I_i}{(I_i)_0} \cdot \left(\dfrac{\bar{\mu}_l}{\mu_{li}}\right)^2 \cdot \dfrac{\rho_i}{\bar{\rho}}$	$(I_i)_0$ 和 I_i 分别为纯 i 相和样品中 i 相的强度	纯相作外标
	Karlak-Burnett 法	解决有重叠线的问题,工作方程复杂		需测 n 个纯相,$1:1:1:\cdots:1$ 混合样和原样共 $n+2$ 个样品
	Y-Z 简化外标法	$\dfrac{I_i}{I_m} = \left(\dfrac{I_i}{I_m}\right)_{1:1} \dfrac{x_i}{x_m}$ $\sum_{i=1}^{n} x_i = 1$	$\dfrac{I_i}{I_m}$ 为原样中 i 和 m 相的强度比	外标样为按 $1:1:1:\cdots:1$ 的 n 个纯相制成。分别对原样和外标样进行测试
基体吸收消除法	基体吸收消除法(即 K 值法)	$x_i = \left(\dfrac{K_f}{K_i} \cdot \dfrac{\rho_i}{\rho_f}\right) \cdot \dfrac{I_i}{I_f} \cdot \dfrac{x_f}{1-x_i}$ $= \left(\dfrac{I_f}{I_i}\right)_{1:1} \dfrac{I_i}{I_f} \cdot \dfrac{x_f}{1-x_i}$	x_f 是加入待测样品消除剂的质量分数;$\left(\dfrac{I_f}{I_i}\right)_{1:1}$ 为按 $1:1$ 配比的 f 相与 f 相二元参考样的强度比	以待测样中不存在的纯相作消除剂加入待测样中,并将待测相与消除剂按 $1:1$ 配制成参考样
	以增量相为消除剂的方法	$x_f = \dfrac{x_f^a}{\left[(I_f^a/I_i^a)/(f_f/I_i)\right]-1}$ $x_i = \dfrac{1-x_f}{\sum\limits_{i=1,i\neq f}^{n}\left[(K_i/K_f)/(I_f^a/I_i^a)\right]}$ $x_i = \dfrac{K_f}{K_i} \cdot \dfrac{I_i^a}{I_f^a}(x_f^a+x_f)$	x_f^a 为作为消除剂的增量相加入的质量分数;I_f^a/I_i^a 为增量后样品第 f 相和 i 相的强度比;I_f/I_i 为未增量原样第 f 相和 i 相的强度比	x_f^a 是作为消除剂的增量相加入的质量分数,I_f^a、I_i^a 为增量后样品中 i 和 f 相的强度;用 $1:1:1:\cdots$ 的外标样 K 值比

2. 标样法的实验比较[5]

表 2.2 给出一组试样利用不同标样法测定的结果,比较这些标样法的各项内容和数据可得如下结论。

(1) 当求复相待测样中一个相的质量分数时,以 Bezjak 的增量法最为简单,基体消除法次之。前者只需测量原样和增量后新样两个试样,而后者虽也测量两个试样,但两个试样都需制作,且需用原样中不存在的相作为消除剂。

(2) 当求解复相系中各相的质量分数,且所选各衍射线无重叠时,以简化外标法最为简单,Popovic 法次之,基体效应消除法工作量最大。前两种方法只需测量两个试样,而最后一种方法需要测量 $n+1$ 个试样,但样品中可包含非晶相,且能测量非晶相的总量。

（3）当复相中有衍射线重叠时，一般采用 Karlak 的外标法，其实验工作量和计算工作量都较大。

（4）由表 2.2 两种消除剂测量结果可知，如果消除剂选择不当，则其结果是不可信的。一般认为消除剂的吸收系数 μ_m、密度 ρ、粒度以及 X_f 对测量结果有重要的影响，然而以增量相为消除剂的方法特别适用于微量相的测定。当然在实际工作中还应注意作消除剂的增量相的选择。

表 2.2　一组样品用不同标样法测定的结果　　　　（单位：%）

测定方法	待测试号	1			2			3		
	待测样中的相	Cu	Ni	Si	Cu	Ni	Si	Cu	Ni	Si
	配比	30	20	50	20	50	30	50	30	20
Popovic 增量法	增量相及质量分数	15	10	—	10	—	15	—	15	10
	测量结果	31.6	20.9	47.5	19.9	50.8	30.3	55.9	27.9	19.2
Karlak 的外标法		29.65	20.36	50.00	19.87	51.78	29.35	51.47	30.94	17.6
简化外标法		29.65	20.37	50.00	19.89	51.76	29.37	51.47	30.93	17.6
基体效应 消除法	$x_f = 25\%SiO_2$	25.9	17.1	45.5	20.0	50.4	35.9	47.2	25.4	17.6
	$x_f = 25\%W$	15.3	15.8	50.9	8.4	39.9	27.9	25.0	25.9	15.6

2.2.3　定量相分析无标样法及其比较

1. 无标样法

表 2.3 以对比的方式给出各种无标样法的工作方程和方法要点。

表 2.3　X 射线衍射定量相分析无标样法的比较

方法	工作方程	符号说明	方法要点说明
直接比较法	$\begin{cases} \dfrac{I_m}{I_i} = \dfrac{K_m}{K_i} \cdot \dfrac{f_m}{f_i} \\ \sum f_i = 1 \end{cases}$ $\begin{cases} \dfrac{I_m}{I_i} = \dfrac{K_m}{K_i} \cdot \dfrac{\rho_i}{\rho_m} \cdot \dfrac{x_m}{x_i} \\ \sum f_i = 1 \end{cases}$	K 值需理论计算 $K = N^2 P F^2$ $= \dfrac{1+\cos^2 2\theta}{\sin^2 \theta \cos \theta} e^{-2M}$	只需一个样品即可求解 除 K 值需理论计算外，还需知密度
绝热法	$x_i = \left[\dfrac{K_i}{I_i \rho_i} \sum\limits_{i=1}^{n} \dfrac{I_i \rho_i}{K_i} \right]^{-1}$	（1）K 值需理论计算 （2）$K_i \rho_i^{-1}$ 实验求得	K_i 或 $K_i \rho_i^{-1}$ 由理论计算，也可从实验求得

续表

方法		工作方程	符号说明	方法要点说明
Zevin 法	（1）已知各相的质量吸收系数 μ_{im}	$\begin{cases} \displaystyle\sum_i^n \left[1 - \dfrac{I_{iJ}}{I_{iK}}\right] x_{iK}\mu_{im} = 0 \\ \displaystyle\sum_i^n x_{iK} = 1 \end{cases}$	下标小写字母为物相编号，下标大写字母为样品编号	n 个样品中均包含不同含量的 n 个相，需根据各个物相的化学成分计算 μ_{im}
	（2）已知各样品的质量系数 $\bar{\mu}_{Jm}$	$\begin{cases} \displaystyle\sum_i^n \left[\dfrac{I_{iJ}}{I_{iK}} \cdot \dfrac{\mu_{mJ}}{\mu_{mK}} x_{iK}\right] = 1 \\ \displaystyle\sum_i^n x_{iK} = 1 \end{cases}$	下标小写字母为物相编号，下标大写字母为样品编号	n 个样品中均包含不同含量的 n 个相，需根据各个样品的化学成分计算 μ_{mJ}
	（3）未知系吸收系数	$\begin{cases} \displaystyle\sum_i^n \left[\dfrac{I_{iJ}}{I_{iK}} \cdot \dfrac{I_{iJ} - I_{i(K+J)}}{I_{i(K+J)} - I_{iK}} \cdot x_{iK}\right] = 1 \\ \displaystyle\sum_i^n x_{iK} = 1 \end{cases}$	下标小写字母为物相编号，下标大写字母为样品编号，下标 $(K+J)$ 表示按 $1:1$ 把 K 号样品与 J 号样品混合	n 个样品中均包含不同含量的 n 个相
	郭常霖等的改进			n 个样品，每个样品中的相数 $\leqslant n$

2. 无标样法的实验比较[6]

当 K 值用计算或实验求得后，简化外标法只需对待测样进行实验测量强度即可求得待测样中的各相质量分数，因此在这种情况下简化外标法也属无标样法。三种无标样法及简化外标法的测量实例的结果如表 2.4 所示。仔细比较表 2.4 中各项和数据可得如下结论。

（1）直接比较法最方便，只要一个试样就能给出结果，但 K 值需要进行理论计算，要求知道物相单晶胞中原子的数目及其坐标位置才能计算结构因数，要求知道德拜温度 Θ 才能计算温度因数 e^{-2M}，这在很多情况下是难以办到的，故多用于结构简单的体系中，如铁基或铁-镍基合金中 α 相和 γ 相的测定，钛合金中 α 相和 β 相的测定等。

（2）Zevin 法是一种很好的无标样法，是仅涉及物相或样品质量吸收系数的计算，只需知道物相或样品的化学成分，查阅吸收系数就可计算。显然，这是不难办到的，因此具有较广泛的应用前景。但它要求 n 个样品均含不同质量分数的 n 个物相。这一点与郭常霖等的改进方法不同，后者所用样品可以缺相或多相。值得注意的是，从原理上讲，Zevin 的第三种方法虽然可行，但当 $[I_{iK} - I_{i(K+J)}]/[I_{i(K+J)} - I_{iJ}]$ 的值在积分强度测量的统计误差范围内时，便可能出现 $[I_{iK} - I_{i(K+J)}]/[I_{i(K+J)} - I_{iJ}] < 0$ 的情况而无解。普适法回归求解法和陆金生优

化计算法是很好的改进[3],有望广泛应用。

（3）简化外标法虽属标样法,但当 K 值由实验测得后,就是一种简便易行的无标样法,也可以从一个试样的强度测量获得各相的质量分数。当 K 值采用理论计算时,绝热法与直接法一致;而当 K 值由实验求得时,绝热法与简化外标法一致。在后一种情况下,简化外标法实际上是一种无标样法,且只要求出其中一相质量分数后,其他各相均与该相成倍率关系,故计算简单。

（4）由表 2.5 可知,实验测定的准确度以简化外标法与 K 值实验测得的绝热法最高,Zevin 法次之,直接比较法与 K 值理论计算的绝热法最差。由此可知,由实验求出 $K\rho^{-1}$ 值的方法的准确度高,这涉及外标样的采用;由理论计算常数的方法的准确度差,计算中采用理论数据（即有关书籍中给出的数据）越多,造成的误差越大,因此在完全无标样法中以 Zevin 法最好,即无标样,使用的理论数据也最少。

表 2.4　一组样品用不同无标样法的测量结果

样品			1			2			3		
物相			Cu	Ni	GaAs	Cu	Ni	GaAs	Cu	Ni	GaAs
原配比/%			20.0	50.0	30.0	15.7	35.3	50.0	50.0	15.7	35.3
测定结果/%	绝热法	直接比较法	20.6	55.3	25.1	19.2	39.2	45.6	55.5	17.6	25.9
		K 值理论计算	20.6	55.3	25.1	19.2	39.2	45.6	55.5	17.6	25.9
		K 值实验测定	19.7	51.5	28.8	15.3	35.7	49.9	55.8	15.7	31.5
	Zevin法	已知 μ_{mi}	25.8	45.4	29.9	19.3	29.9	50.8	57.6	15.6	29.6
		已知 $\bar{\mu}_{mJ}$	25.2	45.7	30.1	19.8	30.0	51.1	55.8	15.0	30.2
	简化外标法		19.7	51.5	28.8	15.3	35.7	49.9	55.8	15.7	31.5

2.3　多晶样品点阵参数的精确测定

测定点阵参数总是对已知晶体结构的样品进行,因此该样品衍射图谱的每一条衍射线的正确无误的指标化和精确的衍射角数据是关键。有了这两组数据就可求出点阵参数。

一般用联立方程法或线对法求得初始点阵参数,然后用外推法或最小二乘方法求得精确的点阵参数。相关书籍[1,2]有详细介绍。这里只介绍 Jade 程序中求点阵参数的方法。

选定要求解的衍射花样,测定各衍射线的峰位 $2\theta_{hkl}$, Report ,退出, Option , Calculation Lattice ,正确给出晶系和主要衍射线的 hkl ,就能获得平均的点阵参数。必要时,可退出, Option , Cell Refinement ,就可得到较精确的点阵参数。

2.4 宏观应力(应变)的测定[7]

理论和实验都已证明,在电池充放电过程中,由于导电离子在正负极活性材料中的脱嵌而引起应力,包括衍射线条位移的宏观应力和线条宽化的微观应力,需用衍射实验方法测定和分析这两种应力。本节介绍宏观应力的测定技术,微观应力的测定将在 2.5 节介绍。

宏观应力是一个复杂问题,根据应力的分布状态,分为三轴、两轴(平面)和单轴三种状态,以及所对应的主应力状态,其测定方法也明显不同,详细可参阅科学出版社 2013 年出版的《内应力衍射分析》[7]一书有关章节。

2.4.1 平面应力状态

由于无论是卷绕式圆柱形电池,还是平板电池或纽扣电池,因原子脱嵌引起的应力状态应属于平面应力状态或平面主应力状态,当为平面应力状态时,电极表面为自由表面,垂直于表面的应变 ε_{33} 并非为零,如下所示

$$\sigma^{2D} = \begin{bmatrix} \sigma_{11} & \sigma_{12} \\ \sigma_{21} & \sigma_{22} \end{bmatrix} \tag{2.8}$$

$$\varepsilon^{2D} = \begin{bmatrix} \varepsilon_{11} & \varepsilon_{12} & 0 \\ \varepsilon_{21} & \varepsilon_{22} & 0 \\ 0 & 0 & \varepsilon_{33} \end{bmatrix} \tag{2.9}$$

ε 与 σ 之间的关系为

$$\begin{cases} \varepsilon_{11} = \dfrac{\sigma_{11} - \nu\sigma_{22}}{E} \\ \varepsilon_{22} = \dfrac{\sigma_{22} - \nu\sigma_{11}}{E} \\ \varepsilon_{33} = \dfrac{-\nu(\sigma_{11} + \sigma_{22})}{E} \end{cases} \tag{2.10}$$

$$\begin{cases} \sigma_{11} = \varepsilon_{11}E + \dfrac{\nu E(\nu\varepsilon_{11} + \varepsilon_{22})}{1 - \nu^2} \\ \sigma_{22} = \dfrac{E(\varepsilon_{11} + \varepsilon_{22})}{1 - \nu^2} \end{cases} \tag{2.11}$$

其中,σ 为应力;ε 为应变。它们的下标数字相同为主应力或主应变,数字不同为切应力或切应变。

若属二轴主应力状态,则有

$$\sigma^{2D} = \begin{bmatrix} \sigma_{11} & 0 \\ 0 & \sigma_{22} \end{bmatrix}, \quad \varepsilon^{2D} = \begin{bmatrix} \varepsilon_{11} & 0 & 0 \\ 0 & \varepsilon_{22} & 0 \\ 0 & 0 & \varepsilon_{33} \end{bmatrix} \tag{2.12}$$

可见求解主应力要简单得多。

2.4.2 平面应力的测定方法

在平面(二微)应力的情况下,$\sigma_{33}=0$,σ_{13} 和 $\sigma_{23}=0$。应变-应力关系的通式为

$$\varepsilon_{\varphi,\psi}^{hkl}=\frac{1+\nu}{E}(\sigma_{11}\cos^2\varphi+\sigma_{12}\sin2\varphi+\sigma_{22}\sin^2\varphi)\sin^2\psi-\frac{\nu}{E}(\sigma_{11}+\sigma_{22}) \quad (2.13)$$

二维主应力状态

$$\varepsilon_{\varphi,\psi}^{hkl}=\frac{1+\nu}{E}(\sigma_{11}\cos^2\varphi+\sigma_{22}\sin^2\varphi)\sin^2\psi-\frac{\nu}{E}(\sigma_{11}+\sigma_{22}) \quad (2.14)$$

其中,ψ 为测定应力方向与表面法线 Z 的夹角;φ 为测定应力方向在表面上的投影与参考轴 X 的交角。

下面介绍二维应力测定的具体方法。

1. $0°-45°$ 法

对于主应力状态,当 $\psi=0°$ 和 $45°$ 时,式(2.14)变为

$$\varepsilon_{\varphi,0}^{hkl}=\frac{d_{\varphi,0}^{hkl}-d_0^{hkl}}{d_0^{hkl}}=-\frac{\nu}{E}(\sigma_{11}+\sigma_{22}) \quad (2.15)$$

$$\varepsilon_{\varphi,45}^{hkl}=\frac{d_{\varphi,45}^{hkl}-d_0^{hkl}}{d_0^{hkl}}=\frac{1+\nu}{2E}(\sigma_{11}\cos^2\varphi+\sigma_{22}\sin^2\varphi)-\frac{\nu}{E}(\sigma_{11}+\sigma_{22}) \quad (2.16)$$

因 φ 已知,可联立求得 σ_{11} 和 σ_{22}。

2. $\sin^2\psi$ 法

在已知 φ 的情况下,改变 ψ,至少要求 4 个点,然后将 $\varepsilon_{\varphi,\psi}$-$\sin^2\psi$ 作图,其斜率为

$$M=\frac{1+\nu}{E}(\sigma_{11}\cos^2\varphi+\sigma_{22}\sin^2\varphi) \quad (2.17)$$

截距可为

$$I=\frac{\nu}{E}(\sigma_{11}+\sigma_{22}) \quad (2.18)$$

因 φ 已知,可联立求得 σ_{11} 和 σ_{22}。令

$$\sigma_\varphi=\sigma_{11}\cos^2\varphi+\sigma_{22}\sin^2\varphi \quad (2.19)$$

若 $\varepsilon_{\varphi,\psi}=0$,则有

$$\frac{1+\nu}{E}(\sigma_{11}\cos^2\varphi+\sigma_{22}\sin^2\varphi)=\frac{\nu}{E}(\sigma_{11}+\sigma_{22}) \quad (2.20)$$

因 φ 已知,σ_{11} 和 σ_{22} 已求得,可求得泊松比 ν。

在张应力的情况下,设 $\varphi=0$,则 $\sigma_{11}=\sigma$,$\sigma_{22}=0$,有

$$\varepsilon_{0,\psi}=\frac{1+\nu}{E}\sigma \cdot \sin^2\psi-\frac{\nu}{E}\sigma \tag{2.21}$$

当 $\varepsilon_{0,\psi}=0$ 时,有

$$\sin^2\psi=\frac{\nu}{1+\nu}$$

$$\frac{\partial}{\partial\sigma}\Big[\frac{\partial\varepsilon_{\varphi,\psi}}{\partial\sin^2\psi}\Big]=\frac{1+\nu}{E} \tag{2.22}$$

于是,联立式(2.22)可求得弹性常数 E 和 ν。

在一些专业文献和实际测量中,常把式(2.14)和式(2.13)写成

$$\varepsilon_{\varphi,\psi}^{hkl}=\frac{1+\nu}{E}\sigma_{\varphi}\sin^2\psi-\frac{\nu}{E}(\sigma_{11}+\sigma_{22}) \tag{2.23}$$

其中

$$\sigma_{\varphi}=\sigma_{11}\cos^2\varphi+\sigma_{22}\sin^2\varphi \quad (\text{二维主应力状态}) \tag{2.24}$$

$$\sigma_{\varphi}=\sigma_{11}\cos^2\varphi+\sigma_{12}\sin2\varphi+\sigma_{22}\sin^2\psi \quad (\text{一般二维应力状态}) \tag{2.25}$$

那么,上述的 $0°-45°$ 法测定和 $\sin^2\psi$ 法的测定就更为简单。

2.5　微结构引起的衍射线宽化效应[8,9]

2.5.1　微晶和微应力的宽化效应

X 射线衍射晶粒度宽化效应由 Scherrer 公式表达

$$\beta_{hkl}=\frac{0.89\lambda}{D_{hkl}\cos\theta_{hkl}} \tag{2.26}$$

值得注意的是,D_{hkl} 指的是 hkl 晶面法线方向的晶粒尺度。

微观应变引起的宽化为

$$\varepsilon_{\text{平均}}=\frac{\beta_{hkl}}{4}\cot\theta_{hkl} \tag{2.27}$$

其中,β_{hkl} 单位为弧度(rad)。式(2.27)就把平均应变 $\varepsilon_{\text{平均}}$ 或应力 $\sigma_{\text{平均}}$ 与衍射线形的半高宽 β_{hkl} 联系起来。

2.5.2　堆垛层错的宽化效应

堆垛层错引起的 X 射线衍射效应,对于不同的结构有不同的表达式。

对于密堆六方结构,当 $h-k=3n$ 或 $hk0$ 时,无层错效应;当 $h-k=3n\pm1$ 时,若 l 为偶数,则衍射线严重宽化,若 l 为奇数,衍射线宽化较小。其对衍射线半宽度的贡献是

$$h-k=3n\pm1\begin{cases} l=\text{偶数}, \quad \beta_f=\dfrac{2l}{\pi}\tan\theta\left(\dfrac{d}{c}\right)^2(3f_D+3f_T) \\[3mm] l=\text{奇数}, \quad \beta_f=\dfrac{2l}{\pi}\tan\theta\left(\dfrac{d}{c}\right)^2(3f_D+f_T) \end{cases} \tag{2.28}$$

其中，β_f 以 rad 为单位；d 为晶面间距；c 为六方 C 轴的点阵参数；f_D 和 f_T 分别为形变层错几率和孪生层错几率。

对面心立方（FCC）结构则为

$$\beta_f=\frac{2}{\pi a}\sum\frac{|L_o|}{h_o(u+b)}\tan\theta(1.5f_D+f_T) \tag{2.29}$$

其中，β_f 的单位为 rad；$\sum\dfrac{|L_o|}{h_o(u+b)}$ 对各 hkl 衍射线的值如表 2.5 所示。

表 2.5　具有层错的 FCC 结构粉末衍射线形的几个有关数据

hkl	$\sum\dfrac{\pm L_o}{h_o^2(u+b)}$	$\sum\dfrac{|L_o|}{h_o(u+b)}$	$\Delta(2\theta)^\circ=\dfrac{90}{\pi^2}\sum\dfrac{(\pm)L_o}{h_o^2(u+b)}\tan\theta\sqrt{3}f_D$
111	$\dfrac{1}{4}$	$\sqrt{\dfrac{3}{4}}$	$\dfrac{90}{\pi^2}\sqrt{3}f_D\tan\theta_{111}\left(\dfrac{1}{4}\right)$
200	$-\dfrac{1}{2}$	1	$\dfrac{90}{\pi^2}\sqrt{3}f_D\tan\theta_{200}\left(-\dfrac{1}{2}\right)$
220	$\dfrac{1}{4}$	$\dfrac{1}{\sqrt{2}}$	—
311	$-\dfrac{1}{11}$	$\dfrac{3}{2}\sqrt{11}$	—
222	$-\dfrac{1}{8}$	$\dfrac{\sqrt{3}}{4}$	$\dfrac{90}{\pi^2}\sqrt{3}f_D\tan\theta_{222}\left(-\dfrac{1}{8}\right)$
400	$\dfrac{1}{4}$	1	$\dfrac{90}{\pi^2}\sqrt{3}f_D\tan\theta_{400}\left(\dfrac{1}{4}\right)$

对体心立方（BCC）结构则有

$$\beta_f=\frac{2}{\pi a}\frac{\sum|L|}{h_o(u+b)}\tan\theta(1.5f_D+f_T) \tag{2.30}$$

其中，β_f 的单位同样为 rad，对 BCC 结构各 hkl 衍射线的 $\dfrac{\sum|L|}{h_o(u+b)}$ 值如表 2.6 所示。

表 2.6　含有层错的 BCC 结构粉末衍射各衍射线的 $\dfrac{\sum|L|}{h_o(u+b)}$ 值

hkl	110	200	211	220	310	222	321	400
$\dfrac{\sum|L|}{h_o(u+b)}$	$\dfrac{2}{3}\sqrt{2}$	$\dfrac{4}{3}$	$\dfrac{2}{\sqrt{6}}$	$\dfrac{2}{3}\sqrt{2}$	$4\sqrt{10}$	$2\sqrt{3}$	$\dfrac{5}{2}\sqrt{14}$	$\dfrac{4}{3}$

2.6　分离 XRD 线宽多重化宽化效应的最小二乘方法[7~14]

2.6.1　分离微晶和微应力宽化效应的最小二乘方法

用近似函数法可得：$\beta=\beta_c+\beta_s$，将式(2.26)和式(2.27)代入得

$$\frac{\beta\cos\theta}{\lambda}=\frac{0.89}{D}+\bar{\varepsilon}\cdot\frac{4\sin\theta}{\lambda} \tag{2.31}$$

用式(2.31)作图，由于宽化的各向异性以及测量误差，常会使人工 $\frac{\beta\cos\theta}{\lambda}$ 对 $\frac{4\sin\theta}{\lambda}$ 作直线图有一定困难，即使用 Origin 程序作图，也会产生较大误差。因此，可以设

$$\begin{cases} Y_i=\dfrac{\beta_i\cos\theta_i}{\lambda}, & a=\dfrac{0.89}{D} \\[3mm] X_i=\dfrac{4\sin\theta_i}{\lambda}, & m=\varepsilon \end{cases} \tag{2.32}$$

重写式(2.31)为

$$Y=a+mX \tag{2.33}$$

其最小二乘方法的正则方程组矩阵形式为

$$\begin{bmatrix} n & \sum X \\ \sum X & \sum X^2 \end{bmatrix}\begin{bmatrix} a \\ m \end{bmatrix}=\begin{bmatrix} \sum Y \\ \sum XY \end{bmatrix} \tag{2.34}$$

其判别式为

$$\Delta=\begin{vmatrix} n & \sum X \\ \sum X & \sum X^2 \end{vmatrix} \tag{2.35}$$

当 $\Delta\neq 0$ 时，才能有唯一解

$$\begin{cases} a=\dfrac{\Delta_a}{\Delta}=\dfrac{\begin{vmatrix} \sum Y & \sum X \\ \sum XY & \sum X^2 \end{vmatrix}}{\Delta}=\dfrac{\sum Y\sum X^2-\sum X\sum XY}{n\sum X^2-\left(\sum X\right)^2} \\[6mm] m=\dfrac{\Delta_m}{\Delta}=\dfrac{\begin{vmatrix} n & \sum Y \\ \sum X & \sum XY \end{vmatrix}}{\Delta}=\dfrac{n\sum XY-\sum X\sum Y}{n\sum X^2-\left(\sum X\right)^2} \end{cases} \tag{2.36}$$

式(2.36)对于不同晶系、不同结构均适用。由此可知，对于存在层错的密堆六方，只有与层错无关(即 $h-k=3n$ 或 $hk0$)的线条才能计算。

2.6.2　分离微晶-层错 XRD 线宽化效应的最小二乘方法

先讨论 CPH 结构,类似式(2.31)有

$$h-k=3n\pm1\begin{cases} l=偶数, & \dfrac{\beta\cos\theta}{\lambda}=\dfrac{2l}{\pi}\left(\dfrac{d}{c}\right)^2\dfrac{\sin\theta}{\lambda}(3f_D+3f_T)+\dfrac{0.89}{D} \\[3mm] l=奇数, & \dfrac{\beta\cos\theta}{\lambda}=\dfrac{2l}{\pi}\left(\dfrac{d}{c}\right)^2\dfrac{\sin\theta}{\lambda}(3f_D+f_T)+\dfrac{0.89}{D} \end{cases} \tag{2.37}$$

令

$$\begin{cases} Y=\dfrac{\beta\cos\theta}{\lambda}, & f=3f_D+3f_T \quad (l=偶数) \\[2mm] & f=3f_D+f_T \quad (l=奇数) \\[2mm] X=\dfrac{2l}{\pi}\left(\dfrac{d}{c}\right)^2\dfrac{\sin\theta}{\lambda}, & A=\dfrac{0.89}{D} \end{cases} \tag{2.38}$$

$$\begin{cases} A=\dfrac{\Delta_A}{\Delta}=\dfrac{\begin{vmatrix} \sum Y & \sum X \\ \sum XY & \sum X^2 \end{vmatrix}}{\Delta}=\dfrac{\sum Y\sum X^2-\sum X\sum XY}{n\sum X^2-\left(\sum X\right)^2} \\[6mm] f=\dfrac{\Delta_f}{\Delta}=\dfrac{\begin{vmatrix} n & \sum Y \\ \sum X & \sum XY \end{vmatrix}}{\Delta}=\dfrac{n\sum XY-\sum X\sum Y}{n\sum X^2-\left(\sum X\right)^2} \end{cases} \tag{2.39}$$

求出 D_{even}、f_{even}、D_{odd}、f_{odd} 后,再由

$$\begin{cases} f_{\text{even}}=3f_D+3f_T \\ f_{\text{odd}}=3f_D+f_T \end{cases} \tag{2.40}$$

联立求得 f_D 和 f_T。

2.6.3　分离微应力-层错二重宽化效应的最小二乘方法

类似式(2.31)和式(2.37)有

$$\begin{cases} l=偶数, & \dfrac{\beta\cos\theta}{\lambda}=\dfrac{2l}{\pi}\left(\dfrac{d}{c}\right)^2\dfrac{\sin\theta}{\lambda}(3f_D+3f_T)+\varepsilon\dfrac{4\sin\theta}{\lambda} \\[3mm] l=奇数, & \dfrac{\beta\cos\theta}{\lambda}=\dfrac{2l}{\pi}\left(\dfrac{d}{c}\right)^2\dfrac{\sin\theta}{\lambda}(3f_D+f_T)+\varepsilon\dfrac{4\sin\theta}{\lambda} \end{cases} \tag{2.41}$$

令

$$\begin{cases} Y = \dfrac{\beta\cos\theta}{\lambda}, & f = 3f_D + 3f_T \quad (l = \text{偶数}) \\[3mm] X = \dfrac{2l}{\pi}\left(\dfrac{d}{c}\right)^2 \dfrac{\sin\theta}{\lambda}, & f = 3f_D + f_T \quad (l = \text{奇数}) \\[3mm] Z = \dfrac{4\sin\theta}{\lambda}, & A = \varepsilon \end{cases} \tag{2.42}$$

$$\begin{cases} f = \dfrac{\Delta_f}{\Delta} = \dfrac{\begin{vmatrix} \sum YZ & \sum Z^2 \\ \sum XY & \sum XZ \end{vmatrix}}{\Delta} = \dfrac{\sum YZ \sum XZ - \sum Z^2 \sum XY}{\left(\sum XZ\right)^2 - \sum X^2 \sum Z^2} \\[6mm] A = \dfrac{\Delta_A}{\Delta} = \dfrac{\begin{vmatrix} \sum XZ & \sum YZ \\ \sum X^2 & \sum XY \end{vmatrix}}{\Delta} = \dfrac{\sum XZ \sum XY - \sum X^2 \sum YZ}{\left(\sum XZ\right)^2 - \sum X^2 \sum Z^2} \end{cases} \tag{2.43}$$

2.6.4　微晶-微应力-层错三重宽化效应的最小二乘方法

对于密堆六方结构的样品,类似式(2.31)、式(2.37)和式(2.41)有

$$h - k = 3n \pm 1 \begin{cases} l = \text{偶数}, & \dfrac{\beta\cos\theta}{\lambda} = \dfrac{2l}{\pi}\left(\dfrac{d}{c}\right)^2 \dfrac{\sin\theta}{\lambda}(3f_D + 3f_T) + \dfrac{0.89}{D} + \varepsilon \dfrac{4\sin\theta}{\lambda} \\[4mm] l = \text{奇数}, & \dfrac{\beta\cos\theta}{\lambda} = \dfrac{2l}{\pi}\left(\dfrac{d}{c}\right)^2 \dfrac{\sin\theta}{\lambda}(3f_D + f_T) + \dfrac{0.89}{D} + \varepsilon \dfrac{4\sin\theta}{\lambda} \end{cases} \tag{2.44}$$

令

$$\begin{cases} Y = \dfrac{\beta\cos\theta}{\lambda}, & f = 3f_D + 3f_T \quad (l = \text{偶数}) \\[3mm] & f = 3f_D + f_T \quad (l = \text{奇数}) \\[3mm] X = \dfrac{2l}{\pi}\left(\dfrac{d}{c}\right)^2 \dfrac{\sin\theta}{\lambda}, & A = \dfrac{0.89}{D} \\[3mm] Z = \dfrac{4\sin\theta}{\lambda}, & B = \varepsilon \end{cases} \tag{2.45}$$

最小二乘方法的正则方程矩阵形式为

$$\begin{pmatrix} \sum X^2 & \sum X & \sum XZ \\ \sum X & n & \sum Z \\ \sum XZ & \sum Z & \sum Z^2 \end{pmatrix} \begin{pmatrix} f \\ A \\ B \end{pmatrix} = \begin{pmatrix} \sum XY \\ \sum Y \\ \sum YZ \end{pmatrix} \tag{2.46}$$

该三元一次方程组的判别式和唯一解为

$$\Delta = \begin{vmatrix} \sum X^2 & \sum X & \sum XZ \\ \sum X & n & \sum Z \\ \sum XZ & \sum Z & \sum Z^2 \end{vmatrix} \neq 0 \qquad (2.47)$$

$$f = \frac{\Delta_f}{\Delta} = \frac{\begin{vmatrix} \sum XY & \sum X & \sum XZ \\ \sum Y & n & \sum Z \\ \sum YZ & \sum Z & \sum Z^2 \end{vmatrix}}{\Delta} \qquad (2.48)$$

$$A = \frac{\Delta_A}{\Delta} = \frac{\begin{vmatrix} \sum X^2 & \sum XY & \sum XZ \\ \sum X & \sum Y & \sum Z \\ \sum XZ & \sum YZ & \sum Z^2 \end{vmatrix}}{\Delta}$$

$$B = \frac{\Delta_B}{\Delta} = \frac{\begin{vmatrix} \sum X^2 & \sum X & \sum XY \\ \sum X & n & \sum XY \\ \sum XZ & \sum Z & \sum YZ \end{vmatrix}}{\Delta}$$

从公式推导可知,只有当 $h-k=3n\pm1$, $l=$偶数和 $l=$奇数的衍射线条数目 m_{even} 和 m_{odd} 均满足 $\geqslant2$(两重效应)和 $\geqslant3$(三重效应)时才能求解。

2.6.5　系列计算程序的结构

1. 密堆六方、面心立方和体心立方层错宽化效应比较

为了比较,现把三种结构的三重宽化效应有关公式集中重写如下:
对于 CPH, $h-k=3n\pm1$,

$$\begin{cases} l=\text{偶数}, & \dfrac{\beta\cos\theta}{\lambda}=\dfrac{2l}{\pi}\left(\dfrac{d}{c}\right)^2\dfrac{\sin\theta}{\lambda}(3f_D+3f_T)+\dfrac{0.89}{D}+\varepsilon\dfrac{4\sin\theta}{\lambda} \\[3mm] l=\text{奇数}, & \dfrac{\beta\cos\theta}{\lambda}=\dfrac{2l}{\pi}\left(\dfrac{d}{c}\right)^2\dfrac{\sin\theta}{\lambda}(3f_D+f_T)+\dfrac{0.89}{D}+\varepsilon\dfrac{4\sin\theta}{\lambda} \end{cases} \qquad (2.49)$$

对于 FCC

$$\frac{\beta\cos\theta}{\lambda}=\frac{1}{2\pi a}\sum\frac{|L_o|}{h_{,}(u+b)}\frac{\sin\theta}{\lambda}(1.5f_D+f_T)+\frac{0.89}{D}+\varepsilon\frac{4\sin\theta}{\lambda} \qquad (2.50)$$

对于 BCC

$$\frac{\beta\cos\theta}{\lambda}=\frac{1}{2\pi a}\frac{\sum|L|}{h_o(u+b)}\frac{\sin\theta}{\lambda}(1.5f_D+f_T)+\frac{0.89}{D}+\varepsilon\frac{4\sin\theta}{\lambda} \qquad (2.51)$$

由此可见,三种结构的层错引起宽化效应的表达式有相似之处,其重要差别是:
①在层错几率的关系上,对于 CPH,$h-k=3n$ 和 $hk0$ 与层错无关,当 $h-k=3n\pm1$ 时,若 l=偶数,则 $f=3f_D+3f_T$,而若 l=奇数,则 $f=3f_D+f_T$;对于 FCC 和 BCC 则都是 $f=1.5f_D+f_T$。②层错项的系数差异,对于 CPH,当 l=偶数和 l=奇数 时,形式相同,但取值不同;但对于 FCC 和 BCC,形式不同,取值也不同,分别来源 于表 2.5 和表 2.6。③另外,对于 CPH,可以求得 f_D 和 f_T;对 FCC,在求得 f 后, 可根据式(6.41)之一求出 f_D,进而求得 f_T,而对 BCC 只能求得 $(1.5f_D+f_T)$。

2. 计算程序结构

计算程序结构见图 2.13。

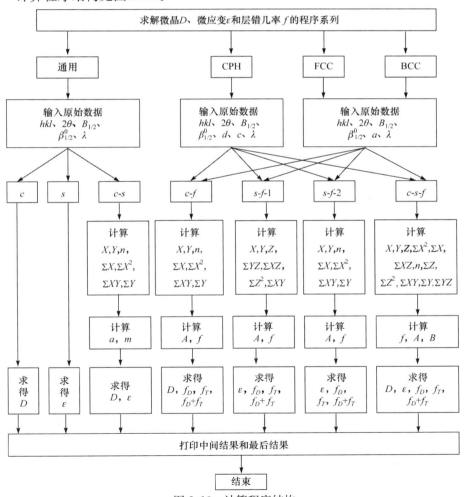

图 2.13　计算程序结构

参 考 文 献

[1] 杨传铮,谢达材,陈癸贞,等,物相衍射分析.北京:冶金工业出版社,1988

[2] 姜传海,杨传铮.材料射线衍射和散射分析.北京:高等教育出版社,2010

[3] 程国峰,杨传铮,黄月鸿.纳米材料 X 射线分析.北京:化学工业出版社,2010

[4] Materials Dolta Inc. Jade 6.0 XRD Pattern Processing. USA:Materials Data Inc. ,2004

[5] 杨传铮,钟福民.X 射线物相定量分析中标样法的比较.上海金属（有色金属分册）,1983,
4(3):78

[6] 杨传铮,陈癸尊,王兆祥.X 射线物相定量分析中无标样法的比较.上海金属（有色金属分册）,1983,4(4):67

[7] 姜传海,杨传铮.内应力衍射分析.北京:科学出版社,2013.

[8] 钦佩,娄豫皖,杨传铮,等.分离 X 射线衍射线多重宽化效应的新方法和计算程序.物理学报,2006,55(3):1325~1335

[9] 杨传铮,张建.X 射线衍射研究纳米材料微结构的一些进展.物理学进展,2008,28(3):280~313

[10] 程国峰,杨传铮,黄月鸿.纳米 ZnO 的 XRD 表征与研究.无机材料学报,2008,23(1):199~202;理学中国用户论文集(X 射线衍射专刊),2008,152~158

[11] 程利芳,杨传铮,蒲朝辉,等.面心立方纳米材料中微结构的 X 射线衍射表征.科学研究月刊,2008,8(8):54~57

[12] Pu Z H,Yang C Z,Chen L F,et al. X-ray diffraction characterization and study of the micro-structure in hexagonal close-packed Nano material. Powder Diffraction, 2008, 23 (3):213~223

[13] 杨传铮,蒲朝辉,李志林.纳米镍粉的制备及其微结构的 X 射线衍射研究.纳米科技,2009,6(2):2~7

[14] 杨传铮,姜传海.衍射线宽化的线形分析和微结构表征.理化检验（物理分册）,2014,50(9):658~667

第 3 章　MH-Ni 电池用 β-Ni(OH)$_2$ 和 AB$_5$ 合金储氢的 XRD 表征

MH-Ni 和 Cd-Ni 电池已经大量生产和广泛应用,它们的正极活性材料都是 β-Ni(OH)$_2$[1]。前者的负极材料主要是 AB$_5$ 储氢合金。β-Ni(OH)$_2$ 属六方结构,$P\bar{3}m1$(No. 164)空间群。

国内生产 β-Ni(OH)$_2$ 已接近或达到国际优质材料的水平。厂家提供的技术参数包括化学成分、松装密度、振实密度、粒径、目数、比表面积和(101)衍射线半宽度等。但是,对于 MH-Ni 电池行业来说,初始 β-Ni(OH)$_2$ 的晶粒形状、晶粒大小和层错几率更为重要。因为在活化和循环寿命测试过程中,晶粒形状由矮胖柱体形向近等轴晶转变,晶粒会细化,层错几率也会变化[2],而这些变化与材料的电化学性能密切相关,因此,选择何种 β-Ni(OH)$_2$ 是电池生产厂家的关键问题之一。已知 β-Ni(OH)$_2$ 多用共沉积方法制备得到,其化学反应式如下

$$NiSO_4 + 2\ NaOH \longrightarrow \beta\text{-}Ni(OH)_2 \downarrow + Na_2SO_4$$

或

$$Ni(NO_3)_2 + 2\ NaOH \longrightarrow \beta\text{-}Ni(OH)_2 \downarrow + 2\ NaNO_3$$

两种溶液按什么比例、以什么方式注入混合添加剂、共沉积温度、沉积时的搅拌工艺以及沉淀物干燥温度和时间等,都对产品的电化学性能有重要影响[3],而这些大多是通过电池的性能测试来完成的。王超群等[4]研究了制备条件对 β-Ni(OH)$_2$ 微晶结构参数的影响。正极活性材料的电化学性能对结构是灵敏的,因此探索从结构上正确、全面表征和综合评价 β-Ni(OH)$_2$ 以及建立测试标准对 β-Ni(OH)$_2$ 生产和使用厂家都是十分必要的。

AB$_5$ 储氢合金是以 LaNi$_5$ 为主要成分,也属六方结构,$P6/mmm$(No. 191)空间群。

本章分两部分。第一部分是在总结前人工作的基础上,利用常规的 X 射线衍射方法,提出全面、正确表征和评价 β-Ni(OH)$_2$ 的原理与方法,并在测试分析若干种 β-Ni(OH)$_2$ 产品的基础上对 β-Ni(OH)$_2$ 的晶粒形状和形状因子、平均晶粒大小和层错几率等给予综合评价;第二部分介绍 MH/Ni 电池用 AB$_5$ 合金的表征。

3.1　表征和评价 β-Ni(OH)$_2$ 的原理和方法

3.1.1　两种表征 β-Ni(OH)$_2$ 的 X 射线衍射分析方法

Delmas 和 Tessier[5]考虑 β-Ni(OH)$_2$ 存在生长层错和形变层错,采用 Treacy

等[6]提出的方法和 DIFFax 程序来模拟衍射花样,以建立结构模型和估算层错数量,从而给出含 10%的形变层错几率 f_D 和 8%生长层错几率 f_T 的模拟花样,并且与典型工艺生产的性能良好的 β-Ni(OH)$_2$ 衍射花样符合得很好。

Langford 和 Boultif[8]把花样分解用于 ZnO 微晶尺度和层错复合衍射效应的研究。王超群等[7]借用 Langford 和 Boultif[8]处理六方结构 ZnO 中微晶尺度与堆垛层的方法,获得总的层错几率为 14.9%的 β-Ni(OH)$_2$ 具有较高(270mA・h/g)的放电比容量。

上述两种方法都十分麻烦,不易推广使用。

3.1.2 表征 β-Ni(OH)$_2$ 微结构的新方法

图 3.1 给出两种 β-Ni(OH)$_2$ 的 X 射线图谱,其衍射数据如表 3.1 所示。由图 3.1 和表 3.1 可知,各 hkl 衍射面的宽化效应是各向异性的。

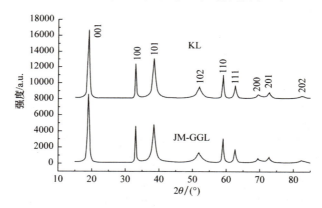

图 3.1 来源于不同公司生产的 β-Ni(OH)$_2$ 的衍射花样,CuKα

表 3.1 来自三个不同公司生产的 β-Ni(OH)$_2$ 的衍射数据

样品代号	FWHM/(°)							
	001	100	101	102	110	111	200	202
KL	0.625	0.326	1.093	2.330	0.395	0.622	1.607	1.182
JM-GGL	0.554	0.326	0.925	1.702	0.394	0.627	1.729	1.036
OMG	0.600	0.299	0.984	1.843	0.361	0.566	1.562	1.062

1. 分离微晶-层错二重宽化效应的最小二乘法[9,10]

实践证明,仅对 β-Ni(OH)$_2$ 作物相鉴定和粗略的点阵参数测定,即从 XRD 花样的 d(晶面间距)和 I/I_1(相对强度)数据判定产品是否是 β-Ni(OH)$_2$,从(001)和

(100)晶面的 d 值求出点阵参数 a 和 c 是不够的。即使在上述分析结果完全一致的情况下,衍射花样中各线条宽化情况明显不同,不能忽略这样的差别,因为这些差别正好反映样品在晶粒形状、晶粒大小和所含堆垛层错数量的巨大差别,而这些差别对 β-Ni(OH)₂ 的电化学性能和 Cd-Ni、MH-Ni 电池的充放性能以及循环寿命产生重大影响。

按第 2 章描述分离微晶-层错宽化效应的方法有

$$A=\frac{\Delta_A}{\Delta}=\frac{\begin{vmatrix}\sum XY & \sum X^2 \\ \sum Y & \sum X\end{vmatrix}}{\begin{vmatrix}\sum X & n \\ \sum X^2 & \sum XY\end{vmatrix}}=\frac{\sum XY\sum X-\sum X^2\sum Y}{(\sum X)^2-n\sum X^2} \tag{3.1}$$

$$f=\frac{\Delta_f}{\Delta}=\frac{\begin{vmatrix}\sum X & \sum XY \\ n & \sum Y\end{vmatrix}}{\begin{vmatrix}\sum X & n \\ \sum X^2 & \sum X\end{vmatrix}}=\frac{\sum X\sum Y-n\sum XY}{(\sum X)^2-n\sum X^2} \tag{3.2}$$

其中

$$\begin{cases}Y=\dfrac{\beta\cos\theta}{\lambda}, & f=3f_D+3f_T \quad (l=\text{偶数}) \\ & f=3f_D+f_T \quad (l=\text{奇数}) \\ X=\dfrac{2l}{\pi}\left(\dfrac{d}{c}\right)^2\dfrac{\sin\theta}{\lambda}, & A=\dfrac{0.89}{D}\end{cases} \tag{3.3}$$

于是对 $h-k=3n\pm1,l$ 为偶数和 l 为奇数时分别求得 $f_{\text{偶数}}$、$f_{\text{奇数}}$、$D_{\text{偶数}}$ 和 $D_{\text{奇数}}$。联立

$$\begin{cases}f_{\text{偶数}}=3f_D+3f_T \\ f_{\text{奇数}}=3f_D+f_T\end{cases} \tag{3.4}$$

求得 f_D 和 f_T。

2. 层错几率的简化求解

从上述讨论可知,只有当 $h-k=3n\pm1,l$ 为偶数和 l 为奇数的衍射线条的数目 $m_{\text{偶数}}$ 和 $m_{\text{奇数}}$ 都必须满足 ≥2 时才能求解;也就是说,当 $m_{\text{偶数}}<2,m_{\text{奇数}}<2$ 时,就不可能用最小二乘法求得 f_D 和 f_T。当微晶形状为矮胖柱体状或平行于六方结构(001)的扁平盘形时,可用下述近似方法求解。由微晶的剖面图(图 3.2)分析得

$$\begin{cases}D_{101}=D_{001}/\cos\phi_{z101}=1.973\ D_{001} \\ D_{102}=D_{001}/\cos\phi_{z102}=1.313\ D_{001}\end{cases} \tag{3.5}$$

代入得

$$\begin{cases} \dfrac{\beta_{101}\cos\theta_{101}}{\lambda} = \dfrac{2}{\pi}\left(\dfrac{d_{101}}{c}\right)2\,\dfrac{\sin\theta_{101}}{\lambda}(3f_D+f_T)+\dfrac{0.89}{D_{101}} \\[3mm] \dfrac{\beta_{102}\cos\theta_{102}}{\lambda} = \dfrac{4}{\pi}\left(\dfrac{d_{102}}{c}\right)2\,\dfrac{\sin\theta_{102}}{\lambda}(3f_D+3f_T)+\dfrac{0.89}{D_{102}} \end{cases} \quad (3.6)$$

如果忽略不同 β-Ni(OH)$_2$ 之间因点阵参数的差异引起的峰位移,可把有关数据代入

$$\begin{cases} 0.6122\beta_{101} = 34.4074\times10^{-3}(3f_D+f_T)+\dfrac{0.89}{1.973D_{001}} \\[3mm] 0.5827\beta_{102} = 52.4028\times10^{-3}(3f_D+3f_T)+\dfrac{0.89}{1.313D_{001}} \end{cases} \quad (3.7)$$

式中,β_{101}、β_{102} 的单位为 rad;D_{001} 的单位为 Å。三者均为已知,可求得 f_D、f_T 和 f_D+f_T。

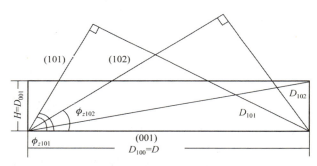

图 3.2　微晶的剖面图分析

3.1.3　微晶形状的判断和平均晶粒度

1. 晶粒形状的判断

从前述可知,在 β-Ni(OH)$_2$ 的多晶 XRD 花样中,当 $h-k=3n$ 或 $hk0$ 时,衍射线宽化与层错无关,于是可以从 001、100、110、111 衍射的真实半宽度按谢乐公式计算得到 D_{001}、D_{100}、D_{110}、D_{111},它们分别表征微晶在(001)、(100)、(110)和(111)面法线方向的尺度,并定义 D_{100}/D_{001} 或 $\arctan(D_{100}/D_{001})$ 为微晶的形状因子。

当 $D_{100}\approx D_{110}$,且 D_{100} 为 D_{001} 若干倍时,微晶呈底面平行于六方基面(001)矮胖柱体形状;当 $D_{100}\gg D_{001}$ 时,微晶呈平行于六方结构的扁平盘形;当 $D_{001}\gg D_{100}$ 时,微晶呈垂直于六方基面的针状晶;当 D_{001}、D_{100}、D_{110} 和 D_{111} 近似相同时,微晶呈近等轴晶。

2. 平均晶粒度

平均晶粒度按下述方法求得

$$\begin{cases} D_{\text{平均}} = (D_{001} + D_{100} + D_{110} + D_{101} + D_{102} + \cdots + D_n)/n \\ D_{\text{平均}} = (D_{001} + D_{100} + D_{110} + D_{\text{偶数}} + D_{\text{奇数}} + \cdots + D_n)/n \\ D = D_{\text{平均}} \pm \sigma \end{cases} \quad (3.8)$$

$$\sigma = \sqrt{\dfrac{\sum\limits_1^n (D_{\text{平均}} - D_i)^2}{n-1}} \quad (3.9)$$

σ 称为标准误差。$\sigma/D_{\text{平均}}$ 定义为晶粒形状各向异性因子。

3.2　微结构参数与性能之间的关系

3.2.1　几种 β-Ni(OH)$_2$ 样品的测试结果

8 个来源不同的样品的 X 射线衍射数据分析如下所述。

1. 晶粒形状和晶粒形状因子

表 3.2 给出 8 个样品的晶粒形状和形状因子。同样是矮胖柱体形状的晶粒，随着形状因子不同，其在电池充放电或循环过程中转变成近等轴的进程也不相同。

表 3.2　不同 β-Ni(OH)$_2$ 的晶粒形状和形状因子

编码	D_{001}	D_{100}	D_{110}	D_{100}/D_{001}	晶粒形状
		/nm			
1	16.8	81.6	97.6	4.857	底面平行于六方基面(001)的矮胖柱体
2	14.7	65.8	53.2	4.476	底面平行于六方基面(001)的矮胖柱体
3	19.2	112.4	69.5	6.176	底面平行于六方基面(001)的矮胖柱体
4	19.9	91.2	94.9	4.825	底面平行于六方基面(001)的矮胖柱体
5	15.1	72.2	42.5	4.768	底面平行于六方基面(001)的矮胖柱体
6	3.4	60.6	9.4	19.820	底面平行于六方基面(001)的盘形
7	25.1	82.3	79.9	3.279	底面平行于六方基面(001)的矮胖柱体
8	20.0	19.2	12.3	11.400	近乎多面体或近乎等轴晶

2. 层错几率的测定结果

在上述处理数据中，需要说明的是：第 8 号样品因近乎等轴晶，$D_{101} \approx D_{102} \approx$

$(D_{001} + D_{100} + D_{110} + D_{111})/4$，而第 6 号样品因 $0.89/D_{101} \geqslant \beta_{101} \cos\theta_{101}/\lambda$ 或 $0.89/D_{102} \geqslant \beta_{102} \cos\theta_{102}/\lambda$，故只能按分解微晶层错效应的最小二乘法计算，其结果如表 3.3 所示。

表 3.3　不同 β-Ni(OH)₂ 的层错几率

编码	D_{101}	D_{102}	$D_{偶数}$	$D_{奇数}$	f_D	f_T	$f_D + f_T$
	/nm				/%		
1	33.1	21.9	—	—	4.7	2.7	7.4
2	29.0	19.3	—	—	4.2	1.8	6.0
3	35.9	23.9	—	—	5.1	−0.2	4.9
4	37.3	24.8	—	—	2.6	1.7	4.3
5	29.8	19.8	—	—	5.2	1.8	7.0
6	—	—	11.1	14.1	8.8	−4.2	4.6
7	49.5	32.9	—	—	1.2	2.1	3.3
8	15.8	15.8	—	—	5.57	1.80	7.37

由数据可见，各样品的形变层错几率 f_D、孪生层错几率 f_T 及两者之和有明显差别，这可能导致在电池充放电和循环过程中层错转变和层错几率降低的进程不同。此外，似乎还暗示 Co 部分取代 Ni 会使层错几率降低，若取代 Ni 的 Co 量过多，则总的层错几率更低，这不仅对电池性能不利，也增加了成本。

3. 平均晶粒度

按式（3.8）求得的平均晶粒度和形状各向异性因子如表 3.4 所示。由数据可知，标准误差 σ 越大，相对误差 $\sigma/D_{平均}$ 越大，晶粒形状各向异性因子越大。即使都是底面平行于六方基面（001）的矮胖柱体，晶粒形状各向异性因子 $\sigma/D_{平均}$ 也有较大差别。

表 3.4　不同 β-Ni(OH)₂ 的平均晶粒度

晶粒尺寸	D_{001}	D_{100}	D_{101}	D_{102}	D_{110}	D_{111}	$D_{平均} \pm \sigma$	$(\sigma/D_{平均})/\%$
	/nm							
1	16.8	81.6	33.1	21.9	97.6	49.3	50.1±32.0	63.900
2	14.7	65.8	29.0	19.3	53.2	27.5	34.9±20.1	57.600
3	19.2	112.4	35.9	23.9	69.5	34.6	49.1±34.7	70.700
4	19.9	91.2	37.3	24.8	94.9	39.9	51.2±33.4	65.200
5	15.1	72.0	29.8	19.8	42.5	27.3	34.7±20.7	59.700
6	3.4	60.6	14.1	11.1	9.4	14.1	19.9±19.7	104.200
7	25.1	82.3	49.5	32.9	79.9	34.2	50.7±24.9	49.100
8	20.2	19.2	15.8	15.8	12.3	11.4	15.8±3.5	0.960

3.2.2　β-Ni(OH)₂ 微结构参数与性能之间的关系

1. β-Ni(OH)₂ 原材料的结构与电池性能的关系

不同方法制备的 β-Ni(OH)₂ 有关性能和微结构参数如表 3.5 所示。可见,四种 β-Ni(OH)₂ 的点阵参数随掺杂不相同而不同,而重要的电化学性能中室温 1C-1C 容量与晶体形状、晶粒大小和总的层错几率有一定的对应关系,具有最大层错几率和适中晶粒尺度的具有较高容量。

表 3.5　某些单位生产的 β-Ni(OH)₂ 的有关性能和微结构数据

项目	Ni-PTX	Ni-Zn₄Co₁.₅	Ni-Cd₃Co	Ni-KY
室温 1 C-1 C 容量/(mA · h)	592	571	591	578
600℃,1 C-1 C 容量/(mA · h)	356.7	436.4	476.9	351.3
a /nm	0.310 80	0.310 98	0.311 18	0.311 57
c/nm	0.458 49	0.458 63	0.459 96	0.460 73
D_{001}/nm	13.1	15.5	14.6	11.9
D_{100}/nm	26.3	34.4	28.0	32.3
D_{100}/D_{001}	2.00	2.22	1.92	2.71
f_D/%	9.57	7.04	9.19	7.93
f_T/%	4.48	4.53	3.67	1.95
(f_D+f_T)/%	14.05	11.57	13.86	9.88

不同来源 β-Ni(OH)₂ 的性能和微结构数据如表 3.6 所示,尽管点阵参数几乎一致,但其容量仍有一定差别,并与微结构参数有一定的对应关系。因此可得出结论:正极活性材料 β-Ni(OH)₂ 的晶粒形状、大小,特别是总的层错几率与 MH/Ni 电池充放电容量有很好的对应关系,具有适当晶粒大小和较大层错几率的材料,对应于较大的充放电容量。这与相关文献的研究结论一致。例如,Delmas 和 Tessier[5] 考虑 β-Ni(OH)₂ 存在生长层错和形变层错,采用 Treacy 等提出的方法和 DIFFax 程序来模拟衍射花样以建立结构模型和估算层错数量,从而给出含 10% 的形变层错几率(f_D)和 8% 生长层错几率(f_T)β-Ni(OH)₂ 有较佳的电化学性能;王超群 等[7] 借用 Langford 和 Boultif 处理六方结构 ZnO 中微晶尺度与堆垛层的方法,获得总层错几率为 14.9% 的 β-Ni(OH)₂ 具有较高(270 mA · h/g)的放电比容量的结论。

表 3.6　不同来源 β-Ni(OH)₂ 的性能和微结构数据

编号	$a/\text{Å}$	$c/\text{Å}$	比容量 /(mA·h/g)	内阻 /mΩ	β-Ni(OH)₂ 的使用率/%	$\dfrac{D_{100}}{D_{001}}$	D/nm	$f_D/\%$	$f_T/\%$	$(f_D+f_T)/\%$
No. 1	4.118	4.607	271.9	14.6	92.6	4.076	21.81	4.34	1.47	6.81
No. 2	4.118	4.602	271.0	14.3	92.9	4.475	27.14	7.23	−1.71	4.52
No. 3	4.118	4.607	262.3	14.9	92.8	2.946	28.26	4.94	1.39	4.08

2. 大电流充电情况下，β-Ni(OH)₂ 原材料的结构与电池性能的关系

大电流快速充电能力是氢镍电池在实用过程中一个急待解决的问题。本小节研究大电流充电情况下，β-Ni(OH)₂ 原材料的结构和电池性能关系。三种原始 β-Ni(OH)₂ 样品的衍射花样如图 3.3 所示。其化学成分列入表 3.7 中。

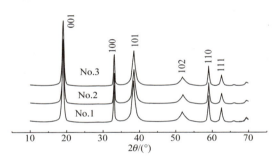

图 3.3　三种原始 β-Ni(OH)₂ 样品的衍射花样

表 3.7　三种原始 β-Ni(OH)₂ 样品的化学成分和晶粒形状、形状因子(D_{100}/D_{001})及层错几率

编号	Ni/%	Co/%	Zn/%	$a/\text{Å}$	$c/\text{Å}$	D_{001}/nm	D_{100}/nm	D_{100}/D_{001}	$(f_T+f_D)/\%$
No. 1	57.2±2.0	1.5±0.5	4.8±0.5	4.1269	4.6629	16.32	54.6	4.407	10.04
No. 2	54.4±2.0	4.5±0.5	4.4±0.5	4.1273	4.642	20.53	56.37	2.746	9.09
No. 3	54.2±2.0	5.5±0.5	4.5±0.5	4.1265	4.6563	20.17	54.49	2.702	9.04

仅从 β-Ni(OH)₂ 样品的 X 射线衍射花样看不出三种 β-Ni(OH)₂ 样品的区别，通过计算晶粒大小和晶粒形状因子以及测定层错几率，可以看出 No. 1、No. 2、No. 3 微结构的结构参数不同。将测定结果列入表 3.7 中，其对应的电池性能如表 3.8 所示。

表 3.8　不同 β-Ni(OH)₂ 对应的电池的性能

编号	D_{100}/D_{001}	(f_T+f_D) /%	1C 容量 /(mA·h)	活性物质 利用率/%	内阻/mΩ	不同倍率充电时最高电压		
						3C/V	4C/V	5C/V
No. 1	4.407	10.04	901.78	97.8	10.75	1.6505	1.7015	1.727
No. 2	2.746	9.09	934.17	97.6	10.5	1.6055	1.637	1.666
No. 3	2.702	9.04	949.08	97.1	9.95	1.6025	1.631	1.660

　　把表 3.7 和表 3.8 综合起来比较可知,虽然 1C 的容量随层错几率、形状因子的降低而升高,但活性物质利用率、内阻、不同倍率充电时最高电压都随层错几率、形状因子的增加而增加,并与 β-(Ni,Co)(OH)₂ 中 Co 含量的增加、Ni 含量的降低相对应。No.3 的快充性能最佳。

　　从 3.1 节和 3.2 节的研究结果能得出如下结论:

　　(1) 正极活性材料 β-Ni(OH)₂ 的晶粒形状、大小,特别是总的层错几率与 MH/Ni 电池充放电容量有很好的对应关系,具有适当晶粒大小和较大层错几率的材料,对应于较大的充放电容量。

　　(2) 三种 β-Ni(OH)₂ 的活性物质利用率、内阻、不同倍率充电时最高电压都随层错几率、形状因子的增加而增加,并与 β-(Ni,Co)(OH)₂ 中 Co 含量的增加、Ni 含量的降低相对应。

3.3　电池活化和循环对 β-Ni(OH)₂ 微结构的影响

3.3.1　电池活化对 β-Ni(OH)₂ 微结构的影响

　　为了对比研究,原 β-Ni(OH)₂、活化后和循环 100、400 周期后四个样品的衍射花样如图 3.4 所示。活化和循环后,存在微应力,故为微晶-微应变-层错(即 D-ε-f)三重宽化效应,衍射线条数目 $m_{偶数}$ 和 $m_{奇数}$ 均不满足 ≥3,不能用一般方法处理数据,但可用式(3.7)简化方法来处理数据,求得 f_D、f_T 和 f_D+f_T,其计算结果如表 3.9 所示。由表可知:

　　(1) 活化使晶粒明显细化,特别是垂直 c 晶轴方向的尺度大大减小,从而使微晶形状由矮胖的柱状体转化为近乎等轴晶。循环寿命实验没有改变这种状况。

（2）由于电池的充放电，使活化后和循环后的 β-Ni(OH)$_2$ 存在微应变（微应力）。

（3）活化后层错结构和层错几率也发生变化，总的层错几率随之变小。

（4）这些变化是不完全可逆的，表明 MN-Ni 电池的功能可能与这种不可逆变化有关。

表 3.9　电池活化对微结构参数的影响

样品编号	参数 状态	D_{002}	D_{100}	$D_{平均}$	$\varepsilon_{平均}$	f_D	f_T	f_D+f_T
		/nm			$/\times10^{-3}$	/%		
1	未活化	16.50	29.40	27.20	—	9.86	1.59	11.45
	仅活化	19.98	17.67	57.30	5.96	4.28	4.66	8.94
2	未活化	15.33	41.00	21.2	—	5.90	15.70	9.80
	仅活化	15.33	12.71	20.9	3.71	7.88	0.01	7.87

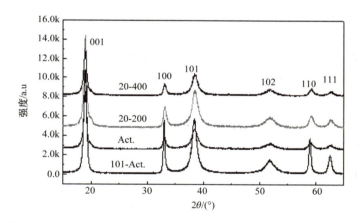

图 3.4　β-Ni(OH)$_2$ 未活化、活化和循环 200、400 周期后的 XRD 花样

3.3.2　循环对 β-Ni(OH)$_2$ 微结构的影响

循环对 β-Ni(OH)$_2$ 微结构的影响两组样品实验分析结果如表 3.10 所示。由表 3.10 数据，可得如下结果：

（1）循环寿命实验使 β-Ni(OH)$_2$ 的晶粒进一步细化；

（2）反复充放电使微应变变小，循环次数多的残余应变小；

（3）活化后和循环寿命实验后的堆垛层以形变层错为主，其形变层错几率和总的层错几率随循环条件不同而不同。

表 3.10　循环对 β-Ni(OH)₂ 微结构的影响

编号	参数 状态	D_{002}	D_{100}	$D_{平均}$	$\varepsilon_{平均}$	f_D	f_T	f_D+f_T
		/nm			$/\times10^{-3}$	/%		
1	仅活化	19.98	17.67	57.30	5.96	4.28	4.66	8.94
	100 周	19.78	17.82	54.90	5.57	5.12	2.83	7.95
	400 周	16.71	19.46	34.20	4.62	4.13	3.10	7.23
2	仅活化	19.68	17.23	44.10	5.01	5.99	−1.12	4.87
	1c-1c-436 周	17.11	17.23	26.7	3.41	4.70	−0.62	4.08
	1c-10c-117 周	19.68	13.73	30.0	4.28	3.68	0.39	4.09
	3c-10c-95 周	17.11	15.27	40.2	5.86	9.02	−5.23	3.79

3.4　β-Ni(OH)₂ 的综合评价

3.4.1　综合评价的必要性

总结 3.2 节和 3.3 节实验结果可得如下事实：

（1）不同制备方法和不同工艺所得 β-Ni(OH)₂ 的晶粒形状、大小和层错几率明显不同；

（2）初始 β-Ni(OH)₂ 的微结构参数与充放电性能有一定的对应关系；

（3）初始 β-Ni(OH)₂ 的微结构参数在充放电过程以及循环过程都发生变化，这种变化的进程还受充放电条件和循环条件的影响；

（4）从以上三点还可推论，在同样充放电条件和同样循环条件下，第（3）点中所叙述的变化还受初始 β-Ni(OH)₂ 的微结构参数的影响。

上述的研究结果清楚表明，一方面，MH-Ni 电池和 Cd-Ni 电池的研究、开发和生产者为了获得好的电池性能和长的使用寿命，选用什么样的晶粒形状、多大的晶粒尺寸和较高层错几率的 β-Ni(OH)₂ 作初始的正极活性材料是十分重要的；另一方面，β-Ni(OH)₂ 的试生产者或生产者采用什么样的工艺，特别是控制晶粒形状、晶粒尺寸和层错几率的关键工艺，以满足电池行业的不同需求，也是十分重要的。这两方面都表明，全面正确地表征和综合评价 β-Ni(OH)₂ 十分重要。为此，建立行业 β-Ni(OH)₂ 的测试标准也显出它的必要性和重要性。

3.4.2　综合评价初始 β-Ni(OH)₂ 的内容

综合评价 β-Ni(OH)₂ 的内容、方法和标准需要同行反复共同研究、讨论和实验才能确定。这里所提出的仅供起步时参考。综合评价 β-Ni(OH)₂ 的内容分宏观和微观两个方面。

（1）宏观性能参数包括如下几个。

主阳离子元素：Ni 及掺杂 Co、Zn 等的含量；

主要杂质元素：杂质元素的含量；

颗粒形状，平均粒度和比表面积；

松装密度和松装系数，振装密度和振装系数。

（2）微观性能参数包括如下几个。

产品是否属六方（$P\bar{3}m$ 空间群）结构的 β-Ni(OH)$_2$，不应有杂相；

晶粒形状和形状因子 D_{100}/D_{001}，平均晶粒大小 $D_{平均}\pm\sigma$ 和晶粒各向异性因子 $\sigma/D_{平均}$；堆垛层错几率 f_D、f_T、f_D+f_T。

这些微观参数，除是否属 β-Ni(OH)$_2$，生产单位已提供外，其他都需要寻找较适用、可推广的测试方法。本章提出的方法尽管基本上适用，较易推广，但尚需进一步研究确认，至于建立测试标准更需要同行共同努力，也需要有关主管部门出面组织。

3.5　MH/Ni 电池用负极活性材料 AB$_5$ 储氢合金的表征方法[11]

以 LaNi$_5$ 为基础的储氢合金的研究已有三十余年的历史，并发展了一系列以混合稀土为原料的 AB$_5$ 储氢合金，其中 A 侧为混合稀土，B 侧为 Ni、Co、Mn 等多种元素。由于它具有优异的循环性能，已在氢气净化、储氢和 MH-Ni 电池中获得广泛的应用，使用量逐年增长，已成为一个新的产业。

合金微观结构的测试内容包括如下几个方面。

（1）合金的相结构：应为单相 AB$_5$，六方结构，空间群 $P6/mmm$，不应存在 A$_2$B$_7$、Ni 和其他杂相；合金粉末在使用中及使用前后相结构的变化。

（2）合金点阵参数的测定。

（3）合金的微结构，即合金粉末的残余应力（应变）和晶粒大小的测定。

以上三项微观结构参数的测定都是在现代 X 射线衍射仪上进行衍射实验和数据处理完成的，尽管现代 X 射线衍射仪操作和数据处理都用计算机，但不同的衍射实验条件和参数以及不同的数据处理方法会对测试结果产生重要影响。本节是在总结用日本 Rigaku 现代 X 射线衍射仪，衍射实验条件和参数及不同数据处理方法对衍射峰位、强度和半高宽的影响[12]的基础上，提出了表征 AB$_5$ 储氢合金微观结构参数的 X 射线衍射（XRD）方法，并用这些方法表征初始 AB$_5$ 粉末的结构特征，用静态方法研究了活化前后和循环前后 AB$_5$ 微结构的变化，获得了很有意义的结果。这些研究包括：①不同成分合金的相结构、点阵参数与权重原子半径的关系；②成分相同，制备方法不同合金的微结构；③MH-Ni 电池充放电活化前后和循环寿命实验前后 AB$_5$ 微结构的变化，以及正极 β-Ni(OH)$_2$ 的 Ca 添加剂对 AB$_5$

合金微结构的影响(分别参阅第 6～9 章)。

3.5.1　相结构分析

使用 Cu 靶,$DS=1°,SS=1°,RS=0.30mm$ 或 $0.15mm$,衍射光单色器,2θ 扫描速度为 $(4°～8°)/min$,X 射线源的功率可高些,如 $50kV,100mA,8°/min$ 和 $40kV,40mA,4°/min$。扫描范围 $2\theta=15°～50°$。

单相鉴定方法如下所述。

(1) 仅出现 AB₅ 相的线条,其衍射数据为:

hkl	100	001	101	110	200	111	002	201
$\sim2\theta/(°)$	20.30	21.90	30.10	35.078	41.54	42.35	44.62	47.50

(2) 无 A₂B₇ 和 Ni 相衍射线等杂相,由于 A₂B₇ 的最强线 $d=2.152,116$ 与 AB₅ 的最强线 111 很靠近,要特别注意 A₂B₇ 的次强线 $107(d=2.74,2\theta\approx33.9)$ 是否出现,是观察 AB₅ 的 $200(d=2.172,2\theta\approx41.54)$ 和 $111(d=2.12,2\theta=42.52)$ 之间是否有衍射峰;Ni 是否存在,主要观察 AB₅ 的 002 的低角一侧 $2\theta=44.3°$ 处是否出现衍射峰,若出现衍射峰则属于 Ni 的(111)衍射峰,如图 3.5 所示。

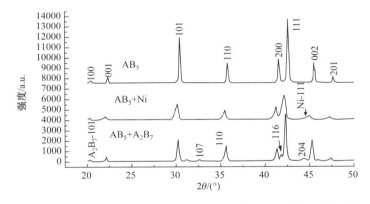

图 3.5　显示存在杂相 Ni(中)、A₂B₇(下)和无杂相(上)衍射花样的比较

3.5.2　点阵参数精确测定方法

为了提高测定精度,用 CuKα1 辐射,2θ 扫描范围为 $55°～85°$,扫描速度为 $4°/min$,使用去除 Kα2 的程序去除各线的 Kα2 衍射峰,用抛物线法自动寻峰,必要时可作 2θ 的零位修正,以消除系统误差。采用最小二乘方法求解,六方晶系的矩阵形式正则方程组可写成

$$
\begin{bmatrix} \sum N & \sum NR & \sum N\delta \\ \sum NR & \sum R^2 & \sum R\delta \\ \sum N\delta & \sum R\delta & \sum \delta^2 \end{bmatrix} \begin{bmatrix} A \\ B \\ D' \end{bmatrix} = \begin{bmatrix} \sum N \sin^2 \sin\theta \\ \sum R \sin^2 \sin\theta \\ \sum \delta \sin^2 \sin\theta \end{bmatrix} \tag{3.10}
$$

其中

$$
\begin{cases} A = \dfrac{\lambda^2}{3a^2}, & N = h^2 + hk + k^2 \\[2mm] B = \dfrac{\lambda^2}{4c^2}, & R = l^2 \\[2mm] D' = \dfrac{D}{10}, & \delta = 10\sin^2 2\theta \end{cases} \tag{3.11}
$$

最后求得

$$
\begin{cases} a = \sqrt{\lambda^2/3A}, & c = \sqrt{\lambda^2/4B} \\ V = 0.866a^2c \end{cases} \tag{3.12}
$$

其实际操作是:①按如下格式

$$h \quad k \quad l \quad 2\theta/(°)$$

制作可读数据组:AB5-LP. txt 并保存;②按自编程序以对话方式执行,最后以数组形式输出中间结果和最后结果。

3.5.3　半高宽的测量与晶粒大小和微应变最小二乘方法求解

1. 衍射实验半高宽(FWHM)的测量

用 CuKα 辐射,$DS=1°$,$SS=1°$,$RS=0.15\text{mm}$,热解石墨单色器,2θ 扫描范围为 $20°\sim50°$,扫描速度为 $2°/\text{min}$ 或 $4°/\text{min}$,用较深的试样架。获得衍射花样后:

(1) 对所有衍射线作去除 $K\alpha_2$ 成分处理,用抛物线法自动寻峰,点击"Report"及"Print",即可获得所有线条的数据 $B_{1/2}$。

(2) 按如下格式建立数组 AB5-XCS. txt:

$$h \quad k \quad l \quad 2\theta/(°) \quad B_{1/2}/(°) \quad \beta_{1/2}^0/(°)$$

并保存,其中 $\beta_{1/2}^0$ 为仪器宽化。

(3) 当各衍射线严重宽化时,自动寻峰给出的半高宽数据是不可信的,需进行"Fit all Line"或"Refine"操作获得 FWHM 数据。

2. 晶粒大小和微应变二重效应的分离求解

微晶大小 D 和应变 ε,按 3.5.1 节的推导得

$$\begin{cases} a = \dfrac{\Delta_a}{\Delta} = \dfrac{\begin{vmatrix} \sum Y & \sum X \\ \sum XY & \sum X^2 \end{vmatrix}}{\Delta} = \dfrac{\sum Y \sum X^2 - \sum X \sum XY}{n \sum X^2 - \left(\sum X\right)^2} \\[4mm] m = \dfrac{\Delta_m}{\Delta} = \dfrac{\begin{vmatrix} n & \sum Y \\ \sum X & \sum XY \end{vmatrix}}{\Delta} = \dfrac{n \sum XY - \sum X \sum Y}{n \sum X^2 - \left(\sum X\right)^2} \end{cases} \tag{3.13}$$

其中

$$\begin{cases} Y_i = \dfrac{\beta_i \cos\theta_i}{\lambda}, & a = \dfrac{0.89}{D} \\[3mm] X_i = \dfrac{4\sin\theta_i}{\lambda}, & m = \varepsilon \end{cases} \tag{3.14}$$

最后求得

$$\begin{cases} D = 0.89/a \\ \varepsilon = m \end{cases} \tag{3.15}$$

上述计算可用钦佩等[9]和杨传铮等[10]所介绍的求解程序进行对话式操作即可给出中间结果和最后结果。

3.6　不同成分和不同方法制备 AB$_5$ 合金的表征[11]

3.6.1　不同成分 AB$_5$ 合金的结构和点阵参数

不同成分的合金均采用磁悬浮法熔炼,经 950℃退火,再经机械粉碎、球磨和 200 目过筛,其 7 个合金的成分和原子半径如表 3.11 所示。为了作物相鉴定和点阵参数测定,扫描分 2θ=20°~50°、55°~85°两段进行,其 7 个样品的相分析结果如表 3.13 所示。从 2θ=55°~ 85°花样获得各 hkl 晶面对 K$_{\alpha1}$辐射的衍射角 2θ 值列入表 3.12 中,经最小二乘法计算得到的点阵参数 a、c 和晶胞体积 V 列入表 3.13 中。为了探求 a、c 和 V 与合金成分的关系,引入权重原子半径 R_w的概念,其定义如下

$$R_w = \frac{\sum\limits_A a_{iA} R_{iA} + \sum\limits_B a_{iB} R_{iB}}{\sum\limits_A a_{iA} + \sum\limits_B a_{iB}} \tag{3.16}$$

其中,a_i 和 R_i 为第 i 种元素的原子分数和原子半径,下标 A 和 B 分别表示 A 侧和 B 侧元素。R_w 值也列入表 3.13 中,可见除存在少量杂相的样品外,权重原子半径 R_w 与 a、c 呈线性关系,a、c 随权重原子半径的增大而增大,如图 3.6 所示。

表 3.11 7 个合金的成分和原子半径

	La	Ce	Pr	Nd	Er	Ni	Co	Mn	Al	Zr
1	0.620	0.270	0.050	0.080	—	3.690	0.720	0.400	0.190	—
2	0.640	0.260	0.024	0.073	—	3.600	0.760	0.350	0.280	—
3	0.625	0.270	0.026	0.077	—	3.650	0.766	0.340	0.243	—
4	0.354	0.460	0.051	0.130	—	3.580	0.736	0.410	0.275	—
5	0.315	0.490	0.052	0.141	—	3.720	0.700	0.355	0.230	—
6	0.770	0.120	0.060	0.042	0.010	3.940	0.500	0.200	0.360	0.001
7	0.780	0.120	0.060	0.042	—	3.940	0.500	0.200	0.360	0.001
原子半径/nm	0.1877	0.1824	0.1828	0.1822	0.1759	0.1246	0.1253	0.1366	0.1432	0.1599

表 3.12 7 个 AB_5 合金的衍射角 2θ 值　　　　　　　（单位：°）

	112	211	202	300	301	220	221	113	311
1	58.597	60.841	62.760	64.241	68.877	75.782	81.082	81.786	83.558
2	58.536	60.857	62.679	64.358	68.878	75.879	80.862	81.590	83.640
3	58.520	60.922	62.702	64.441	68.900	75.940	80.800	81.821	83.861
4	58.600	60.982	62.681	64.558	69.041	76.160	80.860	81.878	84.040
5	58.583	61.098	62.819	64.658	69.158	76.204	80.780	81.999	84.219
6	58.560	60.720	62.660	64.160	68.642	75.638	80.245	81.583	83.539
7	58.600	60.721	62.759	64.157	68.697	75.622	80.879	81.697	83.522

表 3.13 7 个合金的相分析结果

	主相	存在物相 少量	存在物相 微量	权重原子半径/Å	a/Å	c/Å	V/Å³
1	AB_5		A_2B_7	1.3623	4.9248	3.9430	82.817
2	AB_5			1.3647	4.9969	3.9992	86.475
3	AB_5			1.3664	4.9120	3.9294	82.312
4	AB_5			1.3629	4.9014	3.9373	81.914
5	AB_5			1.3616	4.8506	3.8902	79.265
6	AB_5	A_2B_7		1.3652	4.9599	3.9649	84.469
7	AB_5		α-Ni	1.3648	4.9310	3.9429	83.024

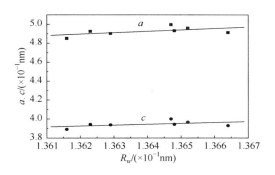

图 3.6　不同成分的合金权重原子半径 R_w 与 a、c 的关系

3.6.2　不同方法制备合金的微结构

将同一成分的合金的铸态、退火态(950℃,6h)以及采用不同线速度的单辊($\phi=190$mm)快淬法得到的片料后经机械研磨并过 200 目筛制成样品,其铸态、退火(950℃,6h)及 20m/s、30m/s、40m/s 线速度的五种合金的 XRD 花样,如图 3.7 所示。比较可知,它的相结构相同,但线形有明显差别,其原始数据和利用最小二乘法求得的微晶尺寸 D 和微应变 ε 如表 3.14 所示。结果表明,铸态合金的晶粒大小在 85nm 左右,存在 0.75×10^{-4} 的压应变,退火后晶粒明显增大,微应力并未消除,也可能由研磨引起。快淬的合金存在张应力,并随冷却速度增大而增加,这容易理解;但 40m/s 淬火合金晶粒度比 30m/s 时大,并与铸态相近,这可能与微晶和应变宽化在两种合金的分配不同有关。

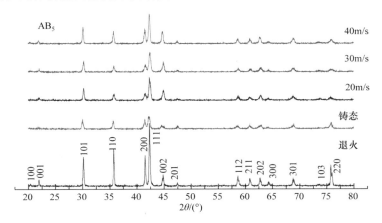

图 3.7　不同方法制备合金的 XRD 花样

表 3.14　不同方法制备的 AB₅ 合金的 XRD 数据

hkl		101	110	200	111	002	D/nm	$\varepsilon/(\times 10^{-4})$
$\beta'_{1/2}/(°)$	—	0.100	0.110	0.120	0.130	0.140	—	—
	铸态	0.182	0.206	0.218	0.279	0.231	85	0.75
	退火	0.170	0.146	0.146	0.170	0.206	262	1.31
$B'_{1/2}/(°)$	20 m/s	0.194	0.243	0.267	0.279	0.261	48	0.69
	30 m/s	0.243	0.231	0.315	0.279	0.267	36	3.41
	40 m/s	0.170	0.206	0.231	0.218	0.255	87	4.20

参 考 文 献

[1] Bode H，Witte J，et al. Nickel hydroxide electrode（Ⅰ）Uber dur Nickel（Ⅱ）Hydroxide hydrot. Electrochem Acta，1966，11(8)：1079~1087

[2] 娄豫皖，杨传铮，张熙贵，等. MH-Ni 电池中正极材料 β-Ni(OH)₂ 活化前后微结构的对比研究. 中国科学，E 辑，技术科学，2006，36(5)：467~482；Lou Y W，Yang C Z，Zhang X G，et al. Comparative study cn microstructure of β-Ni(OH)₂ as cathode material for Ni-MH battery，Science in China：Series E Technological Sciences，2006，49(3)：297~312

[3] Tessier C. The structuir cf Ni(OH)₂：From the ideal material to the electrochemically active one. J. Electrochem. Soc. ，1999，146：2059~2067

[4] 王超群，任小华，蒋文全，等. 制备条件对 Ni(OH)₂ 微晶结构参数的影响. 中国有色金属学报，1999，9(3)：504~509

[5] Delmas C，Tessier C. Stacking faults in the structure of nickel hydroxide：a rationale of its high electrochemical activity. J. Mater. Chem. ，1997，7(8)：1439~1443

[6] Treacy M，Newsam J，Deem M. A general recursion method for calculation diffraction intensities from crystals containing planardefaults. Proc. Rog. Soc. ，1991，43：499，520

[7] 王超群，王宁，李娜娜，等. 氢氧化镍电极材料的层错结构表征. 中国有色金属学报，2002，12(3)：496~500

[8] Langford J I，Boultif A. The use of pattern decomposition to study the combined X-ray diffraction effects of crystallite size and stacking faults in ex-oxalate zine in oxide. J. Appl. Cryst. ，1993，26(1)：22，23

[9] 钦佩，娄豫皖，杨传铮，等. 分离 X 射线衍射多重线宽化效应的新方法和计算程序. 物理学报，2006，55(3)：1325~1335

[10] 杨传铮，张建. X 射线研究纳米材料微结构的一些进展. 物理学进展，2008，28(3)：280~313

[11] 汪保国，李志林，杨传铮，等. AB₅ 储氢合金微观结构 X 射线衍射正确表征. 电源技术，2006，30(12)：1013~1016

第4章 LiMeO₂类合成过程中的固相反应和形成机理

锂离子电池已获得广泛应用。为了获得更好的充放电性能和更长的使用寿命,电池正极材料的选择至关重要。现在已从开始使用的 $LiCoO_2$ 向 $LiNiO_2$、$Li(Ni_{1-x}Co_x)O_2$ 发展。近几年来,对 $Li(Ni,Co,Mn)O_2$ 系统的研究很多,特别是 $Li(Ni_{1/3}Co_{1/3}Mn_{1/3})O_2$ 研发较早[1~3]。近两年来,$Li(Ni_{0.6}Co_{0.2}Mn_{0.2})O_2$ 和 $Li(Ni_{0.4}Co_{0.2}Mn_{0.4})O_2$ 系统也有一些报道[4,5]。就合成方法而言,Sun 等[1] 用 $Ni(NO_3)_2 \cdot H_2O$,$Co(NO_3)_2 \cdot H_2O$,$Mn(NO_3)_2 \cdot H_2O$ 为原料,通过 NaOH 水溶液来调整 pH 的共沉积方法制备前驱体,后用 $LiOH \cdot H_2O$ 与前驱体相混合,在 900℃ 焙烧合成 $Li(Ni_{1/3}Co_{1/3}Mn_{1/3})O_2$。此外,也有人用硫酸盐或醋酸盐为原料,用共沉淀方法制备前驱体。

我们在合成 $Li(Ni_{0.6}Co_{0.2}Mn_{0.2})O_2$ 和 $Li(Ni_{0.4}Co_{0.2}Mn_{0.4})O_2$ 时,采用硝酸盐为原料,分别用 NaOH 或 Na_2CO_3 调整 pH 共沉积方法制得前驱体,然后与 $LiOH \cdot H_2O$ 或 Li_2CO_3 相混合,在中温、高温两段式方法合成。有关合成工艺和电化学性能可参见文献[4]、[5]。本章意在对合成的各个阶段的产物进行 X 射线衍射(XRD)分析,进而对所得结果进行综合分析比较,以弄清楚各阶段的固态反应、结构演变和 $Li(Ni,Co,Mn)O_2$ 的形成机理。

4.1 研究 LiMeO₂ 合成机理实验步骤

4.1.1 LiMeO₂ 形成机理研究的材料合成策略

$LiCoO_2$、$LiNiO_2$、$Li(Ni_{1-x}Co_x)O_2$ 和 $Li(Ni_xCo_yMn_{1-x-y})O_2$(可用通式 $LiMeO_2$ 表示)材料合成方法是大致相同的,详细工艺可查阅文献[1]~[5]。一般是用共沉积法制备前驱体,然后将前驱体与 Li 源混合,分两段(即中温和高温)式焙烧而成。

为了便于研究合成过程的结构演变和 $Li(NiCoMn)O_2$ 的合成机理,采用下述实验步骤:

(1)均用硝酸盐为原料,分别用 NaOH 和 Na_2CO_3 水溶液调整 pH 的共沉积法制备前驱体;

(2)将前驱体在不同中温下进行热分解;

(3)前驱体与 $LiOH \cdot H_2O$ 或 Li_2CO_3 混合后,在中温或中温+高温下的两段合成;

（4）把前驱体与 LiOH·H$_2$O 混合后，在变温（室温～1000℃）的 X 射线衍射仪上进行原位观测和研究。

4.1.2　X 射线衍射分析

除对共沉积获得的前驱体进行物相鉴定和 X 射线在线研究外，以准动态的方式对各阶段的产物进行 XRD 分析，不仅涉及物相鉴定，还测定主要衍射的半高宽（HWHM）和主要衍射线的积分强度比，以按谢乐公式

$$D_{hkl} = \frac{0.89\lambda}{\beta_{hkl}\cos\theta_{hkl}} \tag{4.1}$$

求解晶粒尺度随焙烧温度和时间的变化。其中，$\beta = \beta_{1/2} - \beta_0$，即实测半高宽减去仪器宽化；测定积分强度比 I_{003}/I_{104} 和 I_{101}/I_{104}，对于 Li(Ni$_{0.6}$Co$_{0.2}$Mn$_{0.2}$)O$_2$，且 $z = 0.24$，便可按线性方程

$$\sqrt{\frac{I_{003}}{I_{104}}} = 1.1968 - 2.2214X \tag{4.2}$$

$$\sqrt{\frac{I_{101}}{I_{104}}} = 0.7527 - 1.6295X \tag{4.3}$$

定量研究 Li 和 Ni 在 3a 位和 3b 位的混合占位参数 X、焙烧温度和时间的变化[6,7]。关于混合占位的问题请参阅第 5 章。

4.2　前驱体和前驱体的热分解产物的 XRD 分析

4.2.1　前驱体的 XRD 分析

当 $x:y:z = 0.6:0.2:0.2$ 或 $0.4:0.2:0.4$ 时，若用 NaOH 调整 pH 时则所得共沉积前驱体的 XRD 花样如图 4.1 所示，经物相鉴定为 α-(Ni$_x$Co$_y$Mn$_z$)(OH)$_2$·0.75H$_2$O（参比 PDF 卡号为 38-0715，Ni(OH)$_2$·0.75H$_2$O）或 β-(Ni$_x$Co$_y$Mn$_z$)(OH)$_2$（参比 PDF 卡号为 14-0117，β-Ni(OH)$_2$），有时 α 相和 β 相共存，或许 α 相多于 β 相，也可反之，这均取决于共沉积的具体工艺。

当 $x:y:z = 0.6:0.2:0.2$ 时，用 Na$_2$CO$_3$ 调整 pH，其前驱体为碱式碳酸盐（参比卡号为：38-0714，NiCO$_3$(OH)$_2$·H$_2$O），且结晶情况很差，如图 4.2(a)所示；当 $x:y:z = 0.4:0.2:0.4$ 时，用 Na$_2$CO$_3$ 调整 pH，其前驱体为 β-(Ni$_x$Co$_y$Mn$_z$)(OH)$_2$ 和 MnCO$_3$ 两相共存，如图 4.2(b)所示。

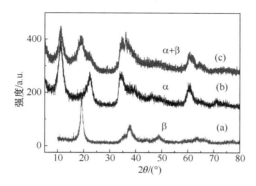

图 4.1　用 NaOH 调整 pH,共沉积前驱体的 XRD 花样
(a) 纯 β-$(Ni_xCo_yMn_z)(OH)_2$；(b) 纯 α-$(Ni_xCo_yMn_z)(OH)_2 \cdot 0.75H_2O$；(c) α 相和 β 相共存

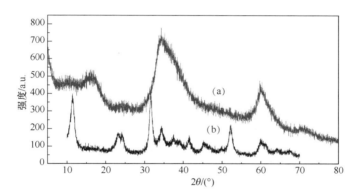

图 4.2　用 Na_2CO_3 调整 pH 共沉积前驱体的 XRD 花样
(a) 碱式碳酸盐(结晶情况很差,$x:y:z=0.6:0.2:0.2$);
(b) β-$(Ni_xCo_yMn_z)(OH)_2+MnCO_3$($x:y:z=0.4:0.2:0.4$)

4.2.2　前驱体的热分解产物的 XRD 分析

对于 $x:y:z=0.6:0.2:0.2$ 系统的前驱体,经 500～720℃ 中温焙烧,其分解产物典型的 XRD 花样如图 4.3 所示,经物相鉴定,其为面心立方结构的 NiO 和金刚石立方的 $MnCo_2O_4$,参比 PDF 卡号分别为 47-1049 和 23-1237。一个十分重要的现象是:无论前驱体为纯的 α-$(Ni_xCo_yMn_z)(OH)_2$ 或 β-$(Ni_xCo_yMn_z)(OH)_2$,还是 α+β 共存的前驱体或是碱式碳酸盐的前驱体的热分解产物都是这两种氧化物的混合体;然而,当 $x:y:z=0.4:0.2:0.4$ 时,β-$(Ni_xCo_yMn_z)(OH)_2+$ $MnCO_3$ 组成的前驱体的热分解产物的 XRD 花样如图 4.4 所示。经鉴定为

$$500℃ \quad NiMnO_3 + MnCo_2O_4$$

$$600℃ \quad MnCo_2O_4 + NiMnO_3$$

$$700℃ \quad MnCo_2O_4 + NiO$$

其中，$NiMnO_3$ 属 $R\bar{3}$（No. 148）空间群。

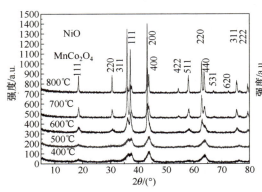

图 4.3 $x:y:z=0.6:0.2:0.2$ 时前驱体的
热分解产物的 XRD 花样

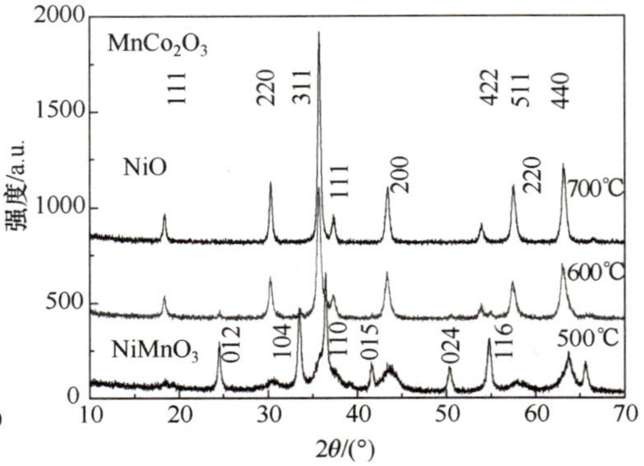

图 4.4 $x:y:z=0.4:0.2:0.4$ 时,组
成为 $β$-$(Ni_xCo_yMn_2)(OH)_2 + MnCO_3$ 的
前驱体的热分解产物的 XRD 花样

由此可见：

（1）随温度升高,立方相增加,菱形相减少;而在 $x:y:z=0.6:0.2:0.2$ 时,随温度升高,$Fd3m$ 和 $Fm3m$ 两项比例变小,也就是说 NiO 相随温度升高增加较快。

（2）无论哪一种相,都随温度的升高或时间的延长,晶粒尺度在逐渐增大,其中 $x:y:z=0.6:0.2:0.2$,不同温度下恒温 3h NiO 的 200 衍射线的数据表 4.1 所示。

表 4.1 不同温度下恒温 3h NiO 的 200 衍射线的数据表

温度与时间	(200)线的实测 HWHM/(°)	D_{200}/nm
400℃ 3h	1.411	6.6
500℃ 3h	1.227	7.7
600℃ 3h	0.866	11.4
700℃ 3h	0.271	56.1
800℃ 3h	0.198	108.6

注：实验条件：$β_0 = 0.120$, $2θ = 43.98°$。

4.3　前驱体＋LiOH·H₂O 或 Li₂CO₃ 在中温和高温段焙烧的产物

以 $x:y:z=0.6:0.2:0.2$ 时,不同的前驱体与 LiOH·H₂O 或 Li₂CO₃ 均匀混合后,在不同的中温段($560\sim720℃$)烧结 6h 后产物的典型 XRD 花样如图 4.5 所示。经物相鉴定,LiMeO₂ 相,即 Li(Ni₀.₆Co₀.₂Mn₀.₂)O₂ 已经形成(参比 PDF 卡号为 09-0063,LiNiO₂),仔细观测后发现其特征:

(1)(104)衍射峰强度大于(003)的衍射强度;

(2)各衍射峰明显宽化,(006)/(102)和(008)/(110)两对衍射线未能分开。

因衍射花样具有上述特征,故把这种半成品称为畸变的 Li(Ni₀.₆Co₀.₂Mn₀.₂)O₂。

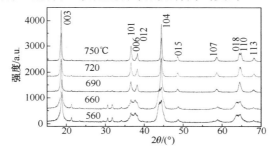

图 4.5　在不同中温段烧结 6h 后产物的典型 XRD 花样

现将经 560℃ 焙烧 6h 后的样品分别在 860℃、880℃、900℃、920℃ 下焙烧 8h,产物的 XRD 花样如图 4.6 所示。经物相鉴定为典型 Li(Ni₀.₆Co₀.₂Mn₀.₂)O₂,其花样的特征是:

(1)(003)衍射峰强度大于(104)的衍射强度,衍射线的宽化效应减小,线条明锐;

(2)(006)/(102)和(018)/(110)两对衍射线也能明显分开。

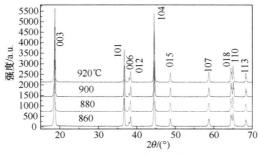

图 4.6　560℃烧结 6h 后的样品在不同高温下烧结 8h 后产物的 XRD 花样

对比观察图 4.5 和图 4.6 可知,其特征发生明显变化,这暗示在两段式温度合成过程中,$Li(Ni_{0.6}Co_{0.2}Mn_{0.2})O_2$ 的精细结构和微结构发生了变化。为了进一步解释精细结构和微结构的变化,先把有关原始数据列入表 4.2 中,按式(4.1)~式(4.3)计算所得结果如表 4.3 所示,其中还给出 Jade 6.0 程序 Calculate Lattice 和 Cell Refinement 处理获得点阵参数 a 和 c。比较这些数据可知:

(1) 在中温段(560~750℃),点阵参数 a 随温度升高而降低,但 c 却增大;晶粒尺度 D_{003}、D_{101} 和 D_{104} 却随温度升高而长大;总的来看,Li 和 Ni 在 3a 位和 3b 位混排参数 X 随温度升高而降低。

(2) 在高温(860~920℃)段,点阵参数 a 随温度升高变化不大,c 却有些减小,混排参数在 560℃ 6h+860℃ 8h 时比 560℃ 6h 时大大减少,但在高温段变化不大。

表 4.2 中温和高温段焙烧后产物主要 XRD 数据

温度和时间	003			101			104		
	$2\theta/(°)$	HWHM/(°)	I	$2\theta/(°)$	HWHM/(°)	I	$2\theta/(°)$	HWHM/(°)	I
560℃ 6h	19.827	0.681	83	—	—	—	44.117	1.379	100
600℃ 6h	19.735	0.496	96	36.549	0.616	37	44.278	0.580	100
660℃ 6h	19.726	0.474	100	36.554	0.592	39	44.303	0.559	99
690℃ 6h	19.702	0.348	96	36.555	0.467	38	44.337	0.365	100
720℃ 6h	19.698	0.318	100	36.600	0.359	39	44.376	0.308	92
750℃ 6h	19.677	0.280	100	36.631	0.318	38	44.406	0.290	83
$\beta_{1/2}(°)$	—	0.150	—	—	0.123	—	—	0.120	—
560℃6h+860℃8h	19.759	0.255	100	36.751	0.209	38	44.506	0.232	90
560℃6h+880℃ 6h	19.741	0.199	100	36.720	0.165	40	44.478	0.183	92
560℃6h+900℃ 6h	19.835	0.203	100	36.809	0.172	41	44.554	0.178	90
560℃6h+920℃ 6h	19.810	0.221	100	36.776	0.173	39	44.534	0.167	90

表 4.3 中温、高温段 XRD 数据的分析结果

温度和时间	点阵参数		D_{003}/nm	D_{101}/nm	D_{104}/nm	$\sqrt{\dfrac{I_{003}}{I_{104}}}$	$X/\%$	$\sqrt{\dfrac{I_{101}}{I_{104}}}$	$X/\%$
	$a/\text{Å}$	$c/\text{Å}$							
560℃ 6h	2.8985	14.1743	16.0	—	6.7	0.912	12.8	—	—
600℃ 6h	2.8804	14.1984	23.0	16.8	19.4	0.980	9.6	0.611	8.7
660℃ 6h	2.8788	14.2047	24.6	17.6	19.3	1.006	8.6	0.632	7.4
690℃ 6h	2.8784	14.2196	40.2	24.1	34.6	0.981	9.7	0.614	8.5

续表

温度和时间	点阵参数		D_{003}/nm	D_{101}/nm	D_{104}/nm	$\sqrt{\dfrac{I_{003}}{I_{104}}}$	X/%	$\sqrt{\dfrac{I_{101}}{I_{104}}}$	X/%
	a/Å	c/Å							
720℃ 6h	2.8736	14.2250	47.4	35.1	45.1	1.042	7.0	0.648	6.4
750℃ 6h	2.8697	14.2407	61.3	42.4	50.0	1.101	4.3	0.681	4.4
560℃ 6h+860℃ 8h	2.8663	14.1823	75.8	96.2	75.7	1.053	4.7	0.651	6.2
560℃ 6h+880℃ 6h	2.8685	14.1953	162.5	179.0	134.6	1.043	6.9	0.661	5.6
560℃ 6h+900℃ 6h	2.8662	14.1315	168.5	168.8	146.2	1.052	6.5	0.675	4.8
560℃ 6h+920℃ 6h	2.8676	14.1493	112.2	165.5	180.5	1.055	6.4	0.659	5.8

4.4　前驱体＋LiOH·H₂O 变温原位 XRD 研究

按 Li(Ni₀.₆Co₀.₂Mn₀.₂)O₂ 元素配比要求，将 β-(Ni₀.₆Co₀.₂Mn₀.₂)(OH)₂ 的前驱体和 LiOH·H₂O 配料，经充分混合研磨后，置于 Rigaku D/max-2200PC X 射线衍射仪的高温附件试样架上，分别在 25℃，200℃，400℃，500℃，600℃，700℃，800℃，850℃，900℃，950℃等温度下保温 1h 即进行 $\theta/2\theta$ 扫描，扫描范围为 $10°\sim 80°$，一次扫描约 10min。中温段和高温段的 XRD 花样分别如图 4.7(a) 和 (b) 所示。其主要衍射数据及分析结果如表 4.4 所示。

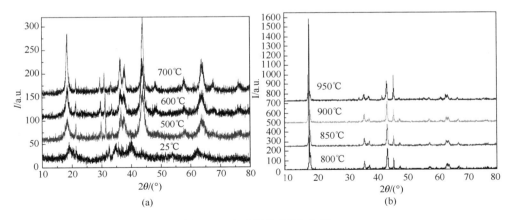

图 4.7　合成原位 XRD 花样

(a) 中温段(400~700℃)获得的 XRD 花样；(b) 高温段(800~950℃)获得的 XRD 花样

表 4.4 图 4.7 中主要衍射数据及分析结果

温度和时间	003		104		存在物相	D_{003}/nm	D_{104}/nm	I_{003}/I_{104}	$X/\%$
	I	HWHM/(°)	I	HWHM/(°)					
25℃	—	—	—	—	β-(Me)(OH)$_2$ +LiOH·H$_2$O	—	—	—	—
400℃1h	29	3.256	100	1.874	LiMeO$_2$+MeO$_4$ +Li$_2$CO$_3$	2.5	2.8	0.290	29.6
500℃1h	31	1.627	100	1.617	LiMeO$_2$+MeO$_4$ + Li$_2$CO$_3$	5.3	5.4	0.314	28.7
600℃1h	35	0.889	100	1.315	LiMeO$_2$+MeO$_4$ + Li$_2$CO$_3$	10.4	6.8	0.355	21.4
700℃1h	55	0.650	100	0.728	LiMeO$_2$+MeO$_4$ + Li$_2$CO$_3$	16.1	13.4	0.552	20.4
800℃1h	100	0.272	79	0.368	LiMeO$_2$	53.4	32.8	1.272	3.1
850℃1h	100	0.213	63	0.337	LiMeO$_2$	88.5	34.5	1.597	−3.0
900℃1h	100	0.154	36	0.358	LiMeO$_2$	257.8	34.1	2.755	−20.8
900℃1h	100	0.155	34	0.354	LiMeO$_2$	248.9	34.7	2.907	−22.9
950℃1h	100	0.164	39	0.322	LiMeO$_2$	194.2	40.3	2.564	−19.2
1000℃1h	100	0.195	59	0.318	LiMeO$_2$	111.0	41	1.683	−4.5

注：Me 是 (Ni$_{0.6}$Co$_{0.2}$Mn$_{0.2}$)的简写。

从图 4.7 和表 4.4 分析结果中可知：

(1) 直至加到 700℃，Li$_2$CO$_3$ 和 NiCo$_2$O$_4$ 还未消失，即发生 LiOH·H$_2$O→ LiOH→Li$_2$CO$_3$ 过程，但点阵参数小很多。

(2) 从 400℃ 开始 Li(Ni$_{0.6}$Co$_{0.2}$Mn$_{0.2}$)O$_2$ 相已经开始出现，到 800℃，Li(Ni$_{0.6}$Co$_{0.2}$Mn$_{0.2}$)O$_2$已基本形成。

(3) 比较图 4.7(a)和(b)可见，在中温段(500~700℃)，(104)线的积分强度大于(003)线的积分强度；到了 800℃，情况正好相反。这与 4.3 节结果是一致的。

(4) 从 D_{003} 和 D_{104} 的数据看出，随着温度的升温，晶粒尺度增大，但在高温段增大的速度较慢；当温度达 850℃ 以后，Li(Ni$_{0.6}$Co$_{0.2}$Mn$_{0.2}$)O$_2$ 的晶粒尺度[001]方向的尺度是[104]方向的数倍，表明晶粒形状为垂直于(001)的柱状晶。

(5) Li 和 Ni 原子在 3a 和 3b 的混合占位参数 X 随温度升高而降低，至 800℃ 为止；当温度大于 850℃ 后，由于(001)的择优取向，使(003)衍射线异常增强而出现负值。

4.5　Li(Ni,Co,Mn)O$_2$合成过程中的固相反应

从 4.1～4.4 节的研究结果,可总结出 Li(Ni,Co,Mn)O$_2$合成过程中的固相反应。对于 Ni : Co : Mn＝0.6 : 0.2 : 0.2 的样品,Li(Ni$_{0.6}$Co$_{0.2}$Mn$_{0.2}$)O$_2$的合成过程如下：

$$0.6\ Ni(NO_3)_2 \cdot H_2O + 0.2\ Co(NO_3)_2 \cdot H_2O + 0.2\ Mn(NO_3)_2 \cdot H_2O$$

　　　　　　　　＋　　　　　　　　　　　　　　　　　＋

　　　　　　NaOH　　　　　　　　　　　　　　Na$_2$CO$_3$

　　　α-(Ni$_{0.6}$Co$_{0.2}$Mn$_{0.2}$)(OH)$_2$　　　　(Ni$_{0.6}$Co$_{0.2}$Mn$_{0.2}$)(OH)$_2$CO$_3$ · H$_2$O

或　　　β-(Ni$_{0.6}$Co$_{0.2}$Mn$_{0.2}$)(OH)$_2$

或　　　　　　α＋β

　　　　　　　　　　　↓

　　　　　　　　中温热分解

　　　　NiMnO$_2$　＋　NiO　＋　NiMnO$_3$

　　　　　　　　　　＋

　　　　LiOH · H$_2$O 或 Li$_2$CO$_3$

　　　　　　　　　　↓ 中温焙烧

　　　　畸变 Li(Ni$_{0.6}$Co$_{0.2}$Mn$_{0.2}$)O$_2$

　　　　　　　　　　↓ 高温焙烧

　　　　成品 Li(Ni$_{0.6}$Co$_{0.2}$Mn$_{0.2}$)O$_2$

其主要固相反应有

$$(Ni_{0.6}Co_{0.2}Mn_{0.2})(OH)_2CO_3 \cdot H_2O \longrightarrow NiO + MnCo_2O_4$$

$$(Ni_{0.6}Co_{0.2}Mn_{0.2})(OH)_2 \longrightarrow NiO + MnCo_2O_4$$

$$Li_2CO_3 \cdot H_2O \longrightarrow Li_2CO_3 \longrightarrow Li_2O + CO_2 \uparrow$$

$$NiO + Li_2O \longrightarrow LiNiO_2 + CO_2 \uparrow$$

$$MnCo_2O_4 + Li_2O \longrightarrow Li(Co,Mn)O_2$$

$$LiNiO_2 + Li(Co,Mn)O_2 \longrightarrow Li(Ni,Co,Mn)O_2$$

对于 Ni : Co : Mn＝0.4 : 0.2 : 0.4 的样品,Li(Ni$_{0.4}$Co$_{0.2}$Mn$_{0.4}$)O$_2$的合成过程如下：

$$0.4\,Ni(NO_3)_2 \cdot H_2O + 0.2\,Co(NO_3)_2 \cdot H_2O + 0.4\,Mn(NO_3)_2 \cdot H_2O$$

$$+ \qquad\qquad\qquad\qquad +$$

$$NaOH \qquad\qquad\qquad\qquad Na_2CO_3$$

$$\beta\text{-}(Ni_{0.4}Co_{0.2}Mn_{0.4})(OH)_2 \qquad \beta\text{-}(Ni,Co)(OH)_2 + MnCO_3$$

$$\downarrow \text{中温热分解}$$

$$NiO + CoMn_2O_4 \qquad\qquad NiMnO_3 + MnCo_2O_4 + NiO$$

$$+$$

$$LiOH \cdot H_2O \text{ 或 } Li_2CO_3$$

$$\downarrow \text{中温焙烧}$$

$$\text{畸变 } LiNi_{0.4}Co_{0.2}Mn_{0.4}O_2$$

$$\downarrow \text{高温焙烧}$$

$$\text{成品 } LiNi_{0.4}Co_{0.2}Mn_{0.4}O_2$$

其主要固相反应有

$$(Ni_{0.4}Co_{0.2}Mn_{0.4})(OH)_2 \longrightarrow NiO + CoMn_2O_4$$

$$Mn_2CO_3 + \beta\text{-}(Ni_{0.4}Co_{0.2}Mn_{0.4})(OH)_2 \longrightarrow NiMnO_3 + MnCo_2O_4$$

$$NiMnO_3 + Li_2O \longrightarrow Li(Ni,Mn)O_2$$

$$CoMn_2O_4 + Li_2O \longrightarrow Li(Co,Mn)O_2$$

$$Li(Ni,Mn)O_2 + Li(Co,Mn)O_2 \longrightarrow Li(Ni,Co,Mn)O_2$$

4.6　$LiMeO_2$ 合成过程中的结构演变和形成机理

总结 4.2 和 4.4 节的结果,实际合成是将前驱体与锂源($LiOH \cdot H_2O$ 或 Li_2CO_3)充分混合后置于旋转炉坩埚中,分为如下两种工艺。

(1) 按一定的升温速度升温至某中温(如 650℃)保温数小时后,继续升高到高温(如 900℃)保温数小时,然后出炉。整个过程中炉体均慢速旋转。

(2) 完成中温段保温后,取出中间产物,并经球磨,然后直接升温至高温保温数小时出炉。

因此,最实质的合成步骤是:Ni、Co、Mn 的氧化物(一种或多种)与 Li_2O 的固-固反应。其形成机理讨论如下。

(1) NiO 属 $Fm3m$(No. 225)结构,$a = 4.177$Å,也可能属 $R\bar{3}m$ 结构(No. 166),$a = 2.955$Å,$c = 7.225$Å;$MnCo_2O_4$ 属尖晶石(金刚石立方 $Fd3m$)结构(No. 227),$a = 8.269$Å;而合成物 $LiMeO_2$ 为 $R\bar{3}m$ 结构(No. 166),$a = 2.878$Å,$c = 14.19$Å。因此,对立方结构的氧化物 NiO 或 $MnCo_2O_4$ 或 $NiCo_2O_4$ 等,在中温段锂原子不可能扩散进入这种晶格,而是通过固-固扩散重新成核长大,即锂原子向立方氧化物颗粒和晶粒表面扩散。当成分到达一定时,重新成核形成新相,然后随锂原子的继续扩散而长大,即 $LiNiO_2$ 或 $Li(Co,Mn)O_2$ 的形成有一个成核—长大过程。

(2) $NiMnO_3$ 或 $CoMnO_3$ 均属于 $R\bar{3}$($No.148$)结构,点阵参数分别为:$a=4.890\text{Å}$,$c=13.58\text{Å}$;$a=4.933\text{Å}$,$c=13.71\text{Å}$。如果单胞中有两个分子,那么两种金属原子分别占 $3a$ 位和 $3b$ 位,并留下一个空位,6 个氧原子占 $6c$ 位,这与 $LiMeO_2$($a=2.86\text{Å}$,$c=14.19\text{Å}$)的占位是相似的,点阵参数 a 相差很大,但 c 相差不大。如果单胞中有 3 个分子,即两种金属分别占据 $3a$ 和 $3b$,而 9 个氧原子占位 $9d$ 或 $9e$ 位。因此,可能以 $R\bar{3}$ 点阵为基,锂原子向 $R\bar{3}$ 点阵扩散,取代占据 $3a$ 位 Ni,Ni 原子部分扩散至 $3b$ 位,这样就形成具有一定混排参数 X,点阵参数也随之变化的畸变的 $LiMeO_2$。

(3) 另外,有直接升温过程,通过 $500\sim700℃$,特别是当 $LiOH$ 或 Li_2CO_3 处于液态(其熔点分别为 $471℃$ 和 $618℃$),而 NiO 或 $MnCoO_2$(或 $MnCoO_3$)与液态锂源处于熔融状态时,可能进一步氧化成 NiO_2(或 $(Ni,Co,Mn)O_2$),其具有与 $LiMeO_2$ 相同的结构,即 $R\bar{3}m$ 结构($No.166$),$a=2.835\text{Å}$,$c=14.33\text{Å}$,具体数据与 Ni、Co、Mn 的比例有关。在 $R\bar{3}m$ 的 NiO_2 结构中,单胞中有 3 分子(即 $z=3$),3 个 Ni 占据 $3a$ 位置,6 个氧原子占 $6c$ 位,则锂原子需越过较小的势垒,扩散进入 $R\bar{3}m$ 结构的 $(Ni,Co,Mn)O_2$ 点阵的 $3a$ 位和 $3b$ 位,直接形成畸变的 $Li(Ni,Co,Mn)O_2$ 半成品。

(4) 经上述三种机理之一或几种所形成的畸变的 $LiNiO_2$ 和 $Li(Co,Mn)O_2$,再经相互扩散才形成畸变的 $Li(Ni,Co,Mn)O_2$,具有较大混合占位参数和较细晶粒度,且随温度的升高,混合占位参数变小,晶粒度增大。

(5) 这种畸变的 $Li(Ni,Co,Mn)O_2$ 在高温段,随着相互扩散系数增大,原子占位得到调整,混合占位参数 X 越来越小,也许在某种条件下能减少至零,达到理想占位情况,即 Li 占 $3a$,Ni、Co、Mn 占 $3b$ 位,6 个氧原子占 $3c$ 位。与此同时,晶粒逐渐长大。当然,最后成品的混合占位参数和晶粒大小的具体数值还与该温度段的工艺(如温度、保温时间以及降温的速率)有关。

总结本章得出结果可知,$LiMeO_2$ 合成的物理过程如下所述。

(1) $LiMeO_2$ 的合成核心分两步:

①中温段的氧化物。

$$\left.\begin{array}{l}NiO\ \text{面心立方}\\ MnCo_2O_4\ \text{金刚石立方}\end{array}\right\}+\text{锂源相互作用,重新成核和长大}$$

$$\left.\begin{array}{l}MnCoO_3\ 3\bar{R}\ \text{菱形}\\ NiO_2\ R\bar{3}m\ \text{菱形}\end{array}\right\}+\text{锂源相互作用,锂原子向氧化物点阵扩散}$$

$$\left.\right\}\ \text{形成畸变的}\ Li(Ni,Co,Mn)O_2$$

②高温段使畸变 $Li(Ni,Co,Mn)O_2$ 调整原子占位,降低混合占位参数 X,晶粒尺度不断增大,最后形成所需的具有合理混合占位及晶粒大小和形状的成品 $Li(Ni,Co,Mn)O_2$。

实验表明,这些过程与前驱体的具体物相和相的比例无关,只需保证前驱体中 Ni、Co、Mn 的原子比符合要求即可。

从上述结论可以推出:使用硝酸盐或金属氧化物,在保证 Ni、Co、Mn 原子比符合要求的情况下,直接与锂源(LiOH·H$_2$O)相混合,按中温、高温两式焙烧便可直接合成所需的 LiMeO$_2$。我们的实验已获得成功,这将极大地简化工艺,降低成本。金属复合氧化物作为中间产物制备锂离子电池多元正极材料已获得成功[8]。

(2) LiMeO$_2$ 的形成机理由扩散控制,以新相成核—长大或/和锂原子向 $R\overline{3}$ 或 $R\overline{3}m$ 结构的氧化物单向扩散而形成,然后经互扩散、晶粒长大及占位调整提高完整性而完成。

参 考 文 献

[1] Sun Y C, Ouyang C Y, Wang Z X et al. Effect of Co content on rate performance of LiMn$_{0.5-x}$Co$_{2x}$Ni$_{0.5-x}$O$_2$ cathode materials for lithium-ion batteries. J. Electrochem. Soc. , 2004, 151 (4): A504~A508

[2] Chen Y, Wang G X, Konstantinov K, et al. Synthesis and characterization of LiCo$_x$Mn$_y$Ni$_{1-x-y}$O$_2$ as a cathode material for secondary lithium batteries. J. Power Source, 2003, 119~121: 184~188

[3] Machheil D D, Lu Z, Dahn J R. Structure and electrochemistry of Li[Ni$_x$Co$_{1-2x}$Mn$_x$]O$_2$ (0≤x≤1/2). J. Electrochem. , Soc. , 2002, 149(10): A1332~A1336

[4] 张瑶. 锂离子正极材料 LiNi$_x$Co$_y$Mn$_{1-x-y}$O$_2$ 的碳酸盐共沉淀方法制备. 中国科学院上海微系统与信息技术研究所硕士学位论文, 2007; Zhang Y, Cao H, Zhang J, et al. Synthesis of LiNi$_{0.6}$Co$_{0.2}$Mn$_{0.2}$O$_2$ cathode material by a carbonate co-precipitation method and its electrochemical characterization. Solid State Ionics, 2006, 177: 3303~3307

[5] 曹辉. 锂离子正极材料 Li(Ni$_x$Co$_y$Mn$_{1-x-y}$)O$_2$ 的制备与性能研究. 中国科学院上海微系统与信息技术研究所博士学位论文, 2006; Cao H, Xia B J, et al. Synthesis and electrochemical characteristic of layered Lithium ion batteries. Solid State Ionics, 2005, 176: 1207~1211

[6] 张熙贵, 张建, 杨传铮, 等. LiMeO$_2$ 材料中锂和镍原子混排的模拟和实验研究. 无机材料学报, 2010, 25(1): 8~12

[7] 张建, 杨传铮, 夏保佳. 在合成过程中 Li(Ni, Co, Mn)O$_2$ 结构变化的模拟分析和研究. 材料科学与工程, 2009, 27(6): 824~828

[8] 夏保佳, 张建, 韩学武. 过渡金属复合氧化物作为中间产物制备锂离子电池多元正极材料的方法. 专利号 CN 100372774C; 夏保佳, 韩学武, 曹辉. 离子电池用多元复合正极材料及其制备方法. 专利号 CN 100342570C

第 5 章　LiMeO$_2$材料中 Ni/Li 原子混合占位

　　近些年来,开发锂离子电池正极活性材料 LiCoO$_2$ 替代品的研究正在加速进行[1,2]。已出现 LiNiO$_2$、Li(Ni,Co)O$_2$ 和 Li(Ni,Co,Mn)O$_2$ 三类材料,Li(Ni,Co,Mn)O$_2$ 是研究最广泛也是最有希望的材料之一[2~4]。在研究中发现,含 Ni 的这三类正极活性材料中通常存在 Li/Ni 的混合占位,即阳离子混排现象[5]。这种现象直接干扰了充放电过程中 Li$^+$ 的脱出和回嵌,造成材料的电化学性能下降[6,7]。因此,研究 Li/Ni 原子在 LiMeO$_2$ 材料中的晶体学混合占位已引起研究者的广泛注意。

　　研究晶体学占位的经典方法是仔细收集粉末试样的衍射花样数据,用 Rietveld 方法和计算程序进行全谱拟合计算,最后从原子占位几率获得原子的占位情况。Kin 等[8]收集粉末中子衍射数据,并用 Rietveld 精修(refinement)证实 Li(Ni$_{1/3}$Co$_{1/3}$Mn$_{1/3}$)O$_2$ 在充电至 4.7V 时确实存在 3a 位和 3b 位 Li/Ni 混合占位的情况。选用中子衍射是因为 Ni、Co、Mn 对 X 射线的原子散射因子相差很小,而对中子的散射相差要大得多。刘汉三等[9]则尝试用 CuKα 辐射的粉末 X 衍射和 Rietveld 方法对材料的合成条件进行优化。作者也曾尝试用这种方法来研究此类材料的原子占位问题。在研究中发现:①用 CuKα 辐射收集实验数据每个样品要花费 5~8h;②用 GSAS 等其他程序进行精修也要花费很多时间,特别是一些待精修参数需人工修改时更是如此,有时甚至不知如何修改精修参数;③精修方法不能建立衍射数据与混合占位的定量或半定量关系。当然,由于 Rietveld 方法是全谱拟合计算,还能作零位、择优取向等修正,所以结果要精确、可信得多。

　　基于上述原因,探索其他简捷有效的方法就显得尤为重要。为此,作者在全面研究分析这种结构材料的主要衍射线强度特征的基础上,提出一套模拟计算方法,即根据混合占位模型进行模拟计算的新方法,并把这种方法用于上述三类材料,建立由衍射强度比求解混合占位参数定量关系,最后进行实验研究和分析[12~14]。

5.1　模拟分析的原理和方法[12~14]

5.1.1　模拟分析的原理

　　在粉末 X 射线衍射仪对称 Bragg 反射几何的情况下,单相物质的相对积分强度为

$$I_{hkl} = P_{hkl} |F_{hkl}|^2 \frac{1+\cos^2 2\theta_{hkl}}{\sin^2 \theta_{hkl} \cos\theta_{hkl}} \tag{5.1}$$

其中，P_{hkl} 为 (hkl) 晶面的多重性因子；F_{hkl} 为结构因子；$\dfrac{1+\cos^2 2\theta_{hkl}}{\sin^2 \theta_{hkl} \cos\theta_{hkl}}$ 为角因子。结构因子的计算公式如下

$$
\begin{aligned}
F_{hkl} &= \sum_{j=1}^{n} f_j e^{2\pi i(hx_j+ky_j+lz_j)} \\
&= \sum_{j=1}^{n} f_j \{\cos[2\pi(hx_j + ky_j + lz_j)] + i\sin[2\pi(hx_j + ky_j + lz_j)]\}
\end{aligned} \tag{5.2}
$$

其中，f_j 为第 j 个原子对入射 X 射线的原子散射因子；x_j, y_j, z_j 为 j 原子在晶胞中的坐标；求和是对单胞中所有的原子进行。对于属 $R\bar{3}m$（No. 166）空间群的 $LiMeO_2$，是对晶胞中 3 个锂原子、3 个 Me 原子和 6 个氧原子求和。这 12 个原子在单胞中的正确占位是

Li 占 3a(0, 0, 0)，
Me 占 3b(0, 0, 1/2)位，　再加上(0,0,0)、(1/3,2/3,2/3)和(2/3,1/3,1/3)对称操作
O 占 6c(0,0,±z)位，

一般 z 取 1/4。经仔细计算，各主要衍射线的 12 个原子的 3a、3b 和 6c 位置参数如表 5.1 所示。

表 5.1　$R\bar{3}m$(No. 166)结构中原子位置参数

位置	原子坐标	hkl	003	101	006	012	104	015	009	107	018	110	113
		相对强度 I/I_0	100	40	12	15	95	18	9	20	25	25	13
	原子坐标	位置参数 $\cos[2\pi(hx_j+ky_j+lz_j)] + i\sin[2\pi(hx_j+ky_j+lz_j)]$											
3a	0　0　0		+1	+1	+1	+1	+1	+1	+1	+1	+1	+1	+1
	2/3　1/3　1/3		+1	+1	+1	+1	+1	+1	+1	+1	+1	+1	+1
	1/3　2/3　2/3		+1	+1	+1	+1	+1	+1	+1	+1	+1	+1	+1
	Σ		+3	+3	+3	+3	+3	+3	+3	+3	+3	+3	+3
3b	0　0　1/2		−1	−1	+1	+1	+1	−1	+1	−1	+1	+1	−1
	2/3　1/3　5/6		−1	−1	+1	+1	+1	−1	+1	−1	+1	+1	−1
	1/3　2/3　7/6		−1	−1	+1	+1	+1	−1	+1	−1	+1	+1	−1
	Σ		−3	−3	+3	+3	+3	−3	+3	−3	+3	+3	−3

续表

hkl		003	101	006	012	104	015	009	107	018	110	113
相对强度 I/I_0		100	40	12	15	95	18	9	20	25	25	13
位置	原子坐标	位置参数　$\cos[2\pi(hx_j+ky_j+lz_j)]+i\sin[2\pi(hx_j+ky_j+lz_j)]$										
6c	0　　0　　1/4	$-i$	$+i$	-1	-1	$+1$	$-i$	$-i$	$+i$	$-i$	$+1$	$-i$
	2/3　1/3　7/12	$-i$	$+i$	-1	-1	$+1$	$-i$	$-i$	$+i$	$-i$	$+1$	$-i$
	1/3　2/3　11/12	$-i$	$+i$	-1	-1	$+1$	$-i$	$-i$	$+i$	$-i$	$+1$	$-i$
	0　　0　　$-1/4$	$+i$	$-i$	-1	-1	$+1$	$+i$	$+i$	$-i$	$+i$	$+1$	$+i$
	2/3　1/3　1/12	$+i$	$-i$	-1	-1	$+1$	$+i$	$+i$	$-i$	$+i$	$+1$	$+i$
	1/3　2/3　5/12	$+i$	$-i$	-1	-1	$+1$	$+i$	$+i$	$-i$	$+i$	$+1$	$+i$
	$\sum$	0	0	-6	-6	$+6$	0	0	0	0	$+6$	0
3a 和 3b 在总贡献中的关系		相减	相减	相加	相加	相加	相减	相减	相减	相加	相加	相减

请特别注意表 5.1 的最后一行 3a 和 3b 位置对各衍射线强度贡献的"相加"和"相减"关系。

令 3a、3b、6c 位置的原子散射因子为 f_{3a}、f_{3b}、f_{6c}，对于 Li$_{1-X}$Ni$_X$（Li$_X$Ni$_{0.6-X}$Co$_{0.2}$Mn$_{0.2}$）O$_2$，它们由下式求得

$$\begin{cases} f_{3a} = (1-X)f_{Li} + Xf_{Ni} \\ f_{3b} = Xf_{Li} + (0.6-X)f_{Ni} + 0.2f_{Co} + 0.2f_{Mn} \\ f_{6c} = f_o \end{cases} \qquad (5.3)$$

其中，X 为混合占位参数；f_{Li}、f_{Ni}、f_{Co}、f_{Mn}、f_O 是 Li、Ni、Co、Mn 和 O 的原子散射因子，它们都是 $\dfrac{\sin\theta}{\lambda}$ 的函数，并随 $\dfrac{\sin\theta}{\lambda}$ 值的增大而减小。对于同一衍射花样，λ 不变，这意味着原子散射因子随 2θ 的增加而减小，即原子散射因子因 hkl 不同而不同，其衍射角 2θ 越大，原子散射因子越小。

同理，各衍射线的角因子 $\dfrac{1+\cos^2 2\theta_{hkl}}{\sin^2\theta_{hkl}\cos\theta_{hkl}}$ 随 2θ 增大而变小，其具体数值可计算求得或查阅专业书籍的附表获得。

至此，可总结属 $R\bar{3}m$ 这种结构的 LiMeO$_2$ 各衍射线的主要特征如下所示。

（1）就 6c 位氧原子对衍射强度的贡献而言，可分为如下 3 种。

无贡献：如 003、101、015、009、107、018、113；

相加的贡献：如 104、110；

相减的贡献：如 006、012。

（2）就 3a 位和 3b 位原子的贡献而言，可分为如下两种。

相加的关系：如 006、012、104、110、018；

相减的关系：如 003、101、015、009、107、113。

（3）这个 3a 位和 3b 位"相加"和"相减"关系揭示了一个十分重要的规律。以 003 和 104 两条衍射线为例，计算 F_{hkl} 并合并同类项后得

$$\begin{cases} F_{003} = 3(1-2X)f_{Li}^{003} - 3(0.6-2X)f_{Ni}^{003} - 0.6(f_{Co}^{003} + f_{Mn}^{003}) \\ F_{104} = 3f_{Li}^{104} + 1.8f_{Ni}^{104} + 0.6(f_{Co}^{104} + f_{Mn}^{104}) + 6f_{O}^{104} \end{cases} \tag{5.4}$$

式（5.4）表明，3a 和 3b 位成相加关系贡献的线条（如 006、012、104、110、018）的衍射强度与混合占位参数 X 无关，而为相减关系的线条（如 003、101、015、009、017、113）的衍射强度随混合占位参数 X 明显变化。如果能对相减关系的衍射线强度进行绝对测量，就能了解 Li/Ni 在 3a、3b 位的混合占位情况。但实验上这是难以实现的。因此，研究相加关系与相减关系的线条的衍射强度比就成为我们了解 Li/Ni 原子混合占位情况的可行途径。

在用衍射线对的强度比来研究 $LiNiO_2$ 的有关问题时，有三点需要说明：

（1）Dahn 等[11]在研究 $Li_X Ni_{2-X} O_2$ 的衍射强度比时，在假定 $Li_X Ni_{2-X} O_2$ 具与 $LiNiO_2$ 相同结构以及在 $Li_X Ni_{2-X} O_2$ 也有 Li/Ni 混合占位的情况下，给出 $(I_{006} + I_{012})/I_{104} = R = 0.461 + 0.997(1-X) + 27.37(1-X)^2$ 的关系。根据前述可知，006、012 和 104 这三条衍射线 3a 和 3b 的贡献均成"相加"关系，故不可能揭示 Li/Ni 混合占位问题，仅表示 $(I_{006} + I_{012})/I_{104}$ 与 $Li_X Ni_{2-X} O_2$ 中的成分 X 的关系。

（2）Ohzuku 等[11]在研究 $LiNiO_2$ 不同合成工艺时也用 I_{003}/I_{104} 表征合成情况，但未提及 Li/Ni 混合占位问题。

（3）有人认为，003 是由 $R\bar{3}m$ 层状结构给出，而 104 则由 $R\bar{3}m$ 层状结构和 $Fm\bar{3}m$ 的立方结构给出，故可用 I_{003}/I_{104} 来判定试样的"岩盐畴"的混入程度，其与化学分析所得 $n(Li)/m(Ni)$ 之比符合良好。虽然这似乎缺乏理论根据，但无意中触及了 Li/Ni 混合占位问题。

5.1.2 模拟计算的方法

根据 5.1.1 节介绍的原理和给出的有关数据，模拟计算混合占位参数 X 与衍射强度比的关系是可行的，可以进行手工计算，也可用有关程序进行模拟计算。作者用 Powder Cell 2.4 程序进行模拟计算，其数据的输入内容［以 $Li_{1-X} Ni_X (Li_X Ni_{1-X})O_2$，$X=0.15$ 为例］如下所述。

元素 名称	原子序 数 Z	离子	位置 符号	原子 坐标			占位 几率	温度 因子 B
				x	y	z	SOF	
Li	3	Li^{+1}	3a	0	0	0	0.85	0.66
Ni	28	Ni^{+2}	3a	0	0	0	0.15	0.22
Li	3	Li^{+1}	3b	0	0	1/2	0.15	0.66
Ni	28	Ni^{+2}	3b	0	0	1/2	0.85	0.22
O	8	O^{-2}	6c	0	0	0.25	1.00	0.44

空间群号(space-group No. 166)、点阵参数 a、b、c、α、β、γ,以及其输出内容有:①晶体结构模型和原子键合情况图;②衍射花样(图谱),如图 5.1 所示;③数字形式如表 5.2 所示。

表 5.2　模拟输出的数据格式

晶面指数			$2\theta/(°)$	晶面间距	相对强度	结构振幅	多重性因子	半高宽/(°)
h	k	l		$d/\text{Å}$	I	$|F(hkl)|$	Mu	
0	0	3	19.153	4.63027	27.09	32.43	2	0.0707
1	0	1	37.307	2.40836	14.21	27.51	6	0.0707
0	0	6	38.868	2.31513	7.04	35.09	2	0.0707
0	1	2	39.018	2.30660	20.92	35.08	6	0.0707
1	0	4	45.320	1.99942	100.00	90.69	6	0.0707
0	1	5	49.625	1.83559	5.88	24.37	6	0.0707

尽管式(5.1)中忽略了温度因子,但在实际模拟中发现,各元素间 B 值的更换对相对强度有一定影响。比如:

	(1) B	(2) B	(3) B
Li	0.66	0.44	0.22
Ni(Co,Mn)	0.22	0.22	0.66
O	0.44	0.66	0.44
I_{003}/I_{104}	0.6684	0.6646	0.6545
I_{101}/I_{104}	0.5860	0.5894	0.5783

故以下所有模拟都用第一种情况,即保持 Li、Ni(Co,Mn)、O 分别为 0.66、0.22、0.44 不变。

根据不同材料和混合占位模型(如 $Li_{1-X}Ni_X(Li_XNi_{0.6-X}Co_{0.2}Mn_{0.2})O_2$)的计算结果可得其相对强度比 I_{h1k1l1}/I_{h2k2l2},用 Origin 程序把 I_{h1k1l1}/I_{h2k2l2}(或 $(I_{h1k1l1}/I_{h2k2l2})^{1/2}$)对 X 作图,最后经拟合获得关系方程。

5.2　相关材料的衍射强度比与混合占位关系的模拟计算结果[12~14]

几种相关材料的化学式及其 Li/Ni 混合占位模型如表 5.3 所示。其实只要 $u \neq 0$，就可获得各种不同成分的材料，这里未一一列出。只要掌握本书提出的模拟原理和计算方法，各种成分的材料都能作类似处理。

表 5.3　几种相关材料的化学式及其 Li/Ni 混合占位模型

	材料的化学式	Li/Ni 原子混合占位模型
通式	$Li(Ni_u Co_v Mn_{1-u-v})O_2$	$Li_{1-X} Ni_X (Li_X Ni_{u-X} Co_v Mn_{1-u-v})O_2$
$u=0.0, v=1.0$	$LiCoO_2$	—
$u=1.0, v=0.0$	$LiNiO_2$	$Li_{1-X} Ni_X (Li_X Ni_{1-X})O_2$
$u=0.6, v=0.4$	$Li(Ni_{0.6} Co_{0.4})O_2$	$Li_{1-X} Ni_X (Li_X Ni_{0.6-X} Co_{0.4})O_2$
$u=0.6, v=0.0$	$Li(Ni_{0.6} Mn_{0.4})O_2$	$Li_{1-X} Ni_X (Li_X Ni_{0.6-X} Mn_{0.4})O_2$
$u=1/3, v=1/3$	$Li(Ni_{1/3} Co_{1/3} Mn_{1/3})O_2$	$Li_{1-X} Ni_X (Li_X Ni_{1/3-X} Co_{1/3} Mn_{1/3})O_2$
$u=0.6, v=0.2$	$Li(Ni_{0.6} Co_{0.2} Mn_{0.2})O_2$	$Li_{1-X} Ni_X (Li_X Ni_{0.6-X} Co_{0.2} Mn_{0.2})O_2$
$u=0.4, v=0.2$	$Li(Ni_{0.4} Co_{0.2} Mn_{0.4})O_2$	$Li_{1-X} Ni_X (Li_X Ni_{0.4-X} Co_{0.2} Mn_{0.4})O_2$

5.2.1　材料 $Li(Ni_{0.6} Co_{0.2} Mn_{0.2})O_2$ 模拟计算结果

$Li(Ni_{0.6} Co_{0.2} Mn_{0.2})O_2$ 的混排模型为 $Li_{1-X} Ni_X (Li_X Ni_{0.6-X} Co_{0.2} Mn_{0.2})O_2$，设 $X=0.00$ 和 0.25，$z=0.25$ 用 Powder Cell 2.4 程序进行模拟计算所得的衍射花样如图 5.1 所示。可见，003 与 104、101 与 012 的衍射强度发生反转，即由 $I_{003} > I_{104}$、$I_{012} < I_{101}$ 变为 $I_{003} < I_{104}$、$I_{012} > I_{101}$。

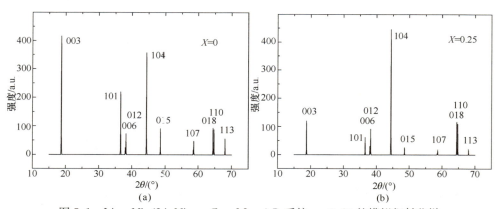

图 5.1　$Li_{1-X} Ni_X (Li_X Ni_{0.6-X} Co_{0.2} Mn_{0.2})O_2$ 系统 $z=0.25$ 的模拟衍射花样

Li$_{1-X}$Ni$_X$(Li$_X$Ni$_{0.6-X}$Co$_{0.2}$Mn$_{0.2}$)O$_2$ 的模拟衍射强度比 I_{104}/I_{003}、I_{012}/I_{101} 和 I_{101}/I_{104} 与混合占位参数 X 的关系如图 5.2(a) 所示,它们可用三次四项式来拟合。比如,对于 Li$_{1-X}$Ni$_X$(Li$_X$Ni$_{0.6-X}$Co$_{0.2}$Mn$_{0.2}$)O$_2$ 系统 $z=0.24$ 时,I_{104}/I_{003} 与混合占位参数 X 的关系满足下式

$$I_{104}/I_{003}=0.693+3.270X-5.074X^2+78.630X^3 \tag{5.5}$$

写成通式有

$$y=a+bX+cX^2+dX^3 \tag{5.6}$$

这显然不可能用数值计算法在已知 $y(I_{104}/I_{003})$ 的情况下求 X。因此,只能先用 Origin 程序作图并保存,然后用实验测得的强度比数据,在保存的 Origin 图中,用 Screen Reader 在曲线上读得混合占位参数 X。

若把纵坐标改为 $(I_{h1k1l1}/I_{h2k2l2})^{1/2}$,则得 $(I_{h1k1l1}/I_{h2k2l2})^{1/2}$ 与 X 的关系曲线,如图 5.2(b) 所示。$(I_{003}/I_{104})^{1/2}$、$(I_{101}/I_{012})^{1/2}$、$I(I_{101}/I_{104})^{1/2}$ 与 X 都呈线性关系,这里只给出当 $z=0.25$ 时,

$$\begin{cases} (I_{003}/I_{104})^{1/2}=1.06076-2.20433X \\ (I_{101}/I_{012})^{1/2}=1.73537-3.62027X \\ (I_{101}/I_{104})^{1/2}=0.77255-1.61161X \end{cases} \tag{5.7}$$

或

$$\begin{cases} X=0.4812-0.4536(I_{003}/I_{104})^{1/2} \\ X=0.4793-0.2762(I_{101}/I_{012})^{1/2} \\ X=0.4794-0.6205(I_{101}/I_{104})^{1/2} \end{cases} \tag{5.8}$$

其他相关材料的模拟所得的线性方程均列入表 5.3 中。显而易见,用这种线性关系进行数值计算十分方便。

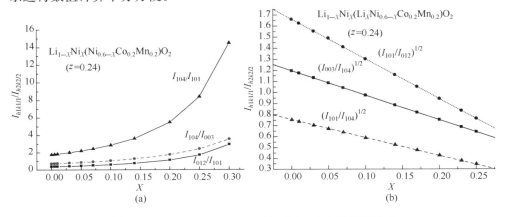

图 5.2　Li$_{1-X}$Ni$_X$(Li$_X$Ni$_{0.6-X}$Co$_{0.2}$Mn$_{0.2}$)O$_2$ 的模拟结果

(a) $Y=(I_{h1k1l1}/I_{h2k2l2})$;(b) $Y=(I_{h1k1l1}/I_{h2k2l2})^{1/2}$

5.2.2　LiNiO₂的模拟计算结果

LiNiO₂的混排模型为 $Li_{1-X}Ni_X(Li_XNi_{1-X})O_2$，图 5.3（a）为 $Li_{1-X}Ni_X(Li_XNi_{1-X})O_2$，$X=0\sim1$ 时的衍射强度比与混排参数 X 的关系曲线。由图可知：

（1）I_{006}/I_{012} 不随混排参数 X 而变化，因为这两条线 3a 和 3b 位的贡献都是相加关系，两条线的强度比与 X 无关；

（2）其他 3 条曲线以 $X=0.5$ 的纵轴呈对称分布，$(I_{101}/I_{104})\sim X$ 为抛物线方程。当 Li 和 Ni 完全互换（$X=0$ 和 $X=1$）时，各衍射峰强度比完全相同；

（3）当 $X\leqslant0.5$ 时，I_{104}/I_{003} 和 I_{012}/I_{101} 随混排参数 X 的增大而变大，但 I_{101}/I_{104} 随混排参数 X 的增大而变小。

图 5.3（b）给出 $(I_{003}/I_{104})^{1/2}$、$(I_{101}/I_{012})^{1/2}$、$(I_{101}/I_{104})^{1/2}$ 随混排参数 X 的关系图，均随 X 增大而降低，并呈线性关系，其方程列入表 5.3。有意义的是，3 条直线在 $X=0.5$ 时相交于一点。如果实验测得 $(I_{003}/I_{104})=(I_{101}/I_{012})=(I_{101}/I_{104})$，表明该样品 Li/Ni 混排参数 X 为 0.5，即 50% 的阳离子原子发生混合占位。

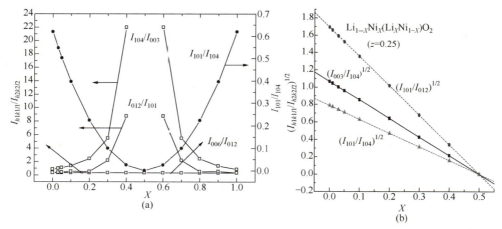

图 5.3　$Li_{1-X}Ni_X(Li_XNi_{1-X})O_2$ 的衍射强度比与混排参数 X 的关系曲线

(a) I_{104}/I_{003}、I_{012}/I_{101}、I_{101}/I_{104}；(b) $(I_{003}/I_{104})^{1/2}$、$(I_{101}/I_{012})^{1/2}$、$(I_{101}/I_{104})^{1/2}$

5.2.3　其他四种材料的模拟计算结果

对 $Li(Ni_{0.6}Co_{0.4})O_2$、$Li(Ni_{0.6}Mn_{0.4})O_2$、$Li(Ni_{1/3}Co_{1/3}Mn_{1/3})O_2$ 和 $Li(Ni_{0.4}Co_{0.2}Mn_{0.4})O_2$ 4 种材料的 $(I_{003}/I_{104})^{1/2}$、$(I_{101}/I_{012})^{1/2}$ 和 $(I_{101}/I_{104})^{1/2}$ 与混排参数 X 的关系也进行了模拟计算，其中 $Li(Ni_{1/3}Co_{1/3}Mn_{1/3})O_2$ 和 $Li(Ni_{0.4}Co_{0.2}Mn_{0.4})O_2$ 分别如图 5.4（a）和（b）所示。总结上述对 6 种材料的模拟计算得到的线性方程和一些重要参数，分别归纳表 5.4 和表 5.5 中。

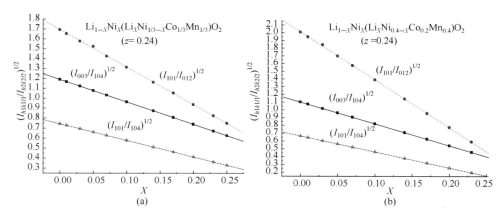

图 5.4　$(I_{003}/I_{104})^{1/2}$、$(I_{101}/I_{012})^{1/2}$ 和 $(I_{101}/I_{104})^{1/2}$ 与混排参数 X 的关系曲线
(a) $\mathrm{Li(Ni_{1/3}Co_{1/3}Mn_{1/3})O_2}$；(b) $\mathrm{Li(Ni_{0.4}Co_{0.2}Mn_{0.4})O_2}$

表 5.4　6 种材料 LiMeO₂ 的衍射强度比方根值与 X 的线性关系

	$z=0.24$	$z=0.25$
LiNiO₂	$X=0.5554-0.4604(I_{003}/I_{104})^{1/2}$	$X=0.5000-0.4689(I_{003}/I_{104})^{1/2}$
	$X=0.4643-0.2783(I_{101}/I_{012})^{1/2}$	$X=0.5000-0.2955(I_{101}/I_{012})^{1/2}$
	$X=0.4642-0.5888(I_{101}/I_{104})^{1/2}$	$X=0.5000-0.6355(I_{101}/I_{104})^{1/2}$
$\mathrm{Li(Ni_{0.6}Co_{0.4})O_2}$	$X=0.5534-0.4533(I_{003}/I_{104})^{1/2}$	$X=0.4900-0.4610(I_{003}/I_{104})^{1/2}$
	$X=0.4486-0.2730(I_{101}/I_{012})^{1/2}$	$X=0.4896-0.2862(I_{101}/I_{012})^{1/2}$
	$X=0.4725-0.6228(I_{101}/I_{104})^{1/2}$	$X=0.4895-0.6244(I_{101}/I_{104})^{1/2}$
$\mathrm{Li(Ni_{0.6}Mn_{0.4})O_2}$	$X=0.5273-0.4332(I_{003}/I_{104})^{1/2}$	$X=0.4938-0.4681(I_{003}/I_{104})^{1/2}$
	$X=0.4528-0.2708(I_{101}/I_{012})^{1/2}$	$X=0.4361-0.2444(I_{101}/I_{012})^{1/2}$
	$X=0.4505-0.5895(I_{101}/I_{104})^{1/2}$	$X=0.4900-0.6372(I_{101}/I_{104})^{1/2}$
$\mathrm{Li(Ni_{1/3}Co_{1/3}Mn_{1/3})O_2}$	$X=0.5269-0.4427(I_{003}/I_{104})^{1/2}$	$X=0.4742-0.4496(I_{003}/I_{104})^{1/2}$
	$X=0.4474-0.2638(I_{101}/I_{012})^{1/2}$	$X=0.4656-0.2635(I_{101}/I_{012})^{1/2}$
	$X=0.4485-0.6032(I_{101}/I_{104})^{1/2}$	$X=0.4656-0.6098(I_{101}/I_{104})^{1/2}$
$\mathrm{Li(Ni_{0.6}Co_{0.2}Mn_{0.2})O_2}$	$X=0.5388-0.4501(I_{003}/I_{104})^{1/2}$	$X=0.4812-0.4536(I_{003}/I_{104})^{1/2}$
	$X=0.4618-0.2777(I_{101}/I_{012})^{1/2}$	$X=0.4793-0.2762(I_{101}/I_{012})^{1/2}$
	$X=0.4619-0.6137(I_{101}/I_{104})^{1/2}$	$X=0.4794-0.6205(I_{101}/I_{104})^{1/2}$
$\mathrm{Li(Ni_{0.4}Co_{0.2}Mn_{0.4})O_2}$	$X=0.3933-0.3574(I_{003}/I_{104})^{1/2}$	$X=0.4681-0.4456(I_{003}/I_{104})^{1/2}$
	$X=0.3248-0.1616(I_{101}/I_{012})^{1/2}$	$X=0.4641-0.2616(I_{101}/I_{012})^{1/2}$
	$X=0.3258-0.4901(I_{101}/I_{104})^{1/2}$	$X=0.4640-0.6101(I_{101}/I_{104})^{1/2}$

表 5.5(a)　　当 $X=0$(即无混排)时,6 种 LiMeO$_2$ 材料主要实现衍射线的强度比

材料	$X=0$					
	$z=0.24$			$z=0.25$		
	I_{104}/I_{003}	I_{012}/I_{101}	I_{101}/I_{104}	I_{104}/I_{003}	I_{012}/I_{101}	I_{101}/I_{104}
LiNiO$_2$	0.6872	0.3594	0.6215	0.8797	0.3492	0.6192
Li(Ni$_{0.6}$Co$_{0.4}$)O$_2$	0.6838	0.3702	0.5755	0.8838	0.3416	0.6147
Li(Ni$_{0.6}$Mn$_{0.4}$)O$_2$	0.6748	0.3578	0.5840	0.8984	0.3141	0.5912
Li(Ni$_{1/3}$Co$_{1/3}$Mn$_{1/3}$)O$_2$	0.7059	0.3477	0.5527	0.8988	0.3204	0.5830
Li(Ni$_{0.6}$Co$_{0.2}$Mn$_{0.2}$)O$_2$	0.6981	0.3617	0.5666	0.8888	0.3322	0.5969
Li(Ni$_{0.4}$Co$_{0.2}$Mn$_{0.4}$)O$_2$	0.8258	0.2473	0.4419	0.9060	0.3177	0.5785

表 5.5(b)　　当 $I_{104}/I_{003}=1$ 时,6 种 LiMeO$_2$ 材料 Li/Ni 混合占位参数

材料	$I_{104}/I_{003}=1$ 时					
	X		$z=0.24$		$z=0.25$	
	$z=0.24$	$z=0.25$	I_{012}/I_{101}	I_{101}/I_{104}	I_{012}/I_{101}	I_{101}/I_{104}
LiNiO$_2$	0.095	0.031	0.568	0.393	0.397	0.545
Li(Ni$_{0.6}$Co$_{0.4}$)O$_2$	0.095	0.029	0.596	0.367	0.386	0.544
Li(Ni$_{0.6}$Mn$_{0.4}$)O$_2$	0.094	0.026	0.570	0.366	0.355	0.530
Li(Ni$_{1/3}$Co$_{1/3}$Mn$_{1/3}$)O$_2$	0.084	0.025	0.527	0.365	0.356	0.522
Li(Ni$_{0.6}$Co$_{0.2}$Mn$_{0.2}$)O$_2$	0.088	0.027	0.552	0.371	0.373	0.531
Li(Ni$_{0.4}$Co$_{0.2}$Mn$_{0.4}$)O$_2$	0.036	0.023	0.315	0.349	0.352	0.523

从这些数据可知:

(1) 在理想占位($X=0$)和晶粒取向完全无序时,不同成分材料的衍射强度都有一定差别,但 z 不同强度比明显不同。当 z 已知时,积分衍射强度比大于相应值,表明材料中存在 Li 和 Ni 原子混排现象(表 5.5(a)),故可供合成过程产物的 XRD 测试分析时参考比较。

(2) $I_{104}/I_{003}=1$ 时的数据如表 5.5(b)所示,104 和 003 衍射强度反转($I_{104} \geqslant I_{003}$)所对应的混排参数 X(见表 5.5(b)的左侧)以及该 X 值所对应的 I_{012}/I_{101} 和 I_{101}/I_{104} 值(见表 5.5(b)的右侧)的求法是:令 $(I_{003}/I_{104})^{1/2}=1$,代入 $(I_{003}/I_{104})^{1/2}=a_1-b_1X$ 中求得 X;然后将 X 值代入 $(I_{101}/I_{012})^{1/2}=a_2-b_2X$ 和 $(I_{101}/I_{104})^{1/2}=a_3-b_3X$,即能求得 I_{012}/I_{101} 和 I_{101}/I_{104} 值。可见它们受 z 的影响很大。

用(衍射强度比)$^{1/2}$ 与 X 的线性关系,可方便地进行数值计算。下面给出一些实际例子,图 5.5 为 Li(Ni$_{0.6}$Co$_{0.2}$Mn$_{0.4}$)O$_2$ 在中温和高温处理后的 XRD 花样。

由图可见,660℃ 6h 的半成品 $I_{104} > I_{003}$,而 660℃ 6h + 900℃ 8h 的成品 $I_{104} < I_{003}$,即强度发生反转了;550℃、660℃ 6h 的半成品的衍射线严重宽化,006 和 012 、018 和 110 不能分开,表明晶粒较小。

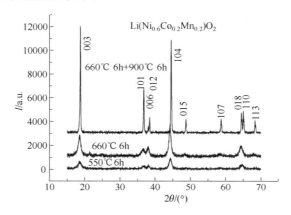

图 5.5　中温和高温下获得的 Li(Ni$_{0.6}$Co$_{0.2}$Mn$_{0.2}$)O$_2$ XRD 花样

5.3　由实验测定的衍射积分强度比求混合占位参数 X

5.3.1　实验测定结果

由 5.1 节可知,模拟的衍射强度比 I_{104}/I_{003}、I_{012}/I_{101} 和 I_{101}/I_{104} 与混合占位参数 X 的关系可用三次四项式来拟合,而 $(I_{104}/I_{003})^{1/2}$、$(I_{012}/I_{101})^{1/2}$ 和 $(I_{101}/I_{104})^{1/2}$ 与混合占位参数 X 均呈线性关系,故用表 5.4 中所列线性方程就可进行数值计算。表 5.6 给出一些实际例子,即 Li(Ni$_{0.6}$Co$_{0.2}$Mn$_{0.2}$)O$_2$ 在中温段和高温段焙烧的半成品和成品的测定结果。

表 5.6　Li(Ni$_{0.6}$Co$_{0.2}$Mn$_{0.2}$)O$_2$ 在中温段和高温段焙烧的
半成品和成品的各主要衍射线的强度比及 X 测定结果

温度 /℃	时间 /h	$\left(\dfrac{I_{104}}{I_{003}}\right)^{1/2}$	X		$\dfrac{I_{101}}{I_{104}}$	X		$\left(\dfrac{I_{101}}{I_{104}}\right)^{1/2}$	X	
			$z=0.24$	$z=0.25$		$z=0.24$	$z=0.25$		$z=0.24$	$z=0.25$
660	6	0.930	0.116	0.056	0.385	0.082	0.089	0.621	0.081	0.094
690	6	0.937	0.117	0.056	0.318	0.126	0.128	0.564	0.116	0.129
720	6	1.052	0.065	0.004	0.389	0.074	0.091	0.624	0.079	0.092
750	6	1.090	0.048	−0.013	0.439	0.043	0.059	0.663	0.055	0.068

温度 /℃	时间 /h	$\left(\dfrac{I_{104}}{I_{003}}\right)^{1/2}$	X		$\dfrac{I_{101}}{I_{104}}$	X		$\left(\dfrac{I_{101}}{I_{104}}\right)^{1/2}$	X	
			$z=0.24$	$z=0.25$		$z=0.24$	$z=0.25$		$z=0.24$	$z=0.25$
860	8	1.005	0.064	0.026	0.417	0.057	0.063	0.646	0.066	0.078
880	8	1.047	0.067	0.006	0.434	0.045	0.057	0.659	0.058	0.071
900	8	1.052	0.065	0.004	0.442	0.037	0.050	0.665	0.054	0.067
920	8	1.078	0.053	−0.008	0.450	0.034	0.051	0.671	0.050	0.063

由这些实验结果可以看出:

(1) 由 $(I_{104}/I_{003})^{1/2}$ 值求得的 X 对 z 值相对敏感,因此要首先确认氧原子 6c 位中的 z 值,它与 $LiNiO_2$ 的制备工艺和所用原材料有关[12]。根据我们的实验结果,对于 $Li_{1-X}Ni_X(Li_XNi_{0.6-X}Co_{0.2}Mn_{0.2})O_2$,$z=0.24$ 比较符合实际。

(2) 由 $(I_{101}/I_{104})^{1/2}$ 值求得的 X 对 z 值不敏感,即当 6c 位的 z 值不能确定时,则用 $(I_{101}/I_{104})^{1/2}$ 的实测数据求解 X。

(3) I_{012}/I_{101} 值对 z 值也不敏感,但因 I_{012} 强度相对太弱,又被 006 干扰,结果可靠性较差,故未列入。

(4) 两线对求得的结果不一致,可能原因是:003 面择优取向异常增强造成实验误差,故应避免 003 衍射强度因择优取向和 6c 位中 z 值不确定性的影响。因此,作相对性测量时,用 101/104 线对的 $(I_{101}/I_{104})^{1/2}$ 数据比较简单可靠,因为它既避免织构的影响,也避免了 z 不确定性的影响。

但必须指出:实验测定衍射强度比时必须注意制样方法,避免产生晶粒分布的 003 择优取向,而使 003 衍射强度异常增强。为此,建议使用深度为 2mm 的试样架,自由落体放样后,用截面积很小的玻璃片捣压填实,最后用玻璃片轻轻刮平即可;测量的强度必须是扣除背景后的积分强度。因此,建议用 Jade 程序去除背景和 $K\alpha_2$ 成分,然后用 Refine 处理数据。

(5) 作为相对性测量,用 I_{104}/I_{101} 线对比较简单,而且可避免 003 衍射强度因择优取向异常增强和 6c 位中 z 值不确定性的影响。如果用 $(I_{101}/I_{104})^{1/2}$ 与 X 直线关系,对于 $Li(Ni_{0.6}Co_{0.2}Mn_{0.2})O_2$,当 $z=0.24$ 时 $X=0.4619-0.6137(I_{101}/I_{104})^{1/2}$,可进行数值计算,更为方便。

5.3.2　合成过程中的中温段效应

中温(650~750℃,6h)烧结后产物的 XRD 花样如图 5.6 所示。由图可见,温度低于 700℃ 时,还存在未反应完毕的 $LiCO_3$;I_{104}/I_{003} 和 I_{012}/I_{101} 随低温烧结的温度变化曲线如图 5.6 所示。

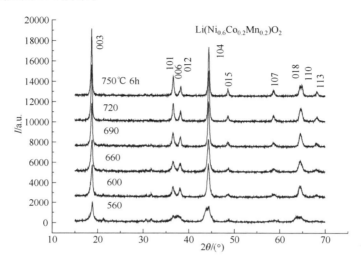

图 5.6　不同中温烧结后产物的 XRD 花样

从图 5.7 可以看出,当温度低于 710℃ 时 $I_{104}/I_{003}>1$,当温度达到 750℃ 时 $I_{104}/I_{003}<1$,但 I_{012}/I_{101} 仍大于 0.697,仍存在混排现象。随着温度的升高,晶粒不断长大,达到 750℃ 时 018 与 110 已经能部分分开,如图 5.7 所示。

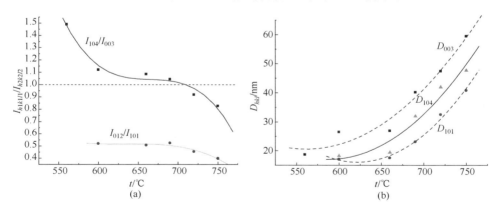

图 5.7　I_{104}/I_{003} 和 I_{012}/I_{101}(a)和晶粒大小 D_{hkl}(b)随中温烧结的温度变化曲线

5.3.3　合成过程中的高温段效应

高温段为 860℃、880℃、900℃ 和 920℃ 8h 材料的 XRD 谱如图 5.8 所示,可见 018 和 110 两衍射峰随温度升高,分离情况越好。图 5.9 给出了不同高温温度下

的 I_{104}/I_{003} 和 D_{104} 变化曲线。

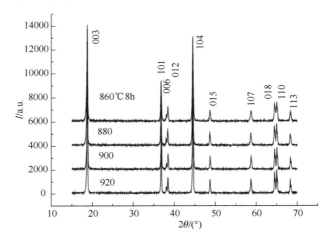

图 5.8　不同高温温度烧结后产物的 XRD 花样

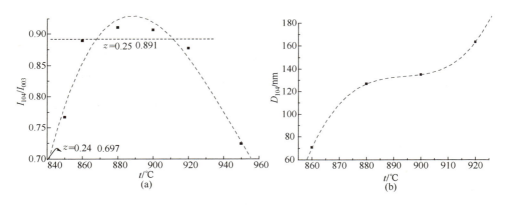

图 5.9　不同高温温度下的 I_{104}/I_{003}(a)和 D_{104}(b)变化曲线

从图 5.9 可以看出,经过高温烧结后的材料中仍存在 Li/Ni 混排现象,而且当 $t=890℃$ 时混排达到最大值,$X=0.08$,一个有趣的现象是,大的混排阻碍了晶粒长大。018 与 110 衍射线随温度升高,分离越明显,这主要是由于随着晶粒的长大,宽化效应减小。

从上述研究结果可知,总的看来,无论是中温段还是高温段,随温度升高 X 减小,这是不符合一般热力学规律的,高温更有利于无序相的形成,X 应该随温度升高而增大。现讨论如下:

在固溶体的有序→无序相变中,在有序温度范围内,有序度 y 一般随温度升高而降低,随时间延长而增大,超过这个温度范围就不一样了,这就是一般热力学规律。$Li(Ni_{0.6}Co_{0.2}Mn_{0.2})O_2$ 的合成过程要复杂得多。首先，$\beta\text{-}(Ni_{0.6}Co_{0.2}Mn_{0.2})$ $(OH)_2$ 分解为氧化物，然后氧化物与 Li_2CO_3（或 $LiOH$）发生反应，生成 $Li(Ni_{0.6}Co_{0.2}Mn_{0.2})O_2$，它不仅有一个成核-长大过程，晶体还有一个从不完整到较完整的过程，即混排参数 X 从大到小的过程。

5.4　缺 Li 模型和氧空位模型的模拟计算

5.4.1　缺 Li 模型的模拟计算

由于高温烧结存在 Li 的挥发损失，混锂时都加过量的 Li，但高温烧结温度不同，Li 的损失不同，所以材料中可能存在缺 Li 和过 Li 的情况。此外，锂电池在充电过程中脱 Li 也存在缺少 Li 情况。图 5.10(a)给出了假定 3 类原子占位都正确，仅因脱 Li 时缺锂模型下的模拟结果，可见其也呈线性关系（表 5.7）。假定原材料 $Li(Ni_{0.6}Co_{0.2}Mn_{0.2})O_2$ 中已存在 0.1 的混合占位，即 $Li_{1-x}Ni_{0.1}(Li_{0.1}Ni_{0.6-0.1}Co_{0.2}Mn_{0.2})O_2$，并在充电过程中不变，其模拟计算结果如图 5.10(b)所示。可见，它们均呈线性关系，如表 5.7 所示。

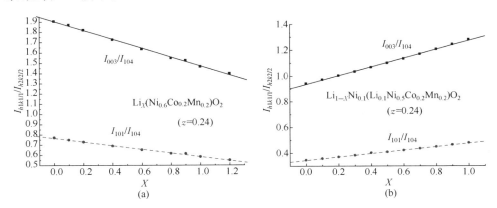

图 5.10　$Li(Ni_{0.6}Co_{0.2}Mn_{0.2})O_2$ 缺锂模型模拟结果：I_{003}/I_{104} 和 $I_{101}/I_{104} \backsim X$

(a)无混排时缺锂的模拟结果；(b)有混排时缺锂的模拟结果

图 5.11 给出 2H-石墨/$Li(Ni_{1/3}Co_{1/3}Mn_{1/3})O_2$ 电池在充电过程中脱 Li 的实验曲线和模拟曲线的对比。模拟曲线是假定原材料中存在 0.01 和 0.10 的 Li/Ni 原子混排现象，则分别可按 $Li_{0.99-x}Ni_{0.01}(Li_{0.01}Ni_{0.324}Co_{1/3}Mn_{1/3})O_2$ 和 $Li_{1-x}Ni_{0.1}$ $(Li_{0.1}Ni_{1/3-0.1}Co_{1/3}Mn_{1/3})O_2$ 模型模拟计算，与实验结果比较可知，3 条直线近乎平行，可估计原材料中可能存在 0.04 的 Li/Ni 原子的混排现象。

表 5.7 对应于图 5.10 中缺 Li 模型模拟结果得到的线性方程

材料和缺 Li 模型	线 性 方 程
$Li_X(Ni_{0.6}Co_{0.2}Mn_{C.2})O_2$	$(I_{003}/I_{104})=1.904-0.432X$ $(I_{101}/I_{104})=0.765-0.181X$
$Li_{1-X}Ni_{0.1}(Li_{0.1}Ni_{0.6-0.1}Co_{0.2}Mn_{0.2})O_2$	$(I_{003}/I_{104})=0.935-0.339X$ $(I_{101}/I_{104})=0.343-0.133X$

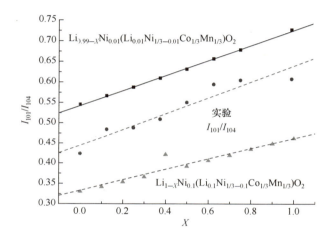

图 5.11　2H-石墨/Li(Ni$_{1/3}$Co$_{1/3}$Mn$_{1/3}$)O$_2$ 电池充电过程脱 Li 的模型计算的 XRD 强度比 I_{101}/I_{104} 的曲线(直线)与实验测定曲线(数据点)的比较

5.4.2　氧空位模型的模拟计算

所谓氧空位模型是指在 LiMeO$_2$ 合成过程中,由于某种原因,处于 6c 位的 6 个氧原子未被占满而造成氧空位,图 5.12 给出了两种情况下缺氧的模拟结果。第一种情况是 3 种原子都正确占位,仅发生缺氧,其模型可写为 Li(Ni$_{0.6}$Co$_{0.2}$Mn$_{0.2}$)O$_{2-X}$,模拟计算结果如图 5.12(a)所示。值得提及的是:当 $X=0$ 时,氧原子的占位几率为 1.0,而当 $X=0.4$ 时,氧原子的占位几率 0.8,如此类推;第二种情况,设材料有 0.10 的混排时发生缺氧,其模型可写为 Li$_{0.9}$Ni$_{0.1}$(Li$_{0.1}$Ni$_{0.5}$Co$_{0.2}$Mn$_{0.2}$)O$_{2-X}$,模拟计算结果如图 5.12(b)所示。由图可知 I_{101}/I_{003} 这条线斜率很小,换言之,它几乎不随缺氧量 X 而变化,这是因为氧对 101、003 的贡献为零。I_{101}/I_{104} 和 I_{104}/I_{003} 与缺氧量 X 均呈近似线性关系。

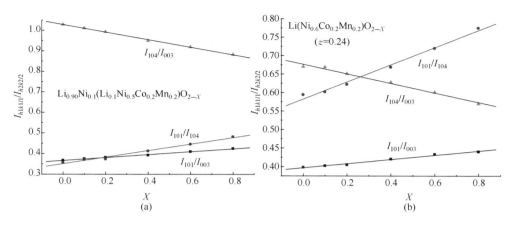

图 5.12　Li(Ni$_{0.6}$Co$_{0.2}$Mn$_{0.2}$)O$_2$ 缺氧模型模拟结果

(a)无混排时缺氧的模拟结果；(b)有混排时缺氧的模拟结果

5.5　锂和镍原子混合占位的总结

（1）锂离子电池正极活性材料 LiMeO₂ 属 $R\bar{3}m$（No. 166）空间群，理想情况下 Li 占 3a 位，Me 占 3b 位，O 占 6c 位。这种材料中常发生 Li/Ni 两种原子在 3a 和 3b 的混合占位，并可用通式 Li$_{1-X}$Ni$_X$(Li$_X$Ni$_{u-X}$Co$_v$Mn$_{1-u-v}$)O$_2$ 表示。

（2）在对 3a 和 3b 位原子对各(hkl)晶面衍射强度的贡献情况分析时发现，这两种位置的相加关系的衍射线的强度与混合占位参数 X 无关，而相减关系的衍射线强度与 X 有关。在此基础上，提出用比强度方法来研究这类材料中 Ni/Li 混合占位是可行的。根据 Li$_{1-X}$Ni$_X$(Li$_X$Ni$_{u-X}$Co$_v$Mn$_{1-u-v}$)O$_2$ 的混合占位模型，借助 Powder Cell 计算程序模拟计算获得强度比 $(I_{003}/I_{104})^{1/2}$、$(I_{101}/I_{012})^{1/2}$、$(I_{101}/I_{104})^{1/2}$ 与混合占位参数 X 的线性关系，故可进行数值计算，并在相关材料 LiNiO₂、Li(Ni,Co)O₂、Li(Ni,Mn)O₂、Li(Ni,Co,Mn)O₂ 中得到应用。

（3）用实验测得的强度比通过数值计算可求出混合占位参数 X。实践表明，作为相对性测量，用 $(I_{101}/I_{104})^{1/2}$ 与 X 的线性关系比较简单，而且避免了 003 衍射强度因择优取向异常增强和 6c 位中 z 值不确定性的影响，101 和 104 都是衍射谱图中三强线之一（见表 5.1 第二行的相对强度数据）。

（4）解释了两段烧结法合成 Li(Ni,Co,Mn)O₂ 正极材料过程中的精细结构变化：①低温段的产物存在 Li/Ni 混排，随温度升高混排程度变小，晶粒尺寸也长大；②高温段混排程度变小直至接近零，即完全正确占位的产物，但温度继续升高，混排现象又开始出现，并达到一个极大值，对于 Li$_{1-X}$Ni$_X$(Li$_X$Ni$_{0.6-X}$Co$_{0.2}$Mn$_{0.2}$)O$_2$ 系统，大约在 $t=870℃$ 时，$X_{max}=0.062$。

（5）线对强度比的方法还在上述 6 种材料中缺 Li(或充电过程中脱 Li)以及氧空位方面获得应用，并获得强度比与脱 Li 量及缺氧量间的定量关系。

参 考 文 献

[1] Luo Z, Di N L, Kou Z Q, et al. Moessbauer study and magnetic properties of electrochemical material LiFePO₄. Chinese Physics B, 2004, 12: 2158～2161

[2] Sun Y C, Ouyang C Y, Wang Z X, et al. Effect of Co content on rate performance of LiMn$_{0.5-x}$Co$_{2x}$Ni$_{0.5-x}$O$_2$ cathode materials for lithium-ion batteries. J. Electrochem. Soc., 2004, 151: A504～A508

[3] Li D C, Takahisa M, Zhang L Q. Effect of synthesis method on the electrochemical performance of LiNi$_{1/3}$Mn$_{1/3}$Co$_{1/3}$O$_2$. J. Power Sources, 2004, 132: 150～155

[4] Yabuuchi N, Ohzuku T. Novel lithium insertion material of LiCo$_{1/3}$Ni$_{1/3}$Mn$_{1/3}$O$_2$ for advanced lithium-ion batteries. J. Power Sources, 2003, 119～121: 171～174

[5] Rougier A, Saadoune I, Gravereau P, et al. Effect of cobalt substitution on cationic distribution in LiNi$_{1-y}$Co$_y$O$_2$ electrode materials. Solid State Ionics, 1996, 90: 83～90

[6] Delmas C, Pérès J P, Rougier A, et al. On the behavior of the Li$_x$NiO$_2$ system: an electrochemical and structural overview. J. Power Sources, 1997, 68: 120～125

[7] 侯柱锋, 刘慧英, 朱梓忠, 等. 锂离子电池负极材料 CuSn 的 Li 嵌入性质的研究. 物理学报, 2003, 52: 952

[8] Kim J M, Chung H T. The first cycle characteristics of Li[Ni$_{1/3}$Co$_{1/3}$Mn$_{1/3}$]O$_2$ charged up to 4.7 V. Electrochemica Acta, 2004, 49(6): 937～944

[9] 刘汉三, 李劼, 龚正良, 等. Rietveld 方法在锂镍氧化物电极材料研究中的应用. 电源技术, 2004, 28: 612

[10] Dahn J R, Sacken, Structure and electrochemistry of Li$_{1\pm y}$NiO$_2$ and a new Li$_2$NiO$_2$ phase with the Ni (OH)$_2$ structure. Solid State Ionics, 1990, 44: 87～97

[11] Ohzuku T, Ueda A, Nagoyama. Electrochemistry and structural chemistry of LiNiO$_2$ ($R\bar{3}m$) for 4 volt secondary lithium cells. J. Electrochem. Soc, 1993, 140(7): 1862～1870

[12] 张建, 杨传铮, 张熙贵, 等. 在合成过程中 Li(Ni, Co, Mn)O$_2$ 结构变化的模拟分析和研究. 材料科学与工程学报, 2009, 27(6): 824～828

[13] 张熙贵, 张建, 杨传铮, 等. LiMeO$_2$ 材料中锂和镍原子混排的模拟和实验研究. 无机材料学报, 2010, 25(1): 8～12

[14] 李佳, 张熙贵, 张建, 等. 研究 Li(Ni, Me)O$_2$ 中 Li/Ni 原子混合占位的新方法及应用. 稀有金属材料和工程, 2011, 40(8): 1348～1354

第 6 章　Li$(Ni_{1/3}Co_{1/3}Mn_{1/3})O_2$ 中 Ni、Co 和 Mn 在 (3b) 位有序-无序

6.1　Li$(Ni_{1/3}Co_{1/3}Mn_{1/3})O_2$ 中超结构研究现状[1~3]

自 Li$(Ni_{1/3}Co_{1/3}Mn_{1/3})O_2$ 合成以来,其 3b 位中 Ni、Co、Mn 三种过渡金属的排布方式一直是争论的焦点。目前,存在三种假设模型:第一种是由 Koyama[1] 通过第一原理计算得到的$[\sqrt{3}\times\sqrt{3}]R30°$ 超晶格模型,即 Ni、Co、Mn 三种离子均匀有规则地排列在 3b 层,如图 6.1(a) 所示;第二种是 NiO_2、CoO_2、MnO_2 层交替排列的堆垛模型,如图 6.1(b) 所示;第三种是 Ni、Co、Mn 三种离子随机无序地占据 3b 位,即无序占位的 O3 结构。表 6.1 给出相关材料的点阵参数和过渡金属离子与氧之间的平均距离。可见,两种超点阵 Li$(Ni_{1/3}Co_{1/3}Mn_{1/3})O_2$ 中 Co—O 间的距离几乎与 $LiCoO_2$ 相同,而 Ni—O 间的距离比 $LiNiO_2$ 中 Ni—O 间距离大;相反,Mn—O 间的距离小于 $LiMnO_2$ 中 Mn—O 间的距离。这表明,两种超点阵 Li$(Ni_{1/3}Co_{1/3}Mn_{1/3})O_2$ 中 Co 的局域电子结构与 $LiCoO_2$ 中相同,而 Ni、Mn 的局域电子结构不同于 $LiNiO_2$ 和 $LiMnO_2$ 中的电子结构。

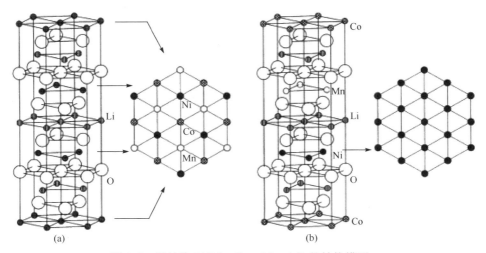

图 6.1　超结构 Li$(Ni_{1/3}Co_{1/3}Mn_{1/3})O_2$ 的结构模型

(a) 由具有$[\sqrt{3}\times\sqrt{3}]R30°$ 超结构的 $(Ni_{1/3}Co_{1/3}Mn_{1/3})O_2$ 片组成;

(b) 由交替 NiO_2、CoO_2 和 MnO_2 片组成

表 6.1　几种材料的点阵参数和过渡金属离子与氧之间的平均距离

计算方式	点阵参数		原子间的平均距离/nm		
	a/nm	c/nm	Co—O	Ni—O	Mn—O
超结构的 Li(Ni$_{1/3}$Co$_{1/3}$Mn$_{1/3}$)O$_2$					
按图 6.1(a)模型计算	0.2831	1.388	0.192	0.202	0.194
按图 6.1(b)模型计算	0.2827	1.398	0.192	0.199	0.196
LiCoO$_2$ 计算	0.2823	1.359	—	—	—
实验	0.2814	1.4044	0.191	—	—
LiNiO$_2$ 计算	0.2837	1.321	—	0.194	—
实验	0.2880	1.4187	—	—	—
LiMnO$_2$ 计算	0.2932	1.416	—	—	0.203

　　Yabuuchi 等[2]通过第一原理计算$[\sqrt{3}\times\sqrt{3}]R30°$超晶格的单位晶胞形成能为
-0.17eV,而堆垛模型的晶格形成能为$+0.06$eV。因此,超晶格模型的存在更为
合理,存在的可能性也更大。这种晶型在充放电过程中可以使晶格体积变化达到
最小,有利于晶格保持稳定,从而提高材料的循环性能。Yabuuchi 等[2]通过 XRD
结构精修,发现$[\sqrt{3}\times\sqrt{3}]R30°$超晶格模型能够较好地与 LiNi$_{1/3}Co_{1/3}Mn_{1/3}O_2$的实
际衍射谱吻合,该材料为$P3_112$对称点阵,而非简单的$R\bar{3}m$构型。通过进一步电
子衍射研究,表明在[11.0]晶带存在$[\sqrt{3}\times\sqrt{3}]R30°$超晶格,如图 6.2 所示,图中的
斑点指数是用六方来表示$R\bar{3}m$结构的[2]。

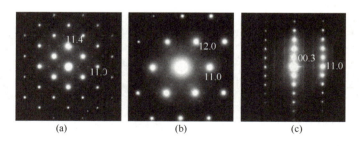

图 6.2　LiNi$_{1/3}$Co$_{1/3}$Mn$_{1/3}$O$_2$电子衍射花样
(a)[221]晶带;(b)[001] 晶带;(c)[110] 晶带

　　Whitfield 等[3] 采 用 中 子 粉 末 衍 射 和 反 常 色 散 粉 末 衍 射 研 究
Li(Ni$_{1/3}$Co$_{1/3}$Mn$_{1/3}$)O$_2$的结构,通过共振衍射技术加强元素之间的相互作用,利用
中子衍射测试得到三种过渡金属元素之间的距离,发现其中并不存在如图 6.1(a)
所示的超晶格结构,而且 Ni、Co、Mn 三种元素在$R\bar{3}m$点阵中 3b 位的分布并不是

随机的。Rietveld结构精修分析结果发现,约 2% 的 Ni^{2+} 从 3b 位迁移到 3a 位取代 Li$^+$,即存在阳离子混排,而 Co、Mn 只占据晶格中过渡金属的 3b 位,由于 Ni^{2+} 半径($r_{Ni^{2+}}=0.69$Å)与 Li$^+$ 半径($r_{Li^+}=0.76$Å)相近,因此 Ni^{2+} 容易与 Li$^+$ 发生混排。锂层中 Ni^{2+} 的浓度越大,Li$^+$ 在层状结构中的脱嵌就越难,电化学性能就越差。其结果如图 6.3 所示。可见,研究 Li(Ni$_{1/3}$Co$_{1/3}$Mn$_{1/3}$)O$_2$ 中的超结构具有理论意义和实际意义。

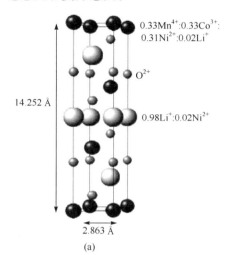

离子	位置	x	y	z	占位几率	热参数
Li^{+1}	3a	0	0	0	0.9781	1.236
Ni^{+2}	3a	0	0	0	0.0213	0.429
Li^{+1}	3b	0	0	1/2	0.0242	1.236
Ni^{+2}	3b	0	0	1/2	0.3092	0.429
Co^{+2}	3b	0	0	1/2	0.3320	0.429
Mn^{+2}	3b	0	0	1/2	0.3346	0.429
O^{-2}	6c	0	0	0.259	1.000	0.663

(a)　　　　　　　　　　　　　(b)

图 6.3　精修后的 Li(Ni$_{1/3}$Co$_{1/3}$Mn$_{1/3}$)O$_2$结构(a)和各离子的占位参数(b)

6.2　Li(Ni,Co,Mn)O$_2$中超结构的晶胞结构和衍射花样[4]

6.2.1　Li(Ni$_{1/3}$Co$_{1/3}$Mn$_{1/3}$)O$_2$无序-有序的晶胞结构

下面介绍利用 Power.Cell 程序作模拟研究的结果。设无序占位和完全有序时的长程有度 $S=0,0.5$ 和 1,用 Power.cell 程序输入:空间群号 No.166,$R\bar{3}\dfrac{2}{m}$,$a=2.963$Å,$c=14.252$Å 和表 6.2 所示的数据。即当 $S=0$ 时,Ni、Co 和 Mn 按其原子比随机占据 0 0 1/2,1/3 2/3 7/6 和 2/3 1/3 5/6 三个晶体学位置,所以它们的 SOF 都为 0.333;当 $S=1$ 时,Ni、Co 和 Mn 分别有序地占据 0 0 1/2,1/3 2/3 7/6 和 2/3 1/3 5/6 三个晶体学位置,它们的 SOF 都为 1.00;当 $S=0.5$ 时,占位情况比较复杂,Ni、Co 和 Mn 分别以有序度为 0.5 占据 0 0 1/2,1/3 2/3 7/6 和 2/3 1/3 5/6 三个晶体学位置,同时,又分别以 0.5×0.333 的几率占据三个(3b)位置。获得的晶体结构模型如图 6.4(a)和(b)所示,a 和 b 之间夹角为 120°。需要说明的是,图 6.4(a)中,用 Ni 表示的原子均为 1/3(Ni,Co,Mn)个原子。

表 6.2 不同占位有序度时各元素的晶体学占位

S	元素	原子序数 Z	离子	位置符号	x	y	z	占位几率 SOF	温度因子 B
0.0	Li	3	Li^{+1}	3a	0	0	0	1.00	1.236
	Ni	28	Ni^{+2}	3b	0	0	1/2	1/3	0.429
	Co	27	Co^{+2}	3b	0	0	1/2	1/3	0.429
	Mn	25	Mn^{+2}	3b	0	0	1/2	1/3	0.429
	O	8	O^{-2}	6c	0	0	1/4	1.00	0.663
0.5	Li	3	Li^{+1}	3a	0	0	0	1.00	1.236
	Ni	28	Ni^{+2}	—	0	0	1/2	1/2	0.429
	Co	27	Co^{+2}	—	1/3	2/3	7/6	1/2	0.429
	Mn	25	Mn^{+2}	—	2/3	1/3	5/6	1/2	0.429
	Ni	28	Ni^{+2}	3b	0	0	1/2	1/6	0.429
	Co	27	Co^{+2}	3b	0	0	1/2	1/6	0.429
	Mn	25	Mn^{+2}	3b	0	0	1/2	1/6	0.429
	O	8	O^{-2}	6c	0	0	1/4	1.00	0.663
1.0	Li	3	Li^{+1}	3a	0	0	0	1.00	1.236
	Ni	28	Ni^{+2}	3b	0	0	0.50	1.00	0.429
	Co	27	Co^{+2}	3b	1/3	2/3	7/6	1.00	0.429
	Mn	25	Mn^{+2}	3b	2/3	1/3	5/6	1.00	0.429
	O	8	O^{-2}	6c	0	0	1/4	1.00	0.663

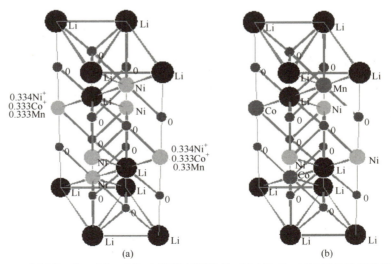

图 6.4 $Li(Ni_{1/3}Co_{1/3}Mn_{1/3})O_2$ 中长程有序度 $S=0$(a)和 $S=1$(b)时晶体结构模型

图(a)中用 Ni 所表示的原子均为 1/3(Ni,Co,Mn)原子占位

6.2.2　波长均为 1.5406Å 的 X 射线和中子衍射花样的比较

由于对一般 X 射线波长,如对 CuKα,Ni 、Co 和 Mn 原子散射因子相差很小,而三种过渡族原子对中子射线的散射因子之差要大得多,所以常用中子衍射来研究这种近邻原子的有序占位问题。图 6.5 和图 6.6 分别给出 S=0、S=1 时 X 射线和中子衍射花样,显然存在明显差别。为了进一步研究它们之间的差异,现将波长均为 1.54056Å 的 X 射线和中子衍射相对强度数据分别列入表 6.3,比较图 6.4、图 6.5 和表 6.3 中的数据可知:

(1) 无论 S=0.0 或 1.0,X 射线衍射和中子衍射花样中相对强度分布有十分明显的差别,首先是花样中的三强线不同,表 6.3 中用粗黑体标出,最明显的是最强线不同。这些差别是由原子散射因子不同所引起的。

	S=0				S=1.0			
X 射线		中子			X 射线		中子	
hkl	I/I_1	hkl	I/I_1		hkl	I/I_1	hkl	I/I_1
003	100	104	100		003	100	104	100
104	85	012	90		104	51.2	018	52
101	51	018	52		101	50.8	110	51

(2) 对于 X 射线衍射,次强线的相对强度随 S 的增加而降低,第三强线的相对强度随 S 的增加几乎不变;对于中子衍射,次强线的相对强度随 S 的增加而降低,第三强线的相对强度随 S 的增加几乎不变。

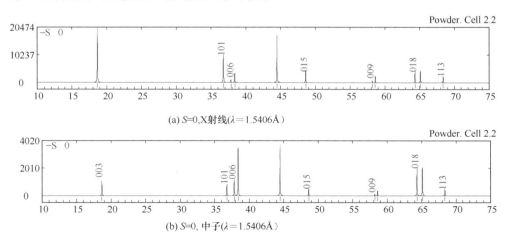

图 6.5　Li(Ni$_{1/3}$Co$_{1/3}$Mn$_{1/3}$)O$_2$,S=0 时,波长均为 1.5406Å 的 X 射线(a)和中子(b)衍射花样

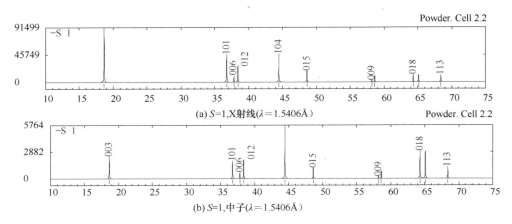

图 6.6　Li(Ni$_{1/3}$Co$_{1/3}$Mn$_{1/3}$)O$_2$,S＝1 时,波长均为 1.5406Å 的 X 射线(a)和中子(b)衍射花样

表 6.3　波长均为 1.5406Å,S＝0 和 1.0 时 X 射线及中子衍射的相对强度数据的比较

hkl	d/Å	2θ/(°)	相对强度/%			
			S＝0		S＝1.0	
			X 射线	中子	X 射线	中子
003	4.75067	19.663	100.00	26.69	100.00	42.42
101	2.44274	36.763	51.14	21.04	50.78	33.65
006	2.37533	37.845	5.66	29.82	10.21	11.93
012	2.34173	38.409	16.38	89.90	29.41	34.74
104	2.03516	44.481	84.84	100.00	51.24	100.00
015	1.887073	48.632	21.47	12.30	21.24	19.80
009	1.58356	58.213	3.89	2.94	2.87	4.76
107	1.57348	58.622	11.40	8.71	11.32	14.10
018	1.44677	64.339	22.18	51.93	13.90	52.02
110	1.43150	65.110	21.20	50.91	13.32	51.02
113	1.37063	68.1339	13.32	13.31	13.22	21.69

6.2.3　异常衍射花样的比较

所谓异常衍射是用样品中存在某元素的吸收限波长的辐射作入射线进行衍射实验,称为异常散射或异常衍射或共振散射,有时又称为选择元素衍射。

在存在异常衍射时,总的原子散射因子 f 由下式给出

$$f_{(S,\lambda)} = f_{0(S)} + f'_{(S,\lambda)} + \mathrm{i}f''_{(S,\lambda)} \qquad (6.1)$$

其中,f' 和 f'' 分别为异常散射修正的实部和虚部;f' 的相位与 f_0 相反,f'' 显示相位

有 90°位移。f 的大小为

$$f = \sqrt{(f_0 + f')^2 + (f'')^2} \tag{6.2}$$

并可近似地写成

$$f = f_0 + f' + \frac{1}{2}\frac{(f'')^2}{f_0 + f'} \tag{6.3}$$

异常散射对总的散射因子的影响可归纳如下：

（1）异常散射修正分量随入射线的波长而变化，在吸收限附近将发生巨大变化。

（2）当入射线的波长远离吸收限时，异常散射修正一般可以忽略；在吸收限附近，异常散射修正分量已相当大，且随散射角的增加而增加，异常散射修正不可忽略；在入射线波长与吸收限一致时，异常散射影响很大，在高衍射角时可以起支配地位。

（3）由于各元素有特征的吸收限，异常散射修正与散射体的原子序数有关。

因此，就一般而言，利用异常衍射来研究近邻原子的长程有序是有利的。表 6.4 依次给出 Ni 吸收限、CuKα 及 Co 和 Mn 的吸收限波长为入射线的模拟 X 射线衍射谱的主要衍射数据（2θ 和相对强度）。由此可见，衍射线的位置随波长增大而向大角度方向移动，而相对强度无明显变化，这是否表明异常衍射效应在此作用不大，或许 Power. cell 程序未能自动作异常散射修正。

表 6.4　$S=1$ 时各异常衍射数据(2θ,相对强度)的比较

hkl	d/Å	Ni 吸收限波长	CuKα 辐射	Co 吸收限波长	Mn 吸收限波长	Ni 吸收限波长	CuKα 辐射	Co 吸收限波长	Mn 吸收限波长
		1.48801	1.54056	1.6082	1.8964	1.4881	1.54056	1.6082	1.8964
		$2\theta/(°)$				相对强度/%			
003	4.75067	19.021	19.663	19.489	23.027	100.00	100.00	100.00	100.00
101	2.44274	35.592	36.893	38.573	45.846	51.12	50.78	50.33	48.35
006	2.37533	36.508	37.845	39.572	47.055	10.28	10.21	10.11	9.69
012	2.34173	37.171	38.536	40.295	47.931	29.63	29.41	29.12	27.87
104	2.03516	42.994	44.592	46.660	55.682	51.76	51.24	50.58	47.84
015	1.87073	46.971	48.735	51.021	61.046	21.58	21.24	21.01	19.79
009	1.58356	56.049	58.213	61.030	73.566	3.92	3.87	3.80	3.64

6.2.4　Ni、Co 和 Mn 占(3b)不同位置的比较

在 $R\bar{3}m$(No. 166)结构中，(3b)位置有 0 0 1/2，1/3 2/3 7/6，2/3 1/3 5/6 三个

位置,Ni、Co 和 Mn 可依次占据三个不同的位置,图 6.7 给出三种情况下的晶胞结构,可见它们的晶胞结构形式上是相同的,只是相同位置为不同原子所占据。

　　三种占位材料的衍射花样的数据(2θ、相对强度和结构振幅)如表 6.5 所示,比较可知,最强线相同,都是 003,次强线和第三强线的强度数据变化不大,三条强线的结构振幅也变化不大。

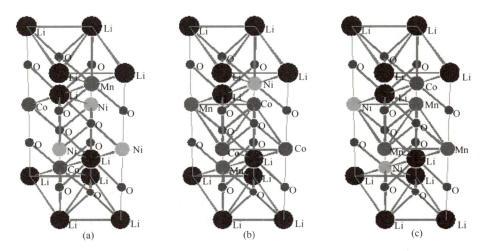

　　　　　　　(a)　　　　　　　　　　　　(b)　　　　　　　　　　(c)

图 6.7　Ni 、Co 和 Mn 分别占(3b)不同位置的单胞结构比较

(a) Ni　0　0　1/2;　Co　1/3　2/3　7/6;　Mn　2/3　1/3　5/6

(b) Co　0　0　1/2;　Mn　1/3　2/3　7/6;　Ni　2/3　1/3　5/6

(c) Mn　0　0　1/2;　Ni　1/3　2/3　7/6;　Co　2/3　1/3　5/6

表 6.5　Ni、Co 和 Mn 分别占(3b)不同位置的衍射数据(2θ、相对强度和结构振幅)的比较

hkl	$d/\text{Å}$	$2\theta/(°)$	Ni 0 0 1/2 Co 1/3 2/3 7/6 Mn 2/3 1/3 5/6		Co 0 0 1/2 Mn 1/3 2/3 7/6 Ni 2/3 1/3 5/6		Mn 0 0 1/2 Ni 1/3 2/3 7/6 Co 2/3 1/3 5/6	
			相对强度	$\lvert F(hkl)\rvert$	相对强度	$\lvert F(hkl)\rvert$	相对强度	$\lvert F(hkl)\rvert$
003	4.75067	19.663	100.00	131.94	100.00	125.55	100.00	135.13
101	2.44274	36.893	58.25	119.22	57.93	113.12	58.46	122.31
006	2.37533	37.845	11.80	95.94	11.42	89.88	11.98	99.02
012	2.34173	38.536	32.85	93.96	31.76	87.91	33.41	97.04
104	2.03516	44.592	56.44	145.09	57.39	139.22	56.06	148.09
015	1.87073	48.735	27.15	111.32	26.97	105.58	27.27	114.27
009	1.58356	58.213	5.33	104.76	5.29	99.37	5.35	107.57

6.3　长程有序度对基体衍射线强度的影响[4]

从《物相衍射分析》的第 5 章[5]的 5.2～5.5 节介绍"有序相中长程有序度测定的一般原理"和以"面心"、"体心"为基的有序相及 A-15 型结构的实例中知道,有些固溶体有序化后,可出现超点阵衍射线,有序度对超点阵线强度有明显影响;而有些固溶体有序化后,不一定出现超点阵线,但有序度对不衍射线强度影响明显不同。因此,可通过对基体衍射线强度的研究求解有序度,这取决于固溶体的晶体结构。

从前面的研究可知,R-$3m$(No. 166)菱形结构的 Li(Ni$_{1/3}$Co$_{1/3}$Mn$_{1/3}$)O$_2$ 有序化后并不出现超点衍射阵线。下面研究有序度对基体衍射线强度的影响。

令 3a、3b、6c 位置的原子散射因子为 f_{3a}、f_{3b}、f_{6c},对于 Li(Ni$_{1/3}$Co$_{1/3}$Mn$_{1/3}$)O$_2$,它们由下式求得

$$f_{3a} = f_{(3a)1} + f_{(3a)2} + f_{(3a)3} = 3f_{Li}$$
$$f_{6c} = f_{(6c)1} + f_{(6c)2} + \cdots + f_{(3c)6} = 6f_o \tag{6.4}$$

而 f_{3b} 比较复杂,当 $S=0$ 时,

$$f_{3b} = \frac{1}{3}(f_{Ni} + f_{Co} + f_{Mn}) \times 3 \tag{6.5}$$

当 $S=1$ 时

$$f_{3b} = f_{Ni} + f_{Co} + f_{Mn} \tag{6.6}$$

当 $0 < S < 1$ 时

$$f_{3b} = S \times (f_{Ni} + f_{Co} + f_{Mn})$$
$$+ (1-S) \times \frac{1}{3}(f_{Ni} + f_{Co} + f_{Mn}) \times 3 \tag{6.7}$$

由式(6.7)可知,当 $0 < S < 1$ 时,(3b)位置的原子散射因子分两项,第一项描述有序占位部分,第二项描述有序占位后剩下的原子无序占位的贡献。其中,f_{Li}、f_{Ni}、f_{Co}、f_{Mn}、f_O 是 Li、Ni、Co、Mn 和 O 的原子散射因子,它们都是 $\frac{\sin\theta}{\lambda}$ 的函数,并随 $\frac{\sin\theta}{\lambda}$ 值增大而减小。对于同一衍射花样,λ 不变,这意味着原子散射因子随 2θ 的增加而减小,即原子散射因子因 hkl 不同而不同,其衍射角 2θ 越大,原子散射因子越小。

同理,各衍射线的角因子$\dfrac{1+\cos^2 2\theta_{hkl}}{\sin^2\theta_{hkl}\cos\theta_{hkl}}$随$2\theta$增大而变小,其具体数值可计算求得或查阅专业书籍的附表获得。

这个 3a 位和 3b 位"相加"和"相减"关系揭示了一个十分重要的规律。以003、101 和 104 三条衍射线为例,计算F_{hkl}并合并同类项后得

$$\begin{cases} F_{003} = 3f_{Li}^{003} - S\times(f_{Ni}^{003}+f_{Co}^{003}+f_{Mn}^{003}) - (1-S)\times\dfrac{1}{3}(f_{Ni}^{003}+f_{Co}^{003}+f_{Mn}^{003})\times 3 \\[2mm] F_{101} = 3f_{Li}^{101} - S\times(f_{Ni}^{101}+f_{Co}^{101}+f_{Mn}^{101}) - (1-S)\times\dfrac{1}{3}(f_{Ni}^{101}+f_{Co}^{101}+f_{Mn}^{101})\times 3 \\[2mm] F_{104} = 3f_{Li}^{104} + S\times(f_{Ni}^{104}+f_{Co}^{104}+f_{Mn}^{104}) + (1-S)\times\dfrac{1}{3}(f_{Ni}^{104}+f_{Co}^{104}+f_{Mn}^{104})\times 3 + 6f_{O}^{104} \end{cases}$$

$$(6.8)$$

可见,(104)衍射线强度比(101)强。为了计算 003、101、104 三条衍射线的强度,表6.6 中的数据是必需的。经过仔细计算和对式(6.8)分析结果表明,有序度S对基体衍射的强度无影响,换言之,衍射强度与 Ni、Co、Mn 在 3b 位的有序、无序均无关,因此不能从基体线条的强度数据求得有序度S。

表 6.6　003、101、104 三条衍射线的有关数据

hkl	$\theta/(°)$	角因子	多重性因子	$\sin\theta/\lambda$	原子散射因子 f_i^{hkl}				
					Li	Ni	Co	Mn	O
003	9.331	72.533	2	0.105	2.215	25.600	24.650	22.570	7.250
101	19.446	17.255	6	0.205	1.741	21.370	20.540	19.000	5.634
104	22.296	11.310	6	0.246	1.627	19.590	19.810	17.359	4.814

6.4　$Li(Ni_{1/3}Co_{1/3}Mn_{1/3})O_2$超点阵线条[4]

6.4.1　$Li(Ni_{1/3}Co_{1/3}Mn_{1/3})O_2$超点阵线条是否出现

从前面的研究知道,$R\text{-}3m$(No. 166)菱形结构的 $Li(Ni_{1/3}Co_{1/3}Mn_{1/3})O_2$ 有序化后并不出现超点衍射阵线。为了验证该观点的正确性,先研究经典 $AuCu_3$ 超结构的衍射花样。如图 6.8(a)~(c)所示,可根据表 6.7 所示的空间群和晶体学位置获得衍射花样。可见,只有使用晶体学位置的x、y、z 相同,但空间群不同,即消光规律不同的空间群进行衍射花样计算才能显示超点阵线条。从这一结论推得,前

面用 No. 166 号空间群对 Li(Ni$_{1/3}$Co$_{1/3}$Mn$_{1/3}$)O$_2$ 模拟衍射花样不出现超点阵线条,并不能证明该超结构不会出现超点阵线条。

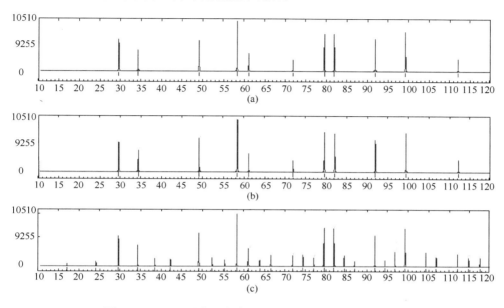

图 6.8　AuCu$_3$ 无序和有序(S=1,b、c)时的模拟衍射花样

表 6.7　图 6.7 的输入数据

(a)　No. 225, Fm-3m,　S=0						(b) No. 225,　　Fm-3m,S=1						(c) No. 221,　　Pm-3m ,S=1					
原子	位置	x	y	z	占位几率	原子	位置	x	y	z	占位几率	原子	位置	x	y	z	占位几率
						Au		0	0	0	1.00						
Au	4a	0	0	0	0.25	Cu		1/2	1/2	0	1.00	Au	1a	0	0	0	1.00
Cu	4a	0	0	0	0.75	Cu		1/2	0	1/2	1.00	Cu	3c	0	1/2	1/2	1.00
						Cu		0	1/2	1/2	1.00						

　　注:No. 225 号的 4a 位包括 0 0 0,0 1/2 1/2,1/2 1/2 0,1/2 0 1/2 四个晶体学位置;而 No. 221 号的 1a 位为 0 0 0,3c 位包括 0 1/2 1/2,1/2 1/2 0,1/2 0 1/2 三个晶体学位置。

　　作者在菱形晶系空间群(No. 143～No. 167)中没有找到与 No. 166 的(3b)位相同的 x,y,z 坐标,而消光条件不同的空间群与之对应,可见把 No. 166 在(3b)位有序化后变为 P3$_1$12(即 No. 151)对称值得商榷。因为 No. 151 的原子位置和消光规律是:

(3a)　x　$-x$　$1/3$;　　　x　　$2x$　　$2/3$;　　$-2x$　$-x$　0　　一般情况

(3b)　x　$-x$　$5/6$;　　　x　　$2x$　　$2/3$;　　$-2x$　$-x$　$1/2$　　$00l=3n$

(6c)　x　y　z;　　　$-y$　$x-y$　$z+1/3$;　$-x+y$　$-x$　$z+2/3$　特殊情况

　　　$-y$　$-x$　$-z+2/3$;　$-x+y$　y　$z+1/3$;　　x　　$x-y$　$-z$　　　　无额外
　　　　　　　　　　　　　　　　　　　　　　　　　　　　　　　　　　　　条件

　　为此,我们计算可能出现的超点阵线:001,002,004,111 的晶体学位置参数,如表6.8所示。分析此表可知:

　　(1)(3a)和(6c)的原子对001,002,004,111均无贡献。

　　(2)对于(3b)位,情况比较复杂。若每个位置的原子散射因子相同,无序占位时,每个位置的原子散射因子都为$\dfrac{f_{Ni}+f_{Co}+f_{Mn}}{3}$,三个位置的贡献之和为零,这时超点阵线不会出现;当三个位置的原子散射因子不同时,三个位置的贡献之和不为零,则超点阵线出现,并且三个位置的原子散射因子差别越大,超点阵线的强度越强。因此,采用异常衍射技术和中子衍射有利于超点阵结构的研究。

表 6.8　No.166 空间群可能出现的超点阵线:001,002,004,111 的晶体学位置参数

hkl		001	002	004	111
位置	原子坐标	位置参数 $\cos[2\pi(hx_j+ky_j+lz_j)]+i\sin[2\pi(hx_j+ky_j+lz_j)]$			
3a	0 0 0	1	1	1	1
	2/3 1/3 1/3	$-0.5+0.866i$	$-0.5-0.866i$	$-0.5+0.866i$	$-05+0.866i$
	1/3 2/3 2/3	$-0.5-0.866i$	$-0.5+0.866i$	$-0.5+0.866i$	$-0.5-0.866i$
	$\sum$	0	0	0	0
3b	0 0 1/2	-1	1	1	-1
	2/3 1/3 5/6	$0.5-0.866i$	$-0.5-0.866i$	$-0.5+0.866i$	$0.5-0.866i$
	1/3 2/3 7/6	$0.5+0.866i$	$-0.5+0.866i$	$-0.5+0.866i$	$0.5+0.866i$
	$\sum$	0	0	0	0
6c	0 0 1/4	i	-1	1	i
	2/3　1/3　7/12	$-0.866-0.5i$	$0.5+0.866i$	$-0.5+0.866i$	$-0.866-0.5i$
	1/3　2/3　11/12	$0.866-0.5i$	$0.5-0.866i$	$-0.5+0.866i$	$0.866-0.5i$
	0　0　$-1/4$	$-i$	-1	1	$-i$
	2/3 1/3　1/12	$0.866+0.5i$	$0.5+0.866i$	$-0.5+0.866i$	$0.866+0.5i$
	1/3　2/3 5/12	$-0.866+0.5i$	$0.5-0.866i$	$-0.5+0.866i$	$-0.866+0.5i$
	$\sum$	0	0	0	0

6.4.2　有序度 S 对超点阵线条强度的影响

为了计算有序度 S 对衍射强度的影响,表 6.9 给出所需的数据。让我们来计算有序度 S 对衍射线强度的影响,因 104 与 111 近乎重叠,故只对 002、003、004、101 四条衍射线进行计算。表 6.10 给出其计算结果,可见:

(1) 基体衍射线的强度不随有序度而变化,也就是说基体衍射线强度不受 S 的影响;

(2) 超点阵衍射线的强度随 S 增加而增加,可由超点阵线的强度数据或超点阵线与基体的强度比求解有序度 S;

(3) 然而,超点阵线的相对强度都很弱,即使 $S=1.0$ 时,002 和 004 两个超点阵线的相对强度也仅为 0.225% 和 0.043%。因此实验上很难探测到超点阵线条。

表 6.9　几条基体线和超点阵线的相关参数($\lambda=1.54056\text{Å}$)

hkl	001	002	003	004	101	104	111
多重因子	2	2	2	2	6	6	6
d	14.2520	7.1260	4.75067	3.5630	2.44274	2.03516	2.0288
2θ	6.196	12.412	19.663	24.970	36.893	44.592	44.627
角度因子	680.9	168.5	73.499	39.82	17.15	11.31	11.31
$\sin\theta/\lambda$	0.035	0.070	0.105	0.140	0.205	0.246	0.246
f_{Li}	—	—	2.215	—	1.741	1.627	—
f_{Ni}	27.631	26.638	25.600	23.008	21.370	19.590	19.590
f_{Co}	26.538	25.664	24.650	22.970	20.540	19.810	19.810
f_{Mn}	24.149	24.271	22.570	21.142	19.000	17.359	17.359
f_{O}	—	—	7.250	—	—	4.814	—

表 6.10　几条基体线和超点阵线计算强度和相对强度及有序度 S 的影响($\lambda=1.54056\text{Å}$)

	S	0.0	0.2	0.4	0.6	0.8	1.0
强度	002	0	19.164	228.926	515.1063	1216.3021	1431.104
	003	635262.963	635262.963	635262.963	635262.963	635262.963	635262.963
	004	0	10.910	43.476	97.8314	173.7932	271.747
	101	321050.875	321050.875	321050.875	321050.875	321050.875	321050.875

	S	0.0	0.2	0.4	0.6	0.8	1.0
相对强度	002	0.0	0.0029	0.0360	0.0811	0.1915	0.2253
	003	100.00	100.00	100.00	100.00	100.00	100.00
	004	0.0	0.0017	0.0068	0.0154	0.0274	0.0428
	101	50.54	50.54	50.54	50.54	50.54	50.54

6.5　$Li(Ni_{1/3}Co_{1/3}Mn_{1/3})O_2$超结构研究小结和展望[4]

对于 $Li(Ni_{1/3}Co_{1/3}Mn_{1/3})O_2$，Ni、Co、Mn 在 3b 位有序占位时，有序度对基体衍射线的强度无影响，而超点阵衍射线的强度随有序度的增加而增加。因此从理论上讲，可根据这种关系求解有序度 S，但由于超点阵衍射线的强度很弱，一般的衍射实验难以观察到超点阵衍射线。因此，$Li(Ni_{1/3}Co_{1/3}Mn_{1/3})O_2$ 在 3b 位是否存在占位有序，形成超结构还需要进一步在以下几方面开展研究：

（1）探索 $Li(Ni_{1/3}Co_{1/3}Mn_{1/3})O_2$ 材料在适当的中温下作有序化处理的最佳工艺。

（2）提高衍射实验的探测能力，采用超强 X 射线源（如同步辐射 X 射线源）、采用高效的超能探测器、精细的实验操作（如慢速扫描）以及异常衍射技术或/和中子衍射技术。总之，要大幅提高对超弱线条的探测能力。

（3）根据衍射强度随有序度增加而增加的关系，测定材料中的有序度，建立有序化处理工艺-有序度-材料（电池）性能之间的关系。

参 考 文 献

[1] Koyama Y, Tanaka I, Adachi H, et al. Crystal and electronic structures of superstructural $Li_{1-x}[Co_{1/3}Ni_{1/3}Mn_{1/3}]O_2$ ($0<x<1$). Journal of Power Sources, 2003, 119-121: 644~648

[2] Yabuuchi N, Koyama Y, Nakayama N, et al. Solid-state chemistry and electrochemistry of $Li-Co_{1/3}Ni_{1/3}Mn_{1/3}O_2$ for advanced lithium-ion batteries. J. Electrochem. Soc., 2005, 152(7): 1434~1440

[3] Whitfield P, Davidson I, Cranswick L, et al. Investigation of possible superstructure and cation disorder in the lithium battery cathode material $LiMn_{1/3}Ni_{1/3}Co_{1/3}O_2$ using neutron and anomalous dispersion powder diffraction. Solid State Ionics, 2005, 176: 463~471

[4] Zhang J, Yang C Z, Han X W, et al. Diffraction research on the order-disorder effect of transition metal in $Li(Ni_{1/3}Co_{1/3}Mn_{1/3})O_2$.

[5] 杨传铮, 谢达材, 陈癸尊, 等. 物相衍射分析. 北京: 冶金工业出版社, 1989: 179~184

第 7 章　LiFePO₄的制备和 X 射线衍射表征

　　1997 年,美国德克萨斯州大学 Goodenough[1]首先报道了 LiFePO₄作为锂离子电池正极材料的研究结果,成为 LiFePO₄锂离子正极材料研究的一个里程碑。由于 LiFePO₄原料来源广泛,价格低廉,环境友好,材料的热稳定性好,所制备电池的安全性能高等优点,使其在可移动电源领域,特别是电动车所需的大型动力电源以及静态储能领域有着极大的市场前景。这种大型动力电源对材料的体积比容量要求低,而对材料价格、安全性及环保性能要求较高,从而使 LiFePO₄成为目前最具开发和应用潜力的新一代锂离子电池正极材料。以 LiFePO₄为代表的聚阴离子结构磷酸盐材料,由于其突出的高安全、高功率、超长循环寿命、宽电化学窗口、低成本等特点受到了广泛关注。LiFePO₄已成为替代锂二次电池最有可能的正极材料,因而成为目前电池界竞相开发与研究的热点。其表现为:①LiFePO₄材料的合成及改性;②2H-石墨/LiFePO₄电池的研究和开发;③2H-石墨/LiFePO₄电池的充放电性能和工作机制的研究;④2H-石墨/LiFePO₄电池的产业化,以满足混合动力汽车(HEV)的要求。

7.1　LiFePO₄和包碳纳米 LiFePO₄的制备方法[2,15]

7.1.1　LiFePO₄的合成方法

1. 高温固相法[3,4]

　　高温固相法制备 LiFePO₄的基本流程是:将铁盐、锂盐和磷酸盐混合,混合物先在较低温度(300℃左右)加热除去挥发性物质,然后在较高温度下烧结得到完整 LiFePO₄结晶粉末,热处理过程一般在 N₂或 Ar 气氛下完成,以防止 Fe²⁺氧化成 Fe³⁺。高温固相法操作流程简单,是制备锂离子电池正极材料比较成熟的方法。高温固相法的优点是操作简单、容易实现批量产业化。但由于需要在高温下烧结较长时间,能耗大,成本比较高,高温固相法得到的 LiFePO₄颗粒一般比较大。研究结果表明,热处理时温度对 LiFePO₄产物颗粒影响很大,温度过高,容易引起烧结结块,降低烧结温度及向 LiFePO₄中添加碳颗粒,可以减小产物粒度。

　　由于制备 LiFePO₄的亚铁盐价格相对于三价铁盐高,因此,考虑选择廉价的 Fe³⁺盐作为铁源制备 LiFePO₄,如 Fe₂O₃、FePO₄等,在制备过程中加入一定量的还原剂即可制得 LiFePO₄,但是必须控制好条件,否则产物中很容易残留 Fe³⁺盐,

影响 $LiFePO_4$ 的性能。

高温固相法制备 $LiFePO_4$ 虽然流程简单,但是经常会出现 Li_3PO_4、Fe_2O_3 等杂相,不同体系的原料产生杂相的机理可能不同,目前缺乏该方面的系统研究。为了避免出现杂相可采用还原性气氛,或者向原料中加入少量具有还原作用的物质,如碳等。

2. 碳热还原法[5]

采用了一种新颖的碳热还原法制备 $LiFePO_4$ 材料。这种方法采用廉价的 Fe_2O_3 作为原料,利用碳还原反应制备 $LiFePO_4$ 材料,基于的反应如下:

$$2LiH_2PO_4 + Fe_2O_3 + C = 2\ LiFePO_4 + CO + 2H_2O \qquad (7.1)$$

$$LiH_2PO_4 + 0.45Fe_2O_3 + 0.1Mg(OH)_2 + 0.45C \longrightarrow LiFe_{0.9}Mg_{0.1}PO_4 + 0.45CO + 1.1H_2 \qquad (7.2)$$

使用 Fe_2O_3 代替价格比较昂贵的 FeC_2O_4 盐作为原料,可以极大地降低成本,但是由于原料中的 Fe^{3+} 很难保证被充分还原,产物中可能难以避免出现杂相。

3. 机械化学法[6]

将 $Fe_3(PO_4)_2 \cdot 5H_2O$、Li_3PO_4 按一定比例混合,同时加入导电添加剂,混合球磨 24h,得到 $LiFePO_4$ 结晶粉体。但是这样得到的 $LiFePO_4$ 晶体完整性较差,还需要加热处理。在氮气气氛下加热到 550℃,保持 15min,即可得到完整性较好的 $LiFePO_4$ 粉末。高能球磨法的基本原理是,利用高速旋转的钢球产生的能量来促进原料之间的反应,得到的 $LiFePO_4$ 材料在 0.2C 充放电条件下实际放电比容量达到 150mA·h/g。由于反应物在球磨时混合非常均匀,所以高能球磨法制备得到的产物活性很高。采用高能球磨法加热温度比高温固相法低、加热时间短,可节省能耗。但是由于对球磨罐的要求很高,很难得到大规模应用。

4. 溶胶-凝胶法[7,8]

凝胶法是将 Fe^{2+}、Li^+ 和 PO_4^{3-} 配成溶液,加入一定量的络合剂,使得产物形成溶胶,然后加热处理得到的凝胶状物质。由溶胶-凝胶(Sol-Gel)方法制备出来的产物颗粒比较均匀,性能较好,热处理温度低,可节省大量能耗。溶胶-凝胶法具有凝胶热处理温度低、粉体颗粒粒径小,且粒径分布范围窄,操作简单易于控制等优点;缺点是,一般凝胶化的过程需要在特定的 pH 条件下经过较长时间才能完成,且干燥后前驱体收缩大。首先提出利用 Sol-Gel 法制备 $LiFePO_4$ 的想法,先在 $LiOH$ 和 $Fe(NO_3)_3$ 中加入抗坏血酸,然后加入磷酸。通过氨水调节 pH,将 60℃ 下获得的凝胶进行热处理,即得到纯相的 $LiFePO_4$。刘辉[2] 主要是利用抗坏血酸特殊的还原能力,将 Fe^{3+} 还原成 Fe^{2+},既避免了使用较贵的 Fe^{2+} 盐作为原料,降低了成本,又解决了前驱物对气氛的要求。用溶胶-凝胶法制备了 $LiFePO_4$,将 $CH_3COOLi \cdot 2H_2O$,$Fe(CH_3COO)_2$ 和 H_3PO_4 以原子比为 $Li : Fe : P = 1.05 : 1 : 1$ 的配比于 N,N-二甲基甲酰胺中混合,然后在空气中加热,得到的固态物加热至 350℃保持 2h,再在 $Ar(5\%H_2)$ 气氛下于 700~800℃加热 10h,得到均匀、细小的 $LiFePO_4$ 产物。

5. 共沉淀法[9]

共沉淀法是以 Fe^{2+}、Li^+、PO_4^{3-} 的可溶性盐为原料,通过控制溶液的 pH 使 $LiFePO_4$ 从溶液中沉淀出来;然后将沉淀物过滤、洗涤、干燥;最后将沉淀物通过高温处理即可得到 $LiFePO_4$ 产物。一般这种高温处理时间比纯粹的高温固相法的时间要短,温度也可以稍微低一些。

采用共沉淀法制备出纳米尺寸的无定型(非晶)$FePO_4$ 和 $LiFePO_4$ 颗粒。具体方法是:将 $Fe(NH_4)_2(SO_4)_2 \cdot 6H_2O$ 以 $1:1$ 的比例加入到持续搅拌的 $NH_4H_2PO_4$ 溶液中,再加入氧化剂 H_2O_2,形成沉淀后停止搅拌,静止 3h,滤出沉淀,干燥,即可得到非晶型 $FePO_4$。共沉淀基于以下反应

$$Fe(NH_4)_2(SO_4)_2 + NH_4H_2PO_4 + 0.5H_2O_2 =\!=\!= FePO_4 + 2(NH_4)HSO_4 + H_2O + NH_3$$
$$(7.3)$$

将得到的 $FePO_4$ 加入到 LiI 的乙腈溶液中,进行锂化即可得到 $LiFePO_4$,基于的反应为

$$FePO_4 + LiI =\!=\!= LiFePO_4 + 0.5I_2 \qquad (7.4)$$

最后热处理无定型的 $LiFePO_4$ 可得到结晶的 $LiFePO_4$。共沉淀法得到的 $FePO_4$ 和 $LiFePO_4$ 颗粒可以达到纳米尺寸,具有很好的电化学性能,特别是大电流充放电性能得到极大改善。但是其流程比较复杂,能耗大,难以大规模化。

6. 水热法[10~12]

水热法是指在高温高压下,在水或蒸汽等流体中进行的有关化学反应的总称。水热法操作简单、过程可控,以此法制备出的 $LiFePO_4$ 粉末物相均一、粒径细小,适用于锂离子电池正极材料。但水热法需要高温高压设备,工业化生产难度大。以 $FeSO_4 \cdot 7H_2O$、H_3PO_4 和 LiOH 为原料,抗坏血酸为还原剂,水热 150~220℃合成了 $LiFePO_4$ 颗粒,室温下,$0.3mA \cdot cm^2$ 首次放电容量为 $169mA \cdot h/g$。为避免混合过程中 Fe^{2+} 氧化成 Fe^{3+},先将亚铁盐和磷酸溶液混合,然后加入 LiOH 溶液搅拌(因 $Fe(OH)_2$ 极易氧化成 Fe^{3+}),在短时(5h)、低温(120℃)的条件下合成了 $LiFePO_4$,其平均粒径只有 $3\mu m$,$0.14mA \cdot cm^2$ 电流密度下约有 60%锂离子脱嵌。

7.1.2 LiFePO$_4$材料改性方法[2,16]

提高磷酸亚铁锂材料电导率的主要方法包括：①颗粒纳米化；②表面包覆导电层，如纳米碳层；③对磷酸亚铁锂进行体掺杂；④合成过程中在磷酸亚铁锂材料表面生成良好电子电导的 Fe$_2$P、Fe$_3$P 和 Fe$_{15}$P$_3$C$_2$ 相；⑤改善磷酸亚铁锂材料的表面形貌。其中掺 Mg、Ni 和不掺的电子和离子电导率的比较如表 7.1 所示，以便参考。

表 7.1　LiFe$_{0.95}$Mg$_{0.05}$PO$_4$、LiFe$_{0.95}$Ni$_{0.05}$PO$_4$ 和 LiFePO$_4$ 电子和离子电导率（单位：s/cm）

温度/℃	LiFe$_{0.95}$Mg$_{0.05}$PO$_4$		LiFe$_{0.95}$Ni$_{0.05}$PO$_4$		LiFePO$_4$	
	σ_e	σ_i	σ_e	σ_i	σ_e	σ_i
−30	8.31×10^{-5}	5.91×10^{-5}	3.90×10^{-5}	—	—	—
25	1.65×10^{-4}	1.79×10^{-4}	6.40×10^{-3}	5.04×10^{-5}	3.75×10^{-9}	5.0×10^{-5}
60	2.21×10^{-4}	2.83×10^{-4}	9.00×10^{-3}	—	2.04×10^{-8}	1.06×10^{-4}

7.2　LiFePO$_4$材料的 X 射线表征

LiFePO$_4$ 材料的 X 射线表征理应包括：①在各种合成制备法的各个阶段的动态或准动态观测和分析，特别是对各阶段的中间产物进行结构鉴定非常重要。如果这方面的测试分析做得好，可对各阶段各种化学反应、物理机制进一步了解，就能像第 4～6 章所描述的那样，揭示材料合成各阶段的结构变化和合成机理，探索最佳合成工艺。这方面的工作做得不是太好[2,15,16]，主要是因为材料合成制备人员对 X 射线分析不熟悉，没有很好地利用有关分析工具，最重要的是没有 X 射线分析专家的紧密合作和参与；②成品 LiFePO$_4$ 的全面表征；③LiFePO$_4$ 在各电极（如活化、充放电、循环、储存）过程中结构和精细结构的变化，以及它们与性能的关系，有关这方面的知识将在第 12、17、20 章分别进行介绍。

具体的 X 射线分析内容大致应该是物相鉴定、点阵参数的测定、微结构参数的测定和分析，还有就是对主要正离子的价态的 X 射线能谱分析。

成品 LiFePO$_4$ 的全面表征包括以下两个方面。

（1）宏观性能参数包括如下几个。

主阳离子元素：Li、Fe 及掺杂等的含量；

主要杂质元素：杂质元素的含量；

颗粒形状，平均粒度和比表面积；

松装密度和松装系数，振装密度和振装系数。

(2) 微观性能参数包括如下几个。

最终产品是否属正交的 $Pnma$(No. 62)结构的 LiFePO$_4$，不应有杂相；

点阵参数及与标准值 $a=0.60157$，$b=1.03915$，$c=0.47207$nm 的差别；

晶粒形状和形状因子 $D_{100}/D_{010}/D_{001}$，平均晶粒大小 $D_{平均}\pm\sigma$。

这些微观参数，除是否属 LiFePO$_4$，生产单位已提供外，其他都需要寻找较适用、可推广的测试方法。关于建立测试标准更需要同行共同努力，也需要有关主管部门出面组织。

下面几节介绍纳米 LiFePO$_4$/C 复合材料合成工艺参数对结构的影响[2]。

7.3　纳米 LiFePO$_4$/C-复合材料的合成[2,13~16]

为提高磷酸亚铁锂的电子或离子电导率，常用的技术路线有三种：碳包覆、体相掺杂和纳米化路线。通过降低磷酸亚铁锂的颗粒尺寸，缩短锂离子的有效扩散行程，能有效提高材料的离子电导率，原位碳包覆能提高材料的电子电导率，并进一步调控磷酸亚铁锂材料的纳米颗粒尺度。

基于碳包覆技术[14]，在 LiFePO$_4$ 表面形成纳米碳网络分布是优化提高材料性能的关键。构筑这一结构的要素有两点：一是导电碳的引入方式；二是如何使纳米碳均匀分散在 LiFePO$_4$ 晶界处和颗粒间，形成导电网络连接降低电子迁移电阻，同时又不阻碍锂离子的传输。本研究采用一种新的溶胶-凝胶工艺，基于凝胶网络内部分散结构，将碳源作为前驱体组元一同引入，原位裂解反应生成碳包覆纳米 LiFePO$_4$ 复合材料。由于凝胶本身就是一种可流动的组分和具有网络状固态组分，因而能使反应组分呈均匀分散和固着。选取合适的介质确保前驱体各组元与介质之间相溶、分散成为溶胶是溶胶-凝胶法的关键。

目前，已报道的溶胶-凝胶法制备 LiFePO$_4$ 所采用的介质主要有两种。其一是基于柠檬酸体系的溶胶-凝胶方法，主要原料是柠檬酸铁和柠檬酸，该方法必须在合适的溶液 pH 范围内才可以实现，柠檬酸根同时作为碳源，必须大大的过量才可能满足 LiFePO$_4$/C 复合材料中所需的含碳量；其二是醇体系，主要有乙醇、乙二醇和多元醇等，该体系制备 LiFePO$_4$ 材料，所选择的铁源一般为有机二价铁盐或三价铁盐附以 pH 调整剂，原材料成本高，溶胶-凝胶化过程长，合成方法趋于复杂。

7.3.1　纳米 LiFePO$_4$/C 复合材料的结构设计

首先考虑纳米 LiFePO$_4$/C 复合材料合成的设计思路。传统碳包覆改性 LiFePO$_4$ 的方法，导电添加剂碳的引入主要有三个方面的作用：①作为还原剂将 Fe^{3+} 还原为 Fe^{2+}；②作为导电剂，提高材料的总体电导率；③作为晶体生长抑制剂阻碍

LiFePO$_4$晶粒的长大聚集。其包覆碳改善材料导电性的机理可通过 Dominko 等提出的简易模型加以解释,如图 7.1(a)和(b)所示。充放电过程中,锂离子与电子需在活性物质表面的同一活性位同时脱出或嵌入,如果锂离子和电子不在活性物质表面的同一活性位,则电子需要通过活性物质的表面进行传导,达到锂离子所在位置,或者锂离子需要扩散到电子所在位置。当活性物质为半导体或绝缘体时,电子很难传导。一方面,锂离子在 LiFePO$_4$中的扩散受一维扩散通道的限制,扩散速率慢。如果在活性物质表面均匀包覆一层碳,则电子可通过表面碳层进行快速传导。传统的掺碳改性方法,碳一般以纳米碳颗粒或非连续碳包覆层的形式分散在 LiFePO$_4$颗粒表面,电子传输路径为非连续过程;另一方面,传统的制备方法得到的 LiFePO$_4$颗粒一般较粗,Li$^+$的扩散路径较长,因而材料改性效果不是很理想。基于此,我们同时从降低产物粒径和改善碳的包覆效果两方面着手,提出了碳包覆 LiFePO$_4$的纳米-微米化结构设计思路,如图 7.1(c)所示。

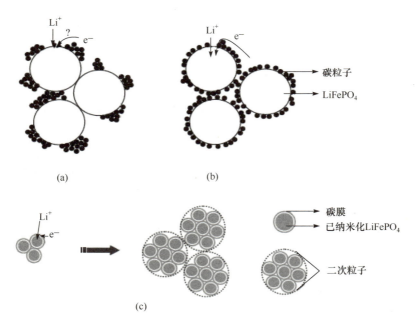

图 7.1　LiFePO$_4$/C 复合材料的结构设计示意图

(a)、(b)传统的 LiFePO$_4$/C 复合路线;(c) 纳米-微米化复合路线

7.3.2　纳米 LiFePO$_4$/C 复合材料的合成

按照这种设计,复合材料的设计过程为:首先采用液相法将 Li、Fe、P 各组元和有机物碳源以分子级水平分散于前驱物介质内部,通过热处理合成得到纳米晶

的 LiFePO₄，有机物"原位"分解并均匀分散在纳米晶界面和表面，形成均匀包覆的薄碳膜。通过粉碎、筛分方法将团聚的纳米一次粒子处理成微米级的均匀二次粒子，二次粒子为纳米晶 LiFePO₄ 的团簇体，粒子之间通过表面碳相互连接构成导电网络。采用以上材料设计思路，一次粒子纳米化可大大缩短 Li⁺ 在 LiFePO₄ 中的扩散路径，提高表观扩散系数；导电网络的形成能有效提高材料的电导率；另外，二次粒子微米化有利于材料振实密度的提高，体积能量密度的改善。

　　刘辉[2]制备 LiFePO₄ 常用的原料，含 9 个结晶水的硝酸铁（Fe(NO₃)₃·9H₂O）为铁源，磷酸二氢锂（LiH₂PO₄）为锂源，蔗糖为碳源，以有机溶剂乙二醇甲醚和水的混合相为介质制备了具有碳纳米网络结构分布的纳米 LiFePO₄/C 复合正极材料。该方法主要基于水合硝酸铁与乙二醇甲醚的溶胶-凝胶化转化过程，以此为凝胶网络状反应基体，实现前驱体原料的分子级混料，二者反应产生的纳米 LiFePO₄/C 复合材料的制备物硝酸可起到溶液 pH 的自适应调节作用。该方法既能降低产物的粒度，同时又能提高产物的纯度和电导率，过程简单，原料成本低，具有规模化生产的前景。针对该合成体系，将重点讨论以下几个问题：①不同烧结温度、烧结时间、含碳量对产物物理和电化学性能的影响；②复合材料的高温特性研究；③关于复合材料中碳结构的初步分析；④结合液相前驱体合成化学和热处理反应过程分析，探讨纳米 LiFePO₄/C 复合材料的形成机理。

7.4　纳米 LiFePO₄/C 复合材料合成过程的 X 射线研究[2]

7.4.1　热处理温度对纳米 LiFePO₄/C 复合材料精细结构的影响

　　从以上分析还可以看出，蔗糖的连续分解反应可以使 LiFePO₄ 晶体生长和碳的包覆同时进行，后续反应的发生对抑制 Fe²⁺ 的氧化，提高 LiFePO₄ 产物的纯度也会有一定的帮助。

　　由于所得前驱物为含 Fe、P、Li 和碳源以及过量醚的干凝胶状物质，因此需对其进行后续热处理。热处理温度作为影响 LiFePO₄ 正极材料性能的关键参数之一，首先对其进行了详细探讨。图 7.2 给出了不同热处理温度下（600℃、650℃、700℃和750℃），保温 10h，碳过量 3%（按理论残余碳的含量占生成 LiFePO₄ 产物的 3%计算）时所得产物的 XRD 图谱。对照 PDF 卡（40-1499）可知，四个热处理温度下所得产物的主要晶相均为具有橄榄石结构的 LiFePO₄，空间群为 Pmnb。除 600℃所得产物有少量含 Fe³⁺ 的杂相外，其余三个热处理温度所对应的产物均为纯相的 LiFePO₄ 材料，这与上面的热分析结果基本一致。600℃杂相的出现是由于较低温度某些原料未能完全参与生成 LiFePO₄ 的反应所致。另外，从 XRD 谱图中并没有看到残余碳对应衍射峰，可能的原因是该碳为无定形态存在和较低的含量。

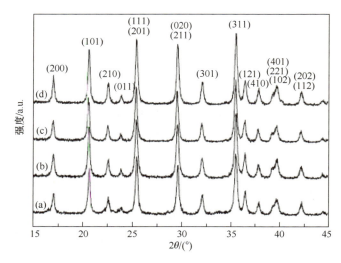

图 7.2　不同热处理温度下所得 LiFePO₄/C 复合材料的 XRD 图谱[2]
(a) 600℃；(b) 650℃；(c) 700℃；(d) 750℃

　　表 7.2 给出了四个样品的晶体结构晶胞参数和平均晶粒度大小,其计算依据是谢乐公式,计算时选取(311)晶面所对应的衍射峰进行计算。从表中可以看出,各样品的晶格常数随热处理温度的升高有增加的趋势,但变化很小,说明采用溶胶-凝胶法合成的 LiFePO₄ 一次晶粒的大小受热处理温度的影响不显著。

表 7.2　不同热处理温度所得 LiFePO₄ 样品的晶胞参数

热处理温度 /℃	点　阵　参　数 /Å			平均晶粒大小 D /nm
	a	b	c	
600	10.341	6.014	4.702	32.1
650	10.346	6.015	4.711	33.1
700	10.349	6.020	4.709	33.6
750	10.354	6.023	4.712	35.1
PDF 标准值	10.347	6.019	4.704	

7.4.2　碳包覆量对纳米 LiFePO₄/C 复合材料结构的影响

　　基于前面的材料设计思路,碳的复合方式对 LiFePO₄ 材料的改性有着至关重要的作用。不同热处理温度和热处理时间对其结构和性能的研究发现,以乙二醇甲醚和水为反应质,采用蔗糖原位裂解包覆碳能够制得粒径分布范围较窄的纳米晶粒。为了进一步分析表面碳的形貌和结构对 LiFePO₄ 材料性能的影响,我们又考察了碳包覆量对纳米 LiFePO₄/C 复合材料结构和性能的影响。图 7.3 给出了不加碳源,蔗糖不过量和分别过量 3％和 6％时产物的 XRD 图谱。从图中可以看出,所得产物均为正交橄榄石结构的 LiFePO₄,无明显杂相。随着碳添加量的增加,其 XRD 衍射峰略向低角度偏移,说明热处理过程中较多的裂解碳对 LiFePO₄ 晶粒的生长具有明显的抑制作用,从表 7.3 中晶格常数和平均晶粒度的计算结果也可以明显地看出。

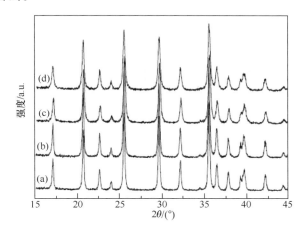

图 7.3　不同含碳量所得 LiFePO₄/C 复合材料的 XRD 图[2]

(a) 无糖;(b) 0％过量;(c) 3％过量;(d) 6％过量

表 7.3　不同含碳量制备得到的 LiFePO₄ 样品的晶胞参数

试样	点阵参数/Å			平均晶粒定向 D /nm
	a	b	c	
无糖	10.356	6.028	4.716	58.6
0％过量	10.351	6.023	4.711	51.2
3％过量	10.349	6.020	4.709	33.1
6％过量	10.332	6.014	4.702	32.0

7.4.3　热处理时间对纳米 LiFePO₄/C 复合材料结构的影响

为了考查热处理时间对产物结构的影响,图 7.4 给出了 700℃分别热处理 5h、10h、15h、20h 所得产物的 XRD 图谱。从图中可以看出,各个热处理时间所得产物均为结晶完好、无明显杂相、具有橄榄石结构的 LiFePO₄。随着热处理时间的增加,其 XRD 衍射峰略向低角度位移,衍射峰强度也略有增加,这说明随着热处理时间的延长,产物晶粒度和结晶度略有增加。其相应的晶格常数和平均晶粒度经计算后列于表 7.4 中,由表可知,其对应的晶格常数随热处理时间的延长也略有增加,但增加并不明显。这说明热处理时间对溶胶-凝胶法制备 $LiFePO_4$ 的一次颗粒的影响不大。

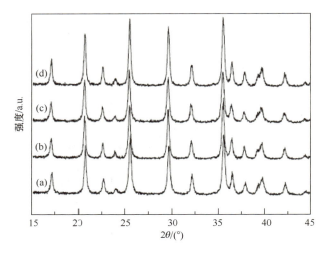

图 7.4 700℃热处理不同时间所得 $LiFePO_4/C$ 复合材料一次粒子的 XRD 图谱[2]

(a) 5h;(b) 10h;(c) 15h;(d) 20h

表 7.4 700℃热处理不同时间所得 $LiFePO_4$ 样品的晶胞参数

热处理时间	点阵参数/Å			平均晶粒大小 D /nm
	a	b	c	
5h	10.316	6.013	4.696	31.0
10h	10.349	6.020	4.709	33.1
15h	10.353	6.017	4.710	33.9
20h	10.358	6.021	4.715	34.6

7.5 纳米 $LiFePO_4/C$ 复合材料合成过程前驱体热处理反应分析[2]

水解产物通过聚合反应形成凝胶:

$$-Fe-OH-HO-Fe \longrightarrow -Fe-O-Fe-+H_2O \quad (7.5)$$

$$-Fe-OR+RO-Fe \longrightarrow -Fe-O-Fe-+ROH \quad (7.6)$$

这样聚合后形成的 Fe—O 键与无机盐中的 Fe—O 键相比,键能明显减弱;当 LiH_2PO_4 和蔗糖的水溶液与 $Fe(NO_3)_3 \cdot 9H_2O$ 和乙二醇甲醚的溶液一起混合时,

Li—O 和 P—O 所对应的峰依然存在,说明凝胶化过程中 LiH₂PO₄ 并不参与反应。

　　P、Li、Fe 盐和碳源在乙二醇甲醚和水的混合溶液中通过溶胶-凝胶化过程,实现了分子级的混料,蒸干后所得凝胶前驱体为无定形结构,如图 7.5 的 XRD 图谱所示。场发射-扫描电子显微镜(FE-SEM)进一步分析发现,该凝胶前驱体具有空间网络结构,如图 7.5(b)所示。300℃下热处理前驱体凝胶,没有新的衍射峰出现,但前驱体的形貌发生了较大变化,原来的空间网络结构逐渐向纳米晶的岛状结构转变,这主要是由于前驱体凝胶中游离水和结晶水的脱除以及前驱体有机物的分解使原来成连续分布的网络结构发生断裂,这一过程非常类似于固相法中的前驱体原料造粒过程。由于 300℃下热处理得到的前驱物粒度非常小,约为几十纳米,高温熔融时粒子内部组元扩散距离缩短,反应加快,导致 LiFePO₄ 的合成温度降低,反应时间减少。当热处理温度为 400℃时,$2\theta=23°$ 附近有比较弱的峰出现,经查证为 LiHPO₄ 的特征峰,说明 LiH₂PO₄ 热处理过程中首先生成的是 LiHPO₄;而 $2\theta=35°$ 附近似乎有很少量出现 LiFePO₄ 的(311)和(121)晶面衍射峰,说明差热曲线分析中,LiFePO₄ 的结晶温度可能更低,由于前驱体物质为分子级混料过程,结晶温度的降低是很有可能的。当热处理温度为 500℃时,开始出现明显的橄榄石型 LiFePO₄ 衍射峰。随着热处理温度的提高,衍射峰强度增加,结晶趋于完整。通过以上对前驱体热处理过程的分析,结合前驱体 TG-DTA 分析,可对热处理过程的反应机理作如下讨论。

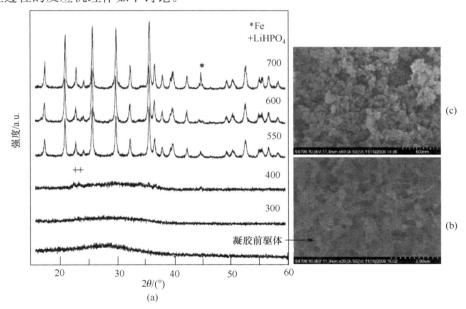

图 7.5　(a)前驱体凝胶及其在不同热处理温度下的 XRD 图谱;(b)和(c)分别为前驱体及其在 300℃热处理 5h 所得产物的 FE-SEM 图

式(7.5)和式(7.6)中所生成的$(\text{—Fe—O—Fe—})_n$,在 $150\sim450℃$ 热处理过程中将发生如下反应

$$(\text{—Fe—O—Fe—})_n \longrightarrow n\text{Fe}_2\text{O}_3 \tag{7.7}$$

随着蔗糖和过量乙二醇甲醚裂解生成碳和少量活泼氢气,纳米晶的 Fe_2O_3 很快向 Fe_3O_4 和 FeO 转变,以碳热还原为例,反应方程式可表示如下

$$3n\text{Fe}_2\text{O}_3 + n\text{C} \longrightarrow 2n\text{Fe}_3\text{O}_4 + n\text{CO} \tag{7.8}$$

$$2n\text{Fe}_3\text{O}_4 + 2n\text{C} \longrightarrow 6n\text{FeO} + 2n\text{CO} \tag{7.9}$$

结合前驱体 TG-DTA 分析和前驱物热处理过程中的 XRD 分析结果,当温度达到 $500℃$ 时,开始有 LiFePO_4 的晶体析出,发生如下反应

$$6n\text{LiHPO}_4 + 6n\text{FeO} + 3n\text{C} \longrightarrow 6n\text{LiFePO}_4 + 3n\text{H}_2\text{O} + 3n\text{CO} \tag{7.10}$$

通过以上分析,可以将纳米 LiFePO_4 的生成机理归纳为如下总反应

$$\text{LiH}_2\text{PO}_4 + 0.5\text{Fe}_2\text{O}_3 + 0.5\text{C} \longrightarrow \text{LiFePO}_4 + \text{H}_2\text{O} + 0.5\text{CO} \tag{7.11}$$

7.6 LiFePO_4 和 FePO_4 的相结构及粉末衍射数据

在国际衍射数据中心(International Centre for Diffraction Data,ICDD)的数据库中可查到与 FePO_4、LiFePO_4 相关的物质和结构数据,如表 7.5 所示,以便在研究中比对和应用。LiFePO_4 是在矿物研究中发现的,因此其矿物学名称为磷酸锂铁矿(triphylite),属正交晶系,$Pnma$(No. 62)空间群,$a=7.08$,$b=10.44$,$c=4.75\text{Å}$。X 射线密度 $D_X=3.47$,实测密度 $D_m=3.45\text{g/cm}^3$,PDF 卡号为 40-1499。

表 7.5 **FePO_4、LiFePO_4 相关的物质和结构数据**

物质名称	磷酸锂铁矿	异磷铁(锰)矿	磷酸铁	磷酸铁
化学式	LiFePO_4	$(\text{Fe,Mn})\text{PO}_4$	FePO_4	FePO_4
PDF 卡号	40-1499	34-0134	30-0659	31-0647
空间群	$Pnma$(No. 62)	$Pnma$(No. 62)	$Cmcm$(No. 63)	$P_{22}2222$(No. 180)
点阵参数	$a=6.0157$ $b=10.3915$ $c=4.7207$	$a=5.83$ $b=9.79$ $c=4.769$	$a=5.227$ $b=7.770$ $c=6.322$	$a=5.170$ b $c=11.37$

　　由表 7.5 可见，与 LiFePO₄ 结构几乎相同的是 (Fe,Mn)PO₄，其矿物学名称为异磷铁(锰)(heterosite)，PDF 卡号为 34-0134。FePO₄ 有正交($Cmcm$(No.63))和六方($P_{22}2222$(No.180))两种结构。相关材料的粉末衍射数据如表 7.6 所示，以便在研究中比对和应用。

表 7.6　LiFePO₄、FePO₄ 相关物质结构的粉末衍射数据 CuKα

物质化学和PDF 卡号	LiFePO₄ 40-1499			(Fe,Mn)PO₄ 34-0134			FePO₄ 30-0659			FePO₄ 31-0647		
空间群	$Pnma$(No.62)			$Pnma$(No.62)			$Cmcm$(No.63)			$P_{22}2222$(No.180)		
点阵参数	$a=6.0157$ $b=10.3915$ $c=4.7207$			$a=5.83$ $b=9.79$ $c=4.769$			$a=5.227$ $b=7.770$ $c=6.322$			$a=5.170$ $c=11.37$		
$2\theta/(°)$CuKα	$2\theta/(°)$	hkl	I/I_1	$2\theta/(°)$	hkl	I/I_1	$2\theta/(°)$	hkl	I/I_1	$2\theta/(°)$	hkl	I/I_1
17.121	17.121	020	34									
17.956				17.956	020	60						
19.845										19.845	100	20
20.511							20.511	110	60			
20.607				20.607	011	70						
20.751	20.751	011	76									
21.340										21.340	101	1
22.648	22.648	120	26									
22.861							22.861	020	40			
23.515										23.515	003	1
23.662				23.662	120	25						
23.986				23.986	101	6						
24.000	24.00	101	10									
24.877							24.877	111	80			
25.280										25.280	102	100
25.525	25.525	111,021	70									
25.748				25.748	111	85						
25.900				25.900	021	20						
26.927							26.927	021	40			
29.676	29.676	121,200	100									
30.192				30.192	121	35						
30.616				30.616	200	85						

续表

物质化学和 PDF 卡号	LiFePO$_4$ 40-1499			(Fe,Mn)PO$_4$ 34-0134			FePO$_4$ 30-0659			FePO$_4$ 31-0647		
32.161	32.161	031	34									
33.117				33.117	031	15						
34.291							34.291	200	60			
34.440	34.440	220	1									
34.741										34.741	110	5
35.122							**35.122**	**112**	**100**			
35.525	35.525	131	81									
35.758				35.758	200	4						
36.465	36.465	211	25									
36.649				**36.649**	**131**	**100**						
37.279				37.279	211	40						
37.618										**37.618**	**104**	**10**
37.834	37.834	140	16									
38.216										38.216	112	10
38.235	38.235	002	1									
38.728				38.728	012	16						
38.799							38.799	130	60			

参 考 文 献

[1] Padhi A K, Nanjiundaswamy K S, Goodenough J B. Phospho-olivines as positive-electrode materials for rechargeable lithium batteries. Journal of The Electrochemical Society, 1997, 144(4):1188～1192

[2] 刘辉. 锂离子电池正极材料 LiFePO$_4$ 的合成与性能研究. 中国科学院上海微系统与信息技术研究所博士学位论文, 2008

[3] Prince A A M, Mylswamy S, Chan T S, et al. Investigation of Fe valence in LiFePO$_4$ by Mossbauer and XANES spectroscopic techniques. Solid State Communications, 2004, 132(7):455～458

[4] Takahashi M, Tobishima S, Takei K, et al. Characterization of LiFePO$_4$ as the cathod material for rechargeable lithium batteries. J. Power Sources, 2001, 97, 98(1,2):508～511

[5] Barker J, Saidi M Y, Swoyer J L. Lithium iron. II. phospho-olivines prepared by a novel carbothermal reduction method. Electrochemical and Solid-State Letters, 2003, 6(3):A53～A55

[6] Franger S, Cras F L, Bourbon C, et al. Comparison between different LiFePO$_4$ synthesis

routes and their influence on its physico-chemical properties. J. Power Sources,2003,119-121 (1,2):252～257

[7] Croce F,Epifanio A D,Hassoun J,et al. A novel concept for the synthesis of an improved LiFePO₄ lithium battery cathode. Electrochem. Solid State Lett. ,2002,5(3):A47～A50

[8] Iltchev N,Chen Y,Okada S,et al. LiFePO₄ storage at room and elevate temperatures. J. Power Source,2003,119-121(1-2):749～754

[9] Scaccia S,Carewska M,Wisniewski P,et al. Morphological investigation of Sub-micron FePO₄ and LiFePO₄ particales for rechargeable lithium batteries. Materials Research Bulletin,2003,38(7):1155～1163

[10] Chen J J,Stanley M. Hydrotermal synthesis of lithium iron phosphate. Electrochem. Commun,2006,8:855

[11] Yang S F,Zavalih P Y,Whittingham M S. Hydrothermal synthesis lithium iron phosphate cathodes. Electrochem. Commun. ,2001,3:505～508

[12] Lee J,Teja A S. Characteristics of lithium iron phosphate particles synthesized in subcritical and supercritical water. J. Suppercrit Fluids,2005,35:83～90

[13] Liu H,Xie J Y,Wang K. Synthesis and characterization of nano-LiFePO₄/carbon composite cathodes from 2-Methoxyethanol-water system. J. Alloys and Compounds, In Press,Available online 13 May 2007

[14] Liu H,Feng Y,Wang Z H,et al. A PVB-based rheological phase approach to nano-LiFePO₄/C composite cathodes. Powder Technology,2008,184(3):313～317

[15] 米常焕. 橄榄石型 LiFePO₄/C 复合正极材料研究. 浙江大学博士学位论文,2005.

[16] 赖春艳. 锂离子电池材料 LiFePO₄ 的制备与改性研究. 上海:中国科学院上海微系统与信息技术研究所,2006

第8章 锂离子电池用碳电极材料的制备和 X 射线衍射分析

8.1 锂离子电池用碳电极材料的制备[1~4]

锂离子电池负极材料要求具备以下特点:①尽可能低的电极电位;②离子在负极固态结构中有较高的扩散率;③高度的脱嵌可逆性;④良好的电导率及热力学稳定性;⑤与电解质溶剂相容性较好;⑥资源丰富、价格低廉;⑦安全、无污染。

8.1.1 碳材料分类及结构

碳材料有电导率高、化学稳定性好、价格低廉等特性。固体碳材料存在多种晶型,典型的有石墨、金刚石和无定形碳。碳材料结构的多样性来源于 C—C 原子间化学键合的多样性。根据石墨化程度,碳材料一般分为石墨类和非石墨类。石墨类有天然石墨、人造石墨、石墨化碳材料,包括碳纤维、改性石墨、复合石墨、处理人造石墨、石墨化的中间相碳微球等。非石墨类碳材料根据其结构特性可分为两类:易石墨化碳和难石墨化碳,也就是常说的软碳和硬碳。下面介绍几种碳材料的结构。

1. 石墨

石墨晶体中,碳原子的 sp2 杂化轨道形成三个共平面的 σ 键,具有强烈的相互作用。碳原子与碳原子之间通过连续的 sp2 键形成巨大的六环网络结构,形成二维的石墨层,参与杂化的电子在网络层的两面形成电子共轭的大 π 键,层与层之间的范德瓦耳斯力将各层键合在一起形成层状结构称为晶体化。由于层与层之间的这种相互作用比化学键作用弱,所以石墨很容易离解,显得柔软而具有润滑性;而由于沿网络平面的 π 电子的共振作用,石墨表现出很大差异,如石墨层平面方向(a 轴方向)的热膨胀系数是 $-1.5 \times 10^{-6} \mathrm{K}^{-1}$,垂直方向($c$ 轴方向)为 $2.8 \times 10^{-6} \mathrm{K}^{-1}$;石墨晶体结构内的碳原子有序地排成六角形碳环,碳原子小片状体相当大,并且层互相平行、相互定向排列,层面之间只有弱的范德瓦耳斯力存在。在六角形石墨中,碳层的平常排列顺序是 $ABAB\cdots\cdots$ 结构,而另一种不寻常的排列顺序 $ABCABC\cdots\cdots$ 则称为菱形石墨。许多人造碳材料由于螺旋位错或层移位错引起不同程度的堆积缺陷,使碳原子偏离正常位置,周期性的堆积位错结构不能继续保持。由于这些无序的石墨层相互钉着在一起,要想通过高温处理来彻底消除这种位错是很困难的,这种类型的结构称为湍层结构。在湍层结构中,层间距的数值较乱,但是平均要比石墨大;热解温度升高,层间距减小,趋近于石墨。然而,要达到石墨的数值,则需要高压和高温。

　　一般而言,天然石墨就是用天然的石墨矿采出来的东西,然后经过一些包覆或者其他处理得到的,其本身石墨化程度比较高,容量比较高,可以接近石墨的理论容量,其后处理工艺一般不再经过高温石墨化,当然也有极少数高端天然石墨包覆后再进行石墨化。

　　人造石墨指通过其他含有 C 的化合物经过处理,一般会再经过高温石墨化,当然有些低端人造石墨可能也不经高温石墨化。通常,我们可以大致有一个印象,人造石墨循环容量比天然石墨好,天然石墨容量高,由于循环差的原因,对电解液的选择比较重要,天然石墨比较软,但是压实过高其颗粒可能就形变了,并且吸液能力会急剧下降。

　　2. 无定形碳

　　无定形碳是指结晶度(即石墨化度)低,晶粒尺寸小,晶面间距(d_{002})较大的碳材料。最无序的结构,即所谓的无定形碳。在一个平面上,六角形的碳原子排列多少是有规则的,但是形成微晶的碳环数较石墨要少,只有少量的平面层互相平行,其他的定向是杂乱的。按石墨化的难易,无定形碳又分为软碳和硬碳。软碳即易石墨化碳,指在 2500℃ 以上的高温下才能石墨化的无定形碳,包括焦炭、石油焦、碳纤维、碳微球等。硬碳指在 2500℃ 以上的高温也难以石墨化的碳材料,通常是高分子聚合物的热解得到的碳材料。常见的硬碳有酚醛树脂、环氧树脂、聚糠糖醇等热解产物。它们没有清晰的 XRD 峰,但是 TEM 观察显示它们的基本结构是以二维石墨层为主。由于是直接通过固相热解形成的,所以中间相石墨化单元的运动受到严格限制,从而使其在高温下难以石墨化。

　　3. 富勒烯

　　富勒烯和碳纳米管的发现是世界科学史上的一个里程碑。富勒烯家族包括 C60 和 C70 等。一个 C60 分子的结构类似于一个足球,是由 12 个五边形和 20 个六边形组成的球体,并有 5 次对称轴,具有很高的对称性,属于 Ih 点群(二十面体点群)。每个碳原子以 sp2 杂化轨道与相邻的三个碳原子相连,剩余的 p 轨道在 C60 分子的外围和内腔形成 π 键。除了 C60 外,具有封闭笼状结构的碳簇还可能有 C28、C32、C50、C70、C84 等,它们形成封闭笼状结构系列统称为富勒烯(fullerenes)。目前富勒烯的制备主要采用物理方法,如电弧法、苯火焰燃烧法和直流电弧法。随着富勒烯化学的迅速发展,富勒烯的化学合成已经成为备受人们瞩目的研究领域。利用化学方法合成富勒烯,具有产物可调控、产率高、反应操作方便等优点。同时,合成这种球形分子将极大地丰富有机化学的研究内容,并有力地促进有机化学的研究和发展。

8.1.2　碳材料的结构缺陷

由于碳原子成键时的多种杂化形式及碳材料结构层次的多样性,导致碳材料存在各种结构缺陷,常见的结构缺陷有平面位移、螺旋位错、堆积缺陷等。碳层面内的结构缺陷在理想的石墨晶体结构中,碳原子通过 sp2 杂化轨道成键构成六元环网络结构,然而在实际的碳材料中还可能存在 sp 和 sp3 杂化的碳原子。杂化形式不同,电子云分布密度也不同,从而导致碳平面层内电子的密度发生变化,使碳平面层变形,引起碳平面层内的结构缺陷。此外,当碳平面结构中存在其他杂质原子时,由于杂质原子的大小和所带电荷与碳原子不同,也会引起碳平面层内的结构缺陷。以有机化合物为前驱体,通过热解方法制备的碳材料,在碳平面生长过程中,边沿的碳原子可能仍与一些功能团(如—OH,═O,—O—,—CH$_3$ 等)连接,也会引起碳平面的结构变形。

碳平面呈现不规则排列,形成碳材料中的层面堆积缺陷。孔隙缺陷在制备碳材料的过程中,是因气相物质挥发留下的孔隙引起的。

无论是人造石墨还是改性的天然石墨,为了满足动力电池大功率性能的需要,一方面要降低石墨粒子的尺寸大小,另一方面还要引入纳米级的孔隙通道,这样有利于减少锂离子迁移或扩散的距离,并提供更多的锂离子传递通道。

硬碳是与软碳相对而言的,这里指在低温下热处理得到的碳材料,具有少量的石墨结构。例如,采用蔗糖进行水热处理,得到碳球,然后在惰性气氛下进行热处理,进一步碳化。由于是在低温下碳化,所以该硬碳材料具有较多的纳米孔,便于锂离子的快速嵌入和脱嵌,具有优良的快速充放电能力,甚至可以作为电容的电极材料。对于硬碳材料而言,尽管可逆容量不高,但是首次不可逆容量较大,因此为了解决硬碳的实际应用,预先在该材料表面形成良好的固体电解质中间相(界面)膜(solid-electrolyte interphase(interface)film,SEI)可能是该材料发展的方向之一。另外,为了进一步提高硬碳的快速充放电能力,也可以制备纳米球形的硬碳。为了避免碳球的团聚,在聚丙烯腈纳米球表面包覆一层氧化物,在低温碳化后再将氧化物除去。

8.1.3　以聚丙烯腈为前驱体制备碳纳米球的研究

聚丙烯腈(polyacrylonitrile,PAN)具有较高的碳化产率,被用于商业化的碳纤维生产,并且在合成高度有序石墨纳米片和其他碳纳米材料时表现出举足轻重的意义。例如,PAN 所制备的活性碳纤维具有含氮功能基团,是脱氯化氢和硫氧化物的优秀催化剂,由于具有独特的纳米结构以及丰富的含氮基团,PAN 为前驱体的碳纳米球(carbon nanosphere,CNS),同样在催化剂载体电极材料等领域中具有潜在的应用价值。

　　PAN 的高温碳化过程如图 8.1 所示,由于 PAN 含有不饱和的—CN 基团,在碳化的过程中会发生交联,导致 PAN 纳米球的聚集和融合,破坏期望的纳米结构。为了避免团聚,有研究制备了核-壳结构的共聚物,以交联的聚丙烯酸为壳,聚丙烯腈为核胶束,在壳的保护下,聚丙烯腈内核受到约束,在高温下碳化可得到碳纳米球。但是核壳结构的共聚物胶束制备比较复杂,操作烦琐,而且成本较高。一种改进合成方法,提出了利用无机壳层限制纳米球团聚的新策略,通过在纳米球表面包覆一层无机物/硬壳,可以防止高温碳化过程中纳米球间的交联,团聚碳化后将无机壳层通过酸除去,即可获得分散均一的碳纳米球粒子。此外,还将产物制备成电极,探索了碳纳米球作为锂离子电池负极材料的性能。

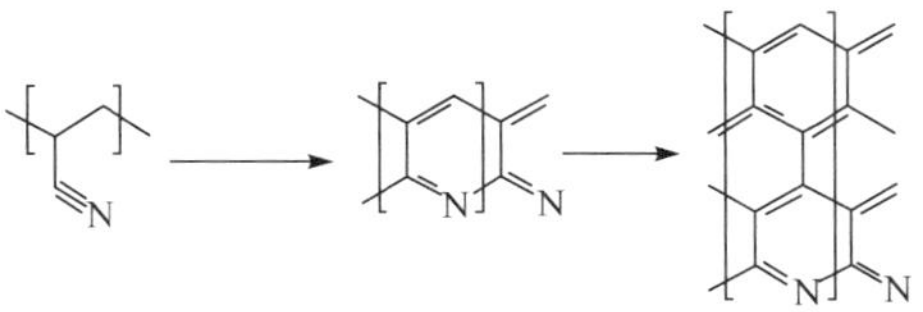

图 8.1 　PAN 高温碳化过程示意图

　　碳纳米球的制备过程如图 8.2 所示,主要包括 4 个步骤:①通过乳液聚合法得到 PAN 乳胶粒子;②在粒子表面包覆一层磷酸钛;③高温碳化;④除去包覆层,得到碳纳米球。具体实验步骤如下:

　　将 93.8mL 水、1.0g 十二烷基硫酸钠、6.2mL 丙烯腈单体和 0.10g 过硫酸钾按顺序加入三颈瓶中,氮气氛围下搅拌 15min,赶走空气并使原料混合均匀,然后在 70℃下搅拌反应 11h,聚合后所得乳液通过冷冻干燥后得到疏松的 PAN 粉末;取一定量 PAN 粉末分散于邻苯二甲酸二乙醇二丙烯酸酯(poly diallydimethyl-chloride,PDDA),2.0wt% 溶液中,浸泡 20min,使其表面带正电,离心后将产物在 10mmol/L $Ti(SO_4)_2$ 溶液(($TiSO_4)_2$ 溶于 0.1mol/L H_2SO_4,pH0.95)中分散,浸泡 10min,再次离心,产物转移到磷酸盐溶液(Na_2HPO_4 和 NaH_2PO_4 溶液,pH 调节到 4)中分散,浸泡 2min,然后离心,干燥,得到表面包覆磷酸钛的 PAN 粒子;包覆后的 PAN 在空气中 230℃焙烧 2h,使 PAN 粒子内部发生交联以稳定其结构,然后在 Ar 气氛下 400℃焙烧 2h,800℃焙烧 2h,自然冷却至室温;将焙烧后所得黑色粉末置于 HF(40wt%)和 H_2SO_4(HF 和 H_2PO_4)体积比为 4∶1 混合酸溶液中,浸泡 4h 以除去包覆层,然后离心,用大量的蒸馏水洗涤,干燥即可得最终产物。

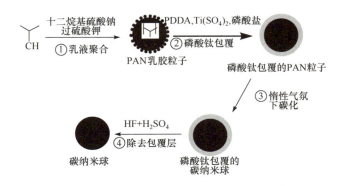

图 8.2　碳纳米球制备过程示意图

　　另外,将没有包覆处理的 PAN 粉末进行相同的热处理,得到产物以用作对比。图 8.3 显示了不同制备阶段所得产物的 ETM 图像。图 8.3(a)显示了乳液聚合所制备的粒子 PAN 的形貌,可以看到 PAN 乳胶粒子是平均粒径约为 60nm 的纳米粒子,表面包覆一层磷酸钛后碳化,得到碳球的表面有一层厚度约为 5nm 的包覆层(图 8.3(b))。在包覆层上获得的 EDX 结果显示了 C、O、Cu、P、Ti 等信号峰,由于测试基底铜膜含有 C 和 Cu,所以可以判断包覆层是含有 P、Ti、O 的化合物。混合酸除去包覆层后,得到平均粒径约为 50nm 的纯净碳纳米球,如图 8.3(c)所示,碳球表面 EDX 结果显示,只有 Cu 和 C 的存在,不存在 Ti、P 和 O 等元素,证明无机包覆层被完全除去。碳纳米球的平均粒径相对前驱体 PAN 乳胶粒子的平均粒径要小,这是由聚合物在高温下脱氢脱氮过程中发生收缩造成的。图 8.3(d)是对比实验产物的 TEM 图像,即没有无机包覆层保护 PAN 粒子经过相同高温焙烧所得产物。可以看到,PAN 在碳化后发生了明显的团聚,成了尺寸较大的碳块。对比实验清楚显示,PAN 乳胶粒子表面的磷酸钛包覆隔离了 PAN 乳胶粒子间的接触,将它们限制在较小空间内碳化,从而防止了由于 PAN 粒子间—CN 交联而产生的团聚。因此,该方法是以聚丙烯腈为前驱体合成碳纳米球,并保证其完好纳米形貌的有效方法。

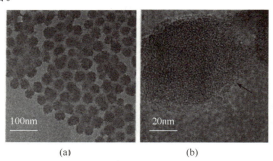

　　　　　　　(a)　　　　　　　　　　　　(b)

图 8.3　成团的乳胶粒子(a)磷酸钛包覆的碳纳米球(b)、除
去包覆层的碳纳米球(c)和对比实验产物的 TEM 照片(d)

　　图 8.4 显示了所得碳纳米球的 XRD 谱图。可观察到在 $2\theta=24.98°$ 和 $2\theta=43.84°$ 处有一强一弱两个峰，它们分别对应于非晶碳的两个散射峰。由布拉格公式 $2d\sin\theta=\lambda$ 计算得到 $d_{002}=0.356nm$，该晶面值比石墨的 $d_{002}=0.335nm$ 要大，说明碳纳米球石墨化程度不高，这是由于碳化温度较低所致。同时衍射峰较宽，这既与材料的碳化程度有关，也与碳小球的纳米尺寸有一定关系。谱图中观察不到其他衍射峰存在，说明产品纯度较高，无机壳层通过酸洗已经被除去。

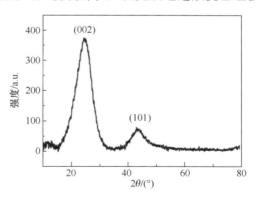

图 8.4　碳纳米球的 XRD 谱图

　　锂离子电池用的负极活性材料碳，根据其结构特性可分成三类：石墨、易石墨化碳及难石墨化碳(也就是通常所说的软碳和硬碳)。软碳主要有中间相碳微球、石油焦、针状焦、碳纤维等；硬碳主要有树脂碳(如酚醛树脂、环氧树脂、聚糠醇 PFA-C 等)、有机聚合物热解碳(如聚乙烯醇基、聚氯乙烯基、聚丙烯腈基等)以及炭黑等。由于软碳与石墨的结晶性比较类似，一般认为它比硬碳更容易嵌入锂，即更容易充电，安全性也更好一些。

　　石墨类碳材料技术比较成熟，在安全和循环寿命方面性能突出，并且廉价、无毒，是较为常见的负极材料。常规锂离子电池负极材料包括天然石墨、天然石墨改性材料、中间相碳微球和石油焦类人造石墨。天然石墨和天然石墨改性材料价格比较低，但是在充放电效率和使用寿命方面有待进一步提高。中间相炭微球结构特殊，呈球形片层结构且表面光滑，直径在 $5\sim40\mu m$。该材料独特的形貌使其在比容电量（可达到 $330mA \cdot h/g$ 以上）、安全性、放电效率、循环寿命（循环次数达到 2000 次以上）等方面具有显著优势，但是成本有待降低。石油焦类的产品在放电效率和循环寿命方面比较突出，但存在着高成本和制备工艺复杂的问题。近年来，随着研究工作的不断深入，研究者发现，通过对石墨和各类碳材料进行表面改性和结构调整，或使石墨部分无序化，或在各类碳材料中形成纳米级的孔、洞和通道等结构，有利于锂在其中的嵌入-脱嵌。目前，硬碳材料由于存在首次充电效率低、压实密度低、工艺不成熟等问题，所以还没有进入大规模商品化阶段，国内相关领域仍处于试验阶段，相关文献报道很少。国内高校及研究院研究者中最有名的是陈立泉院士课题组，他们开发的球形硬碳比容量可达 $400mA \cdot h/g$，首效达到80%。国内有关硬碳的研究均未看到相关产业化的报道，在国外，实现产业化销售的企业也不多，较有名的是日本吴羽化学，但是该公司公布的硬碳容量低于 $300mA \cdot h/g$，远不能满足现在动力汽车的要求。动力市场要求锂离子电池具有高倍率放电性能、高安全性能、高效率、高循环寿命。同时，针对电动汽车的产业化前景，待开发的材料应该具有低成本的特点。作者认为，应用于动力电池最具现实意义的负极材料，是碳材料中的碳微球复合材料和天然石墨改性材料。

8.2　碳材料的相结构和常规 XRD 分析

8.2.1　碳材料重要物相的结构数据

　　碳材料的同素异构体很多，重要和常见的有无定形碳、六方石墨、菱形石墨、金刚石、面心碳和面心立方的 C_{60} 等，其结构参数如表 8.1（a）所示，与锂离子电池相关的碳材料及 C-Li 化合物的衍射数据如表 8.1（b）所示，以便参考和应用。

表 8.1(a)　几种重要的碳材料的结构参数

序号	名称	PDF 卡号	空间群符号和序号		$a/\text{Å}$	$c/\text{Å}$
1	金刚石	06-0675	$Fd3m$	(No. 227)	3.566	—
2	六方石墨	41-1487	$P63/mmc$	(No. 194)	2.470	6.724
3	菱形石墨	26-1079	$3R$	(No. 146)	2.456	10.4
4	面心碳	—	$Fm3m$	(No. 225)	3.552	—
5	C_{60}	49-1717	$Fm3m$	(No. 225)	12.38	—
6	非晶碳	—				

表 8.1(b)　锂离子电池中几种重要的碳材料衍射数据的比较，CuK$_{\alpha 1}$ 辐射

序号	2θ/(°)	2H-石墨 41-1487		3R-石墨 26-1079		LiC$_{24}$ 35-1047		LiC$_{12}$ 35-1046		LiC6 34-1320	
1	12.54							001	10		
2	17.04					002	40				
3	24.03									001	100
4	25.28							002	100		
5	25.65					003	100				
6	26.38	002	100								
7	26.62			003	100						
8	34.60					004	80				
9	38.27							003	20		
10	42.22	100	2								
11	43.49			101	11						
12	44.39	101	6								
13	46.37			012	9						
14	49.21									002	100

8.2.2　2H-石墨 X 射线衍射花样的特征

首先，观测一张典型的 2H-石墨的 XRD 花样(图 8.5)，参考第 2 章关于密堆六方堆垛层错宽化效应的特征可知，六方-石墨各衍射线的宽化是不一致的，也就是说存在选择宽化的现象。用 Jade5.0 处理后，其衍射数据列入表 8.2 中，分析这些数据可知：

(1) 当 $h-k=3n$ 或 $l=0$ 时，如 001、002、100、004、110、112、006 等，其 $\beta\cos\theta$ 值，除 001 和 112 外，都大致相近，而 $\beta\cot\theta$ 值却相差较大，表明这些线条仅存在微晶宽化效应，至于各线条间 $\beta\cos\theta$ 有些不同，说明晶粒形状并非球形，而呈多面体形状，各 hkl 晶面法向晶粒尺度数据 D_{hkl}(见表 8.2 最后一行)可说明这一点。

(2) 当 $h-k=3n\pm1$ 时，衍射线宽化效应比 $h-k=3n$ 的衍射线大得多，这表明 2H-石墨 XRD 花样中存在明显选择宽化效应。

(3) 当 $h-k=3n\pm1$ 时，$l=$ 偶数(如 102)衍射线的宽化效应又明显大于 $l=$ 奇数(如 101)。

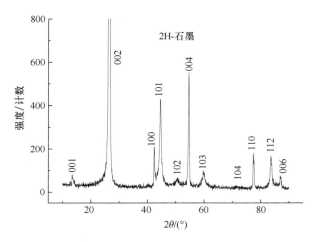

图 8.5　典型的 2H-石墨的 XRD 花样

表 8.2　对应于图 8.1 的 XRD 数据及分析结果

hkl	001	002	100	101	102	004	103	110	112	006
$2\theta/(°)$	13.323	26.518	42.291	44.510	50.555	54.616	59.807	77.424	83.546	86.977
FWHM/(°)	0.689	0.252	0.277	0.635	1.824	0.338	1.350	0.282	0.549	0.397
I/I_1	0.5	100.0	1.5	7.9	1.7	5.5	2.3	1.5	2.9	1.2
$\beta_{1/2}/(°)$	0.120	0.110	0.106	0.106	0.105	0.105	0.105	0.104	0.103	0.103
$\beta/(\times10^{-3}\text{rad})$	9.931	2.478	2.985	9.233	30.002	4.067	21.729	3.107	7.784	5.131
$\beta\cos\theta/\times10^{-3}$	9.864	2.412	2.784	8.545	27.129	3.614	19.836	2.424	5.805	3.723
$\beta\cot\theta/\times10^{-3}$	85.032	10.516	7.717	22.563	56.958	7.877	81.368	3.876	8.714	5.408
D_{hkl}/nm	13.6	56.8	49.2	16.0	5.0	37.9	7.3	56.6	23.6	36.8

8.2.3　2H-石墨和 3R-石墨的定量分析

在锂离子电池用作负极活性材料的石墨化处理时,有时不一定能获得单一的六方石墨,而是六方石墨和菱形(3R-)石墨共存,因此有测定 2H 和 3R 石墨相对含量的要求。

2H 和 3R 石墨共存时的部分衍射花样如图 8.6 所示。从图中可以看出,样品中都在 2θ 为 40°～50°范围出现 2H-石墨的 100 、101 和 3R-石墨的 101、012 共 4 个衍射峰。3R 含量按美国专利(US5554462)提供计算公式如下:

$$W_{3R} = \frac{I_{3R-101} \times \frac{15}{12}}{\left(I_{3R-101} \times \frac{15}{12}\right) + I_{2H-101}} \times 100\% = \frac{1.25 I_{3R-101}}{1.25 I_{3R-101} + I_{2H-101}} \qquad (8.1)$$

在 3R 含量的测定中,用 CuKα 辐射,步长 0.01°,每步记录时间 1.0s,FT 分阶扫描;或取样宽度 0.01°,0.5°/min 连续扫描,2θ 扫描范围为 40°~48°。分别测定 3R-101 和 2H-101 两衍射峰的积分强度,便能按式(8.1)计算获得 3R 石墨的相对含量。表 8.3 给出 10 个样品的测定结果。

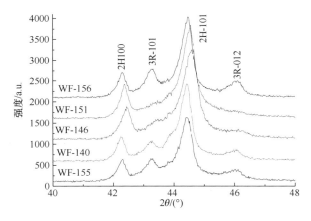

图 8.6　2H 和 3H 石墨共存时的部分衍射花样,CuKα 辐射

实验测定的关键是:如何分离各衍射峰和测量衍射峰的积分强度。如果像图 8.6 中的 WF-155 、WF-140 和 WF-156 那样的线形,可用 Jade 程序中的 BG Apply Strip K-alpha2 Refine ,并调整"Lorentzia"参数,直至拟合值与实验值之差达到最小, Report 即能达到分峰和求积分强度的目的。表 8.3 所给出的 10 个样品的测定结果都是按这种方法得到的。若像图 8.6 中的 WF-146 和 WF-151 那样的线形,如按上述方法进行,所得结果为百分之十几,其实际仅有百分之几,因此分峰和求积分强度都需人为干预。

表 8.3　10 个样品 2H 和 3R 石墨相对含量

序号	样品编号	3R(101)	2H(101)	3R/%	2H/%
1	WF-140	20371	44831	36.2	63.8
2	WF-155	13850	41881	29.2	70.8
3	WF-156	16246	52937	27.7	72.3

序号	样品编号	3R(101)	2H(101)	3R/%	2H/%
4	NG-9	32262	112896	26.3	73.7
5	NG-10-2	18265	71255	24.3	75.7
6	NG-13	32651	55533	42.4	57.6
7	NG-14	26158	27767	54.1	45.9
8	NG-15	31614	98756	28.6	71.4
9	NG-16	25200	63142	33.3	66.7
10	H-16	26257	88645	27.0	73.0

8.2.4　微晶尺寸的测定与计算

计算微晶晶粒大小的一般公式为

$$D_{hkl} = \frac{0.89\lambda}{\beta_{hkl}\cos\theta_{hkl}} \tag{8.2}$$

在碳材料的书籍中,一般不用 D_{hkl} 而用 L_{hkl} 表示晶粒大小,并一般要求测定 L_a 和 L_c,即测定沿 2H-石墨六方结构的 **a** 轴和 **c** 轴方向的晶粒大小。从图 8.1 和表 8.1 的数据可知,能用(100)和(110)两条衍射线测定 L_a。值得注意的是,**a** 与[100]、[110]方向的夹角分别为 $30°$、$60°$,故

$$L_a = \frac{L_{100}}{\cos 30°} = \frac{0.89\lambda}{0.866\beta_{100}\cos\theta_{100}} = \frac{1.028\lambda}{\beta_{100}\cos\theta_{100}} \tag{8.3}$$

$$L_a = \frac{\bar{L}_{110}}{\cos 60°} = \frac{0.89\lambda}{0.5\beta_{110}\cos\theta_{110}} = \frac{1.780\lambda}{\beta_{110}\cos\theta_{110}} \tag{8.4}$$

但由于(100)衍射线常被 2H 石墨的(101)和 3R-石墨的(101)干扰,所以人们常用 2H-石墨的(110)衍射线测定 L_a。

原理上用(001)、(002)和(004)都能测定 L_c,但由于(001)、(004)比(002)的相对强度低很多,故常直接用(002)测定 L_c,即

$$L_c = \frac{K\lambda}{\beta_{002}\cos\theta_{002}} \tag{8.5}$$

由第 2 章推导谢乐公式时知道,其中 K 一般应取 0.89。但中国科学院金属研究所先进碳材料研究室提供的 $K=0.94$,是假定线形为高斯型,晶体是小而均匀

的立方体。

8.2.5　配向性(取向比)的测定[5]

1. 取向比的意义和表征

所谓取向比,又称配向比,就是多晶样品中某个晶面与试样表面(电极表面)平行的择优取向程度。在理想的多晶粉末样品中,任何晶面的取向都是完全无序的,也就是说无所谓择优取向问题。如果对这种样品进行 X 射线衍射测试时,用某种方法把样品填入试样架内,并填实压平,使试样表面平整,那么在测试时试样表面严格与聚焦圆相切,并通过 X 射线粉末衍射仪圆中心。如果经过上述试样制备没有改变晶粒取向完全无序分布,那么衍射花样中各条衍射线的相对强度是这种结构所固有的;如果制样过程改变了晶粒取向的无序分布情况,就会产生择优取向。

在石墨电极的制作过程中总会改变活性物质中晶粒取向的分布,产生择优取向。表征择优取向的最简单方法是,用相互垂直的两个晶面的衍射强度比及其随电极压实密度的变化。

在对电极进行 X 射线衍射测试时直接用电极片的表面作测试面。对于六方结构的石墨,常用其基面(002)或(004)和与其垂直的六方柱面(110)或(100)的衍射强度比 I_{002}/I_{110}(I_{110}/I_{002})或 I_{004}/I_{110}(I_{110}/I_{004})来表征。由于粉末 X 射线衍射仪的衍射几何所决定,衍射强度是平行于试样表面的那些晶面给出,所以强度比 I_{002}/I_{110} 的物理意义就是(002)平行试样表面的几率与(110)平行于试样表面的几率之比。

2. 石墨电极的取向比和其密度对电池性能的影响

从 2H-石墨的晶体模型知道,两个六方基面之间有较大空间(石墨层间距,即 d_{002}),嵌入原子在垂直于柱面方向的扩散速度要比垂直于基面的扩散速度大得多(约 10^6 倍)。因此,从理论上讲,2H-石墨晶粒的(001)面垂直于电极表面的几率越高越有利于锂原子的嵌入,而(110)面处于什么方位是无关紧要的。

负极极片的制作方法是活性物质为 2H-石墨,采用水性黏合剂涂布在集流体铜箔的两面,然后经辊压制成具有一定压实密度的极片。一般而言,活性材料 2H-石墨的压实密度越高,对提高单体电池的容量越有利。当用 2H-石墨制作的极片压实密度在 $1.58\sim1.68\text{g/cm}^3$ 时,电极活性物质的取向比如下所示:

I_{110}/I_{004}	I_{004}/I_{110}
通常是~0.07 或>0.07	~14.3 或<14.3
优选是 0.09 或>0.09	~11.1 或<11.1
最佳是 0.18 或>0.18	~5.56 或<5.56

因此,有客户要求配向比≤20比较好,最佳是5~8,看来是合理的。

如果活性物质的取向比低于上述范围,制备的电池在充电时表现出大的电极膨胀,难以增加单位体积的电池容量。另外,如果取向比超过上述范围,即$0.18 < (I_{110}/I_{004}) < 0.07$,或$14.3 < (I_{004}/I_{110}) < 5.56$,难以增加施压后电极的填充密度,难以增加放电容量。

从粉末到打浆、涂布直至辊压制成所需的极片,活性材料的取向比会发生明显变化,并与压实密度和原始2H-石墨微粒的形状紧密相关,因此研究石墨电极的取向比具有很重要的实际意义。有关这方面的研究几乎还是空白。

3. 测定2H-石墨取向比的方法

2H-石墨粉末和2H-石墨电极的X衍射花样如图8.7所示。由图8.7可见,粉末的所有谱线都出现,但除002很强外,其他线条都很弱,004是弱中较强的衍射线,仍能用测定(002)、(004)和(100)、(110)衍射强度来表征取向比。但对于负极2H-石墨极片,集流体材料铜的(111)衍射线严重干扰2H-石墨的(100)和(101),因此只能通过测定(002)、(004)、(110)的衍射强度来表征取向比。

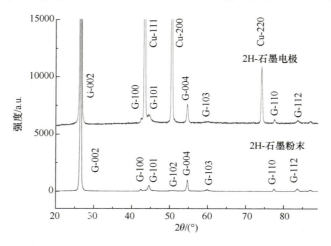

图8.7　六方石墨粉末和电极片X射线花样的比较

1) 负极极片的制备

负极活性材料2H-石墨与增稠剂(羧甲基纤维素)CMC的水溶液和黏合剂树脂SBR(苯乙烯丁二烯橡胶)的水溶液混合,配比是负极粉:CMC:SBR:SP=94.5:2.25:2.25:1,充分搅拌该混合物,制成均匀的浆料;调节刮刀缝宽,将该浆料涂布在$12\mu m$厚的双面光铜箔上,使干燥后的极片面密度为$20mg/cm^2$;再经过110℃真空干燥箱烘烤、裁片机裁切并按所需压实密度将极片辊压,从而制成压实密度在$(1.50 \sim 1.90)g/cm^3 \pm 0.05g/cm^3$的一组极片,待用。

2）电极压实密度的测定

电极压实密度在长、宽和总厚度分别为 L、W、T 的极片上进行测量。按下式计算

$$\rho = \frac{G-g}{L \times W \times (T-t)} \quad (g/cm^3) \qquad (8.6)$$

其中，G 和 g 分别为所测极片的总质量和其中 Cu 集流体的质量；T 和 t 分别为极片的总厚度和 Cu 集流体箔带的厚度。

3）用 X 射线粉末衍射仪的测定方法

因为测定取向比是测定两条衍射线的积分强度。一般而言，测得的强度越大其误差就小。因此在保证分辨率允许的情况下，应采取较大的光阑系统和较高入射线强度。$DS = SS = 1°$，$RS = 0.30mm$，取样宽度 $0.01° \sim 0.02°$，2θ 扫描速度 $0.5 \sim 1°/min$。一般测量采用 $0.02°/min$ 和 $1°/min$；较精确测量采用 $0.01°/min$ 和 $0.5°/min$。三条线的扫描范围如下：

hkl	2θ 扫描范围/($°$)
002	$25.5 \sim 29$
004	$53.5 \sim 56$
110	$76.5 \sim 79$

4. 用 004-110 线对测定结果实例

图 8.8 给出五个样品的测定结果，其中 A、B、C、D 和 E 表示不同的样品。由图 8.8 可见：

（1）当用 I_{004}/I_{110} 表征时，未经压制的电极密度普遍较低，I_{004}/I_{110} 值也较低，当压制到密度为 $1.50g/cm^3$ 时，I_{004}/I_{110} 值迅速增加，看似是一个普遍现象，但其增加到什么数值则与原始材料紧密相关。随压制密度的增加，不同的原始材料显示明显不同的变化规律。

（2）当用 I_{110}/I_{004} 表征时，未经压制的电极密度普遍较低，I_{110}/I_{004} 值也较高，当压制到密度为 $1.50g/cm^3$ 时，I_{004}/I_{110} 值迅速降低，这也看似是一个普遍现象，但其降低到什么数值则与原始材料紧密相关。随压制密度的增加，不同的原始材料显示明显不同的变化规律。

这说明用两种方法来表征都是可以的。但用 I_{004}/I_{110} 值来表征，物理意义更明确些，数值越大，表明（004）平行于极片表面的几率越大，对 Li 在石墨中的嵌脱是无利的。

为了比较不同样品间的差异，去掉未经压制点的数据，将图 8.8 所示的结果重新绘制电极密度与取向比的关系曲线示于图 8.9 中。由图可见：

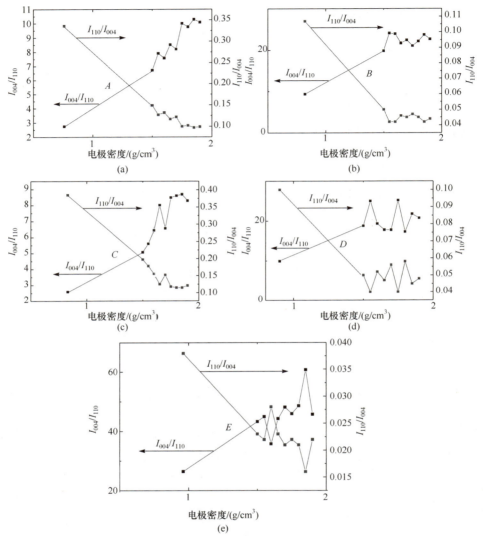

图 8.8　几种典型石墨电极的电极密度与取向比的关系

A—PC-LF-2；*B*—LF；*C*—FT-2；*D*—new-FT-17；*E*—FT-21

（1）FT-21（E）具有最大的取向度；FT-2（C）和 PC-LF-2（A）具有最低取向度；而 new-FT-17（D）和 LF（B）具有中等大小的取向度。

（2）E 随压实密度的变化较大，而且波动也较大，对电池性能是不利的，因此它超过了"通常的选择"；C 和 A 随压实密度增加取向度总的趋势是有所增加的，但幅度不大，符合取向比的"最佳选择"。

（3）D、B 具有中等大小的取向度，而且随压实密度的变化较小，其中 B 最好，其随压实密度变化波动最小，这符合"优选"。

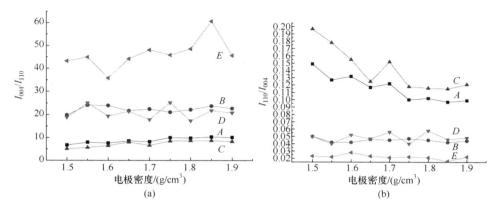

图 8.9　几种典型石墨电极的电极密度与取向比的关系

(a)I_{004}/I_{110}；(b)I_{110}/I_{004}

5. 用 002-110 线对测定结果实例

另外，也可同时用 I_{002}/I_{110} 和 I_{004}/I_{110} 的比值来表征取向比。图 8.10(a)示出三种 2H-石墨电极取向比 I_{002}/I_{110} 随压实密度的关系，为了便于比较，也把 I_{004}/I_{110} 与电极压实密度的关系曲线示于图 8.10(b)，它们都显示，随电极压实密度的关系规律是相似的。但 I_{002}/I_{110} 显示的相对误差要大一些，这是因为两个相差 2～3 个量级的数相比与两个相差一个量级的数相比，前者容易产生较大的误差。

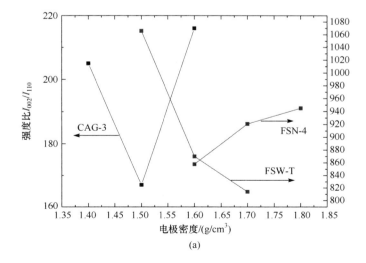

(a)

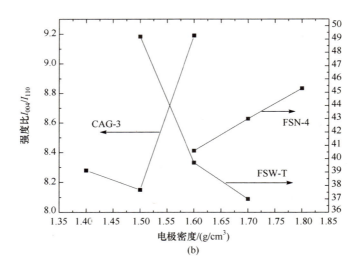

图 8.10　石墨电极 I_{002}/I_{110} 和 I_{004}/I_{110} 比值与电极压实密度的关系

表 8.4 给出了一组粉末样品取向比 I_{110}/I_{004} 的测定结果。需要说明的是,所测结果是粉末样品在多晶 X 射线衍射仪制样平面的取向比,这不同于电极片的取向比,必要时应进行电极取向比的测定。

表 8.4　一组粉末样品取向比 I_{110}/I_{004} 的测定结果

	FJ-38	FJ-39	FJ-50	FJ-51
I_{110}	47377	40375	59010	57082
I_{004}	191456	139298	161330	153161
I_{004}/I_{110}	4.049	3.460	2.732	3.676
I_{110}/I_{004}	0.247	0.289	0.366	0.272

8.2.6　一组含 2H 和 3R 相粉末样品综合测定结果

表 8.5 给出了一组包含 2H 和 3R 石墨粉末样品的综合测定结果,可见在包含有 2H 和 3R 两种石墨的样品中,其晶粒形状并非球形,菱形石墨的含量不同,取向比也明显不同。

表 8.5　一组样品的 X 射线衍射测定结果

参数	ZH-1001	ZH-1002	ZH-1003	ZH-1004	YF-WF-142	X50-080801	NG-24	NG-29
$a/\text{Å}$	2.4658	2.4648	2.4591	2.4675	2.4686	2.4643	2.4655	2.4639
$c/\text{Å}$	6.6975	6.7096	3.7027	6.7313	6.7269	6.7010	6.7149	6.6983
FWHM_{110}	0.363	0.368	0.322	0.268	0.274	0.319	0.280	0.272

续表

参数	ZH-1001	ZH-1002	ZH-1003	ZH-1004	YF-WF-142	X50-080801	NG-24	NG-29
L_a/nm	76.3	77.8	92.4	122.8	119.5	93.7	114.5	99.7
$FWHM_{002}$	0.328	0.302	0.321	0.260	0.245	0.301	0.249	0.306
L_c/nm	173.4	152.7	157.8	221.9	246.6	174.3	239.5	205.5
I_{3R101}	1112	1022	1108	871	1324	3503	3120	7118
I_{2H101}	8197	7418	9163	7773	19683	11056	12840	12416
W_{3R}/%	14.50	14.69	13.10	21.30	7.76	28.37	23.30	41.74
I_{004}	15424	18470	19438	10952	8368	22354	15986	186.3
I_{110}	3104	2135	2124	2303	3044	3328	2999	3981
I_{110}/I_{004}	0.201	0.115	0.109	0.210	0.364	0.149	0.187	0.214

8.3　石墨化度和堆垛无序度[10~15]

六方石墨是锂离子电池主要负极活性材料,其石墨化度 g 和堆垛无序度 $P(=1-g)$ 严重影响电池的功能[6],因此测定 g 和 P 是材料生产单位和电池制作单位的要求。目前通用的方法是 Hang 等[7]的全谱拟合法和利用 2H-石墨 d_{002} 与 P 之间的线性关系的 d_{002} 方法[7~9],前一种方法需要较长的数据收集时间和专门的计算程序,后一种方法一般都用掺硅粉作内标。本实验研究的目的是:①不同实验条件对全谱拟合结果的影响、不同求解 d_{002} 的影响,d_{002} 以及 θ_{002} 法与全谱拟合法的比较。②提出全谱拟合法和用 Si 粉作内标样的 d_{002} 及 θ_{002} 法的衍射实验测定最佳方案。

碳原子的不同排列构成具有特定性质的各种碳材料。如果碳原子排成直线状,则其长为几纳米,这就是碳纳米管,属于六方石墨结构(见 8.6.5 节);但碳原子多排列成二维网络状,如果这种网格尺度较小,则网格之间成完全无序状排列,这就是非晶态碳,其 X 射线散射花样如图 8.11(c)所示。可以这样说,所有碳材料,其结构都是碳原子组成的六角网平面的扩展或/和重叠堆垛而成。由于重叠层之间交互作用非常弱,所以并非总是按一定的规则堆积。在理想的石墨中,六角网格面按记号 $ABAB\cdots$ 或 $ABCABC\cdots$ 的规则堆积,前者是六方结构的 2H-石墨,属于 $P63/mmc$(No.194)空间群,后者为菱形结构的 3R-石墨,属 $R3$(No.146)空间群。它们的结构模型分别如图 8.12(a)和(b)所示。碳的六角网

面除按前述的 $ABAB\cdots$ 和 $ABCABC\cdots$ 堆垛形成石墨外，与此相反，不仅六角网面较小，而且网面间的堆垛完全没有规律性，仅平行堆垛而已，这称为碳的乱层结构。因沿所谓 c 轴方向无周期性，故乱层结构属于二维结构，其衍射花样示于图 8.11(b) 中，与 2H-石墨(图 8.11(a))相比较可知，石墨的 $hk0$ 衍射线被非对称宽化了，它由三维的 $hk0$ 退化而成 hk 的二维结构，图 8.11(b) 中所示的 10 和 11 分别由 100 和 110 退化而来。详细分析这些衍射线，可以求出平行堆垛的两个网面具有石墨结构的几率 g_1。

实验测定石墨化度(graphitization)的 X 射线方法有如下几种。

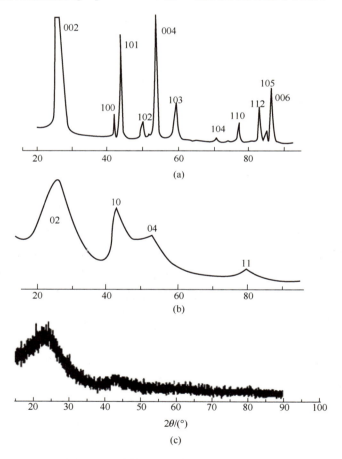

(a)

(b)

$2\theta/(°)$

(c)

图 8.11　碳材料的 X 射线粉末衍射花样

(a) 六方石墨；(b) 经 1000℃ 热处理的焦炭；(c) 非晶态碳

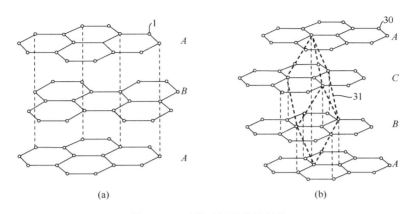

图 8.12　两种石墨的晶体结构

(a) 2H-石墨；(b) 3R-石墨

8.3.1　(10)和(11)衍射线的 Fourier 分析[7,8]

稻坦道夫等[12]把经校正后的 hk 强度分布写为

$$\frac{P'_{2\theta}(hk)4\sin\theta\,(\sin^2\theta-\sin^2\theta_0)1/2}{K\,PF^2(1+\cos^2 2\theta)}=\sum_{-\infty}^{+\infty}A_{n(hk)}\cos 2\pi nh_3 \qquad (8.7)$$

其中,K 为常数；P 和 F 分别为多重性因子和结构因子；θ_0 对应 hk 的 Bragg 角。因式(8.7)左边都可以测定,所以 Fourier 系数 A_n 可由 Fourier 变换求得

$$A_{n(hk)}=\int_{-\infty}^{+\infty}\frac{P'_{2\theta(hk)}4\sin\theta\,(\sin^2\theta-\sin^2\theta_0)1/2}{KPF^2(1+\cos^2 2\theta)}\cos 2\pi nh_3\,\mathrm{d}h_3 \qquad (8.8)$$

当 $n=1$ 时,$A_{n(hk)}$ 表示最靠近网面石墨堆垛的几率,求得 g_1；当 $n=2$ 时,可得到与第二层网面 $ABAB\cdots$ 和 $ABCABC\cdots$ 即 2H 和 3R 堆垛几率 g_{ABA} 和 g_{ABC}：

$$\begin{cases} g_1=-2A_{1(10)}=A_{1(11)} \\ g_{ABA}=\dfrac{1}{3}\{2A_{2(10)}+A_{2(11)}\} \\ g_{ABC}=\dfrac{2}{3}\{A_{2(11)}-A_{2(10)}\} \end{cases} \qquad (8.9)$$

8.3.2　全谱拟合法[7]

Hang 等[7]在总结前人碳原子六角网面堆垛模型的基础上,提出所谓单层和双层模型,并建立了全谱拟合-精修程序。

单层模型认为：在基础的六方网面内,碳原子占据 A 位置,那么上面一层可以这样选择：

（1）原子具有几率为 P 的无序位移；

（2）占据 B 位的几率为 $(1-P)/2$；

（3）占据 C 位置的几率也为 $(1-P)/2$。

这个模型表明不能重现 $ABAB\cdots$ 的堆垛，但能描述无序碳的结构。

双层模型假定，碳的基础结构是 AB-公认堆垛的两层为单位，然后横向无限扩展。这种模型以双层为单位按下述选择堆垛：

（1）相邻两个双层单位间的无序位移的几率为 P；

（2）相邻两个双层单位间的公认位移的几率为 P_t，使得局部为 $AB/CA/BC\cdots$ 有序；

（3）全然没有位移的几率为 $(1-P-P_t)$，这给出很清楚的 $AB/AB\cdots$ 堆垛，如果 $P=0$，$P_t=0$，这就是 2H-石墨中 $ABAB\cdots$ 堆垛；如果 $P_t=1$，$P=0$，这就是 3R-石墨 $ABCABC\cdots$ 堆垛。当然，在 2H-石墨中也可能包括少部分的 3R 堆垛。

从上述单层模型和双层模型可知，在大 P 值时，双层模型不可能出现二维的衍射线条 (hk)；在小 P 值时，单层模型不可能再现较好结晶石墨中所观察到的 102 和 103 衍射峰，但双层模型能比较精确地再现石墨中 100～101 范围的峰。

他们用 Fortran77 编制精修程序。三个例子的精修结果如表 8.6 所示。其中，ε 为应变量，$(\langle\sigma\rangle^2)^{1/2}$ 为均方根位移，L_a 为 a 轴方向的晶粒尺度。

表 8.6　三个样品的 Hang 的精修结果[2]

	S2000	S2850 单层模型	S2850 双层模型
$d_{002}/\text{Å}$	3.430(2)	3.382(1)	3.382(1)
$a/\text{Å}$	2.459(3)	2.463(10)	2.461(1)
P	0.89	0.28(1)	0.26(1)
P_t	0	0	0.128
g	0	0	0
ε	0.003(1)	0	0
$(\langle\sigma\rangle^2)^{1/2}$	0.108(5)	0.065(5)	0.091(5)
L_a/nm	10.5(1)	19.8(8)	19.6

8.3.3　堆垛无序度 P_{002} 与 d_{002} 之间的关系[8]

稻坦道夫等[12]把 Franklin、Bacon，Mering 和 Maire 以及 Houska 和 Warren 获得的 d_{002} 与无序度 P_{002} 的关系绘制在一起，得如图 8.13 所示关系曲线，图中实线的关系为

$$d_{002}=3.440-0.086(1-P_{002}^2) \tag{8.10}$$

虚线的关系为

$$g = \frac{3.440 - d_{002}}{3.440 - 3.354} \tag{8.11}$$

$$P_{002} = 1 - g = \frac{d_{002} - 3.354}{3.440 - 3.354} \tag{8.12}$$

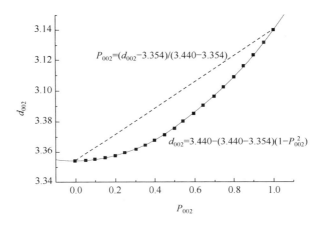

图 8.13　无序度 P_{002} 与平均层面间距 d_{002} 的关系

根据式(8.10)的关系,假定 $g = 0.0, 0.10, \cdots, 0.90, 1.00$,求出对应的 d_{002},用 Origin 软件作图,得 d_{002}-g 的关系曲线,并保存。以后对未知样品,实验求得准确的 d_{002},便可应用 Origin 中的 Screen Reader 功能在曲线上求得石墨化度 g,下面称它为曲线法。

有时为了简便,在进行 g(或)P 的相对测定时,可用式(8.11)或式(8.12)的线性关系求解,十分方便。

按 $g = 0.0, 0.1, \cdots, 1.0$,用式(8.11)求得 d_{002},代入 Bragg 公式,$\lambda = 0.154056nm$,得 Bragg 角 $\theta_{002}(°)$,再用 Origin 程序作图,如图 8.14 所示,其线性方程为

$$g = -38.3007 + 2.9603\theta_{002}(°) \tag{8.13}$$

这样,就能用 Si 标样作内标精确测定石墨的 002 衍射峰的 Bragg 角 θ_{002}。

$$\theta_{\text{Gra}-002} = \theta_{\text{Gra}-002}^{\text{实验}} - (\theta_{\text{Si}-111}^{\text{实验}} - \theta_{\text{Si}-111}^{\text{标准}}) = \theta_{\text{Gra}-002}^{\text{实验}} - (\theta_{\text{Si}-111}^{\text{实验}} - 14.221°) \tag{8.14}$$

并以度为单位,代入式(8.13)即能求得石墨化度 g。相对于 d_{002} 法而言,这种近似引入的误差在 $0.001 \sim 0.003$,并不需把 $\theta_{\text{Gra}-002}$ 代回 Bragg 公式去计算 d_{002},再代入式(8.11)去求 g。

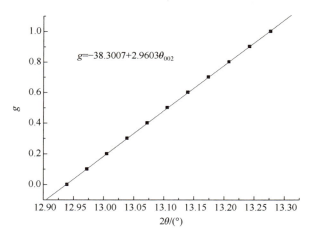

图 8.14　石墨化度 g 与(002)半衍射角 $\theta(°)$之间的关系,$CuK\alpha_1$ 辐射

8.4　石墨化度和无序度的实验测定[15]

8.4.1　不同实验条件对全谱拟合求得无序度 P 的影响

根据文献[7]的要求,现行实验测定全谱条件如表 8.7 所示。

表 8.7　现行实验测定全谱实验条件

DS	SS	RS	步长	时间 s/步	2θ扫描范围	总的时间
0.2°	0.2°	0.30mm	0.05	0.9	10°～120°	33min

用日本理学(Rigaku)多晶 X 射线衍射仪,DS 和 SS 均分为 2°、1°、1/2°、1/4°、1/6°、0.05°等,RS 分为 2.0mm、1.0mm、0.6mm、0.3mm、0.15mm、0.05mm。显然,DS 和 SS 不能满足要求。另外,我们认为步长为 0.05°不合理,步长太大。为此,进行如下不同实验条件的全谱拟合实验结果 P 的比较,如表 8.8 所示。从表中数据可知:

(1)步长较大的相对误差较大,步长较小的相对误差较小,这是因为前者所得线形比后者差。在全谱拟合中,峰位、强度和线形三者都同等重要;

(2)在相同光阑条件下,衍射强度大的误差较小;

(3)从狭缝宽度来看,DS,SS 为 1/2°,$RS=0.30mm$ 时误差较小;

(4)2θ 扫描范围从 10°～120°缩小至 20°～110°,对测量结果没有什么影响,因为 2θ 在 110°～120°没有衍射峰。综上可见,选择下列条件作日常测量是合理的(表 8.9)。

表 8.8　全谱拟合法求解不同实验条件下的石墨化度结果

	DS /(°)	SS /(°)	RS /mm	步长 /(°)	时间 /s	2θ扫描 范围/(°)	总时间 /min	2θ/(°)	I/cps	P/%	相对误差 /%
WH-103	1/6	1/6	0.30	0.05	0.9	10~120	33	26.60		14.5	10.6
WH-103-0	1/6	1/6	0.30	0.05	0.9	10~120	33	26.60	3416	12.7	−3.8
1	1/4	1/4	0.15	0.02	0.4	10~120	36.7	26.62	6148	13.8	+4.5
2	1/4	1/4	0.30	0.02	0.4	10~120	36.7	26.60	10290	13.3	+0.8
3	1/4	1/4	0.30	0.05	0.9	10~120	33	26.65	9996	12.8	−3.0
4	1/2	1/2	0.15	0.02	0.4	10~120	36.7	26.68	21340	13.3	+0.8
5	1/2	1/2	0.30	0.02	0.4	20~110	30	26.7	39603	13.3	+0.8
6	1/2	1/2	0.30	0.05	0.9	10~120	33	26.7	36774	12.8	−3.0
7	1	1	0.15	0.02	0.4	10~120	36.7	26.7	50010	12.5	−5.3
8	1	1	0.30	0.02	0.4	20~110	33.3	26.7	89083	13.5	+2.3
9	1	1	0.30	0.05	0.9	10~120	33			12.8	−0.3
10	1	1	0.30	0.02	3°/min	10~120	36.7			13.1	−0.8
										$\bar{P}$=13.2	

注:WH-103 和 WH-103-N(N = 0,1,…,10)为两次制样。

表 8.9　全谱测量的合理实验参数

扫描模式	DS/(°)	SS/(°)	RS/mm	步长/(°)	扫描参数	2θ扫描范围/(°)	总的时间/min
定时计数	1/2	1/2	0.30	0.02	0.4~0.5s/步	10~110	30~37.5
连续扫描	1	1	0.30	0.02	2.5~3.0°/min	10~110	36~30

8.4.2　不同求解 d_{002} 对测定 g 的影响

现行的办法是以 Si 粉为内标样测定 2H-石墨的 002 和 Si 的 111 两衍射峰位,用 $2\theta_{111实测}$ — $2\theta_{111标准}$ = $\Delta 2\theta_{111}$ 对 $2\theta_{002\,G}$ 作修正后的 $2\theta_{002G}$ 值,用 Bragg 公式 $2d\sin\theta = \lambda$,计算出 $d_{002\,G}$,再代入式(8.10)求得 g 值。这种方法虽然简单,但它只考虑了系统误差,而没有考虑偶然误差。因此,我们采用三种方法求 d_{002}:①现行方法;②用 Si 标样修正后的 002、004 和 006 的 d 值分别求 c 值,然后用推外函数 $\cos^2\theta$ 作外推至 $\cos^2\theta = 0$ 处,求得 c_0,则 $d_{002\,G}$ = $0.5c_0$;③使用全谱(也加 Si 样)。经校准后各 hkl 的 $2\theta_{hkl}$,然后用最小二乘法求得点阵参数 a_0 和 c_0,再求得 $d_{002\,G}$ = $0.5c_0$,最后按直线方程(8.11)用 origin 软件的 Screen Reader 在曲线上读数得 P_{002}。

四个样品测得的原始数据和分析结果如表 8.10(a)、(b)所示,从表 8.10(b)的结果可知,用 d_{002} 和 d_{004} 求 c 作外推的结果是不太可信的,主要是数据点太少;仅 d_{002} 和全谱 d_{002} 的结果相符合,全谱最小二方乘法求得的结果尚可信。

表 8.10(a)　四个样品测定石墨化度的原始数据 $2\theta(°)$

石墨		002		100	101		004				110	112
Si			111			220		311	400	331		
Si 标			28.442			47.302		56.122	49.130	76.376		
1024	原始	26.382	28.322									
	修后	26.492	28.442									
	原始	26.478	28.412	42.373	44.477	47.273	54.570	56.098	69.097	76.353	77.465	83.561
	修后	26.508	28.442	42.403	44.507	47.302	54.594	56.122	69.130	76.376	77.488	83.584
1108	原始	26.467	28.384									
	修后	26.525	28.442									
	原始	26.419	28.329	42.281	44.410	47.196	54.545	56.016	69.062	76.262	77.402	83.491
	修后	26.532	28.442	42.387	44.516	47.302	54.651	56.122	69.130	76.376	77.515	83.591
1111	原始	26.456	28.367									
	修后	26.531	28.442									
	原始	26.438	28.339	42.286	44.421	47.223	54.549	56.035	69.046	76.294	77.397	83.555
	修后	26.541	28.442	42.365	44.500	47.302	54.635	56.122	69.130	76.376	77.479	83.642
1207	原始	26.376	28.303									
	修后	26.515	28.442									
	原始	26.439	28.363	42.310	44.451	47.230	54.553	56.051	69.042	76.285	77.417	83.499
	修后	26.518	28.442	42.382	44.523	47.302	54.623	56.122	69.130	76.376	77.508	83.580

注：$DS=SS=1°$，$RS=0.30\,mm$，$2\theta=25°\sim30°$，$1°/min$，步长 $=0.02°$；$DS=SS=1°$，$RS=0.30\,mm$，$2\theta=20°\sim110°$，$4°/min$，步长 $=0.02°$。

表 8.10(b)　四个样品计算和曲线读数 g 的结果

样品编号	d_{002}			全谱分析								
	方法			d_{002}			外推			最小二乘法		
	10.10	10.12	曲线	10.10	10.12	曲线	10.10	10.12	曲线	10.10	10.12	曲线
1024	0.910	0.911	0.707			0.748	0.967	0.970	0.831	0.948	0.950	0.778
1108	0.958	0.962	0.808	0.969	0.971	0.830	1.010	1.023		0.964	0.966	0.808
1111	0.966	0.969	0.823	0.981	0.985	0.868	0.891	0.891	0.667	1.061	1.067	
1207	0.943	0.945	0.778	0.949	0.951	0.775	1.035	1.039		1.005	1.008	0.685

8.4.3　d_{002} 法和 θ_{002} 法与全谱拟合的比较[15]

为了进行比较，现将 d_{002} 法（直线和曲线）、θ_{002} 法和全谱拟合法的测定结果归纳于表 8.11 中，可见大多数全谱拟合（WSF）所得的 P_{wsf} 处在 d_{002} 直线计算与曲线读数之间。d_{002} 直线法与 θ 直线法符合良好,仅在千分位有误差。

表 8.11　d_{002} 法、θ_{002} 法和全谱拟合法的测定结果比较

样品编号	P_{002} 用 d_{002} 和 θ_{002} 法				全谱拟合
	d_{002}/nm	d_{002} 法计算	θ 法计算	d_{002}(曲线法)	P_{wsf}
SOFMP-051024	3.3671	0.152	0.153	0.239	0.106
SOFMP-051108	3.3876	0.391	0.393	0.192	0.068
SOFMP-051111	3.3569	0.033	0.031	0.177	0.065
SNHT-051207	3.3589	0.057	0.055	0.222	0.115
KS-44	3.3565	0.029	0.026	0.181	0.121
KC-44	3.3552	0.017	0.011	0.111	0.079
FSN-060401	3.3550	0.012	0.009	0.105	0.101
FSN-060402	3.3556	0.019	0.016	0.138	0.049
SCB-060401	3.3667	0.148	0.147	0.384	0.312
SOFMP-051124	3.3578	0.044	0.042	0.201	0.086
SOFMP-6D-A-2	3.3571	0.036	0.034	0.193	0.079
SOFMP-6D-A-1	3.3591	0.059	0.057	0.236	0.097
SOFMP-5D-A-2	3.3581	0.048	0.046	0.215	0.089
SOFMP-8D	3.3587	0.055	0.053	0.233	0.070

经过理论分析和 XRD 实验研究得到如下结论。

(1) 用全谱拟合法测定 P_{wsf} 的推荐 XRD 实验条件为:$DS=SS=\dfrac{1^\circ}{6}$,$RS=$ 0.30mm 或 0.15mm,Cu 靶,2θ 扫描范围为 $20^\circ \sim 110^\circ$,阶宽 0.02°,计数时间 $0.4 \sim 0.5$s/步,共 $30 \sim 37.5$min;或取样宽度 0.02°,连续扫描 $2.5 \sim 3.0^\circ$/min,共 $30 \sim 36$min。

(2) 用 Si 粉为内标的 d_{002} 和 θ_{002} 直线计算法求石墨化度 g 的公式分别为

$$g_{002}=\frac{3.440-d_{002}}{3.440-3.354} \tag{8.15}$$

$$g_{002}=-37.3007+2.9603\theta_{002}(^\circ) \tag{8.16}$$

$$\theta_{Gra-002}=\theta_{Gra-002}^{Exp}-(\theta_{Si-111}^{Exp}-\theta_{Si-111}^{Stan}),\quad P=1-g \tag{8.17}$$

推荐 XRD 实验条件为:$DS=SS=1^\circ$,$RS=0.30$mm,阶宽 0.02°,2θ 连续扫描范围为 $25.5^\circ \sim 29.5^\circ$,扫描速度为 1°/min。

8.5　测定六方石墨堆垛无序度的 X 射线衍射新方法[13,14]

8.5.1　作者改进的 Langford 方法

Langford 等[16]在研究六方 ZnO 时,采用 Lorentzian 近似,得出总的线宽度 β 与微晶宽化 β_C 和层错宽化 β_P 关系为

$$\beta = \beta_C + \beta_P \tag{8.18}$$

对于各向同性近球形的微晶有

$$\beta = \beta_C + A\cos\phi_z \tag{8.19}$$

$$\begin{cases} h-k=3n \text{ 或 } l=0 \text{ 时,} & A=0 \\ h-k=3n\pm1, l=\text{偶数}, & A=3P/(2c) \\ h-k=3n\pm1, l=\text{奇数}, & A=P/(2c) \end{cases} \tag{8.20}$$

其中,c 为 C 轴的点阵常数;ϕ_z 是衍射面与六方基面(001)的夹角。将谢乐方程 $\beta_C = \dfrac{0.89\lambda}{D\cos\theta}$ 和式(8.20)代入式(8.18),并乘以 $\dfrac{\cos\theta}{\lambda}$ 得

$$h-k=3n\pm1 \begin{cases} l=\text{偶数}, & \dfrac{\beta\cos\theta}{\lambda} = \dfrac{0.89}{D} + \dfrac{\cos\theta}{2c} \cdot \dfrac{\cos\phi_z}{\lambda} \cdot 3P \\ l=\text{奇数}, & \dfrac{\beta\cos\theta}{\lambda} = \dfrac{0.89}{D} + \dfrac{\cos\theta}{2c} \cdot \dfrac{\cos\phi_z}{\lambda} \cdot P \end{cases} \tag{8.21}$$

从式(8.19)和式(8.20)可知,①$h-k=3n, l=0$,无层错宽化效应;②$h-k=3n\pm1$,$l=$偶数的线条严重宽化,而 $l=$奇数的线条较小宽化,这与 8.1.2 节所述实验结果相符。

令

$$\begin{cases} Y = \dfrac{\beta\cos\theta}{\lambda}, & a = \dfrac{0.89}{D} \\ X = \dfrac{\cos\phi_z}{2c} \cdot \dfrac{\cos\theta}{\lambda}, & F = \begin{cases} 3P, & l=\text{偶数} \\ P, & l=\text{奇数} \end{cases} \end{cases} \tag{8.22}$$

重写式(8.21)得

$$Y = a + FX \tag{8.23}$$

其最小二乘法的正则方程组的矩阵形式为

$$\begin{bmatrix} n & \sum X \\ \sum X & \sum X^2 \end{bmatrix} \begin{pmatrix} a \\ F \end{pmatrix} = \begin{bmatrix} \sum Y \\ \sum XY \end{bmatrix} \tag{8.24}$$

联立求解得

$$\begin{cases} D = 0.89 \times \dfrac{n\sum X^2 - \left(\sum X\right)^2}{\sum X^2 \sum Y - \sum X \sum XY} \\[4mm] F = \dfrac{n\sum XY - \sum X \sum Y}{n\sum X^2 - \left(\sum X\right)^2} \end{cases} \tag{8.25}$$

8.5.2 能分别求解 P_{AB} 和 P_{ABC} 的最小二乘法[13,14]

根据 Warren[18] 推导并把 f_D 和 f_T 换成 P_{AB} 和 P_{ABC},则有

$$h-k=3n\pm1\begin{cases} l=\text{偶数}, \quad \beta_P = \dfrac{2l}{\pi}\tan\theta(3P_{AB}+3P_{ABC}) \\[3mm] l=\text{奇数}, \quad \beta_P = \dfrac{2l}{\pi}\tan\theta(3P_{AB}+P_{ABC}) \end{cases} \tag{8.26}$$

把 Scherrer 方程和式(8.26)代入式(8.18),并乘以 $\dfrac{\cos\theta}{\lambda}$ 得

$$h-k=3n\pm1\begin{cases} l=\text{偶数}, \quad \dfrac{\beta\cos\theta}{\lambda} = \dfrac{2l}{\pi}\left(\dfrac{d}{c}\right)^2 \dfrac{\sin\theta}{\lambda}(3P_{AB}+3P_{ABC})+\dfrac{0.89}{D} \\[3mm] l=\text{奇数}, \quad \dfrac{\beta\cos\theta}{\lambda} = \dfrac{2l}{\pi}\left(\dfrac{d}{c}\right)^2 \dfrac{\sin\theta}{\lambda}(3P_{AB}+P_{ABC})+\dfrac{0.89}{D} \end{cases} \tag{8.27}$$

令

$$\begin{cases} Y=\dfrac{\cos\theta}{\lambda}, \quad A=\dfrac{0.89}{D} \\[3mm] X=\dfrac{2l}{\pi}\left(\dfrac{d}{c}\right)^2 \dfrac{\sin\theta}{\lambda}, \quad P=\begin{cases} l=\text{偶数},3P_{AB}+3P_{ABC} \\ l=\text{奇数},3P_{AB}+P_{ABC} \end{cases} \end{cases} \tag{8.28}$$

重写式(8.27)得

$$Y=A+PX \tag{8.29}$$

类似式(8.24)和式(8.25)的推导得

$$\begin{cases} D = 0.89 \times \dfrac{n\sum X^2 - \left(\sum X\right)^2}{\sum X^2 \sum Y - \sum X \sum XY} \\[4mm] P = \dfrac{n\sum XY - \sum X \sum Y}{n\sum X^2 - \left(\sum X\right)^2} \end{cases} \tag{8.30}$$

当 $k-k=3n\pm1,l=$ 偶数时,得 $D_{\text{偶数}}$, $P_{\text{偶数}}=3P_{AB}+3P_{ABC}$;当 $k-k=3n\pm1$, $l=$ 奇数时,得 $D_{\text{奇数}}$, $P_{\text{奇数}}=3P_{AB}+P_{ABC}$,于是,只要 $l=$ 偶数和 $l=$ 奇数的衍射线条 $n_{\text{偶数}}$, $n_{\text{奇数}} \geqslant 2$,就能依据式(8.25)和式(8.30)求解得 D、P、$D_{\text{偶数}}$、$P_{\text{偶数}}$、$D_{\text{奇数}}$、$P_{\text{奇数}}$,

联立

$$\begin{cases} P_{偶数}=3P_{AB}+3P_{ABC} \\ P_{奇数}=3P_{AB}+P_{ABC} \end{cases} \tag{8.31}$$

求得 P_{AB} 和 P_{ABC}

　　从图 8.1 和表 8.1 可知,在 2H-石墨中,$h-k=3n\pm1$,当 $l=$ 奇数时,有 101 和 103,当 $l=$ 偶数时,只有 102,而 022(或 202)由于消光或强度太弱不出现,特别是在堆垛无序度较大时也难获得 102 和 103 线条的可信的半宽度(FWHM)。在这种情况下,如果微晶的形状为多面体或近等轴晶,D_{002}、D_{100}、D_{004} 大致相等,则

$$\overline{D}=\frac{D_{002}+D_{100}+D_{004}}{3} \tag{8.32}$$

用下面公式

$$\frac{\beta_{101}\cos\theta_{101}}{\lambda}=\frac{0.89}{\overline{D}}+\frac{\cos\phi_{Z101}}{2c}\frac{\cos\theta_{101}}{\lambda}P \tag{8.33}$$

$$\frac{\beta_{101}\cos\theta_{101}}{\lambda}=\frac{0.89}{\overline{D}}+\frac{2}{\pi}\left(\frac{d_{101}}{c}\right)^2\frac{\sin\theta_{101}}{\lambda}(3P_{AB}+P_{ABC}) \tag{8.34}$$

$$\frac{\beta_{102}\cos\theta_{102}}{\lambda}=\frac{0.89}{\overline{D}}+\frac{4}{\pi}\left(\frac{d_{102}}{c}\right)^2\frac{\sin\theta_{102}}{\lambda}(3P_{AB}+3P_{ABC}) \tag{8.35}$$

可分别用式(8.33)～式(8.35)求得 P、$(3P_{AB}+P_{ABC})$ 和 $(P_{AB}+P_{ABC})$

8.5.3　2H-石墨堆垛无序度的实验测定

　　为了对 2H-石墨中堆垛无序度进行实验测定并与 Hang 等[7]用全谱拟合法测定结果相对比,用铜靶和 Hang 程序要求的实验条件,即 $DS=SS=1/6°$,$RS=0.3mm$,步长 $0.05°$,每步记录时间为 0.9s 的定时计数(FT)模式,2θ 扫描范围为 $10°\sim120°$,获得的 X 射线衍射花样和数据。三个典型的 $2\theta=20°\sim90°$ 的花样如图 8.15 所示,相比之下的明显差别是:①SOFMP-8D 的线形最好,宽化效应最小,SCB-060401 的线形最差,宽化最严重,100 和 101 已不能分开,102 和 103 已淹没在背景中,说明该样品无序度最大,石墨化度最低,还可能存在 3R 石墨 101 线的干扰;②相对应(002)峰位向低角度方向位移(图 8.15(b)),d_{002} 法测定的实验条件是:$DS=SS=1°$,取样宽度 $0.02°$,$1°/min$,2θ 扫描范围为 $25°\sim29°$,样品按石墨:Si=2:1 配制。

　　为了详细研究和测定实际样品的堆垛无序,表 8.12 列出 8 个样品的原始数据和进行计算时的必要数据。其中,$\beta(°)$ 是用 Jade.7.0 程序扣除背景除去 $K\alpha_2$ 成分,并经 Refine 获得;$\beta_{1/2}^0$ 是在同样扫描情况下由标准硅的 β 和 2θ 关系内插法获得,称为仪器宽化。

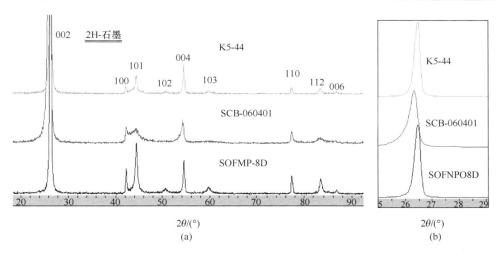

图 8.15 三个典型的 2H-石墨的 X 射线衍射花样(a)和局部放大(b)

表 8.12 8 个样品的原始数据和进行计算时必要的有关数据

$h\ k\ l$		002	100	101	102	004	103
$d/\text{Å}$		3.3756	2.1386	2.0390	1.8073	1.6811	1.5478
$2\theta/(°)$		26.47	42.34	44.47	50.56	54.60	59.89
$\beta_{1/2}^{0}/(°)$		0.110	0.106	0.106	0.105	0.105	0.105
$\phi_z/(°)$		0.000	90.000	77.321	74.115	0.000	73.205
$\cos\theta$		0.9734	0.9325	0.9256	0.9042	0.8885	0.8665
$\cos\phi_z$		—	—	0.2195	0.2737	—	0.2889
$\dfrac{\cos\phi_z}{2C}\cdot\dfrac{\cos\theta}{\lambda}/(\times10^{-3})$		—	—	9.8061	11.9447	—	12.0824
$\dfrac{2l}{\pi}\left(\dfrac{d}{c}\right)^2\dfrac{\sin\theta}{\lambda}/(\times10^{-3})$		—	—	14.3776	28.3974	—	32.7863
		002	100	101	102	004	103
SCFMP-051024No. 1	$\beta_{1/2}/(°)$	0.289	0.248	0.603	1.397	0.273	1.369
	$D_{hkl}/\text{Å}$	450.9	593.3	—	—	467.6	—
SCFMP-051108No. 2	$\beta/(°)$	0.242	0.239	0.444	1.296	0.233	0.903
	$D_{hkl}/\text{Å}$	611.4	633.4			690.7	
SCFMP-051111No. 3	$\beta_{1/2}/(°)$	0.242	0.218	0.384	0.812	0.240	0.891
	$D_{hkl}/\text{Å}$	611.4	752.2	—	—	654.9	—
SNHT-051207No. 4	$\beta/(°)$	0.267	0.214	0.572	1.303	0.311	—
	$D_{hkl}/\text{Å}$	514.0	780.0	—	—	429.2	—

续表

$h\ k\ l$		002	100	101	102	004	103
FSN-HE-060402No. 5	$\beta/(°)$	0.221	0.173	0.479	—	0.217	0.614
	$D_{hkl}/Å$	727.1	1257.3	—		789.3	—
SCFMP-8DNo. 6	$\beta/(°)$	0.248	0.245	0.477	1.072	0.252	1.06
	$D_{hkl}/Å$	584.8	606.1	—		601.4	—
FSN-HE-060401No. 7	$\beta/(°)$	0.274	—	0.395	—	0.263	0.390
	$D_{hkl}/Å$	492.1		—		559.5	—
KS-44No. 8	$\beta/(°)$	0.233	0.228	0.535	—	0.222	0.689
	$D_{hkl}/Å$	656.1	690.5	—		755.6	—

8 个样品的分析计算结果如表 8.13 所示,为了比较,将 Hang 等[7]全谱拟合和 d_{002} 直线计算的结果也列于表 12.13 中,仔细比较可知:

(1) 除少数样品外,改进的 Langford 方法的计算结果 P 基本与 P_{WSF} 相符,如 2,3,4,6,8,只有当 100 与 101 两衍射峰不能很好分开时,才产生较大的差别。

(2) 当能获得 101 和 102 可信的半高宽数据时,按本章提出的方法,求得 $P_{AB}+P_{ABC}$ 结果也与 P_{WSF} 符合较好,如 1,3,4;但当只有 101 而无 102 的数据时,只能求得 $3P_{AB}+P_{ABC}$ 而无法求得无序度之和 $(P_{AB}+P_{ABC})$。

(3) 所求得的 P、$P_{AB}+P_{ABC}$ 和 P_{WSF} 都能揭示不同样品间堆垛无序度的差异,换言之,三种方法的计算结果的趋势是一致的。

表 8.13　实验数据分析结果和 P_{WSF}、P_{d002} 的比较

试样名称	序号	$\overline{D}/nm$	按式(8.29)计算	按式(8.30)和式(8.31)计算			全谱拟合法	d_{002}直线法
			P	P_{AB}	P_{ABC}	$P_{AB}+P_{ABC}$	P_{WSF}	P_{d002}
SCHMP-051024	1	50.39	0.0604	0.0821	0.0525	0.1346	0.106	0.091
SOFMP-051108	2	64.51	0.0736	0.1152	0.0118	0.1270	0.068	0.042
SCFMP-051111	3	67.28	0.0552	0.0478	0.0217	0.0695	0.065	0.033
SNHT-051207	4	57.44	0.1134	0.0728	0.0531	0.1259	0.115	0.099

试样名称	序号	$\overline{D}/nm$	按式(7.29)计算	按式(8.30)计算	全谱拟合法	d_{002}直线法
			P	$3P_{AB}+P_{ABC}$	P_{WSF}	P_{d002}
FSN-HE-060402	5	92.46	0.1002	0.2051	0.049	0.019
SOFMP-8D	6	59.74	0.0816	0.1670	0.07	0.055
FSN-HE-060401	7	52.58	0.0458	0.0935	0.101	0.012
KS-44	8	70.07	0.1097	0.2245	0.121	0.029

（4）d_{002}方法虽然较简单，但结果不可信，特别是用直线关系时。

8.6　测定六方石墨的石墨化度和堆垛无序度方法的讨论

现将几种分析测定六方石墨堆垛无序度的方法要点归纳于表 8.14。由此可见，各种方法各有特点，但从实验手续和数据处理来看，本章提出的两种方法较 Hang 等[7]用全谱拟合法简单得多，结果与全谱拟合法基本一致；d_{002}直线法最简单，结果不太可信，但作为相对的日常测定还是可以接受的。

表 8.14　几种分析测定六方石墨堆垛无序度方法的比较

比较项目	改进的 Langford 法	$P_{AB}+P_{ABC}$法	P_{WSF}法	d_{002}直线法
原理	基于堆垛层错和微晶-层错二重宽化效应	基于 AB、ABC 堆垛两种层错和微晶-层错二重宽化效应	基于 ABAB 两层和 A 和 B 单层堆垛模型	基于堆垛无序度与 d_{002} 的经验近似直线关系
实验要求	无特殊要求，$\theta/2\theta$ 连续扫描，2°/min，扫描范围 2θ 为 20°～65°	无特殊要求，$\theta/2\theta$ 连续扫描，2°/min，扫描范围 2θ 为 20°～65°	FT 模式扫描范围 2θ 为 10°～120° 或 20°～110°	需加硅标样扫描范围 2θ 为 25°～30°
计算方法	只需 002、100、101、004、103 的半高宽从 002、100 和 004 的半高宽求得 $\bar{D}$，代入式（8.28）求解	只需 002、100、101、102 和 004 的数据从 002、100 和 004 的半高宽求得 $\bar{D}$，代入式（8.30）和式（8.31）联立求解	求用 Hang 编制的全谱拟合程序	$P_{002}=\dfrac{d_{002}-3.354}{3.440-3.354}$ $g=-38.3007+2.9603\theta$ $P_{002}=1-g$
特点	（1）基于模型明确考虑了微晶-无序二重宽化效应；（2）实验简单；（3）计算过程物理意义明确而简单	（1）基于微晶-堆垛无序二重宽化效应；（2）实验简单；（3）计算过程物理意义明确而简单，能分辨两种堆垛无序	（1）基于模型虽然明确，从全花样着眼；（2）实验要求较高；（3）用专门的程序计算，过程的物理意义不明确	（1）基于简单的经验关系，忽略堆垛无序的宽化效应；（2）实验简单，时间最短，但需加标样；（3）计算最简单
综合评价	方法简单、结果可信	方法较简单、结果可信	方法复杂、结果可信	方法最简单、结果不太可信

综合上述比较可得如下结论：

（1）六方石墨结构虽不是密堆六方，但其沿六方网格平面法向方向的堆垛方式（$ABAB\cdots$）与密堆六方相同，其堆垛无序对 XRD 花样的选择宽化效应与密堆六方相同，即 $h-k=3n$ 和 $hk0$，无堆垛无序宽化效应，$h-k=3n\pm1$，$l=$偶数宽化严重，$l=$奇数宽化较小。

（2）作者对处理各向同性近等轴晶 ZnO 的 Langford 方法作了改进，并成功用于测定 2H-石墨的无序度，结果与全谱拟合结果符合良好，但无论实验还是数据处理都方便得多，便于推广。

（3）作者提出的两种堆垛无序模型和数据数理方法，只要能获得 101 和 102 可信的 FWHM 数据，就能分别求得两种无序度，P_{AB}、P_{ABC}，$P_{AB}+P_{ABC}$ 与全谱拟合结果符合尚好。

（4）建议采用下列实验条件：$DS=SS=0.25°$，步长 $0.02°$，2θ 扫描速度为 $2°/\min$，2θ 扫描范围为 $20°\sim65°$，连续扫描模式。

8.7　几种化学电源工业用碳材料的 X 射线分析

8.7.1　超级电容用的负极材料——活性炭

活性炭的 X 射线衍射花样如图 8.16 所示，（a）为超级电容负极用的活性炭，用 β-Ni(OH)$_2$ 为正极活性材料，（b）是一般活性炭。图 8.16(a)中两个十分宽化峰的峰位分别是 26.60° 和 43.42°，半宽度非常宽，可见其为典型的非晶碳材料。而图 8.16(a)和(b)除了上述宽的散射峰外，还出现看似为面心立方的碳的 5 个敏锐峰，各衍射峰的峰位分别为 43.842°、51.237°、75.857°、92.478°、97.270°，图 8.16(b)中特别明显。

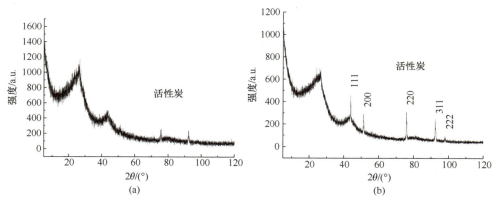

图 8.16　活性炭的 X 射线衍射花样
(a)超级电容负极用的活性炭；(b)一般活性炭

8.7.2　超导炭黑

超导炭黑的 X 射线衍射花样如图 8.17 所示。除了前述的宽化散射花样外，其三个峰峰位为 26.88°、43.82°、78.96°，其对应于非晶碳的散射峰。此外，出现看似是面心立方结构的碳的敏锐峰，其可指标化为 111、200、220、311、222，峰位分别为 43.821°、51.201°、75.779°、92.438°、97.998°，而且线形很好，表明晶粒度达 μm 量级。

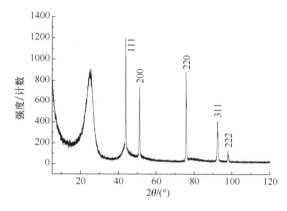

图 8.17　超导炭黑的 X 衍射花样

8.7.3　乙炔炭黑

乙炔炭黑的 X 射线衍射花样如图 8.18 中最下面的那条曲线所示，可见与超导炭黑十分相似，其也由非晶碳和面心碳组成，唯一的差别是面心相相对含量不同。图 8.18 中还给出乙炔炭黑经 900℃热处理 2h、6h、10h 后的衍射花样，比较可知，随着热处理时间的延长，面心相逐渐减少，当热处理 10h 后，面心碳已经消失，只剩下非晶石墨相。

8.7.4　硬碳

硬碳的 X 射线衍射花样如图 8.19 所示，可见其与乙炔炭黑、超导炭黑的衍射花样也很相似，唯一的差别是非晶石墨相为主要相，换言之，非晶相的含量大大超过面心相。

8.7.5　碳纳米管

所谓碳纳米管的 X 射线衍射花样如图 8.20 所示，对应各峰位为 25.659°、43.806°、51.164°、75.800°、92.438°、97.996°，用 Jade 程序中检索/匹配结果如

图 8.21 所示,可见峰位为 25.659°,对应于六方石墨的 002,在面心 111 峰的底部是不对称的,它们属石墨的 100 和 101。面心立方相的线条十分明锐,表明其晶粒达 μm 量级,因此材料中的纳米线属六方石墨。

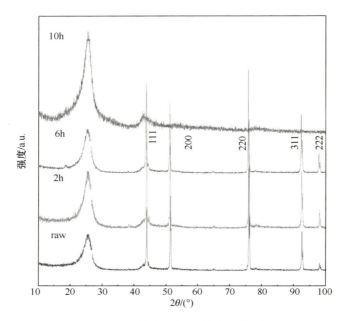

图 8.18 乙炔炭黑的 X 射线衍射花样

从下到上依次为原始态乙炔炭黑和经 900℃热处理 2h、6h、10h 后的衍射花样

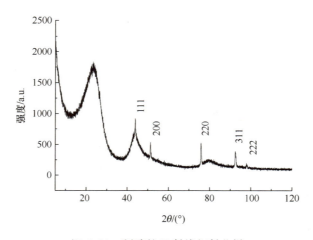

图 8.19 硬碳的 X 射线衍射花样

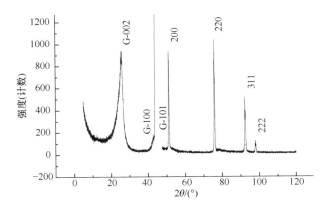

图 8.20　碳纳米管的 X 射线衍射花样

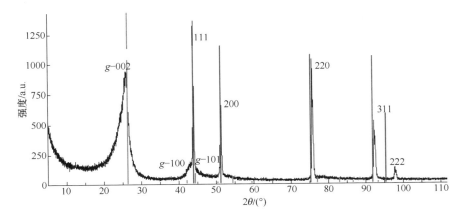

图 8.21　图 8.20 的分析结果,六方石墨＋面心立方碳

8.7.6　关于面心立方碳的结构研究

　　前面所说的面心立方相是目测的结果,其线条分布符合两密一稀规律,看似是面心立方结构。然而,仔细测定各衍射峰的峰位列入表 8.15 中,用 Jade 程序中的"Patternindexing",无论是用立方、四方、正交或是单斜晶系,都不能进行指标化,用六方指标化得到两种可能群:即 R3(No.148)和 R32(No.155 号)空间群,用其指标化结果列入表 8.15,可见是不可信的。

表 8.15　用 $R3$(No. 148)和 $R32$(No. 155 号)空间群的指标化结果

实验观测结果		两个六方空间群的计算结果	
$2\theta/(°)$	相对强度	hkl	$2\theta/(°)$
43.821	100	101	43.863
		003	44.391
51.201	63.7	012	51.255
		110	75.041
75.779	79.7	104	75.800
		021	91.197
		113	91.564
92.438	35.0	015	92.299
		202	96.663
97.998	7.9	006	98.144
		024	119.774

这种看似面心立方结构的物相,不能用立方晶系指标化,说明各衍射线的位移是不规则的。那么存在两种可能:

(1)面心立方结构中存在形变层错,它会使 111 向高角度方向位移,200 向低角度方向位移,而它们的二级衍射则相反,即 222 向低角度方向位移,400 则向高角度方向位移。

(2)面心立方结构存在各向异性的第一类残余应力,使各衍射线的位移方向无规则。下面讨论这个问题:

① 一般认为是由测量误差造成的,如果可用外推法求出精确的点阵参数 a_0,用其计算各晶面的衍射角,然后计算 $\Delta2\theta$,其结果列入表 8.16 倒数第二列,$\Delta2\theta$ 都超过 1°以上,显然不是由测量误差引起的。

② 220 和 311 的峰位不受形变层错的影响,故可用 220 和 311 求得 $\bar{a}$ 的平均值,再计算各晶面的衍射角 2θ,并与实际测得值比较,即计算 $\Delta2\theta=2\theta_{实验}-2\theta_{计算}$,如其为负值,表示实际衍射线向低角度方向位移,反之为正,则实际衍射线向高角度方向位移,计算结果列于表 8.16 的最右侧。可见,无论是 111,200 还是 222,都不符合因形变层错引起的峰位移。

③ 先用各单线算得点阵参数的平均值($\bar{a}=3.5528Å$),然后计算各晶面的 2θ 和 $\Delta2\theta=2\theta_{实验}-2\theta_{计算}$,其结果列入表 8.16 中倒数第三列。根据应变的定义 $\varepsilon=(d_{实际}-d_0)/d_0$ 计算的应变列入表 8.17 中。正号为张应变,负号为压应变,可见应变是各向异性的。值得说明的是,111 和 222 是互平行的晶面,其法向应变应该是一样的。表 8.17 中的数据显示,其应变绝对值相差不大,但应变方向相反,这是不合理的,可能是 222 衍射强度弱所造成的误差。

表 8.16　面心立方碳结构参数的分析

序号	实验值		PDF-43-1104	FCC hkl	单线计算点阵参数	按平均 $\bar{a}=3.5528$ 计算的 $2\theta/(°)$		按 $\cos^2\theta$ 外推 $a_0=3.4946$ 计算 $2\theta/(°)$		按 220 和 311 平均 $\bar{a}=3.5429$ 计算 $2\theta/(°)$	
	$2\theta/(°)$	$d/\text{Å}$	$2\theta/(°)$		$a/\text{Å}$	$2\theta/(°)$	$\Delta 2\theta$	$2\theta/(°)$	$\Delta 2\theta$	$2\theta/(°)$	$\Delta 2\theta$
1	43.821	2.0642	43.914	111	3.5753	44.114	−0.293	44.888	−1.067	44.243	−0.422
2	51.201	1.7827	51.282	200	3.5674	51.395	−0.194	52.315	−1.004	51.549	−0.348
3	75.779	1.2542	75.367	220	3.5474	75.647	+0.132	77.136	−1.357	75.896	−0.117
4	92.438	1.0669	92.087	311	3.5385	91.956	+0.479	93.949	−1.511	92.288	+0.150
5	97.998	1.0206	95.570	222	3.5355	97.363	+0.635	99.558	−1.560	97.728	+0.270
	$\bar{a}=3.5528$					存在各向异性应变		非测量误差引起		无层错效应	

表 8.17　面心立方碳中各向异性应变测定结果

hkl	$d_{实验}$	$d_{计算}$	$d_{实验}-d_{计算}$	$\varepsilon=(d_{实验}-d_{计算})/d_{计算}(\times 10^{-3})$
111	2.0642	2.0512	+0.0130	+6.338
200	1.7827	1.7764	+0.0063	+3.546
220	1.2542	1.2561	−0.0019	−1.513
311	1.0669	1.0712	−0.0043	−4.014
222	1.0206	1.0256	−0.0050	−4.875

　　基于以上讨论,这种各晶面的晶面间距不符合面心立方的规则,所谓面心立方结构的碳,由于其存在各向异性应变,所以可把这种碳材料称为畸变面心立方碳。

参 考 文 献

[1] 发明专利.人造石墨炭负极材料的准备及制得的人造石墨炭负极材料.上海杉杉科技有限公司.旺剑桥 洪苏宁 刘芳 于晓阳 于宪 脏志靖.公开号:CN1927707.公开日:2007.3.14

[2] 发明专利.锂离子动力电池人造石墨负极材料的制备方法.天津市贝特瑞新能源材料有限责任公司.贾永平,计同顺,王成扬,丁艳青,代建国,江 斌.申请号:200610014878.公开日:2008.10.28

[3] 发明专利.锂离子二次电池的复合石墨负极材料及其制备方法.深圳市贝特瑞电子材料有限公司.岳敏 王桂林.申请号:CN200510034329.公开号:CN1702892.公开日:2005.11.30

[4] 发明专利.一种锂离子电池的锡-石墨复合负极材料加强制备方法.上海杉杉科技有限公司.宁波杉杉新材料科技有限公司.黄瑞安,张殿浩,吴敏昌.申请号:200810203232.公开日:2010.6.16

［5］刘芳,鲁新刚,杨传铮.锂离子电池石墨电极片取向比的研究.电池技术,2011

［6］董健,李晓锋,严磊,等.锂离子电池碳电极材料的研究进展.新型碳材料,1998,13(3):
　　55～62

［7］Shi H,Reimers J N,Dahn J R. Structure-refiment program for disorderd carbon. J Appl.
　　Cryst. ,1993,26:827～836

［8］Ergun S. Physics and Chemistry of Carbon. New York:Marcel Dehber Carbon ,1976,14:
　　139～147

［9］Drists V A,Tchoudar C. X-ray Diffraction by Disordered Lamellar Structure. Springer-Ver-
　　lag,1991

［10］Norio I,Michio I. Relations between structural parameters obtained X-ray powder diffrac-
　　tion of variouc carbon materials. Carbon ,1993,31(7):1107～1113

［11］李崇俊,马伯信,霍肖旭.炭/炭复合材料石墨化度的表征(Ⅰ).新型碳材料,1999,14(1):
　　19～25

［12］稻坦稻夫,白石念.石墨化度的评价.炭素,1991,5(118):165～175

［13］李辉,杨传铮,刘芳.测定六方石墨堆垛无序度的X射线衍射新方法.中国科学B辑化学,
　　2008,28(9):755～760

［14］Li H,Yang C Z,Liu F. Novel method of determination stacking disorder degree in hexagon-
　　al graphite by X-ray diffraction. Sci. Chin. Ser. B,Chemistry,2009,522:174～180

［15］李辉,杨传铮,刘芳.碳电极材料石墨化度和无序度的X射线衍射测定.测试技术学报,
　　2009,23(2):161～167

［16］Langford J I ,Boultif A,Auffrédic J P. et al. The use of pattern decomposition to study the
　　combined X-ray diffraction effects of crystallite size and stacking faults in ex-oxalate Zinc
　　Oxide . J. Appl. Cryst. ,1993,26(1):22～32

［17］钦佩,娄像皖,杨传铮,等.分离X射线多重宽化效应的新方法和计算程序.物理学报,
　　2006,55(3):1325～1335

［18］Warren B E. X-ray diffraction. London:Addison Wesley,1969,275～313

第9章　锂离子电池石墨表面固体-电解质界面膜

　　由于目前锂离子电池负极活性材料主要包括锂和六方石墨两种,新发展的有 $Li_4Ti_5O_{12}$,前者多用于扣式电池,而商业化锂离子电池一般采用六方石墨,所以电池的充放电过程必然涉及锂离子在锂和石墨电极中的反复嵌脱,而锂离子在锂和石墨电极中的反复嵌脱又必然会涉及锂离子在锂、石墨电极表面膜中的迁移过程。因此,电极表面膜的性质直接决定了锂离子在锂和石墨电极中的嵌脱动力学特性以及电解液的界面稳定性,所以从根本上也就决定了电池的各项性能指标,如首次不可逆容量、循环寿命、储存性能和安全稳定性等,因而深入研究负极活性材料电极表面膜的形成机理、化学组成、组织结构、储存稳定性及其影响因素也就成了当前锂离子电池研究的热点之一。电极表面膜的全称是固体电解质中间相(界面)膜(solid-electrolyte interphase(interface)film ,SEI 膜)。本章将介绍石墨电极表面的 SEI 膜。

9.1　石墨表面 SEI 膜的概述[1]

　　石墨作为一种碳元素单质,具有很稳定的化学性质,可在自然界中存在。由于它价格低廉且性能优异,现已广泛用于商业化锂离子电池的负极活性物质。1955年,法国人 Hérold 首次发现石墨与金属锂可以通过普通的化学反应形成一系列的锂-石墨嵌入型化合物(lithium-graphite intercalation compounds,Li-GICs)[2]。当石墨中的嵌锂量达到最大值时,Li-GICs 可写成标准化学式为 LiC_6 的化合物。饱和嵌锂相 LiC_6 具有类似于金属锂的化学活性,可通过石墨和熔融态金属锂在350℃以上的高温惰性气氛中直接反应得到[2]。在发现石墨具有嵌锂活性后,人们很快意识到石墨作为锂离子电池用负极嵌锂活性物质的潜在应用价值:一是石墨具有非常低的电化学嵌锂电位,约 0.25V vs. Li/Li^+;二是石墨嵌锂相与脱锂相的摩尔体积比较接近,相差不超过 10%;三是石墨来源广泛,价格低廉,且对环境友好。

　　然而不幸的是,人们在很长一段时间内,始终无法找到合适的电解液以实现锂在石墨中的可逆电化学嵌脱。直到 1990 年,Dahn 等[3]才首次发现在 $LiAsF_6$ 的PC(丙烯碳酸酯)和 EC(乙烯碳酸酯)混合电解液中,锂离子在石墨电极中能实现可逆的电化学嵌脱。同时,他们发现所用的石墨电极在充放电过程中会毫无例外地伴随有首次不可逆容量损失,而且此不可逆容量损失与所用石墨电极的表面积成正比。因此,他们认为首次嵌锂过程中石墨电极表面上很可能是形成了一层均匀的保护膜。因为石墨电极的嵌锂电压与金属锂电极的锂沉积电压非常接近,所以石墨电极表面上形成的保护膜与金属锂表面在同种电解液中形成的 SEI 膜应该具有相同的化学组成。此结论现已得到有关实验的证实。由此可知,石墨电极表面的保护膜应该同样是锂离子的导体和电子的绝缘体,故 Dahn 等[3]将石墨电极表面的保护膜同样也命名为固体电解质中间相(界面)膜,也即 SEI 膜。

在 Dahn 采用基于 PC 和 EC 的混合电解液首次实现石墨电极的可逆电化学嵌脱锂之前,人们基本上都是采用基于单 PC 的非水电解液来研究石墨电极的电化学嵌脱锂行为,但从未获得过任何有价值的实验结果。其原因在于,PC 的还原产物无法在石墨电极表面形成一层有效的 SEI 膜,从而阻止 PC 分子与锂离子共嵌入石墨层间而引发石墨层剥落(graphite exfoliation)。由于作为 PC 同系物的 EC 具有相对较高的熔点(PC 熔点为 −48.8℃,而 EC 熔点为 36.4℃),所以它在锂离子电池的研究早期很少会引起有关人员的注意。可是,自从发现 EC 具有神奇的成膜功能后,EC 就成为了目前商业化锂离子电池用电解液不可或缺的组合溶剂。由此可见,在石墨电极表面上形成一层有效的 SEI 膜,对于实现石墨的可逆电化学嵌脱锂起着决定性的作用。

9.2　石墨表面 SEI 膜的形成机理

自确认石墨表面存有 SEI 膜以来,人们就曾提出了多种模型,以阐明石墨表面 SEI 膜的形成过程,其中比较著名的有 Peled 模型和 Besenhard 模型。

Peled 模型最初是由 Peled 提出的,用于说明金属锂表面 SEI 膜的形成过程[4],后来被学者们借用并加以改良,转而用于阐述石墨表面 SEI 膜的形成过程[5]。可是严格来说,石墨表面与金属锂表面 SEI 膜的形成过程并不完全等同。在金属锂表面上建立 SEI 膜,只需将金属锂置入相应电解液中即可完成;而在石墨表面上建立 SEI 膜,必须将浸入电解液中的石墨阴极极化到足够低的电压范围才行。但是,鉴于石墨表面与金属锂表面在同种电解液中能够形成相同化学组成的 SEI 膜,部分学者采纳了用于描述金属锂表面 SEI 膜形成过程的 Peled 模型的主要内容,认为石墨表面 SEI 膜的形成过程大致可分为如下几个步骤[5]。

(1)电解液中的有机溶剂分子在石墨电极上获取电子而发生二维的电化学式界面电子转移反应,并形成一种中间产物,即所谓的阴离子自由基(radical anion);

(2)阴离子自由基在靠近石墨表面的电解液中发生一连串普通化学式的断裂分解反应,并形成最终的电解液还原产物;

(3)电解液还原产物中某些不溶性物质在靠近石墨表面的电解液中发生沉淀反应,最后形成包覆于石墨表面的 SEI 膜。

在揭示石墨表面存有 SEI 膜的原文中,Dahn 等就是采用了 Peled 模型来说明石墨表面 SEI 膜的形成过程[3]。另外,Ein-Eli 基于 Peled 模型并通过比较还原产物与石墨电极间的相互作用力大小,成功地解释了 EC 的还原产物能在石墨表面形成有效 SEI 膜,而 PC 还原产物却不能在石墨表面形成有效 SEI 膜。Peled 模型中的关键中间产物——阴离子自由基的存在性,现已通过 Endo 等借助电子自旋共振仪(electron spin resonance,ESR)证实。此外,Wang 等通过基于密度泛函理论的第一性原理计算方法详细研究了 EC 的还原反应机理,结果也同样证明了 EC 分子确实首先被还原成阴离子自由基,随后阴离子自由基再经过后续的断裂分解便形成了最终的还原产物。

Peled 模型在阐述石墨表面 SEI 膜的形成机理上虽有其成功之处,但仍存在不少缺点。Besenhard 等[6]通过精确的膨胀仪(dilatometer)原位测量了石墨电极在充放电过程中,其体积膨胀的实时变化信息,结果发现,石墨的端面即锂离子嵌入石墨层间所要经过的平面,在某个嵌锂电位下竟然膨胀了 150%。显然,这么大的膨胀量绝不可能是由锂离子单独嵌入石墨层间而造成的。因此,他们提出了另一种不同于 Peled 模型的模型,即现在所谓的 Besenhard 模型。

(1)由于连接石墨层间的范德瓦耳斯力非常弱,故电解液中溶剂化层内的有机溶剂分子容易与锂离子共嵌入石墨层间,并形成三元的石墨嵌入型化合物 $Li(Sol)_x C_y$;

(2)三元石墨嵌入型化合物在靠近石墨表面的石墨层内或电解液中发生连续的还原分解反应,并最终形成电解液还原产物;

(3)电解液还原产物中的某些不溶性物质在靠近石墨表面的石墨层内或电解液中发生沉淀反应,最后形成既穿透石墨层间又包覆石墨表面的 SEI 膜。

Besenhard 模型与 Peled 模型的最大不同点在于,前者认为溶剂分子会与锂离子一起共嵌入石墨层间。为验证上述结论,Chung 等[7]曾系统地研究了石墨在含两种不同有机溶剂的电解液中的电化学行为,结果如图 9.1 所示。由图可见,石墨在含超式-碳酸丁烯酯(trans-butylene carbonate,t-BC)的电解液中能够可逆地电化学锂的嵌脱,而在含顺式-碳酸丁烯酯(cis-butylene carbonate,c-BC)的电解液中却不能够可逆地电化学嵌脱。t-BC 和 c-BC 属同分异构现象。在 t-BC 分子中,两甲基位于碳酸根离子平面的两侧;在 c-BC 分子中,两甲基位于碳酸根离子平面的同侧。根据 Peled 模型,虽然 t-BC 和 c-BC 具有不同的分子构型,但是它们在石墨电极上经过电化学还原后形成的还原产物却是一致的。所以,石墨表面在含 t-BC 和 c-BC 的两种电解液中形成的 SEI 膜应该具有相同的化学组成。因此,石墨电极在上述两种电解液中应当表现出类似的电化学嵌锂行为,可是实验事实却完全相反,这表明 Peled 模型尚需改进。但是依据 Besenhard 模型,却可以很好地解释这种差异行为。由于 c-BC 中的两甲基位于碳酸根离子平面的同侧,故其分子体积与只含一甲基的 PC 分子体积基本相当。因此,c-BC 非常容易像 PC 那样与锂离子共嵌入石墨层间而引发石墨剥落。但是由于 t-BC 中的两甲基位于碳酸根离子平面两侧,故其分子体积相对 PC 分子体积更大。因此,t-BC 不会像 PC 那样容易与锂离子共嵌入石墨层间而引发石墨剥落。所以,石墨在含 t-BC 的电解液中能够可逆地电化学嵌脱锂,而在含 c-BC 的电解液中却不能可逆地电化学嵌脱锂。图 9.2 示意地给出了这种解释[7]。

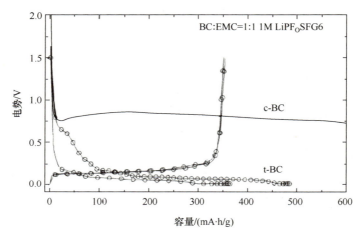

图 9.1　石墨在 1M LiPF$_6$＋t-BC＋EMC 和 1M LiPF$_6$＋c-BC＋EMC 中的
首次充放电图[7]

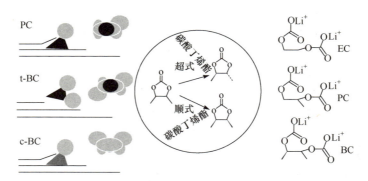

图 9.2　PC、t-BC 和 c-BC 分子与锂离子共嵌入石墨层间的关系对比图[7]

　　Besenhard 模型一经提出就得到了很多学者的认同。但是,该模型中提到的三元石墨嵌入型化合物 Li(Sol)$_x$C$_y$ 至今也无法由实验给予完全的证实。

　　综上所述,Peled 模型和 Besenhard 模型虽然都能解释某些实验事实,然而两者都不能独自完整地阐述石墨表面 SEI 膜的形成机理。为此,Aurbach 等[8]通过综合考虑认为,电解液中的溶剂分子既可能在石墨电极表面上发生二维界面电子转移反应而形成阴离子自由基,也可能与锂离子一起共嵌入石墨层间而形成三元的石墨嵌入型化合物。如果溶剂分子的界面电子转移反应占优(如 EC),那么石墨电极可以被其表面上快速形成的 SEI 膜所完全保护,由此可以使得石墨电极表现出良好的电化学嵌脱锂的活性;反之,如果溶剂分子的共嵌入反应占优(如 DME),那么溶剂分子将会过量地嵌入石墨层间而造成石墨剥落,由此便导致石墨电极的失效。

9.3　石墨表面 SEI 膜的化学组成

人们对于石墨表面 SEI 膜的形成机理虽然有不同看法,但是却一致认为 SEI 膜的化学组成物来源于电解液的还原产物[9]。电解液还原产物显然与所用电解液的种类有关,但是否会与所用电极的材质有关呢?为此,Aurbach 和 Cohen[9]曾借助精确的表面分析方法,如傅里叶变换红外谱、X 射线光电子能谱、喇曼谱(FTIR、XPS、RS)等,系统地研究了不同电解液在金属锂电极、石墨电极和贵金属惰性电极上的还原产物的分布情况,结果发现电解液的还原产物只与电解液种类和电极的极化电压有关,而与电极材质无关。由于石墨电极的嵌锂电压又非常接近于金属锂电极上的锂沉积电压,所以石墨表面与金属锂表面在同种电解液中形成的SEI 膜应该具有相同的化学组成。例如,在电解液 LiPF$_6$＋EC＋DEC 中,两者表面的 SEI 膜都是由(LiOCO$_2$CH$_2$)$_2$、Li$_2$CO$_3$、LiF 等组成。

在前文中已提到,锂离子电池中一般使用非水电解液,更准确地说是疏质子的(aprotic)电解液,即电解液中不能含有氢离子。这是因为如果在电解液中同时存在锂离子和氢离子,那么锂离子的嵌入反应显然竞争不过氢离子的还原反应,从而使得锂离子电池不能正常工作。一般而言,非水电解液主要由极性疏质子有机溶剂(如 EC、PC、DMC、EMC、DEC、MF、γ-BL、THF、DME、DEE 等)和过酸性锂盐(如 LiClO$_4$、LiAsF$_6$、LiBF$_4$、LiPF$_6$、LiSO$_3$CF$_3$、LiN(SO$_2$CF$_3$)$_2$等)所组成。表 9.1中归纳给出了上述电解液成分的主要不溶性还原产物[9]。

表 9.1　有机溶剂和锂盐的主要不溶性还原产物[9]

有机溶剂或锂盐	主要不溶性还原产物
EC	LiOCO$_2$CH$_2$CH$_2$OCO$_2$Li、Li$_2$CO$_3$
PC	LiOCO$_2$CH(CH$_3$)CH$_2$OCO$_2$Li、Li$_2$CO$_3$
DMC	CH$_3$OCO$_2$Li、CH$_3$OLi
EMC	CH$_3$OLi、CH$_3$OCO$_2$Li、CH$_3$CH$_2$OLi、CH$_3$CH$_2$OCO$_2$Li
DEC	CH$_3$CH$_2$OCO$_2$Li、CH$_3$CH$_2$OLi

有机溶剂或锂盐	主要不溶性还原产物
MF	HCO_2Li、CH_3Li
γ-BL	$CH_3CH_2CH_2COOLi$
THF	$CH_3CH_2CH_2CH_2OLi$
DME	CH_3OLi
DEE	CH_3CH_2OLi、$LiOCH_2CH_2OLi$
$LiClO_4$	Li_2O、$LiCl$、$LiClO_3$、$LiClO_2$、$LiClO$
$LiAsF_6$	LiF、Li_xAsF_{3-x}
$LiBF_4$	LiF、Li_xBF_{3-x}
$LiPF_6$	LiF、Li_xPF_{5-x}、$Li_xPF_{3-x}O$
$LiSO_3CF_3$	Li_2SO_3、Li_2S、Li_2O、LiF
$LiN(SO_2CF_3)_2$	Li_3N、$Li_2S_2O_4$、LiF、Li_2S、Li_2SO_3、Li_2O

由表 9.1 可以看出,有机溶剂与锂盐在电极上都能产生不溶性还原物质,故两者对 SEI 膜的化学组成或多或少都会有所贡献。不过,Endo 等发现 SEI 膜中主要的化学成分都来自于有机溶剂,特别是有机环碳酸酯类溶剂的贡献。例如,在含EC 电解液中形成的 SEI 膜,其化学组成基本上都由 EC 贡献。

另外,由于实际制备工艺不可能制备出绝对纯净的物质,所以非水电解液中不可避免地含有痕量的杂质成分,如 H_2O、O_2、CO_2、HF 等。这些杂质的存在将会显著减少 SEI 膜中的有机成分。例如,H_2O 的存在会把 SEI 膜中所含的烷基碳酸锂盐(如 $LiOCO_2CH_2CH_2OCO_2Li$)、烷基醇锂盐(如 ROLi)、烷基锂盐(如 CH_3Li)等有机成分转变为 Li_2CO_3;HF 的存在会把 SEI 膜中所含的烷基碳酸锂盐、烷基醇锂盐、烷基锂盐、部分无机锂盐(如 Li_2CO_3)等成分转变为 LiF。有机成分的减少将会导致 SEI 膜中锂离子传递阻抗的增加,由此造成电池功率性能的下降。因此,我们必须严格控制电解液中的杂质含量,以避免在 SEI 膜中引入有害成分。

9.4 石墨表面 SEI 膜形成过程的理论研究

颜剑等[1,10~12]进行如下理论研究:①采用基于密度泛函理论的第一性原理计算方法来研究电解液化学成分的还原反应机理,以期揭示出 SEI 膜化学组成的决定因素;②采用经典相变理论来研究电解液还原产物在石墨电极表面附近电解液中的沉淀机理,以期揭示出 SEI 微观形貌和组织结构的决定因素;③采用多孔薄膜中的物质传输理论来研究储存过程中的石墨电极表面 SEI 膜的生长和演化机理,以期揭示出锂离子电池储存后性能衰减的原因。本节介绍第 1、2 点,第 3 点将在 9.7.2 节介绍。

图 9.3 示意地给出了石墨电极表面 SEI 膜的整个形成过程。由图可看出,整个 SEI 膜的形成过程大致可分为两个阶段:第一阶段,把置于电解液中的石墨电极首次阴极极化到一定程度的低电位后,电解液中已有的某些化学物质,如有机溶剂、锂盐阴离子、杂质分子等,将在石墨电极表面附近发生一连串的电化学或化学反应,结果导致产生新的还原态化学物质,即所谓的电解液还原产物;第二阶段,还原产物中的某些非溶性物质随后从电解液中分离出来,并在石墨电极表面附近沉淀下来,最终便形成了包覆石墨电极表面的一层固体薄膜,即 SEI 膜。

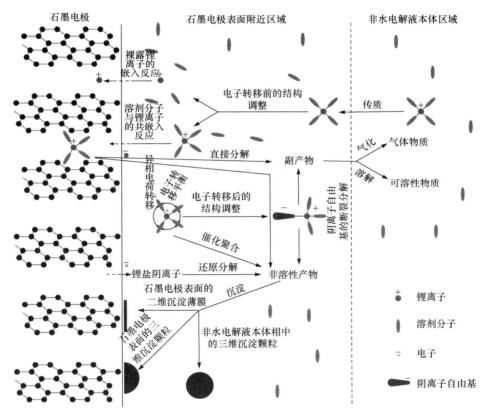

图 9.3　石墨电极表面 SEI 膜的形成过程示意图

9.4.1　还原机理和化学组成

根据第一性原理计算方法,研究了电解液 $LiPF_6$＋EC＋DMC 的还原机理,并得出了如下的重要结果。

(1) 电解液中的配位态溶剂分子相对于同种自由态溶剂分子更容易从外界获

取电子。例如,在电解液 LiPF$_6$＋EC＋DMC 中,配位态 EC 和 DMC 分子相对于自由态 EC 和 DMC 分子更容易从外界获取电子。

（2）置于电解液中的石墨电极,在首次阴极极化过程中会在其表面形成一层由电解液还原产物所组成的固体电解质界面膜(即 SEI 膜)。SEI 膜的化学组成主要取决于电解液中具有较强溶剂化作用的溶剂分子。例如,在电解液 LiPF$_6$＋EC＋DMC 中,由于 EC 的溶剂化作用相对较强,所以石墨电极表面在上述电解液中形成的 SEI 膜主要为 EC 的还原产物所组成。

（3）由锂离子与 EC 分子形成的一阶配位化合物 Li$^+$…(EC),既可从外界获取一个电子而形成单电子还原态的阴离子自由基,又可以从外界获取两个电子而形成两电子还原态的阴离子自由基。所有这些阴离子自由基不仅可以经断裂而形成,还可以经两两聚合而形成一系列的平衡态结构,这其中包括乙烯基二碳酸锂 (CH$_2$OCO$_2$Li)$_2$、丁烯基二碳酸锂(CH$_2$CH$_2$OCO$_2$Li)$_2$、碳酸锂(Li$_2$CO$_3$)、碳锂化合物(LiCH$_2$CH$_2$OCO$_2$Li)、醇锂化合物(LiOCH$_2$CH$_2$OCOCH$_2$CH$_2$OCO$_2$Li)和乙烯(CH$_2$＝CH$_2$)等。

9.4.2　电解液还原物在石墨表面附近的沉淀机理和组织结构

考查石墨多孔电极内某一具体的电活性石墨粉粒中的某一微小区域,具体如图 9.4 所示[10~12]。为叙述方便,我们把垂直并远离石墨端面的方向定义为 x 轴,而把垂直并远离石墨基面的方向定义为 y 轴。

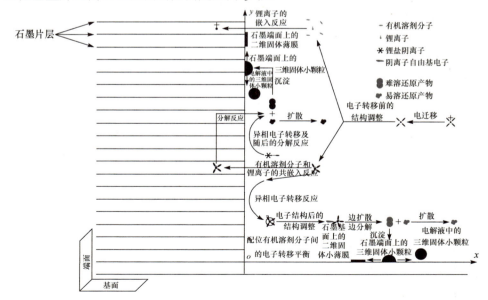

图 9.4　首次阴极极化过程中石墨表面附近的一系列复杂电化学或化学反应

将石墨电极首次阴极极化后,图 9.4 中靠近 y 轴的电解液中的有机溶剂分子和锂盐阴离子都将可能从石墨电极上获取电子而发生还原反应,这主要取决于石墨电极阴极极化时所在的电位值。

当石墨电极极化到 $1.0 \sim 0.8V(vs. Li/Li^+)$ 范围内时,靠近 y 轴电解液中的那些参与溶剂化作用的配位态有机溶剂分子将会优先从石墨电极上获取电子而被还原。还原后的配位态有机溶剂分子将会先转变成一个阴离子自由基中间产物,随后,这些阴离子自由基要么在原地断裂分解而形成最终的还原产物,要么在浓度梯度作用下沿 x 轴的方向扩散迁入电解液的本体相中再选择断裂分解而形成最终的还原产物。此外,部分学者认为配位态有机溶剂分子也有可能选择与锂离子一起越过 y 轴,从而共嵌入石墨片层内以形成一个三元的石墨嵌入型化合物 $[Li(Sol)_xC_y]$。与上述阴离子自由基不同的是,$Li(Sol)_xC_y$ 不能随意移动而只能待在原地分解以形成最终的还原产物。

当石墨电极极化到 $0.65 \sim 0.2V(vs. Li/Li^+)$ 范围内时,未参与溶剂化作用的自由态有机溶剂分子与锂盐阴离子,此时将变得如配位态有机溶剂分子那样,也可以从石墨电极上获取电子而被还原。但值得注意的是,锂盐阴离子从石墨电极上获取电子后并不会像有机溶剂分子那样先转变成中间产物,而是选择在靠近 y 轴的电解液中直接还原分解成最终的还原产物。

当石墨电极极化到 $0.20V(vs. Li/Li^+)$ 以下时,锂离子的嵌入反应将成为石墨电极表面附近的主要反应。除此之外,电解液中的某些杂质成分(如 H_2O 分子等),将会把在高电位时形成的低还原态而又不稳定的还原产物腐蚀掉,最终会将它们全部转变成相对较稳定的高还原态而又稳定的还原产物。

综上所述,由锂盐阴离子形成的还原产物只可能产生于靠近 y 轴的电解液中,而由有机溶剂分子形成的还原产物不仅可以产生于靠近 y 轴的电解液中,也可以产生于远离 y 轴的电解液中。此外,电解液中由有机溶剂分子形成的还原产物的摩尔浓度会随着 x 轴距离的增大而减小,这是因为在越靠近 y 轴的电解液中,能够参与断裂分解的阴离子自由基的数目显然会更多一点。

根据上述结果,可以得出如下重要结论[10~12]:

(1) 石墨电极表面的 SEI 膜不可避免地会呈现出多层结构:即靠近石墨电极表面一侧,SEI 膜基本都由高还原态而比较稳定的无机化合物所组成,并且其结构会相对比较紧密;而靠近电解液一侧,SEI 膜基本都由低还原态而又不稳定的有机化合物所组成,并且其结构会相对疏松。

(2) 石墨电极基面的 SEI 膜主要由有机溶剂分子的还原产物所组成,而石墨电极端面的 SEI 膜则主要由锂盐阴离子的还原产物所组成,而且石墨电极端面

SEI 膜的厚度要大于石墨电极基面 SEI 膜的厚度。

（3）由于组成石墨电极表面 SEI 膜的各固体小核心的长大过程受扩散控制，所以 SEI 膜的厚度会随时间平方根的增加而增加。

9.5　石墨表面 SEI 膜的化学修饰

考虑到石墨表面的 SEI 膜是由电解液的不溶性还原产物所组成，所以有很多学者尝试着在电解液中适当加入某种化学物质，以期更好地修饰 SEI 膜的化学组成，从而使得石墨表面的 SEI 膜能够满足如下要求[13]：

（1）具有接近于零的电子迁移数，以阻止电解液的持续电化学还原反应；

（2）具有足够高的锂离子电导率，以使锂离子快速地嵌入或脱出石墨片层；

（3）具有光滑的表面形貌和均匀的化学组成，以实现电极上的均匀电流分布；

（4）具有较好的石墨表面附着力，以保证 SEI 膜与石墨表面牢固地粘接；

（5）具有较好的抗机械应变能力，以适应石墨在嵌脱锂过程中的体积变化；

（6）具有较低溶解度的化学组成，以保证 SEI 膜不被电解液持续地溶解。

Aurbach 等[14]首先开启了这种尝试性探索。他们在电解液 $LiAsF_6$＋dioxolane 中添加少量的 CO_2 后，能够使原本没有任何电化学嵌锂活性的石墨电极表现出良好的充放电循环性能。此外，Ein-Eli 等[15]又发现在电解液 $LiAsF_6$＋DMC 中适当地加入 SO_2 后，能够显著地提升石墨电极的电化学嵌锂活性。这种神奇的功效可归因于 CO_2 和 SO_2 积极参与了石墨表面 SEI 膜的快速组建。像 CO_2 和 SO_2 这类用来修饰 SEI 膜的化学组成以达到显著提升石墨电极的电化学嵌锂活性的物质，在锂离子电池研究界一般被人们称为成膜剂（SEI-forming agent）。

CO_2 和 SO_2 从效果上来讲虽是良好的成膜剂，但却没有多少实用价值。这是因为添加气态的 CO_2 和 SO_2，不仅会增加电池的制造成本，而且还会给电池带来不必要的安全隐患。为此，人们随后陆续开发了多种液态成膜剂，如碳酸邻苯二酚酯（catechol carbonate，CC）[16]、亚硫酸乙烯酯（ethylene sulfite，ES）[17]、醋酸乙烯酯（vinyl acetate，VA）[18]、碳酸亚乙烯酯（vinylene carbonate，VC）[19]。

对于成膜剂的优选，Morita 等[20]通过大量的实验总结出一条半经验规则：优异的成膜剂应该选用还原电压较高且电化学反应速度较快的化学物质，这样就可以保证电解液中的主要化学成分在大规模参与反应前，成膜剂能够优先快速地在石墨电极上发生电化学还原反应以形成一层有效的 SEI 膜。

上文中 CO_2、SO_2、CC、ES 和 VA 的选取显然满足 Morita 的半经验规则，因为电解液在加入上述成膜剂后,其循环伏安图谱上将会有一个明显的高电位还原峰,而此还原峰即对应着成膜剂在石墨电极上的优先电化学还原反应。可是,加入 VC 后的电解液,其循环伏安图谱上却无明显的高电位还原峰[19]。这是由于 VC 的还原电压与电解液中主要溶剂(如 PC)的还原电压几乎相同,所以两者的还原峰将会重叠在一起而变得无法分辨。

9.6　石墨表面 SEI 膜的组织结构

Peled 等[21]采用电化学阻抗谱(EIS)研究了锂离子在石墨表面 SEI 膜中的传递阻抗,发现整个 SEI 膜的阻抗可以分解为四部分 RC 组元,其中一部分 RC 组元清晰对应着不同颗粒间的接触阻抗。据此,他们认为 SEI 膜其实是由不同化学组成的固体微颗粒相互堆积而成,从而形成了一种马赛克似的(mosaic)多层固相结构,即靠近电极一侧的 SEI 膜结构紧密,而靠近电解液一侧的 SEI 膜结构疏松。为进一步弄清 SEI 膜各层的化学成分分布情况,Bar-Tow 等[22]采用 X 射线光电子能谱(XPS)和 Ar^+ 表面溅射技术,一层一层地分析了 SEI 膜中的化学组成。他们发现,靠近电极一侧的 SEI 膜主要为还原程度较高的无机锂盐所组成,而靠近电解液一侧的 SEI 膜主要为还原程度较低的有机锂盐及部分有机小分子聚合物所组成。

石墨表面 SEI 膜的形成过程将呈现出明显的电压变化特征,即 SEI 膜的组织结构会随着石墨阴极极化电压的变化而变化。Jeong 等[23]曾采用原子力显微镜(AFM)原位观测了石墨电极在首次阴极极化过程中,其表面微观形貌的实时变化信息。他们发现,当石墨电极保持在开路电压(open-circuit voltage,OCV)时,其表面形貌无任何变化;当石墨电极极化到 $1.0 \sim 0.8V$(vs. Li/Li$^+$)范围内时,其表面将会出现少量星点状分布的 $1 \sim 2nm$ 高的类小山状(hill-like)固体颗粒和 $15 \sim 20nm$ 高的类水疱状(blister-like)固相隆块;当石墨电极极化到 $0.65 \sim 0.2V$(vs. Li/Li$^+$)范围内时,其表面将出现更多的小山状固体颗粒和水疱状固相隆块。此外,表面上原有的固体颗粒和固相隆块都将持续长大,最终长成约 40nm 高的固体微颗粒;当石墨电极极化到 $0.20V$(vs. Li/Li$^+$)以下时,其表面的固体微颗粒将会相互连接,从而最终形成一整块的固体薄膜,即 SEI 膜。图 9.5 即给出了石墨电极首次阴极极化过程中,其表面微观形貌的 AFM 实时变化图。Koltypin 等[24]的 AFM 观测结果同样证实了这种结论。

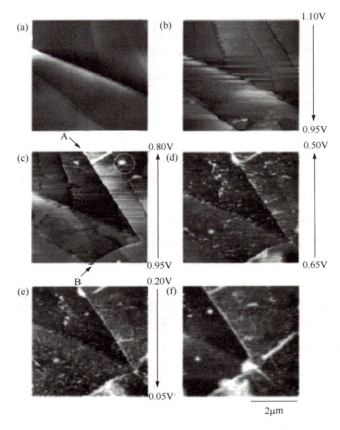

图 9.5　首次阴极极化过程中石墨电极表面微观形貌的原子力显微镜（AFM）实时变化图[23]

9.7　石墨表面 SEI 膜的储存稳定性和演变机理

9.7.1　石墨表面 SEI 膜的储存稳定性

Zane 等[25]曾采用 SEM 和主管信息系统（executive information system，EIS），研究了充电态石墨电极在长时间储存后，其表面 SEI 膜的实时变化情况。他们发现，储存过程中 SEI 膜的微观形貌会发生连续变化，其厚度也会相应增加，最终使得石墨电极与电解液间的界面阻抗不断增加。Broussely 等[26]将充电态的商业化锂离子电池置于不同环境温度下长时间储存后，发现电池的放电容量会随储存时间的增加而逐渐减少，而且衰减的程度会随储存温度的增加而急剧增加。随后，他们又对储存后的电池进行了详细的解剖分析，结果发现电池容量的衰减主要源于石墨表面 SEI 膜的增厚。Yoshida 等[27]曾采用聚焦离子束（focused ion beam,FIB)、扫描电镜(SEM)和 XPS 等测试手段,实际测得石墨电极表面 SEI 膜经储存后的厚度值,结果发现 SEI 膜的厚度会随着储存时间和储存温度的增加而不断增加,其中温度的影响更为明显。

人们虽然已经确认石墨表面的 SEI 膜在长时间储存中会不断增厚,进而导致石墨嵌脱锂容量的衰减,但是对于产生它的原因却似乎存有争议。Broussely 等[26]认为 SEI 膜的电子电导率虽然比它的锂离子电导率小得多,但其实际值却并不为零,所以在储存过程中,少数电子仍可能穿透 SEI 膜而抵达电解液与 SEI 膜的界面处,从而与电解液中的溶剂分子和锂离子发生新一轮的还原反应而产生新的不溶性物质,结果便导致 SEI 膜的增厚和容量的衰减。可是 Ploehn 等[28]却不这样认为,他们在总结了前人对于 SEI 膜结构的认识后,认为 SEI 膜内其实分布有许多微小孔洞,经过长时间储存后,少数溶剂分子仍可由微小孔洞扩散进入石墨电极与 SEI 膜的界面处,从而与嵌锂态石墨中的电子和锂离子发生新一轮的还原反应而产生新的不溶性物质,由此导致 SEI 膜的增厚和容量的衰减。显然,上述两种观点的最大分歧在于:前者认为是电子在 SEI 膜中的流动造成了 SEI 膜在储存过程中的增厚;而后者却认为是溶剂分子在 SEI 膜中的流动造成了 SEI 膜在储存过程中的增厚。

9.7.2　固体电解质界面膜的储存演化机理[1]

SEI 膜在实现石墨电极的可逆电化学嵌脱锂活性方面有着至关重要的作用。当锂离子电池正常工作时,SEI 膜不仅能保证电解液不与石墨电极直接接触而发生电化学还原反应,而且对正常的锂离子嵌入和脱出反应无本质影响。可是从微观角度来看,SEI 膜其实是由众多的不溶性还原产物所组成的固体小颗粒相互堆积在石墨电极表面上形成的一层固相薄膜,如图 9.6 所示[29]。由图可见,在各个固体小颗粒之间总会或多或少地留有部分间隙区域而无固相填充。于是,当电解液有足够时间充分浸润 SEI 膜时,这些无固相填充的间隙区域将会缓慢地被电解液所完全占据。因此,被电解液充分浸润的 SEI 膜实际上可以看成为由液相的电解液和固相的固体小颗粒相互叠在一起形成的多孔薄膜层。在锂离子电池的长时间储存中,电解液中的某些化学成分(以下简称电解液成分)将会通过缓慢的扩散逐渐穿透 SEI 膜,从而由电解液一侧奔向石墨电极一侧。此外,SEI 膜中的电子电导率虽然很低但实际并不为零,故在足够长的迁移时间内,石墨电极中的电子仍可能缓慢地穿透 SEI 膜,从而由石墨电极一侧奔向电解液一侧。

从原理上讲,电解液成分的扩散和电子的迁移应该是可以同时发生的,不过前者主要是在 SEI 膜的液相中进行,而后者则主要是在 SEI 膜的固相中进行。当两者速度相差不大时,电解液成分和电子可以相遇于 SEI 膜中任何一点的液固相界面处,继而发生异相的电化学还原反应,从而产生新的不溶性还原产物。随后,这些新产生出的不溶性还原产物在石墨电极表面附近沉淀下来,要么形成新的固体小颗粒,要么堆积在旧的固体小颗粒之上,最终都会导致 SEI 膜厚度随储存时间的增加而增加。图 9.7 给出了石墨电极表面 SEI 膜的增厚机理。

图 9.6 石墨电极表面 SEI 膜的典型 AFM 微观形貌图

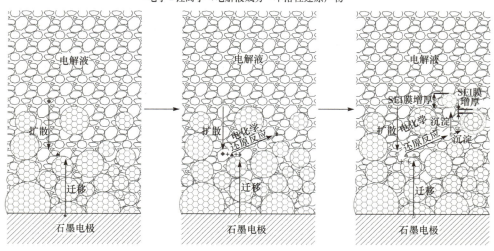

图 9.7 石墨电极表面 SEI 膜的增厚机理示意图

由图 9.7 可见,SEI 膜的增厚过程实际包含有以下四个分步步骤:

(1) 电解液成分在 SEI 膜液相中的扩散步骤;

（2）电子在 SEI 膜固相中的迁移步骤；

（3）电解液成分与电子在 SEI 膜液固相界面处的异相电化学还原反应步骤；

（4）不溶性还原产物在石墨电极表面附近电解液中的沉淀步骤。

不难发现，电解液成分在 SEI 膜液相中的扩散过程，或者电子在 SEI 膜固相中的迁移过程，相对于电解液成分与电子的电化学还原反应过程，以及电解液还原产物的沉淀过程而言，可以说是一个极其缓慢的步骤。此外，电解液成分和电子在 SEI 膜中的含量通常都保持在一个极低的浓度水平内。因此，我们认为相遇于 SEI 膜中（包括电解液/SEI 膜界面和石墨电极/SEI 膜界面）任何一点的液固相界面处的电解液成分和电子都能够相对较快地反应完全，并且由此产生的不溶性还原产物也都能够相对较快地沉淀完全。也就是说，SEI 膜的增厚过程只可能是，或者受控于电解液在 SEI 膜液相中的扩散，或者受控于电子在 SEI 膜固相中的迁移，而电化学还原反应过程或沉淀过程的影响则可以忽略不计。

另外，SEI 膜中锂离子的含量也是影响增厚过程的一个重要物理量，因为电解液成分和电子参与的异相电化学还原反应一般都会伴随有锂离子的消耗。不过，由于 SEI 膜通常都是锂离子的优良导体，所以锂离子在 SEI 膜中的含量始终都可以保持在一个较高的浓度水平之上，因而足以满足任何电化学还原反应的需要。

通过研究发现[1]：

（1）在锂离子电池的长时间储存过程中，石墨电极表面 SEI 膜的厚度会随着储存时间的增加而增加，并且 SEI 膜厚度的增加量与储存时间的平方根满足线性关系，而与储存温度近似满足阿伦尼乌斯关系式。

（2）长时间储存后的锂离子电池，其容量的衰减虽然主要源于 SEI 膜的增厚，但仍有其他因素可能导致电池容量的衰减，所以锂离子电池容量的衰减率与储存时间的平方根只能近似地满足线性关系。

参 考 文 献

[1] 颜剑. 锂离子电池用石墨电极表面固体电解质界面膜的形成和演化机理研究. 中科院上海微系统与信息技术研究所博士学位论文,2009

[2] Hérold A. Recherches Sur Les Composés D′insertion du Graphite. Bull. Soc. Chim. Fr. , 1955,187:999～1012

[3] Fong R, von Sacken U, Dahn J R. Studies of lithium intercalation into Carbons using nonaqueous electrochemical cells. J. Electrochem. Soc. ,1990,137(7):2009～2011

[4] Peled E. The electrochemical behavior of alkali and alkaline earth metals in nonaqueous battery systems-the solid electrolyte interphase model. J. Electrochem. Soc. , 1979, 126 (12): 2047～2051

[5] Peled E, Golodnitsky D. SEI on Lithium, Graphite, Disordered Carbons and Tin-based

Alloys. Balbuena P B, Wang Y. Lithium-Ion Batteries: Solid-Electrolyte Interphase. London: Imperial College Press, 2004:1~69

[6] Besenhard J O, Winter M, Yang J, et al. Filming mechanism of Lithium-Carbon anodes in organic and inorganic electrolytes. J. Power Sources, 1995, 54(2):228~231

[7] Chung G C, Kim H J, Yu S I, et al. Origin of graphite exfoliation: an investigation of the important role of solvent cointercalation. J. Electrochem. Soc. , 2000, 147(12):4391~4398

[8] Aurbach D, Teller H, Levi E. Morphology/behavior relationship in reversible electrochemical Lithium insertion into graphitic materials. J. Electrochem. Soc. , 2002, 149(10):A1255~A1266

[9] Aurbach D, Cohen Y S. Identification of Surface Films on Electrodes in Non-aqueous Electrolyte Solutions: Spectroscopic, Electronic and Morphological Studies. Balbuena P B, Wang Y-X. Lithium-Ion Batteries: Solid-Electrolyte Interphase. London: Imperial College Press, 2004: 70~139

[10] Yan J, Xia B J, Zhang J, et al. Phenomenologically modeling the formation and evolution of the solid electrolyte interface on the graphite electrode for lithium-ion batteries. Electrochimica Acta, 2008, 53:7069~7078

[11] Yan J, Su Y C, Xia B J, et al. Thermodynamics in the formation of the solid electrolyte interface on the graphite electrode for lithium-ion batteries. Electrochimica Acta, 2009, 54(13): 3538~3542

[12] Yan J, Zhang J, Su Y C, et al. A novel perspective on the formation of the solid electrolyte interphase on the graphite electrode for lithium-ion batteries. Electrochimica Acta, 2010, 55(5):1785~1794

[13] Peled E, Golodnitsky D, Menachem C, et al. An advanced tool for the selection of electrolyte components for rechargeable Lithium batteries. J. Electrochem. Soc. , 1998, 145(10):3482~ 3486

[14] Aurbach D, Ein-Eli Y, Chusid(Youngman) O, et al. The correlation between the surface chemistry and the performance of Li-Carbon intercalation anodes for rechargeable'rocking-chair'type batteries. J. Electrochem. Soc. , 1994, 141(3):603~611

[15] Ein-Eli Y, Thomas S R, Koch V R. The role of SO₂ as an additive to organic Li-Ion battery electrolytes. J. Electrochem. Soc. , 1997, 144(4):1159~1165

[16] Wang C, Nakamura H, Komatsu H, et al. Electrochemical behaviour of a graphite electrode in propylene Carbonate and 1, 3-Benzodioxol-2-one based electrolyte system. J. Power Sources, 1998, 74(1):142~145

[17] Wrodnigg G H, Besenhard J O, Winter M. Ethylene sulfite as electrolyte additive for Lithium-Ion cells with graphitic anodes. J. Electrochem. Soc. , 1999, 146(2):470~472

[18] Abe K, Yoshitake H, Kitakura T, et al. Additives-containing functional electrolytes for suppressing electrolyte decomposition in Lithium-Ion batteries. Electrochim. Acta, 2004, 49(26):4613~4622

［19］ Aurbach D，Gamolsky K，Markovsky B，et al. On the use of Vinylene Carbonate(VC) as an additive to electrolyte solutions for Li-Ion batteries. Electrochim. Acta，2002，47（9）：1423～1439

［20］ Morita M，Ishikawa M，Matsuda Y. Organic Electrolytes for Rechargeable Lithium Ion Batteries；Wakihara M，Yamamoto O. Lithium Ion Batteries：Fundamentals and Performance. New York：Wiley-VCH，1998：156～180

［21］ Peled E，Golodnitsky D，Ardel G. Advanced model for solid electrolyte interphase electrodes in liquid and polymer electrolytes. J. Electrochem. Soc. ，1997，144(8)：L208～L210

［22］ Bar-Tow D，Peled E，Burstein L. A study of highly oriented pyrolytic graphite as a model for the graphite anode in Li-ion batteries. J. Electrochem. Soc. ，1999，146(3)：824～832

［23］ Jeong S K，Inaba M，Abe T，et al. Surface film formation on graphite negative electrode in Lithium-Ion batteries：AFM study in an ethylene Carbonate-Based solution. J. Electrochem. Soc. ，2001，148(9)：A989-A993

［24］ Koltypin M，Cohen Y S，Markovsky B，et al. The study of Lithium insertion-deinsertion processes into composite graphite electrodes by *in situ* atomic force microscopy(AFM). Electrochem. Commun. ，2002，4(1)：17～23

［25］ Zane D，Antonini A，Pasquali M. A morphological study of SEI film on graphite electrodes. J. Power Sources，2001，(97,98)：146～150

［26］ Broussely M，Herreyre S，Biensan P，et al. Aging mechanism in Li Ion cells and calendar life predictions. J. Power Sources，2001，(97,98)：13～21

［27］ Yoshida T，Takahashi M，Morikawa S，et al. Degradation mechanism and life prediction of Lithium-Ion batteries. J. Electrochem. Soc. ，2006，153(3)：A576～A582

［28］ Ploehn H J，Ramadass P，White R E. Solvent diffusion model for aging of Lithium-Ion battery cells. J. Electrochem. Soc. ，2004，151(3)：A456～A462

［29］ Hirasawa K A，Sato T，Asahina H，et al. In situ electrochemical atomic force microscope study on graphite electrodes. J. Electrochem. Soc. ，1997，144(4)：L81～L84

第10章　氢镍电池充放电过程的脱嵌理论和导电机理

10.1　引　言

　　氢镍(MH／Ni)电池是一种典型的化学电源,由于它具有比能量高、充放电循环寿命长、承受过充电和过放电的能力强等优点,已广泛应用于许多领域,并成为混合电动汽车动力电池,已引起电化学家,特别化学电源专家的高度注意。电化学家和化学电源专家多从电池的研制和开发、电池的性能及应用方面去研究,关于电极过程中的化学物理和导电物理机理方面的研究几乎没有进行。比如,在 MH/Ni 电池的充放电过程中化学物理行为和物理导电机理的工作都很少。

　　1966 年 Bode 等[1]把 MH/Ni 电池的工作原理描述如下:

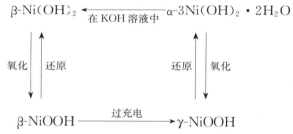

工作原理又被写成下列化学反应式[2]

$$\qquad\qquad\qquad 正\quad极 \qquad\qquad\qquad\qquad\qquad 负\quad极$$

充电　$\beta\text{-Ni(OH)}_2+\text{OH}^-\rightarrow\beta\text{-NiOOH}+\text{H}_2\text{O}+\text{e}^-$　$\text{M}+\text{H}_2\text{O}+\text{e}^-\rightarrow\text{MH(氢化物)}+\text{OH}^-$

放电　$\beta\text{-NiOOH}+\text{H}_2\text{O}+\text{e}^-\rightarrow\beta\text{-Ni(OH)}_2+\text{OH}^-$　$\text{MH}+\text{OH}^-\rightarrow\text{M}+\text{H}_2\text{O}+\text{e}^-$

　　　　总的反应　$\text{M}+\beta\text{-Ni(OH)}_2\Longleftrightarrow\text{MH(氢化物)}+\beta\text{-NiOOH}$

上面关于 MH/Ni 电池工作原理的描述已写入教材和学术专著[3]。

　　上述叙述告诉我们导电的化学机理是:

　　(1) 在充电过程中发生 $\beta\text{-Ni(OH)}_2\rightarrow\beta\text{-NiOOH}$ 相变,H^+ 由这种相变来提供;

　　(2) 在充电过程中发生 $\text{AB}_5\rightarrow\text{AB}_5\text{H}_x$ (氢化物)的转变;

　　(3) 上述两种相变在充放电过程中是完全可逆的。

上述导电机理可称为相变理论。从上述还可知,在电场的作用下,$\beta\text{-Ni(OH)}_2\rightarrow$ $\beta\text{-NiOOH}$相变的驱动力是氧化,$\beta\text{-NiOOH}\rightarrow\beta\text{-Ni(OH)}_2$ 的驱动力是还原,可见氧化-还原都是对 Ni 而言,并都在正极上发生。

1999 年,邢政良等[4]和王超群等[5]报道了充-放电原位 XRD 观测的结果。1C 充 3h(300%)的衍射花样被鉴定为 β-NiOOH 和 γ-NiOOH 两相共存。这似乎给出 MH/Ni 电池导电相变理论的实验证据,但未获得在满充前 β-Ni(OH)$_2$＋β-NiOOH共存或纯 β-NiOOH 相的实验证据。因此,详细研究 MH/Ni 电池充放电过程的化学物理现象和物理导电机理显得十分必要,并具有科学意义与实际意义。

10.2　MH/Ni 电池活化前后 β-Ni(OH)$_2$微结构的对比研究[7,8]

两个样品活化前(.raw)后(.HH.raw)正极活性材料 β-Ni(OH)$_2$的 X 射线衍射花样如图 10.1所示。样品的衍射数据如表 10.1 所示。无论是从衍射花样,还是从表 10.1 的数据均可看出,活化的作用是巨大的,衍射线条被明显宽化了。按文献[8]、[9]和第 2 章给出的方法处理数据后的结果如表 10.2 所示。由这些结果可知:

(1) 活化使晶粒明显细化,特别是垂直 c 晶轴方向的尺度大大减小,从而使微晶形状由矮胖的柱状体转化为近乎等轴晶或多面体;

(2) 活化后在 β-Ni(OH)$_2$中引入微应变;

(3) 活化后层错结构和层错几率也都发生变化。

以上三点是活化前后 β-Ni(OH)$_2$的 XRD 花样发生巨大变化的原因。上述变化是观测活化前后的结果,一般电池活化(或称化成)多是按活化工艺作充放电 2~3 个循环。那么电池在第一次充放电过程中,电极活性材料的结构和微结构又是如何变化的呢？下面将较详细地研究这个问题。

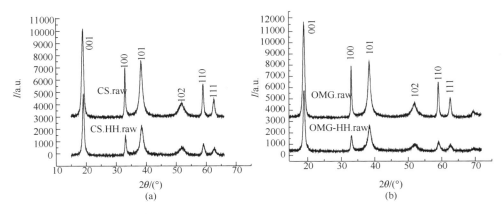

图 10.1　两个样品活化前(.raw)后(.HH.raw)正极活性材料 β-Ni(OH)$_2$的 X 射线衍射花样

表 10.1　三个 β-Ni(OH)₂ 的 X 射线衍射原始数据[半高宽, $B_{1/2}$(°)]

hkl		001	100	101	102	110	111
2θ(°)		19.16	310.20	38.67	52.25	59.16	62.55
CS-PTX	活化前	0.783	0.357	1.394	2.507	0.467	0.752
	活化后	0.672	0.514	1.605	2.536	0.833	1.046
OMG	活化前	0.667	0.322	1.288	2.310	0.379	0.592
	活化后	0.628	0.561	1.569	2.658	0.924	1.147
KL	活化前	0.644	0.342	1.336	2.326	0.409	0.656
	活化后	0.560	0.594	1.319	2.305	1.061	1.143

表 10.2　三个 β-Ni(OH)₂ 衍射数据的分析结果

		D_{001}	D_{100}	$\dfrac{D_{100}}{D_{001}}$	D_{101}	D_{102}	$\bar{D}$	$\bar{\varepsilon}$ /(×10⁻³)	f_D	f_T	f_D+f_T
		/nm			/nm				/%		
CS-PTX	活化前	12.4	310.6	2.792	36.8	28.6	—	—	9.35	10.09	13.44
	活化后	15.0	21.3	1.425	—	—	26.2	10.284	8.31	2.73	11.04
OMG	活化前	15.1	42.7	2.823	48.9	38.1	—	—	8.79	10.73	12.52
	活化后	16.3	19.0	1.165	—	—	35.3	10.703	7.11	10.27	11.38
KL	活化前	15.8	38.6	2.446	46.9	210.5	—	—	9.87	2.24	12.11
	活化后	19.98	17.67	0.931	—	—	57.35	5.961	10.28	10.66	8.94

10.3　充电过程镍电极 β-Ni(OH)₂ 的原位 XRD 研究

　　研究中利用日本 Rigaku 公司提供的充-放电原位 XRD 装置(专利产品)[6]进行充电原位观测。1C 充电几个阶段的原位 XRD 花样如图 10.2 所示。我们能看到在 1C 充 50%,100%,150%,480% 后 β-Ni(OH)₂ 的特征衍射谱中,只有在 1C 充 480% 情况下,不仅观察到 β-Ni(OH)₂ 的特征衍射花样,还观察到 γ-NiOOH 的 003 和 006 衍射峰。该结果表明:

　　(1) 观察到表面的充电深度远小于电池内部,即表面存在严重的滞后效应,为此提出一新的专利[11];

　　(2) 在过充的情况下,是 β-Ni(OH)₂ + γ-NiOOH 共存,而不是 γ-NiOOH + β-NiOOH 共存。

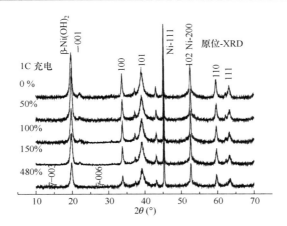

图 10.2　1C 充电不同阶段 β-Ni(OH)₂ 的原位 XRD 花样，CuK

10.4　MH/Ni 电池第一次充放电过程正极活性材料的准动态研究[8,9]

所谓准动态是在充电和放电的不同阶段取样，换言之，电池充电或放电的某些阶段（原始、若干中间态和终态）突然停止，然后解剖电池，取得正负极活性材料作为 XRD 研究分析的样品。分析的内容包括物相鉴定、精细结构（点阵参数、微结构参数）等。

图 10.3(a) 给出充电几个阶段的花样。具体分析内容如下。

10.4.1　物相鉴定

由图 10.3(a) 可知道：

（1）当充电深度是 0％、30％、50％、100％的情况时，正极活性材料属于 β-Ni(OH)₂；

（2）直到充电深度达 140％才析出 γ-NiOOH；

（3）γ-NiOOH 相的含量定性地随充电深度增加而增加。

现在分析 0.2C 充电 120％ 和 140％ 的 XRD 花样。充电 140％ 的结果如图 10.4 所示。由图可看到，0.2C 充电 140％ 后的正极活性物质属于 β-Ni(OH)₂ 和 γ-NiOOH 两相的混合物，而不是 γ-NiOOH 和 β-NiOOH 两相的混合物。因此。1C 充 3h(300％) 的花样被邢政良等[4] 和王超群等[5] 鉴定为 γ-NiOOH 和 β-NiOOH 两相的混合值得商榷。

从 $I_{\gamma\text{-NiOOH}-003}/I_{\beta\text{-Ni(OH)}2001}$ 随过充电百分数的变化关系（图 10.5）可知，γ-NiOOH 相的含量随过充电百分数的增加而增加。

因此，我们能得出结论，在充电过程中，β-Ni(OH)₂ → β-NiOOH 相变确实没有

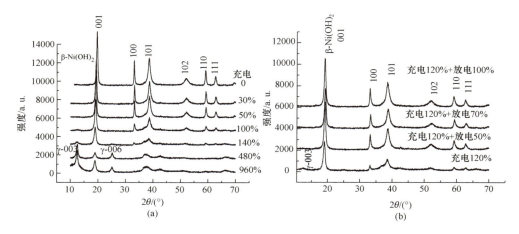

图 10.3　0.2C 充(a)放(b)电几个阶段的正极活性材料 β-Ni(OH)₂ 的 XRD 图谱,CuKα

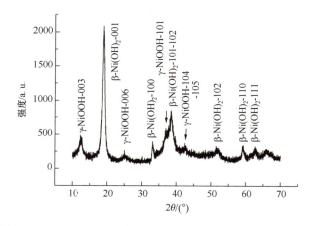

图 10.4　0.2 充电 140% 后正极化学材料 XRD 花样的相分析

发生。由邢政良等[4]和王超群等[5]提供的 β-Ni(OH)₂→β-NiOOH 的实验证据值得商榷。

　　放电态几个阶段 XRD 花样如图 10.3(b)所示。我们能看到,γ-NiOOH 已分解,β-Ni(OH)₂的相结构没改变,但它们的精细结构发生了变化。

10.4.2　β-Ni(OH)₂的点阵参数和宏观应变

　　Jade 程序中的 Refine 已用来测定峰位和半高宽(HWHM)。测定了 β-Ni(OH)₂相点阵参数 a 和 c 随充电深度的变化,并经$(a-a_0)/a_0$ 和$(c-c_0)/c_0$ 换算成宏观应变,如图 10.6 所示。其中,a_0 和 c_0 为未充电时的点阵参数。由图看到,沿 a 轴的宏观应变随充电深度增加而降低,沿 c 轴的宏观应变开始降低,然后增加。放电态大致相反,但并不完全可逆。

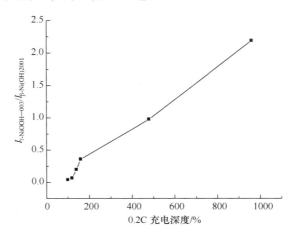

图10.5　$I_{\gamma\text{-NiOOH}-003}/I_{\beta\text{-Ni(OH)}2001}$随过充电百分数的变化关系

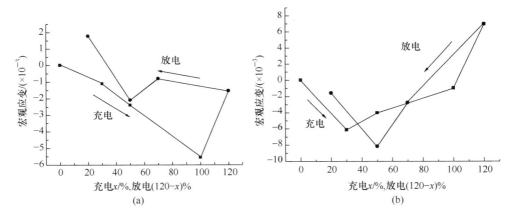

图 10.6　在充放电过程中 β-Ni(OH)$_2$ 相沿 a 轴(a)和 c 轴(b)的宏观应变的变化

10.4.3　在充放电过程中 β-Ni(OH)$_2$ 微结构的变化

用第 2 章描述的分离由微晶-微应变、微晶-层错、微应变-层错和微晶-微应变-层错引起的多重宽化效应的最小二乘法来分析衍射数据。

如果分别仅存在晶粒细化效应或微应变效应,其有关 β-Ni(OH)$_2$ 的(100)和(001)数据如表 10.3 所示。从这些数据可知,若充电使晶粒有所细化,D_{100} 的细化程度比 D_{001} 快得多,D_{100}/D_{001} 随充电百分数增加而减少,但并未使矮胖的柱状晶变为近等轴晶,而放电过程变化不大,这说明以 10.2 节对活化前后的对比观测到的活化使矮胖的柱状晶变为近等轴晶是多(~3)次充放电的结果;若充电引入微观应变,[100]和[001]方向的应变度都随充电深度增加而增加,随放电深度变化不大,但充电的初期 ε_{001} 小于 ε_{100},表明存在微观应变的各向异性。从 $\varepsilon_{001}/\varepsilon_{100}$ 的数据可知,微观应变的各向异性随充电深度的增加而变小。

表 10.3　第一次充放电过程 β-Ni(OH)₂ 晶粒尺度数据

充(放)电深度	β/(°)		晶粒大小 D/nm			微应变 ε/(×10⁻³)		
	100	001	D_{100}	D_{001}	D_{001}/D_{100}	ε_{100}	ε_{001}	$\varepsilon_{001}/\varepsilon_{100}$
充电深度/% 　0	0.447	0.158	19.3	50.6	2.768	6.59	4.11	0.624
30	0.431	0.187	19.0	42.7	2.247	6.36	4.87	0.766
50	0.429	0.180	19.1	44.3	2.319	6.32	4.69	0.742
100	0.553	0.365	14.8	21.8	1.473	8.15	9.53	1.169
120	0.569	0.383	14.6	19.9	1.363	8.26	9.99	1.209
放电深度/% 　50	0.455	0.293	19.0	27.2	1.511	6.70	7.63	1.139
70	0.482	0.294	17.0	27.1	1.594	7.10	7.66	1.079
100	0.445	0.279	19.4	28.5	1.549	6.56	7.29	1.111

在进一步分析晶粒细化和微观应变引起的机理时,在充电过程,如果发生相变,新相在母相中成核长大,可导致晶粒细化,但事实上并没有发生相变,而仅是氢原子离开 β-Ni(OH)₂ 点阵,不可能使晶粒细化,然而引起微观应变是完全可能的,并会使堆垛层错增加。因比,我们假定存在微应变-层错二重效应,β-Ni(OH)₂ 平均微应变($\varepsilon_{Avearge}$)和层错几率($f_D + f_T$)都随充放电过程的变化,如图 10.7(a)和(b)所示。由图可见,充电至 50% 时微观应变增加,随后稍有降低,而堆垛层错先是降低然后增加,放电过程的变化趋势与充电过程相反,但并不完全可逆。

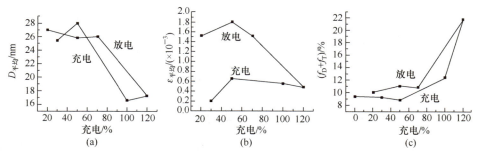

图 10.7　在第一次-充放电过程中 β-Ni(OH)₂ 的 $D_{平均}$(a)$\varepsilon_{平均}$(b)和($f_D + f_T$)(c)的变化

10.4.4　正极活性材料中 Ni 原子价态的光电子能谱分析

为了进一步证明在充电过程中是否出现 +3 价的 β-NiOOH,现选择两个典型样品进行光电子能谱分析,其 $2p_{3/2}$ 扫描曲线如图 10.8 所示。一般不能从扫描图直接获得数据,而以 C-1s 的实测峰位与其标准峰位(284.6eV)相比较,求得校正量。用其去校准 Ni-2p$_{2/3}$ 实测峰位,其结果如表 10.4 所示,可见两个样品中均未观测到＋3 价的 Ni^{+3},充电 50％样品的 Ni-2p 峰位为 854.6eV,与 858.2eV 相差甚远。

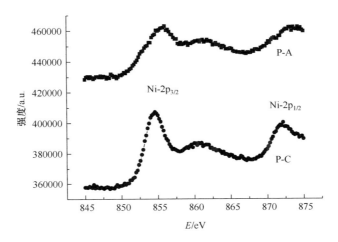

图 10.8　β-Ni(OH)$_2$ 未充电态(P-A)和 0.2 充电 50％(P-C)的
X 射线光电子能谱曲线

表 10.4　典型样品的 X 射线光电子能谱的数据分析

		C-1s/eV			Ni-2p$_{3/2}$/eV		标准值/eV			
		标准值	实验值	修正值	实验值	修正后	Ni	Ni(OH)$_2$	NiOOH	NiO
P-A	未充电	284.6	287.5	-2.7	858.7	856.0	852.7	856.2	858.2	854
P-C	充电 50％		285.9	-1.3	855.9	854.6	852.0	856.0		

10.5　在充放电过程中负极活性材料 AB$_5$ 的准动态研究

充放电几个阶段的负极活性材料 AB$_5$ 的 XRD 图谱如图 10.9 所示。从整体来看,AB$_5$ 合金的结构在充电过程中没有明显变化,但精细结构和微结构有变化。

图 10.10(a)～(c)分别给出 AB$_5$ 的点阵参数 a 和 c 以及微应变 ε 在充放电过程中的变化曲线。由图可见,点阵参数 a 和 c 都随充电深度增加而增加,微应变 ε 也随充电深度增加而增加。放电情况正好相反,但并恢复到原始状态,这表明在充放电过程中存在某些不可逆因素。

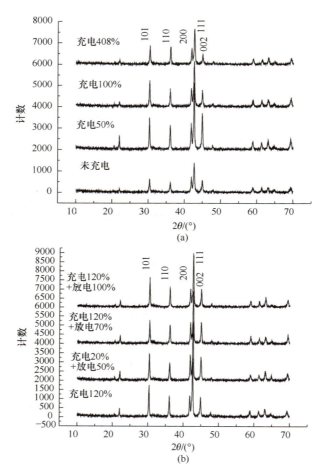

图 10.9　充(a)放(b)电几个阶段的负极活性材料 AB$_5$ 合金的 XRD 图谱

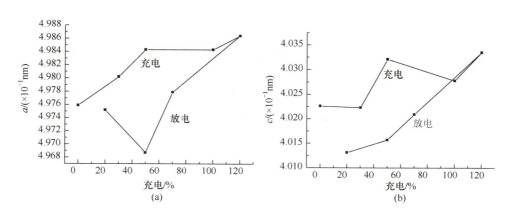

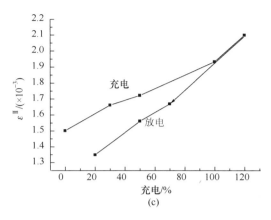

图 10.10　在充放电过程中 AB₅ 结构参数的变化

(a)点阵参数 a；(b)点阵参数 c；(c)微应变 ε

10.6　电极活性材料在充放电过程中脱嵌理论[8~10]

10.6.1　充放电过程中 β-Ni(OH)₂ 的脱嵌行为

β-Ni(OH)₂ 属六方结构，$P\bar{3}m1$(No.164)空间群，单胞中有 1 个分子，即 1 个镍原子，2 个氧原子和 2 个氢原子，共 5 个原子。它们在单胞的晶体学位置是：

原子	位置	x	y	z
Ni	1a	0	0	0
H	2c	0	0	$\pm 1/4$
O	2d	1/3	2/3	± 0.222

其晶体结构模型和化学键合情况如图 10.11 所示。由图可知，Ni 和 O 之间化学键较强，而 H 和 O 之间要弱得多。当不存在堆垛无序时，Ni—O 层按 $ABAB\cdots$ 顺序堆垛，氢分两层嵌在 Ni—O 层之间。第 10.4～10.5 节的实验结果已充分证明，在 MH/Ni 电池的充电过程确实没发生从 β-Ni(OH)₂ 到 β-NiOOH 的相变。H⁺ 不是由这种相变来提供。β-Ni(OH)₂ 的点阵参数 a 和 c 随充电的进程而降低，沿 a 轴的宏观应变随充电深度增加而降低，沿 c 轴的宏观应变开始降低，然后增加。这表明氢原子离开 β-Ni(OH)₂ 的 00±1/4 点阵位置，并留下空位，这使得 β-Ni(OH)₂ 点阵畸变，层错几率也增加。只有当离开 β-Ni(OH)₂ 点阵的氢原子足够多，使 Ni∶O∶H 从 1∶2∶2 降到 1∶2∶1 时，NiOOH 才从 β-Ni(OH)₂ 中析出。在充电 50% 的样品未观测到 +3 价的 Ni-2p₃/₂ 光电子能谱峰，进一步证明了这点。

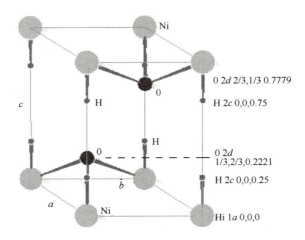

图 10.11　β-Ni(OH)$_2$ 的晶体结构模型和化学键合情况

现在有一种说法，当 β-Ni(OH)$_2$→β-NiOOH 时，晶胞体积缩小 15%，而当 β-Ni(OH)$_2$→γ-NiOOH 时，体积缩小 18%。这个 18% 数据似有误。当 β-Ni(OH)$_2$ →γ-NiOOH 时，晶胞体积增大到 262.9%（表 10.5）。

表 10.5　β-Ni(OH)$_2$、β-NiOOH 和 γ-NiOOH 的相关数据

	β-Ni(OH)$_2$	β-NiOOH	γ-NiOOH
	六方结构（$P\bar{3}m1$）	六方结构	六方结构
PDF 卡号 No.	03-0177	06-0141	06-0075
Ni 的价态	Ni^{+2}	Ni^{+3}	Ni^{+3}
a/Å	3.126	2.81	2.828
c/Å	4.605	4.84	20.569
V/Å^3	38.97	33.10	141.45
晶胞体积的增加率/%	0.00	−15.07	+262.98
密度/(g/cm^3)	3.948	4.62	3.890
分子数目/ 单胞	1	1	4
V/(Å^3/分子)	38.97	33.10	35.36
一个分子所占体积的变化率/%	0.0	−15.0	−9.3

更合理地，应该考虑单胞中每个分子所占体积的变化。这样，β-Ni(OH)$_2$→β-NiOOH 时，每个分子所占晶胞体积缩小 15.0%，而当 β-Ni(OH)$_2$→γ-NOOH 时，仅缩小 9.3%，见表 10.5 的最后一行数据。能看出，发生 β-Ni(OH)$_2$→ γ-NOOH，而不发生 β-Ni(OH)$_2$→β-NiOOH 相变更为合理。

10.6.2 充放电过程中 AB₅ 合金的脱嵌行为

储氢合金 AB_5（$LaNi_5$）属六方结构，$P6/mmm$（No. 191）空间群，单胞中存在 1 个分子，即 1 个 La 原子和 5 个 Ni 原子。它们在晶胞的晶体学位置是：

原子	位置	坐标
La	1a	0 0 0
Ni-1	2c	1/3 2/3 0；2/3 1/3 0
Ni-2	3g	1/2 0 1/2；0 1/2 1/2；1/2 1/2 1/2

晶体结构模型和化学键合情况如图 10.12 所示。

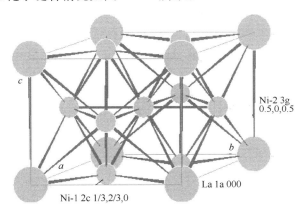

图 10.12 $LaNi_5$ 的晶体结构模型和化学键合情况

从 10.5 节的实验结果可知，在充电和过充电的情况下，AB_5 的结构无明显的变化，但点阵参数 a、c 和微观应变随充电过程的延长而增加，这表明在充电进行到一定阶段前，氢原子能占据 AB_5 点阵的间隙位置而形成 $AB_5\text{-}2x H$ 固溶体。只有当晶胞体积由于氢原子的嵌入而增加到一定百分数时才能形成 $AB_5 H_x$ 化合物。

将查到的 $LaNi_5 H_x$ 的点阵参数 a、c 和单胞体积 V 与 x 的关系列入表 10.6 中，本实验结果列入表 10.6 右侧。由表可以看到：①当 $LaNi_5 H_x$ 中 $x=0.40$ 时，晶胞体积的变化仍小于 1%，这表明当 $x=0.40$ 时，氢原子处在间隙位置，因此当充电深度达 140% 时，氢原子仍处在间隙位置；②由于氢原子嵌入 AB_5 点阵，点阵参数 a、c 和微观应变增大，充电或过充电使得负极活性材料发生畸变；③放电过程与充电过程相反，但并不完全可逆。由此看来，即使过充电达 140%，氢原子还是处在间隙位置，尚未形成氢化物。

表 10.6 LaNi$_5$H$_x$ 和 AB$_5$H$_x$ 的点阵参数 a、c 和晶胞体积 V 随 x 的变化

参考文献中 LaNi$_5$H$_x$ 的数据							本实验研究测得 AB$_5$H$_x$ 的数据		
LaNi$_5$H$_x$ 中的 x	PDF. Card No	空间群	a/Å	c/Å	V/Å^3	$(V-V_0)$ /V_0	充电/%	V/Å^3	$(V-V_0)$ /V_0
0.00	42-1191	$P6/mmm$	5.013	3.984	86.70	0.00		88.148	0.00
0.15	33-0518	$P6/mmm$	5.025	3.988	87.21	0.60	0.2C 50	88.183	0.04
0.26	83-2139	$P6/mmm$	5.025	3.988	87.21	0.60	0.2C 100	88.289	0.16
0.40	84-1312	$P6/mmm$	5.025	3.991	87.27	0.68	0.2C 140	88.390	0.27
3.00	80-0307	$P6/mmm$	5.302	4.066	98.98	14.19	0.1C 480	88.614	0.53
3.12	79-2070	$P6/mmm$	5.302	4.066	98.98	14.19			

这一实验结果证明,至少在充电到一定百分数前,氢原子以间隙形式固溶在 AB$_5$ 合金中形成 AB$_5$-$2x$H 固溶体,而不形成氢化物 AB$_5$H$_x$,只有当氢原子在 AB$_5$ 合金中的浓度达到一定值时才形成 AB$_5$H$_x$,换言之,当固溶在 AB$_5$ 合金的氢原子使晶胞体积增加到一定值时,才形成 AB$_5$H$_x$。

10.7 MH/Ni 电池充放电过程的导电机理

研究发现,在充电过程的确没有发生 β-Ni(OH)$_2$→β-NiOOH 的相变,只有在满充和过充时,才有部分 β-Ni(OH)$_2$ 转变成 γ-NiOOH,且一直是 β-Ni(OH)$_2$ 和 γ-NiOOH 两相共存;在充电过程不是由 β-Ni(OH)$_2$→β-NiOOH 相变来提供氢离子。可见在充放电过程中,不是 Ni^{+2} 价的 β-Ni(OH)$_2$ 被氧化成 Ni^{+3} 价的 β-NiOOH,也不是 Ni^{+3} 价的 β-NiOOH 被还原为 Ni^{+2} 价的 β-Ni(OH)$_2$,而是氢原子分别在正极和负极被氧化和被还原。

假如在充电过程,β-Ni(OH)$_2$ 也被氧化,Ni 原子失去一个电子,该电子与 H 原子失去的那个电子一起通过外电路做功,并到达负极。通过内电路从正极到达负极的 H$^+$ 获得一个电子变为 H 原子而嵌入 AB$_5$ 点阵,这样就会在负极多出一个电子,造成负极的负电荷积累、电池电荷的不平衡。这反证了在充电过程不存在 β-Ni(OH)$_2$ 被氧化(Ni 失去电子)的问题。

如果在充放电过程中发生相变,Ni 原子被氧化和还原,那么这种氧化-还原都在正极上发生,而且是分别在充电和放电时发生,这与化学电源在实现化学能直接转换成电能的过程中必须具备两个必要条件之一:"无论是充电还是放电,必须把化学反应中失去电子(氧化)过程和得到电子(还原)过程分隔在正、负两个电极上进行"相矛盾。可见,导电的相变理论是不能成立的。

由上述实验研究和理论分析可得出结论,导电离子是氢离子,其由氢原子在正负极活性材料中的脱嵌提供。10.6 节已描述了氢原子在正负极活性材料中的脱嵌行为。其导电机理如下:

MH/Ni 电池的充电过程是从负极-电解液界面开始的,在电场的作用下,电解液中的 KOH 和/或 NaOH 离解出 H^+,通过负极-电解液界面获得电子还原成氢原子,进入 AB_5 合金六方的间隙位置,继后氢离子就像接力赛那样从正极向负极迁移,其结果是在正极-电解液界面 H^+ 浓度降低,那么正极活性物质 β-Ni(OH)$_2$ 中处在 $2c$ 晶体学位置的 H 原子离开点阵,并失去电子,变成 H^+,通过正极-电解液界面进入电解液,这样形成正极一边 H 原子离开 β-Ni(OH)$_2$ 点阵,负极一边 H 原子嵌入 AB_5 合金间隙位置的 H^+ 从正极定向流向负极的充电导电过程。只有当 β-Ni(OH)$_2$ 中 Ni : O : H 从 1:2:2 减到 1:2:1 的区域时,才会发生从 β-Ni(OH)$_2$ 到 γ-NiOOH 的相变,且 β-Ni(OH)$_2$ 和 γ-NiOOH 两相共存,使得 MH/Ni 电池有极大的过充量。当过充电较大时,才会在负极活性物质中析出氢化物 AB_5H_x。

放电过程与充电过程相反,在反向电场的作用下,电解液中的 KOH 和/或 NaOH 离解出 H^+,通过正极-电解液界面获得电子还原成氢原子,回嵌入 β-Ni(OH)$_2$ 点阵位置,然后氢离子就像接力赛那样从负极向正极迁移,其结果是在负极-电解液界面 H^+ 浓度降低,那么负极活性物质 AB_5 中的 H 原子离开点阵,并失去电子,变成 H^+,通过负极-电解液界面进入电解液,这样形成负极一边 H 原子离开 AB_5 点阵,正极一边 H 原子回嵌入 β-Ni(OH)$_2$ 点阵位置的 H^+ 从负极定向流向正极的放电导电过程。

简言之,MH/Ni 电池的物理导电机理是在正负极活性材料中脱嵌和回嵌形成的氢离子在电极间的定向迁移运动。因此,能写出下列反应式:

　　　　　　　在正极　　　　　　　　　　　　　　　　在负极

充电　β-Ni(OH)$_2 \rightarrow \beta$-Ni(OH$_{1-x}$)$_2 + 2x$H$^+ + 2x$e$^-$　　　$AB_5 + 2x$H$^+ + e^- \rightarrow AB_5$-$2x$H(固溶体)

$$0 < x < 0.50$$

过充电　2β-Ni(OH)$_2 \rightarrow \beta$-Ni(OH)$_2 + \gamma$-NiOOH$+$H$^+ + 2x$e$^-$　　　$AB_5 + H^+ + e^- \rightarrow$ AB_5H(氢化物)

放电　β-Ni(OH$_{1-x}$)$_2 + 2x$H$^+ + e^- \rightarrow \beta$-Ni(OH)$_2$　　　AB_5-$2x$H$\rightarrow AB_5 + 2x$H$^+ + 2x$e$^-$

充放电的总反应　　β-Ni(OH)$_2 + AB_5 \longleftrightarrow \beta$-Ni(OH$_{1-x}$)$_2 + AB_5$-$2x$H(固溶体)

过充放电总反应　　β-Ni(OH)$_2 + AB_5 \longleftrightarrow \beta$-Ni(OH)$_2 + \gamma$-NiOOH$+AB_5$H(氢化物)

参 考 文 献

[1] Bode H, Dehmel T K, Witte J. Zur kenntnis der nickelhydrox-idelktode —I. U ber das nickel (Ⅱ)-hydroxidhydrat. Electrochim Acta, 1966, 11: 1079 ~1087

[2] Shukla A K, Venugopalar S, Hariprakash, et al. Nickel-based rechargeable batteries. J. Power Sources, 2001, 100: 125~148

[3] 李国欣. 新型化学电源技术概论. 上海: 上海科学技术出版社, 2007: 172~218

[4] 邢政良, 李国勋, 王超群, 等. 镍电极在充放电过程中的 XRD 原位观测. 电源技术, 1999, 23(2): 140~142

[5] 王超群, 邢政良 王宁, 等. 镍电极上 γ-NiOOH 的定量相分析. 电源技术, 1999, 23(6): 328~331

[6] Ulrik P, Lars E, Javier G G, et al. On the misuse of the structure model of the Ni electrode material. J. Powe Source, 2001, 25(1): 15~25

[7] Lou Y W, Yang C Z, Zhang X G, et al. Comparative study on microstructure of β-Ni(OH)$_2$ as cathode material for Ni-MH battery. Science in China: Series E: Tech. Sci. , 2006, 49(3): 297~312; 娄豫皖, 杨传铮 张熙贵, 等. MH-Ni 电池中正极材料 β-Ni(OH)$_2$ 微结构的对比研究. 中国科学, E 辑, 技术科学, 2006, 36(5): 467~482

[8] 李玉霞, 杨传铮, 娄豫皖, 等. MH/Ni 电池充-放电过程中导电物理机理的研究. 化学学报, 2009, 67(9): 901~909

[9] 李玉霞. MH/Ni 电池与电极活性材料精细结构间的关系. 中科院上海微系统与信息技术研究所硕士学位论文, 2009

[10] 杨传铮, 娄豫皖, 夏保佳. 镍-氢电池充放电过程中的化学物理现象和机理. 吉首大学报(自然科学版), 2009, 30(6): 54~58

[11] 娄豫皖, 杨传铮, 张建, 等. 一种用于电极充放电过程的 X 衍射原位测试装置. 发明专利 CN 100373168C

第 11 章　石墨/LiCoO₂和石墨/Li(Ni₁/₃Co₁/₃Mn₁/₃)O₂电池充放电过程机理

$Li(Ni_xCo_yMn_{1-x-y})O_2$ 中的 x,y 可等于 $0\sim1$，如果 $x=0,y=1$，则为 $LiCoO_2$；如果 $x=0.4,y=0.6$，则为 $Li(Ni_{0.4}Co_{0.6})O_2$；如果 $x=1/3,y=1/3$，则为 $Li(Ni_{1/3}Co_{1/3}Mn_{1/3})O_2$。可见，石墨/$Li(Ni_xCo_yMn_{1-x-y})O_2$ 包括许多种电池，但因为它们的正负极活性材料的晶体结构相同，放在一起讨论，并以石墨/$LiCoO_2$ 和石墨/$Li(Ni_{1/3}Co_{1/3}Mn_{1/3})O_2$ 两种电池为代表。

锂离子电池是 20 世纪 90 年代初发展起来的新一代绿色高能电池，具有能量密度大、工作电压高、循环寿命长和自放电率低等特点，已得到广泛应用。$LiCoO_2$ 具有容量高、放电电压平稳、寿命长、性能稳定的特点，是目前锂离子电池首选的正极材料。然而，在对其进行的众多的研究中，很少有研究者关注电极活性材料在充-放电过程中的结构变化和锂的脱嵌行为。1992 年，Reimers 和 Dahn[1] 利用在线(in situ)X 射线衍射装置研究发现，当 Li_xCoO_2 在充电过程 $x=0.5$ 时，由于点阵畸变，O—Li—O—Co—O—O…，$ABCABC$…堆垛的 $R\text{-}3m$ 菱形结构转变为单斜结构。Amatucci 等[2] 认为电池在满充(即 $x=0$)时正极最终物是 CoO_2，具有六方结构。McBreen 等[3,4] 用在线同步辐射 X 射线($\lambda=1.195\text{Å}$)衍射方法研究 $Li_{1-x}CoO_2$ 在充电过程中的相变时，总结出：当 $0.75<x<0.85$ 时，$Li_{1-x}CoO_2$ 变为单斜结构的 M2 相；当 $0.77<x<1.00$ 时，从 $CdCl_2$-型的六方相 H2 变为 CdI_2-型的 O1a 相，最后变为 O1 相。O1a 相属 $P63mc$ 空间群，$a=4.24\text{Å}$，$c=6.864\text{Å}$，O1 相为 CoO_2。然而，这些研究只关注电池充电时 $LiCoO_2$ 材料的相变，并未涉及其微结构(包括微晶和微应变等)的变化，同时也未把电池作为一个整体，系统研究其在充放电过程中正负极活性材料的结构变化。

目前，产业化的锂离子电池虽多以 $LiCoO_2$ 为正极活性材料，但出于安全性和综合性能的考虑，同为层状结构的 $Li(Ni,Co)O_2$ 和 $Li(Ni,Co,Mn)O_2$ 材料被认为是 $LiCoO_2$ 最有希望的替代品[5,6]。作为锂离子电池正极材料，近年来，对 $Li(Ni,Co,Mn)O_2$ 的研究很多[7~9]，产业化速度也在逐步加快。六方石墨是目前锂离子二次电池用得最多的负极活性材料，其品质(包括石墨化度 g 和堆垛无序度 P)与电池的容量和性能有重要关系。

目前对于锂离子电池正负极活性材料的报道，多侧重于材料的制备、电化学性能以及制成电池后的充放电性能的研究[10]，很少有涉及充放电过程中正负极活性材料的精细结构的变化。本章介绍利用 X 射线衍射的方法，系统而又较仔细地研究了石墨/$LiCoO_2$[11]和石墨/ $Li(Ni_{1/3}Co_{1/3}Mn_{1/3})O_2$[12]两种锂离子电池在充放电过程中正负极活性材料的晶体结构和微结构的变化,以深入了解电极活性材料中锂嵌脱的物理过程和电池工作的物理机理。

11.1　充放电过程负极活性材料的结构演变

18650 型石墨/$LiCoO_2$锂离子电池充放电过程中典型阶段负极材料石墨的 XRD 花样分别如图 11.1(a)和(b)所示。为了对它们作进一步的物相分析,特别把图 11.1 的局部放大图和 PDF 卡中各相特征峰位分别示于图 11.2 中。从图中可以看出,在电池的充放电过程中,负极石墨发生了有规律的结构演变。在电池充电初期(充电 10%),负极材料仍表现石墨的特征峰,只是其向低角度偏移,同时发生宽化;电池继续充电,负极材料由石墨结构依次向 LiC_{24}、LiC_{12} 和 LiC_6 演变。在这一系列的相变过程中,负极材料中存在着两相共存的时刻,如电池充电 20% 时,负极中为石墨与 LiC_{24} 相并存;充电 40%~60%,负极中为 LiC_{12} 和微量 LiC_6 相并存;在随后的充电过程中,负极材料中 LiC_{12} 的特征峰强度减小,LiC_6 的特征峰强度增大,表明 LiC_{12} 和 LiC_6 相的含量发生了变化,直至电池充电到 125%,负极中 LiC_{12} 相消失,负极材料完全转变为 LiC_6 相。

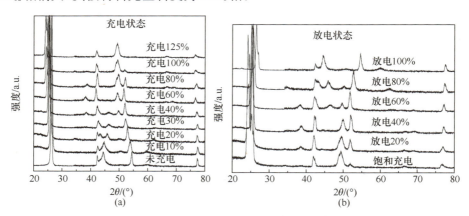

图 11.1　18650 型石墨/$LiCoO_2$锂离子电池充放电过程中
几个主要阶段负极材料石墨的 XRD 花样

对上述现象可作如下解释,电池充电时,Li 原子嵌入石墨点阵中碳原子六方网格间的间隙位,首先形成臣溶体,这不会破坏石墨结构,表现为电池充电,10% 时负极仍表现石墨的特征峰,随后固溶体逐渐达到饱和,即电池充电 20% 后,负极才会析出 LiC_{24}、LiC_{12} 和 LiC_6 化合物相。

电池的放电过程基本是其充电时的逆过程。但是,对比电池充放电时负极材

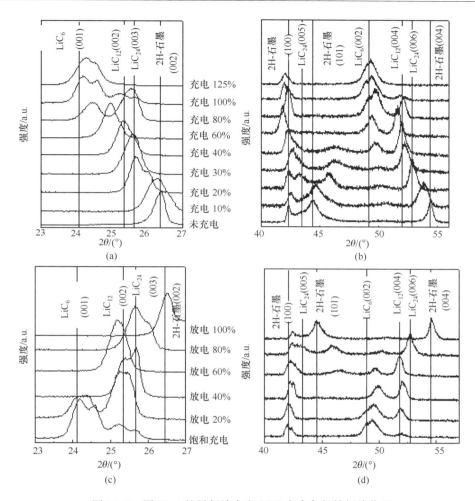

图 11.2　图 11.1 的局部放大和 PDF 卡中各相特征峰位置

料的几个典型阶段 XRD 花样可以发现,负极材料在电池的充放电过程中的相变并非完全可逆。利用 Jade 6.5 软件对 XRD 谱进行拟合后,对所得到的数据进行如下计算分析。

11.1.1　石墨/LiCoO₂电池充放电过程中石墨宏观应变的变化

沿石墨 a 轴和 c 轴的宏观应变随电池充放电深度的变化曲线如图 11.3 所示。由图可知,沿 a 轴的宏观压应变先随电池充电百分数的增加而增加,30%后压应变逐渐降低,随后变为张应变;而沿 c 轴的宏观应变为张应变,并随充电深度增加而增加。这表明,Li 原子嵌入石墨时优先进入碳原子六方网格间的间隙位置,导致石墨点阵尺寸增大。但在其中某个阶段沿 a 轴和 c 轴的宏观应变值发生波动,这可能与相变有关。放电过程石墨沿 a 轴和 c 轴的变化规律与充电过程相反,但两者的变化曲线不重合,且放电结束后,都不再恢复到未充电时的值。这说明在整个电池的充放电过程中,负极的嵌脱锂过程不是完全可逆的。

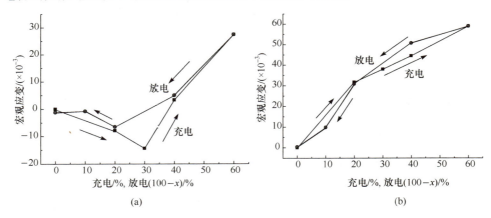

图 11.3　石墨/LiCoO₂电池沿石墨 a 轴(a)和 c 轴(b)宏观应变随充放电深度的变化

11.1.2　石墨/LiCoO₂电池中石墨微应变和堆垛无序的变化

真实线形包含了晶体不完整性(如小的晶粒尺寸和微畸变)的信息,衍射线条宽化效应可由微晶细化引起,也可由微观应力和晶体缺陷引起,或者多种效应同时存在。下面结合求解石墨微应变和堆垛无序度的计算过程对此方法进行简要介绍。

锂离子的嵌入引起石墨点阵的微应力的变化是合理的,其还可能引起堆垛无序的改变。在充放电过程可以忽略晶粒的细化效应,故仅存在微应变-堆垛无序二重效应。

由图 11.1 可知,在绝大多数情况下,在负极样品的 XRD 谱中,仅能获的 002、100、101 和 004 四条衍射线的 FWHM 数据,不能获得有效的 102、103 和 202 的 FWHM 数据,换言之,不能满足 $n_{偶数}n_{奇数} \geqslant 2$ 的要求,不能用一般的最小二乘方法求解[15~17]。但可用下述简化方法求解,即如果微晶的形状为多面体或近等轴晶,ε_{002}、ε_{100}、ε_{004}大致相等,则求得

$$\bar{\varepsilon} = (\varepsilon_{002} + \varepsilon_{100} + \varepsilon_{004})/3 \tag{11.1}$$

代入下式

$$\frac{\beta_{101}\cos\theta_{101}}{\lambda} = \frac{\cos\phi_{Z101}}{2c}\frac{\cos\theta_{101}}{\lambda}P + \bar{\varepsilon}\frac{4\sin\theta_{101}}{\lambda} \tag{11.2}$$

代入有关数据得

$$0.601C\beta_{101} = 9.0806 \times 10^{-3}P + 0.9810\bar{\varepsilon} \tag{11.3}$$

即可求得 $P^{[15]}$。其 ε 和 P 计算结果分别如图 11.4(a) 和 (b) 所示。由图可见,电池充电初期(到 10％SOC),负极材料的微应变随电池荷电百分数的增加而增加,这是由于 Li 嵌入石墨层间所导致;但继续充电,负极材料的微应变基本保持不变,这与负极中发生相变有关。而堆垛无序度的变化比较复杂,其在电池充电过程中发生波动,这也与负极相变有关。在电池的放电过程中,ε 和 P 的变化趋势大致与充电过程相反,但出现拐点的位置不与充电时相重合,说明负极材料在电池的充放电过程中的微结构变化并非完全可逆。

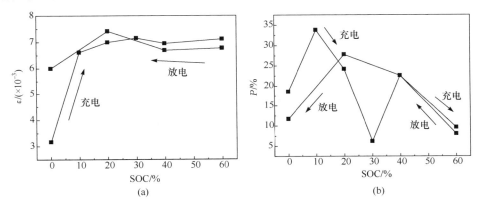

图 11.4　石墨/LiCoO$_2$ 电池中石墨的微应变 ε(a) 和堆垛无序度 P(b)
随电池充放电荷电态(SOC)的变化

11.2　石墨/LiCoO$_2$ 电池正极活性材料的结构演变 和微结构研究[11]

11.2.1　正极活性材料的相分析

充放电不同阶段正极活性材料 LiCoO$_2$ 的 XRD 花样如图 11.5(a) 和 (b) 所示。从图中可以看出,在电池充电过程中,正极材料 XRD 花样中 (006) 峰的变化较显著,电池充电初期(充电 10％)其先发生分裂,随电池荷电态继续增加,其向低角度移动,最后消失;其他衍射峰除发生微小偏移外并无其他明显变化。

为了清楚考察电池充电 10％～30％ 时正极材料的结构变化,将三条衍射谱图经过去除 Kα_2 成分后放大,如图 11.6 所示。由图可见,从电池充电至 10％ 开始,谱图中 (006)、(015)、(107) 和 (018) 四条衍射峰均分裂为两个峰,对应于各峰的晶面指数 (hkl) 可以看出,l 值较大或越大的衍射线分裂越明显;同时发现,充电初期(充电 10％)各峰分裂后均是低角度峰(左峰)的强度小于高角度峰(右峰),随着电池继续充电(至 20％),低角度峰强度增加,高角度峰强度减弱,两峰强度对比发生反转。把这两个峰分别作为两个独立的相来计算其晶格参数,如下:

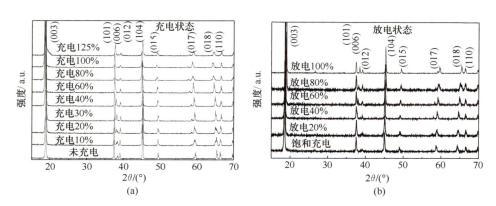

图 11.5　18650 型石墨/LiCoO₂ 电池充放电几个主要阶段正极活性材料的 XRD 花样

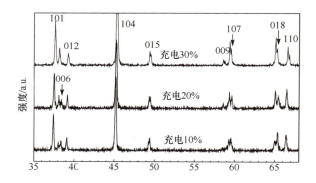

图 11.6　电池充电 10%、20% 和 30% 时正极材料经去除 Kα₂后的 XRD 花样

电池充电 20% 时,低角度峰对应的晶格参数:$a = 2.8114\text{Å}$, $c = 14.1670\text{Å}$;高角度峰对应的晶格参数:$a = 2.8104\text{Å}$,$c = 14.0983\text{Å}$。可以看出,两相的晶格尺寸不同,但从特征峰来看,两相均仍为 LiCoO₂ 相。基于上述分析有如下解释,电池充电初期(充电至 10%),由于 Li 从 LiCoO₂ 晶格中脱出,使得材料晶格尺寸发生变化,未脱 Li 的 LiCoO₂ 晶格参数不变,因此出现两个 $R\text{-}3m$ 相,把新生相称为缺锂相;电池继续充电,随着 Li 不断脱出,两相特征峰相对强度反转,表明缺锂相含量增加,原始相含量减少。这清楚表明,LiCoO₂ 脱 Li 有一个从电极表面到内层的过程。

同时,由图 11.5(a) 可知,电池充电至 30%、40% 时,正极活性物质重新变为单相,并与标准的 LiCoO₂ 数据大致相符,仅线条有些位移;电池继续充电至 60%、80%、100%、125% 时,除 006 线条消失外,其他线条仍与标准的 LiCoO₂ 的数据相符,并无新相生成。这与 McBreen 等[3,4] 的报道不同,他们认为:电池充电到 60% 左右时,正极材料 Li₁₋ₓCoO₂ 中出现 H2a 相;电池充电至约 100% 时,正极材料

$Li_{1-x}CoO_2$ 转变为 $CdCl_2$-型的六方相 H2。现把充电 60%、100% 的实验数据列入表 11.1 中，并把能找到的有关数据以对比的方式列入表 11.1。仔细比较这些数据不难做出判断，它们仍属于 $R\bar{3}m$ 结构，仅点阵参数发生变化，使 006 与 012 重叠。为此已把它们用 R-$3m$ 指标化，并计算其点阵参数，也列入表 11.1 中。

表 11.1　充电 60%和 100%的正极活性材料 XRD 数据和有关数据

充电60%	充电100%		Li₀.₄CoO₂		单斜单胞		H2六方单胞		O1六方单胞		CoO₂立方单胞	
d/Å	d/Å		d	hkl	d	hkl	d	hkl	d	hkl	d	hkl
4.758	4.795	003	4.615	003	4.739	003	4.784	003	4.267	001	4.304	003
2.397	2.396	101	2.410	101	2.385	111	2.404	101			2.439	100
2.301	2.302	012	2.308 2.307	006 012	2.303 2.288	202 112	2.309	102	2.448	100	2.120	103
2.011	2.015	104	1.998	104	2.012	114	2.012	104	2.116	101		
1.854	1.859	015	1.834	015	1.993 1.846	204 115	1.853	105				
1.589	1.603	009	1.5384	009	1.571	117	1.571	107	1.602	102	1.610	106
1.566	1.572	107	1.5382	107	1.554 1.452	207 208						
1.441	1.448	018	1.4130	018	1.439	118	1.446	108				
1.404	1.403	110	1.4127	110	1.401	020	1.407	110	1.414	110	1.410	110
1.347	1.347	113	1.3508	113			1.350	113	1.341	111	1.341	113
$R\bar{3}m$ a=2.8117 c=14.274	$R\bar{3}m$ a=2.8105 c=14.385		$R\bar{3}m$ 六方晶胞 a=2.8254 c=13.846		单斜 a=4.865 b=2.806 c=14.420 β=90.77°		六方晶胞 a=2.813 c=14.370		六方晶胞 a=2.828 c=4.237		六方晶胞 a=2.8222 c=12.8787	
文献	PDF:44-0146		[1]		[3]		[3]		[2]			

这些结果进一步表明，在充电过程中并没有像文献[1]～[4]所言的发生相变，

而仅因脱 Li 使 $Li_{1-x}CoO_2$ 的点阵参数和衍射强度发生变化而使衍射花样发生变化,满充和充 125％的样品也未发生相变。

造成 006 线条消失的原因可能有两个:

（1）由于脱 Li 使 006 的衍射强度降低,为此我们用 Power Cell 程序,按 $Li_{1-x}CoO_2$ 模型,令 $x=0.0\sim1.0$,计算各衍射线的相对强度。各主要衍射线的相对强度与 $1-x$ 的关系如图 11.7 所示,可见当 $1-x=0$ 时,006 的衍射强度降得很低而不可见。

（2）可能由于点阵参数的变化,使 006 与 101 或 012 重叠而不能分辨。

比较图 11.5(a)和(b)可知,电池放电过程中正极材料 $LiCoO_2$ 的结构变化基本是其充电时的逆过程。

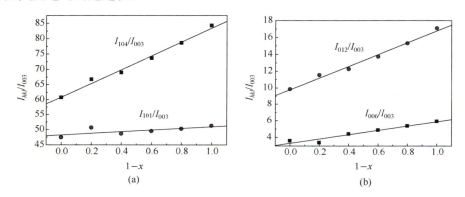

图 11.7　$Li_{1-x}CoO_2$ 各主要衍射线的相对强度与 $1-x$ 的关系

11.2.2　$LiCoO_2$ 在电池充放电过程中宏观应变和微观应变的变化

1. $LiCoO_2$ 宏观应变的变化

图 11.8 给出正极活性材料 $LiCoO_2$ 在充放电过程中沿 a 轴和沿 c 轴的宏观应变随充放电百分数的变化曲线。由此可见,沿 a 轴的宏观应变随充电百分数增加而变小,沿 c 轴的则随之增大,充电百分数<30％的变化速率较慢;当充电分数>30％,其变化速率要大得多,特别是沿 c 轴的更为明显。放电过程大致可逆,但并不完全可逆。

2. $LiCoO_2$ 微观应变的变化

充放电过程 $Li_{1-x}CoO_2$ 的微观应变 ε^{II} 随电池充放电百分数或脱 Li 量 x 的变化如图 11.9 所示。虽然数据比较分散,但仍能看出,随充电百分数的增大,微观应变 ε^{II} 逐渐增加;放电则正好相反,也不完全可逆。

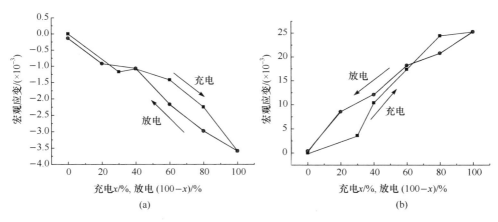

图 11.8　正极活性材料 $LiCoO_2$ 沿 a 轴(a)和沿 c 轴(b)宏观应变随电池充放电百分数的变化

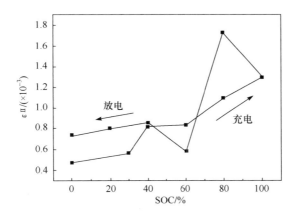

图 11.9　正极材料 $Li_{1-x}CoO_2$ 的微观应变 ε^{II} 随电池充放电百分数或脱 Li 量 x 的变化

11.3　石墨/Li(Ni₁/₃Co₁/₃Mn₁/₃)O₂电池充放电过程正极活性材料结构演变[12]

充放电不同阶段,正极活性材料 $Li(Ni_{1/3}Co_{1/3}Mn_{1/3})O_2$ 的 X 射线衍射花样分别如图 11.10(a)和(b)所示。从图中可以看出,随脱 Li 量 x 的增加,材料 XRD 花样中 003 衍射峰向低角度方向位移,(101)和(104)衍射峰向高角度偏移,(006)的变化也很明显。利用 Jade 6.5 软件对 XRD 谱进行拟合后,对所得到的数据进行如下计算分析。

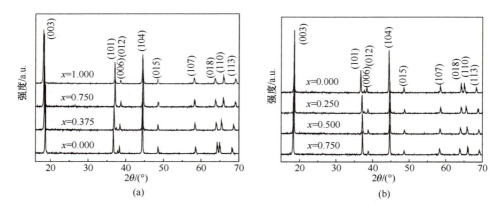

图 11.10　18650 型石墨/Li(Ni$_{1/3}$Co$_{1/3}$Mn$_{1/3}$)O$_2$ 电池充放电几个主要阶段正极材料的 X 射线
衍射花样

（a）充电过程；（b）放电过程

11.3.1　点阵参数的变化

图 11.11 给出充放电过程中电池正极材料 Li(Ni$_{1/3}$Co$_{1/3}$Mn$_{1/3}$)O$_2$ 的点阵参数 a 和 c 随脱 Li 量 x 的变化。从图中可以看出，在充电过程中，材料的点阵参数 a 随脱 Li 量 x 的增加而减小，c 则随其增加而增大，这一结果与 LiCoO$_2$ 基本一致；放电过程则正好相反，a 随脱 Li 量 x 的减小而增大，c 随其减小而减小，但当 x 回到零时，a 和 c 均不恢复到原来的值，说明 Li(Ni$_{1/3}$Co$_{1/3}$Mn$_{1/3}$)O$_2$ 材料的脱嵌锂过程不是完全可逆的。

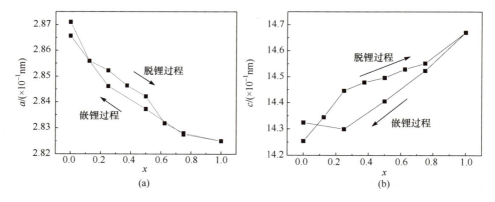

图 11.11　正极材料 Li(Ni$_{1/3}$Co$_{1/3}$Mn$_{1/3}$)O$_2$ 的点阵参数 a(a)和 c(b)随脱 Li 量 x 的变化

11.3.2　微应变的变化

图 11.12 为微应变 ε 随 Li(Ni$_{1/3}$Co$_{1/3}$Mn$_{1/3}$)O$_2$ 脱 Li 量 x 的变化关系曲线,其中 ε$_{平均}$代表 ε$_{003}$ 和 ε$_{101}$ 两者的平均。可以看出,用(003)和(101)两个衍射峰得出的微应变 ε 都随材料的脱 Li 量 x 的增加而增加。

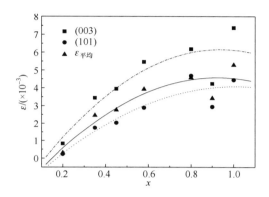

图11.12　Li(Ni$_{1/3}$Co$_{1/3}$Mn$_{1/3}$)O$_2$ 的微应变 ε 随脱 Li 量 x 的变化

11.3.3　相对衍射强度的变化

根据表 5.3 所示的混合占位参数 X 与强度比的关系式[13,14]:氧原子占位 6c 中的 z

$z=0.24$

$X=0.5269-0.4427(I_{003}/I_{104})^{1/2}$

$X=0.4474-0.2638(I_{101}/I_{012})^{1/2}$

$X=0.4505-0.5895(I_{101}/I_{104})^{1/2}$

$z=0.25$

$X=0.4742-0.4496(I_{003}/I_{104})^{1/2}$

$X=0.4656-0.2635(I_{101}/I_{012})^{1/2}$

$X=0.4900-0.6372(I_{101}/I_{104})^{1/2}$

测定了 Li(Ni$_{1/3}$Co$_{1/3}$Mn$_{1/3}$)O$_2$ XRD 图谱中 3 个特征峰(104)、(012)和(101)峰的相对强度比 I_{104}/I_{101} 和 I_{012}/I_{101},在电池充放电过程中变化的实验曲线如图 11.13 所示,并给出了按 Li$_{1-x}$(Ni$_{1/3}$Co$_{1/3}$Mn$_{1/3}$)O$_2$ 模型,用 Powder Cell 程序计算的理论衍射强度比在 Li$_{1-x}$(Ni$_{1/3}$Co$_{1/3}$Mn$_{1/3}$)O$_2$ 脱嵌锂过程中的变化曲线[8]。可见,理论和实验曲线的变化趋势是一致的。然而,理论充电曲线和放电曲线是完全重叠的,但实验曲线并非如此,充放电过程有一定的差别,全放电态不一定能回到未充电的状态,这表明实际的充放电过程不是完全可逆的,充放电过程也可能发生 Ni 和 Li 混排情况的变化,也可能原材料就存在混排。

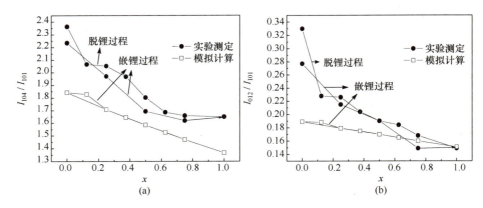

图 11.13　$Li(Ni_{1/3}Co_{1/3}Mn_{1/3})O_2$ 的相对强度比 I_{104}/I_{101}(a)和 I_{012}/I_{101}(b)随脱 Li 量 x 的变化

11.4　石墨/LiCoO$_2$ 电池储存前后充放电过程[18]

11.4.1　石墨/LiCoO$_2$ 电池储存前后充放电过程负极活性材料对比分析

图 11.14(a)给出 55℃储存 100 天后充电过程几个阶段负极活性材料的 XRD 花样,(b)为其局部放大。对比分析储存前后,充电过程的物相存在情况如表 11.2 所示。从图 11.14 和表 11.2 可知,在电池的充放电过程中,无论是储存前还是储存后,负极活性材料发生了有规律的结构演变。

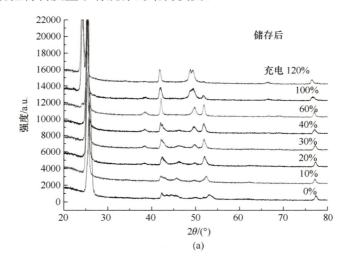

(a)

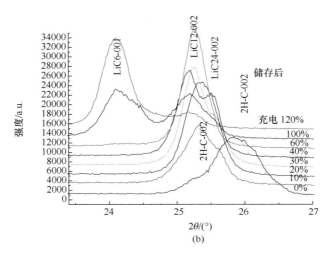

图 11.14　(a) 55℃储存 100 天后充电过程几个阶段负极活性材料的
XRD 花样,(b)为其局部放大图

表 11.2　电池储存前后充电几个主要阶段负极活性材料的物相分析结果

储存前				55℃100%SOC 储存后 100 天	
充电深度/%	存在物相	放电深度/%	存在物相	充电深度/%	存在物相
0	2H-石墨	100	2H-石墨	10	2H-石墨＋少量 3R-石墨
10	2H-石墨			10	2H-石墨＋少量 LiC$_{24}$
20	2H-石墨＋LiC$_{24}$	80	2H-石墨	20	LiC$_{24}$
30	两种 LiC$_{24}$			30	LiC$_{12}$＋LiC$_{24}$
40	LiC$_{24}$	60	LiC$_{24}$	40	LiC$_{12}$＋少量 LiC$_{24}$
60	LiC$_{12}$＋LiC$_{24}$	40	LiC$_{12}$＋LiC$_{24}$	60	LiC$_{12}$
80	LiC$_{12}$＋LiC$_6$	20	LiC$_{12}$＋LiC$_6$＋		
100	LiC$_6$＋少量 LiC$_{12}$	0	LiC$_6$＋LiC$_{12}$	100	LiC$_6$＋多量 LiC$_{12}$
				120	LiC$_6$＋少量 LiC$_{12}$
125	两种 LiC$_6$				

注:所谓两种同样的相是指其结构相同,但点阵参数不同

　　(1) 储存前的未充电态和电池充电初期(充电 10%)均为 2H-石墨,充电 20%
才出现 LiC$_{24}$;电池继续充电,负极材料依次向 LiC$_{24}$、LiC$_{12}$和 LiC$_6$转变。在这一系
列的转变过程中,负极材料中存在着相同结构两个不同的点阵参数两相共存的时
刻,也存在不同结构的两相共存。例如,电池充电 60%时,负极中为 LiC$_{12}$与 LiC$_{24}$
两相并存;充电 80%时为 LiC$_6$＋LiC$_{12}$共存;充电 125%时为两种点阵参数的 LiC$_6$。

这表明充电作用有一个从电极表面到内部的过程。存储后的充电过程,几乎不存在相同结构两个不同的点阵参数两相共存的情况,但存在不同结构的两相共存的情况,前者表明在储存期间存在 Li 在负极中均匀化的现象,后者表明储存后的充电也有从表面到内部的过程。

(2) 储存前后的比较可知,LiC_{24}、LiC_{12} 和 LiC_6 出现的顺序也明显不同。储存前充电深度达 80% 之后都为 LiC_6,而储存后的充电深度达 100% 和 120%,虽然已是 LiC_6 为主,但仍含有 LiC_{12} 相,这清楚表明,储存有减缓高碳的 Li-C 化合物的形成。

(3) 储存前后充电过程同一种相的衍射线的半高宽(FWHM)的典型数据如表 11.3 所示。由表可见,储存前衍射线的半宽度随充电深度增加而增加;相反,储存后衍射线的半宽度随充电深度增加而减小。如果忽略充电过程晶粒细化效应,那么储存前负极活性材料的微应变随充电深度的增加而增加,储存前后的变化趋势正好相反,随充电深度的增加而减少。

表 11.3　储存前后充电过程同一种相的衍射线的半高宽的典型数据

储存前的充电情况				储存后的充电情况			
深度	相	hkl	FWHM/(°)	深度	物相	hkl	FWHM/(°)
80%	LiC_6	001	0.439	30%	LiC_{12}	002	0.527
		002	1.139	40%		002	0.406
125%	LiC_6	001	0.953	60%		002	0.377
		002	1.248	100%	LiC_{12}	002	0.542
					LiC_6	001	0.617
						002	2.187
				120%	LiC_{12}	002	0.422
					LiC_6	001	0.439
						002	1.925

11.4.2　石墨/$LiCoO_2$ 电池储存前后充放电过程正极活性材料对比分析

1. 正极活性材料的相分析

电池在储存后充电不同阶段正极活性材料 $LiCoO_2$ 的 XRD 花样如图 11.15(a)所示。从图中可以看出,在电池充电过程中,正极材料 XRD 花样中(006)峰的变化较显著,电池充电初期(充电 10%)其先发生分裂,随电池荷电态继续增加,其向低角度移动,最后消失;其他衍射峰除发生微小偏移外并无其他明显变化。

为了清楚考察电池充电 10%~30% 时正极材料的结构变化,将三个衍射谱图部分放大示于图 11.15(b)中。把图 11.15(b)与图 11.6 比较可知,储存后电池充电的进程较储存前要慢得多。

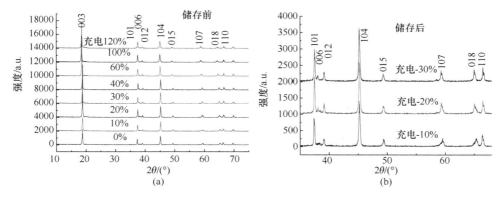

图 11.15　55℃储存 100 天后充电过程几个阶段正极活性
材料 LiCoO$_2$ 的 XRD 花样(a)和局部放大(b)

把储存前后充电 100% 的实验数据列入表 11.4 中,仔细比较这些数据不难做出判断,它们仍属于 R-3m 结构,仅点阵参数发生变化,使 006 与 101 重叠。为此已把它们用 R-3m 指标化,并计算其点阵参数,也列入表 11.4 中。这些结果进一步表明,在充电过程中并没有像文献[1]～[4]所言的发生相变,而仅因脱 Li 使 Li$_{1-x}$CoO$_2$ 的点阵参数和衍射强度发生变化而使衍射花样发生变化,满充和过充 125% 的样品也未发生相变。

表 11.4　储存前后充电 100% 的正极活性材料 LiCoO$_2$ 的 XRD 数据和有关数据

储存前电池充电 100%	储存后电池充电 100%		44-0146　Li$_{0.4}$CoO$_2$	
d/Å	d	hkl	d/Å	hkl
4.795	4.795	003	4.615	003
2.396	2.397	101	2.410	101
2.303	2.300	012	2.308	006
			2.307	012
2.015	2.014	104	1.998	104
1.859	1.857	015	1.834	015
1.603				
1.572	1.571	107	1.5384	009
			1.5382	107
1.448	1.448	018	1.4130	018

储存前电池充电 100%		储存后电池充电 100%		44-0146　$Li_{0.4}CoO_2$	
$d/\text{Å}$		d	hkl	$d/\text{Å}$	hkl
1.403		1.404	110	1.4127	110
1.347		1.347	113	1.3508	113
$R\text{-}3m$		$R\text{-}3m$		$R\text{-}3m$,六方晶胞	
$a=2.8117$		$a=2.8105$		$a=2.8254$	
$c=14.274$		$c=14.385$		$c=13.846$	

2. 正极活性材料的点阵参数

　　储存前后电池充电过程正极活性材料 $LiCoO_2$ 的点阵参数 a 和 c 随充电深度的变化如图 11.16 所示,其变化趋势是一致的,但细节有一定差别,这种差别已超过测量误差范围,故其反映储存前后电池的充电过程的脱 Li 情况存在一定差别。

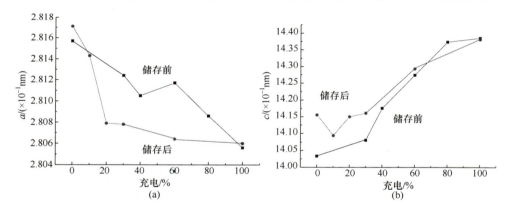

图 11.16　储存前后正极活性材料 $LiCoO_2$ 点阵参数 a 和 c 随充电深度的变化

3. 正极活性材料的微结构

　　既然正极材料在充电过程没有发生相变,点阵参数发生变化是由于 Li 原子的脱嵌引起,那么微结构会发生变化。当忽略充电过程中晶粒细化效应时,其微应变随充电深度的变化如图 11.17 所示。从图 11.17 可知,储存前后电池充电过程中,[104]方向的微应变差别不大,[003]方向的微应变存在较大差别,这再次表明储存前后电池充电过程中的脱 Li 存在一定差别。

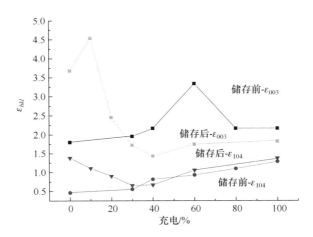

图 11.17　储存前后电池正极活性材料微应变随充电深度的变化

11.5　电极活性材料在充放电过程中的行为[11,12]

11.5.1　石墨在充放电过程中的行为

石墨的结构特征是碳原子组成的六方网格面在网平面内的延展和沿网平面法线方向按 $ABAB\cdots$ 或 $ABCABC\cdots$ 的顺序堆垛,前者就是 2H-石墨结构,属 $P63/mmc$(No. 194)空间群,后者是 3R-石墨,属 $R3$(No. 146)空间群[10,11]。综合 11.2 节实验结果,可以归纳出石墨在充放电过程中的一些行为。

随着充电过程的开始,Li 原子嵌入石墨层中,其优先进入的是石墨六方网格面间的间隙位置,使 2H-石墨的点阵参数 a 和 c 以及微应变 ε 和堆垛无序度 P 都增加,如图 11.3 和图 11.4 所示。因为 2H-石墨的 $ABAB$ 顺序堆垛不像密堆六方结构那样密堆,所以在层间有着较大的间隙空间,可容纳大量的间隙原子,故在一般情况下,不会形成 Li-C 化合物,但会产生较大的应变和堆垛无序,当堆垛无序度达到一定值后,会伴随 3R-石墨的逐渐析出,如图 11.1 所示。只有当电池满充或过充时,才会形成 LiC₂₄、LiC₁₂ 和 LiC₆ 相,由于新相的析出有一个成核长大的过程,所以在此过程中会出现两相或三相共存的现象。放电过程大致与上述情况相反,但并不完全可逆。

11.5.2　Li(NiₓCoᵧMn₁₋ₓ₋ᵧ)O₂ 在充放电过程中的行为

与 LiCoO₂ 一样,Li(NiₓCoᵧMn₁₋ₓ₋ᵧ)O₂ 也属于 $R\overline{3}m$(No. 166)空间群,单胞中有 3 个分子,共 12 个原子,它们在晶胞的占位是:

Li　　　　　　000 ⎱
Ni,Co,Mn　　001/2 ⎬+(000);(1/3 2/3 2/3);(2/3 1/3 1/3) 对称操作
O　　　　　　00±Z ⎭

写得更明白点是:

Li 占　　　　　　(3a)位　　000;　1/3 2/3 2/3;　2/3 1/3 1/3
Ni,Co,Mn 占　　(3b) 位　　001/2;　2/3 1/3 5/6;　1/3 2/3 7/6
O 占　　　　　　(6c)位　　001/4;　2/3 1/3 7/12;1/3 2/3 11/12;00−1/4;2/3
　　　　　　　　　　　　　　1/3 1/12;1/3 2/3 5/12

其晶体结构模型和键合情况如图 11.18 所示。由图可见,处于 000 位的 Li 原子与近邻原子的化学键较长,其在晶胞中的结合力较弱。当充电开始时,处于 000 位的 Li 原子优先脱离晶体点阵,继后才是位于 1/3 2/3 2/3;2/3 1/3 1/3 位的 Li 原子离开点阵,所以在 $x<1/3$ 时,引起的点阵参数和点阵应变的变化率较大,此后的变化率较缓慢,这与图 11.8 和图 11.9 的结果大致相符。在放电过程中,其大致是可逆过程,但并不完全可逆。

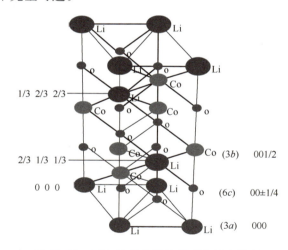

图 11.18　$LiCoO_2$ 晶体结构模型和键合情况

　　$Li(Ni_{1/3}Co_{1/3}Mn_{1/3})O_2$ 脱 Li 以后,可按 $Li_{1-x}(Ni_{1/3}Co_{1/3}Mn_{1/3})O_2$ 的缺 Li 模型,用 Powder cell 程序计算它的 XRD 强度比 I_{104}/I_{101},其结果如图 11.19所示。模拟曲线与实验曲线相比,它们的变化趋势是相同的,但实验曲线要复杂得多。这可能有三个原因:其一,根据电池的充电态计算得出的正极材料的脱 Li 量 x 与真实值存在差异,这点在图 11.19 和图 11.20 中也可以看出来。其次,在充放电过程中,$Li_{1-x}(Ni_{1/3}Co_{1/3}Mn_{1/3})O_2$ 材料可能会发生 Li/Ni 原子在 3a/3b 位置的混排现象。为了验证这一点,我们假设 Li/Ni 原子的混排占位参数为 y,则正极活性材料

的分子式可表示为 $Li_{1-x-y}Ni_y(Li_yNi_{1/3-y}Co_{1/3}Mn_{1/3})O_2$，并设 $y=0.25x$ 和 $y=0.10x$，分别用 Powder cell 程序按照此分子式模型模拟 XRD 强度比 I_{104}/I_{101} 随脱锂量 x 的变化曲线，$y=0.10x$ 的模拟曲线如图 11.19 所示。结果发现，两个 y 值的模拟结果都与实验测得的实际结果的变化趋势正好相反(图 11.19)，这说明 $Li_{1-x}(Ni_{1/3}Co_{1/3}Mn_{1/3})O_2$ 材料在电池充放电过程中不存在 Li/Ni 原子的混排现象。最后，可能原材料中就存在 Li/Ni 原子的混排现象。为证明这一点，设原材料中的混排参数为 0.01，则可按 $Li_{0.99-x}Ni_{0.01}(Li_{0.01}Ni_{0.324}Co_{1/3}Mn_{1/3})O_2$ 的模型，用 Powder cell 程序进行模拟计算，其结果如图 11.20 所示。与实验结果比较可知，两条直线近乎平行，这表明原材料中可能存在 Li/Ni 原子的混排现象。

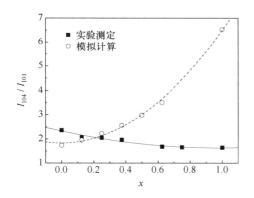
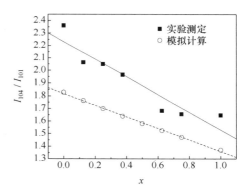

图 11.19　$Li_{1-x}(Ni_{1/3}Co_{1/3}Mn_{1/3})O_2$ 的 XRD
强度比 I_{104}/I_{101} 随缺锂量 x 变化的模拟曲线
(模型为 $Li_{1-x-y}Ni_y(Li_yNi_{1/3-y}Co_{1/3}Mn_{1/3})O_2$，
$y=0.10x$)与实验测定曲线的比较

图 11.20　按 $Li_{0.99-x}Ni_{0.01}(Li_{0.01}Ni_{0.324}Co_{1/3}$
$Mn_{1/3})O_2$模型计算的 XRD 强度比，I_{104}/I_{101} 的
模拟曲线与实验测定曲线的比较

11.6　电极活性材料脱嵌锂的物理机理和导电的物理机理

锂离子电池的充放电反应为[20]：

在正极的反应　$LiMO_2 \longleftrightarrow Li_{1-x}MO_2 + xLi^+ + xe^-$

在负极的反应　$xLi^+ + 6C + xe^- \longleftrightarrow Li_xC_6$

总的反应　$LiMO_2 + 6C \longleftrightarrow Li_{1-x}MO_2 + Li_xC_6$

锂离子电池的化学工作机理认为[20]：①锂离子电池的导电能力完全是依靠 Li^+ 在正极和负极之间的迁移来实现的；②锂原子嵌入负极后，锂原子以共价键与碳原子形成化合物 Li_xC_6；③电池充放电过程的电极反应是完全可逆的。然而，结合前述实验结果可以发现，锂离子电池的化学工作机理只阐述了电池导电能力的由来，但锂离子究竟是怎么来的，是怎样迁移的，并未给出明确解释；同时，观点②、

③也与我们的实验结果不完全相符。我们依据电池的化学工作机理,结合第11.4节描述的正负极活性物质在充放电过程中的行为,讨论锂离子在电池电极活性材料的嵌脱锂物理机理和导电的物理机理。

11.6.1　锂原子在石墨中脱嵌机理

锂离子电池在第一次充电时,在 Li 原子嵌入碳电极的同时,溶剂分子也参与反应过程,锂原子与分子发生反应,生成固体电解质中间相(solid electrolyte interphase,SEI)薄膜,覆盖在碳电极表面。当 SEI 薄膜的厚度达到溶剂分子不能继续反应时,Li^+ 继续嵌入,嵌入的 Li 原子优先处在碳原子六方网格面间的间隙位置形成 Li-C 固溶体,使石墨的点阵参数 a 和 c 以及微应变 ε 和堆垛无序度 P 都增加,随后 3R-石墨相逐渐析出。当碳电极过剩时,还会析出 Li_xC_6 化合物。理论上,当 $x=0.25$ 时,析出 LiC_{24};当 $x=0.5$ 时,析出 LiC_{12};当 $x=1$ 时,析出 LiC_6。当 x 不等于 0.25、0.5、1.0 时,就可能出现两相共存。比如,若 $x<0.25$,则可能出现 2H-石墨+LiC_{24} 两相共存;又如,$0.25<x<0.5$,可能出现 $LiC_{24}+LiC_{12}$,$0.5<x<1.0$,则可能出现 $LiC_{12}+LiC_6$ 共存。但实际情况要更复杂一些,由于充电有一个从电极表面到内部的过程,所以会出现两相点阵参数不同但结构相同的两相共存。

在电池放电时,负极脱锂则为相反过程,即在反向电场作用下,碳电极中间隙位置的 Li 原子离开碳电极的间隙位置,通过负极-电解液界面进入电解液,然后是新相(Li-C 化合物)的分解,继续提供 Li 离子,随着 Li 原子的离开,石墨的点阵参数、微应变和堆垛无序度都减小。从图 11.3 和图 11.4 可知,上述过程不是完全可逆的。

11.6.2　锂原子在 $Li(Ni_xCo_yMn_{1-x-y})O_2$ 中脱嵌机理

在充电开始后,因 Li 嵌入负极,在正极-电解液的界面出现 Li^+ 浓度降低,在电场的作用下,$LiMeO_2$ 中位于 000 位置的 Li 原子优先脱离点阵而留下空位,通过正极-电解液的界面进入电解液。随着 Li^+ 继续向负极的迁移,$LiMeO_2$ 点阵中的 Li 原子也相继离开点阵,大约当 Li 的脱嵌量 $x \geqslant 1/3$ 时,其他晶体学位置的 Li 原子也相继离开点阵,直至 Li 原子耗尽为止。Li 原子的脱嵌,使得 $LiMeO_2$ 点阵参数 a 缩小,c 增大,微应变增大,衍射强度比也发生明显变化。电池放电时,Li 原子从电解液一侧穿过界面回嵌入 $LiMeO_2$ 点阵,随着回嵌量的增加,$LiMeO_2$ 点阵参数、微应变、衍射强度比都得到一定得恢复,但并非恢复到原来的状态,这表明充放电对正极活性材料的影响和作用不是完全可逆的。

从上述过程可见,当原材料中存在较大的 Li/Ni 原子混排参数,部分 Li 原子处在 $3b$ 位置,这时锂脱嵌的势垒不同于 $3a$ 位,显然会影响 Li 原子的脱嵌,甚至导致不能脱嵌。

当 LiMeO$_2$ 点阵中的大部分锂脱出后,LiMeO$_2$ 点阵可能发生部分坍塌,3b 位的 Ni 原子也可能向 3a 位迁移,产生新的混排。

11.6.3　锂离子电池导电的物理机理

锂离子电池的导电能力完全是依靠 Li$^+$ 在正极和负极之间的定向迁移和运动来实现的。下面讨论它的导电的物理机理。

在刚开始充电时,锂离子的迁移是从负极-电解液的界面开始的。由于锂离子在负极-电解液的界面得到电子嵌入负极,界面上锂离子浓度下降,在电解液中锂离子就像接力赛跑一样从正极向负极迁移来弥补这一浓度降低。由于锂离子向负极的定向迁移,正极-电解液界面也相应地产生锂离子的浓度降低,这时,在电场的作用下,LiMO$_2$ 中的 Li 原子就离开点阵位置,并失去电子形成 Li$^+$ 进入电解液,以补充电解液中的锂离子。当这种离子流动达到动态平衡时,就对应于电池的充电平台。当电池达到满充后,LiMO$_2$ 中的 Li 原子耗尽,继续(过)充电,Li$^+$ 只能靠电解液来提供。这就是充电态的导电的物理机理。

放电过程则是从正极-电解液界面开始,在反向电场的作用下,在界面的电解液一侧的 Li$^+$ 获得电子后回嵌至 LiMO$_2$……在电解液-负极界面缺 Li$^+$,Li 原子脱离负极的间隙位置,通过界面失去电子,以 Li$^+$ 状态进入电解液,于是形成 Li$^+$ 从负极向正极的定向运动的电池(放电)使用状态的导电。

11.7　结　　论

利用 XRD 详细地研究了石墨/LiCoO$_2$ 和石墨/ Li(Ni$_{1/3}$Co$_{1/3}$Mn$_{1/3}$)O$_2$ 18650 型两种锂离子电池充放电过程中正负极活性材料的晶体精细结构和微结构的变化,结果发现:

(1)电池开始充电时,锂嵌入 2H-石墨中,优先进入碳原子六方网格面间的间隙位置形成固溶体,导致 2H-石墨的点阵参数 a 和 c 以及微应变 ε 和堆垛无序度 P 增加。负极的堆垛无序度达到一定值后,3R-石墨逐渐析出。当电池满充或过充时,负极中形成 LiC$_{12}$ 和 LiC$_6$ 相。

(2)电池充电时,正极活性材料 LiCoO$_2$ 和 Li(Ni$_{1/3}$Co$_{1/3}$Mn$_{1/3}$)O$_2$ 中处于(000)位的 Li 原子优先脱离晶体点阵,继后才是位于(2/3 1/3 1/3)和(1/3 2/3 2/3)的 Li 原子离开点阵。随着正极材料的脱锂量的增大,其晶格参数 a 减小,c 增大,微应变 ε 也随之增加。Li(Ni$_{1/3}$Co$_{1/3}$Mn$_{1/3}$)O$_2$ 脱嵌锂过程的 XRD 理论衍射强度比与实验测定衍射强度比变化趋势一致。

(3)分析了电极活性材料嵌脱锂过程的物理机理,发现充电时,锂离子的迁移从负极-电解液界面开始;放电时,其迁移从正极-电解液界面开始;在充放电过程中,正负极活性材料的嵌脱锂过程不完全可逆。

（4）在石墨/LiMeO$_2$电池体系中,石墨/Li(Ni,Co,Mn)O$_2$电池的充放电过程正极活性材料并未发生结构相变,但其精细结构发生变化,这是锂离子离开LiMeO$_2$点阵,嵌入石墨点阵,其被氧化-还原成 Li 原子,并分别在电池的正负极上发生的。

（5）对储存前后电池正、负极活性材料的结构进行研究后表明,储存后LiCoO$_2$的体相结构没有变化,但其微结构变化明显,表现为微晶尺度减小,微应变由储存前的拉应变变为储存后的压应变,且其变化幅度均随储存时荷电态的升高而增大。储存后,石墨的微结构变化不明显;储存后 Li(Ni$_{1/3}$Co$_{1/3}$Mn$_{1/3}$)O$_2$的体相结构没有明显变化,但其微结构变化明显,表现为微晶尺度减小,微应变由拉应变变为压应变;储存后 Li(Ni$_{1/3}$Co$_{1/3}$Mn$_{1/3}$)O$_2$的阳离子混排有所增加,这也是电池性能衰减的原因之一。

参 考 文 献

[1] Reimers J N,Dahn J R. Electrochemcal and In situ X-ray diffraction studies of Lithium intercalation in Li$_x$CoO$_2$. J. Electrom. Soc. ,1992,139(8):2091~2096

[2] Amatucci G G,Taracin J M,Klein L C. CoO$_2$, The end member of Li$_x$CoO$_2$ solid solution. J. Electrochem. Soc. ,1996,143(3):1114~1123

[3] Yang X Q,Sun X,McBreen J. New phases and phase transitions observed in Li$_{1-x}$CoO$_2$ during charge: in situ synchrotron X-ray diffraction studies. Electrochem. Cummun. , 2000, 2: 100~103

[4] Sun X,Yang X Q,McBreen J,et al. New phases andphase transitions observed in Li$_{1-x}$CoO$_2$-based cathode materials. J. Power Sources,2001,(97,98):274~276

[5] Luo Z,Di N L,Kou Z Q,et al. Moessbauer study and magnetic properties of electrochemical material LiFePO$_4$. Chinese Physics B,2004,12:2158~2161

[6] 郝万军,李畅,魏英进,等. Li(Al$_x$Co$_{1-x}$)O$_2$ 晶体中 Co^{3+} 电子态的变化对结构演化的影响. 物理学报,2003, 52(3):1023

[7] Sun Y C,Ouyang C Y,Wang Z X,et al. Effect of Co content on rate performance of LiMn$_{0.5-x}$ Co$_{2x}$ Ni$_{0.5-x}$ O$_2$ cathode materials for lithium-ion batteries. J. Electrochem. Soc. , 2004,151:A504~508

[8] Chen Y,Wang G X,Konstantinov K,et al. Synthesis and characterization of LiCo$_x$ Mn$_y$ Ni$_{1-x-y}$O$_2$ as a cathode material for secondary lithium batteries. J. Power Source,2003,119~121:184~188

[9] Machheil D D,Lu Z,Dahn J R. Structure and electrochemistry of Li[Ni$_x$Co$_{1-2x}$Mn$_x$]O$_2$ (0≤x≤1/2). J. Electrochem. Soc. ,2002,149:A1332~A1336

[10] Naoaki Y, Yobuuchi M, Tsutomu O. Solid-State chemistry and electrochemistry of LiCo$_{1/3}$ Ni$_{1/3}$ Mn$_{1/3}$O$_2$ for advanced Lithium-Ion batteries: Ⅲ. rechargeable capacity and cy-

cleability. J. Electrochem. Soc. ,2007,154(4):A314~321

[11] 李佳,杨传铮,张建,等. 石墨/LiCoO$_2$ 电池充放电过程电极活性材料结构演变研究. 化学学报,2010,68(7):646~652

[12] 李佳,杨传铮,张建,等. 石墨/Li(Ni$_{1/3}$Co$_{1/3}$Mn$_{1/3}$)O$_2$ 电池嵌脱锂物理机理的研究. 物理学报,2009,58(9):6573~6581

[13] 张建,杨传铮,张熙贵,等. 在合成过程中 Li(Ni,Co,Mn)O$_2$ 结构变化的模拟分析和研究. 材料科学与工程学报,2009,27(6):824~828

[14] 张熙贵,张建,杨传铮,等. LiMeO$_2$ 材料中锂和镍原子混排的模拟和实验研究. 无机材料学报,2010,25(1):8~12

[15] 李辉,杨传铮,刘芳. 测定六方石墨堆垛无序度的 X 射线衍射新方法. 中国科学,B 辑 化学,2008,28(9):755~760

[16] Li H,Yang C Z,Liu F. Novel method of determination stacking disorder degree in hexagonal graphite by X-ray diffraction. Sci. Chin. Ser. B,Chemistry,2009,522:174~180

[17] 李辉,杨传铮,刘芳. 碳电极材料石墨化度和无序度的 X 射线衍射测定. 测试技术学报,2009,23(2):161~167

[18] 李佳. 锂离子电池储存性能的研究. 中国科学院上海微系统与信息技术研究所博士学士论文,2010

[19] 吴宇平,戴晓兵,马军旗,等. 锂离子电池-应用于实践. 北京:化学工业出版社,2004

[20] 李国欣. 新型化学电源技术概论. 上海:上海科学技术出版社,2007

第 12 章　石墨/LiFePO₄ 电池充放电过程的相变特征和导电机理

12.1　引　言

关于 2H-石墨/LiFePO₄ 电池的充放电过程已有如下研究：

室温下，Li_xFePO_4 的脱嵌锂行为实际是一个形成 $FePO_4$ 和 $LiFePO_4$ 的两相界面的两相反应过程，Newman[1]、Yamada[2]、Dodd[3] 等分别系统研究了 Li_xFePO_4 充放电过程中的相变过程。充电时，锂离子从 FeO_6 层面间迁移出来，经过电解液进入负极，发生 $Fe^{2+} \rightarrow Fe^{3+}$ 的氧化反应，为保持电荷平衡，电子从外电路到达负极。放电时则发生还原反应，与上述过程相反。即：

充电　$LiFePO_4 + xLi^+ + xe^- \longrightarrow xFePO_4 + (1-x)LiFePO_4$

放电　$FePO_4 + xLi^+ + xe^- \longrightarrow xLiFePO_4 + (1-x)FePO_4$

Li_xFePO_4 是一种典型的电子离子混合导体，禁带宽度为 0.3eV，室温电子电导率相当低，为 10~9S/cm；Li_xFePO_4 室温离子电导率也相当低（10~5S/cm），橄榄石的特征结构使得锂离子的体扩散通道少（仅能实现准一维扩散），在 Li_xFePO_4 脱嵌锂的两相反应中，$LiFePO_4$ 和 $FePO_4$ 中的理论锂离子扩散系数约为 10^{-8} cm²/s 和 10^{-7} cm²/s，而实际测量发现锂离子在 $LiFePO_4$ 和 $FePO_4$ 中的有效扩散系数可能比理论值低 7 个数量级，分别为 1.8×10^{-14} cm²/s 和 2×10^{-16} cm²/s。因此要使 $LiFePO_4$ 用作锂离子电池正极材料，必须同时提高其电子电导和离子电导，改善其电化学界面特性。

对应的在负极上的反应：

充电　$xLi^+ + 6C \longrightarrow Li_xC_6$

放电　$Li_xC_6 \longrightarrow xLi + C_6$

从上述可知，导电的 Li^+ 是由 $LiFePO_4 \rightarrow FePO_4$ 的相变来提供，并且是完全可逆的。然而，Shin 等[4] 基于同步辐射在线（*in situ*）XRD 方法研究发现，碳包覆的 $LiFePO_4$ 在充/放电过程中结构变化的非对称性问题。

本章先讨论 2H-石墨/LiFePO₄ 电池中相关材料物相鉴定基础，然后通过对已成化电池和未经成化电池的第一次充放电过程中正负极活性材料结构演变的实验研究，以及对 $LiFePO_4$ 和 $FePO_4$ 结构特征的晶体学分析，探讨 2H-石墨/LiFePO₄ 电池充放电过程中 $LiFePO_4 \rightarrow FePO_4$ 相变的本质、物理过程和充放电的导电机理。

为了后面的研究分析方便,先了解 LiFePO$_4$ 和 FePO$_4$ 的相结构及粉末衍射数据。LiFePO$_4$ 是在矿物研究中发现的,因此其矿物学名称为磷酸锂铁矿(triphylite),属正交晶系,$Pnma$(No. 62)空间群,a=6.08Å,b=10.44Å,c=4.75Å。X 射线密度 D_x=3.47,实测密度 D_m=3.45g/cm^3,PDF 卡号为 40-1499。

在国际衍射数据中心(International Centre for Diffraction Data,ICDD)的数据库中可查到与 LiFePO$_4$ 和 FePO$_4$ 相关的物质和结构有:

物质	矿物学名称	PDF卡号	空间群	a/Å	b/Å	c/Å
LiFePO$_4$	磷酸锂铁矿	40-1499	$Pnma$ (No. 62)	6.0157	10.3915	4.7207
FePO$_4$	磷酸铁	30-0659	$Cmcm$ (No. 63)	5.227	7.770	6.322
(Fe,Mn)PO$_4$	异磷铁(锰)矿	34-0134	$Pnma$ (No. 62)	5.824	9.821	4.786
FePO$_4$	磷酸铁	31-0647	$P_{22}2222$ (No. 180)	5.170		11.37

与 LiFePO$_4$ 结构几乎相同的是(Fe,Mn)PO$_4$,其矿物学名称为异磷铁(锰)矿(heterosite),PDF 卡号为 34-0134。

12.2　经活化石墨/LiFePO$_4$ 电池充放电的实验研究[5]

12.2.1　经活化电池的充放电过程正极活性材料结构演变

1. 物相鉴定

图 12.1 给出 0.2C 充电过程的几个阶段正极活性材料的 X 射线衍射花样,并分别用 $Pnma$(No. 62)正交结构的 LiFePO$_4$ 和 FePO$_4$ 进行指标化,分别用字母 T 和 H 表示。需要特别说明的是,充电 100% 的花样只能用正交结构[$Pnma$ (No. 62) 34-0134]的 FePO$_4$,而不能用其他结构[$Cmcm$(No. 63)或 $P_{22}2222$ (No. 180)]的 FePO$_4$ 进行指标化。可见,经前述成化之后正极活性物质中存在 LiFePO$_4$ 和 FePO$_4$ 两种物质,且前者含量较多,随着充电深度增加,LiFePO$_4$逐渐减少,FePO$_4$则逐渐增加,充电达 80% 时,仍有微量 LiFePO$_4$存在,直至充电到 100% 才全部为 FePO$_4$。放电过程几个阶段的衍射花样如图 12.2 所示。可见,满充电池

的正极由纯 $FePO_4$ 组成,放电 20% 就出现 $LiFePO_4$,并随放电深度增加而增加,直到放电 80% 时,虽以 $LiFePO_4$ 为主,但仍存在相当多的 $FePO_4$。把放电 80% 正极活性材料的相组成与充电 20% 时的正极活性材料的组成相比较,两者有明显的差别,这显示正极活性材料在充放电过程中的不完全可逆性或称为非对称性,但表明在充-放电过程中存在 $LiFePO_4 \longleftrightarrow FePO_4$ 的变化。

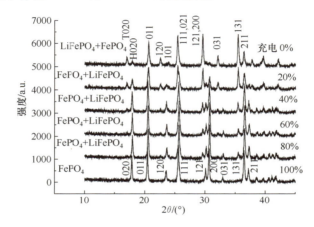

图 12.1　经活化电池 0.2C 充电过程的正极活性材料的 XRD 花样

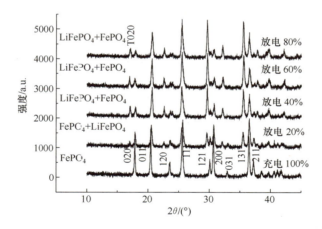

图 12.2　经活化电池 0.2C 放电过程的正极活性材料的 XRD 花样

2. 物相的定量分析——充放电的非对称性实验研究

为了进一步分析石墨/$LiFePO_4$ 电池充放电过程中正极活性材料相变的滞后性,下面采用泽温的无标样法[6]定量计算充放电各阶段正极活性材料中 $FePO_4$ 和 $LiFePO_4$ 两相的相对含量。当已知各物相的质量吸收系数时,有

$$\begin{cases} \sum_{i=1}^{n} \left[\left(1 - \dfrac{I_{iJ}}{I_{iK}} \right) \mu_{mi} x_{iK} \right] = 0 \\ \sum_{i=1}^{n} x_{iK} = 1 \end{cases} \tag{12.1}$$

其中,下标大写字母表示样品号,小写字母表示样品中物相号。式(12.1)包括 $(n-1)+1$ 个方程,即 $J=1,2,\cdots,n,\neq K(n-1)+1$ 个方程,每个方程都有 n 个项。如果已知要测定的样品中各物相的质量吸收系数,则从 n 个样品的实验测量便可求出第 K 个样品中各相的质量分数 $x_{iK}(K=1,2,\cdots,n;i=1,2,\cdots,n)$。各相的质量吸收系数可按式(12.2)计算

$$\mu_{mi} = \sum_p \mu_{mp} \omega_p \tag{12.2}$$

其中,μ_{mp} 和 ω_p 分别为物相中 p 元素的质量吸收系数和质量分数。

这里,待测物相为 FePO₄ 和 LiFePO₄ 相。从手册中查到锂、铁、磷和氧元素对 CuKα 辐射的质量吸收系数分别为 $\mu_{mLi}=0.716,\mu_{mFe}=308.0,\mu_{mP}=74.1$ 和 $\mu_{mO}=11.5$,原子量分别为 $M_{Li}=6.941,M_{Fe}=55.847,M_P=30.974,M_O=15.998$。利用式(12.2)计算以上两相的质量吸收系数为

$$\begin{aligned} \mu_{mLiFePO_4} &= (\omega_{Li}\mu_{mLi}+\omega_{Fe}\mu_{mFe}+\omega_P\mu_{mP}+\omega_O\mu_{mO}) \\ &= \left(\begin{aligned} &\frac{M_{Li}}{M_{Li}+M_{Fe}+M_P+M_O\times4} \cdot \mu_{mLi} + \frac{M_{Fe}}{M_{Li}+M_{Fe}+M_P+M_O\times4} \cdot \mu_{mFe} \\ &+\frac{M_P}{M_{Li}+M_{Fe}+M_P+M_O\times4} \cdot \mu_{mP} + \frac{M_O\times4}{M_{Li}+M_{Fe}+M_P+M_O\times4} \cdot \mu_{mO} \end{aligned} \right) \\ &= 128.28 \end{aligned}$$

$$\begin{aligned} \mu_{mFePO_4} &= (\omega_{Fe}\mu_{mFe}+\omega_P\mu_{mP}+\omega_O\mu_{mO}) \\ &= \left(\begin{aligned} &\frac{M_{Fe}}{M_{Li}+M_{Fe}+M_P+M_O\times4} \cdot \mu_{mFe} + \frac{M_P}{M_{Li}+M_{Fe}+M_P+M_O\times4} \cdot \mu_{mP} \\ &+\frac{M_O\times4}{M_{Li}+M_{Fe}+M_P+M_O\times4} \cdot \mu_{mO} \end{aligned} \right) \\ &= 128.25 \end{aligned}$$

利用充放电各阶段正极活性材料中两相的相对积分强度,计算其中某阶段 A 中两相的质量分数,代入式(12.1)可写成方程组

$$\begin{cases} \left[\left(1 - \dfrac{I_{LiFePO_4 B}}{I_{LiFePO_4 A}} \right) 128.28 x_{LiFePO_4 A} \right] + \left[\left(1 - \dfrac{I_{FePO_4 B}}{I_{FePO_4 A}} \right) 128.25 x_{FePO_4 A} \right] = 0 \\ x_{LiFePO_4 A} + x_{FePO_4 A} = 1 \end{cases} \tag{12.3}$$

由 Jade6.5 软件拟合得到各充放电状态 XRD 衍射谱中两个相的相对积分强度 I_{T020} 和 I_{H020},代入方程组(12.3)中求解,可得各充放电状态时正极活性材料中

$LiFePO_4$ 和 $FePO_4$ 的相对含量，结果如图 12.3 所示。

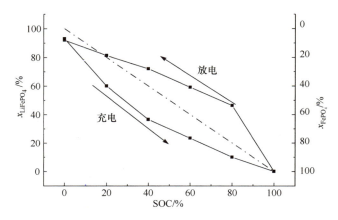

图 12.3　石墨/ $LiFePO_4$ 电池充放电中正极活性材料中 $LiFePO_4$ 和 $FePO_4$ 的对含量变化
—·—·—·—为 45°线

由图 12.3 可见，①即使在 0%SOC 时，正极活性材料也并不完全是 $LiFePO_4$ 相，其中存在着少量的 $FePO_4$ 相（经计算约 8%），这是由于首次充电时形成了不活泼的 $FePO_4$ 壳层所造成的；②充放电在相同 SOC 情况下，放电态的 $LiFePO_4$ 的含量多于充电态，相反 $FePO_4$ 含量放电态明显低于充电态，这明显揭示了放电的滞后性，从而显示了充放电的非对称性。

12.2.2　经活化电池的充放电过程负极活性材料结构演变

图 12.4 给出 0.2C 充放电过程的几个阶段负极活性材料的 X 射线衍射花样，经物相鉴定其组成如表 12.1 所示。可见，负极活性材料在充放电过程中非对称性

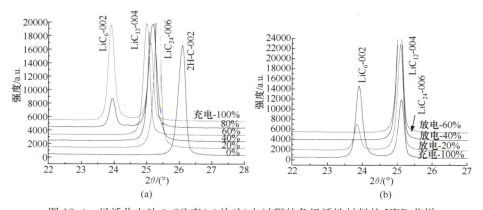

图 12.4　经活化电池 0.2C 充(a)放(b)电过程的负极活性材料的 XRD 花样

不十分明显，虽然 Li 在六方石墨中的固溶现象不明显，但不能获得无固溶过程的结论。总之，与 2H-石墨/Li$(Ni_{1/3}Co_{1/3}M_{1/3})O_2$[6] 及 2H-石墨/$LiCoO_2$[7] 电池充-放电过程相比较，锂在碳电极嵌入和 C-Li 化合物的析出顺序是相似的，仅由于正极活性材料不同，Li 固溶的多少和 C-Li 化合物析出时的充-放电深度有所不同。

表 12.1　经活化电池 0.2C 充放电过程负极活性材料的相组成

		充电态			放电态
充电深度	0%	2H-石墨	放电深度		
	20%	LiC_{24}		60%	$LiC_{12}+LiC_{24}$
	40%	LiC_{12}		40%	LiC_{12}
	60%	LiC_{12}		20%	$LiC_{12}+LiC_6$
	80%	$LiC_{12}+LiC_6$		0%	LiC_6+LiC_{12}
	100%	LiC_6+LiC_{12}			

12.3　未经活化电池的充电过程的研究结果[5]

在 12.2.1 节的研究中已观察到 2H-石墨/LiFePO₄ 电池在充放电过程中存在 LiFePO₄⟷FePO₄ 的相变，但并不知道相变是如何发生的。让我们仔细研究电池第一次充电过程正极活性材料结构的变化。

未经活化的 2H-石墨/LiFePO₄ 电池第一次 0.01C 充电过程的几个阶段的正极活性材料的 X 射线衍射花样如图 12.5 所示。从图 12.5 可观察到：①充电至 50% 才出现 FePO₄ 相，充电深度分别为 50% 和 80% 都是 LiFePO₄ 和 FePO₄ 两相共存，充电 100% 才为纯的 FePO₄ 相，见图 12.5 和表 12.2；②表 12.2 中还给出相关的点阵参数，就 LiFePO₄ 而言，a 和 b 的变化没有什么规律，但 c 随充电深度增加而增大。这两点似乎表明从 LiFePO₄ 到 FePO₄ 的变化有一个过程，即存在 Li 原子离开 LiFePO₄ 点阵的过程，换言之，存在 LiFePO₄→Li_{1-x}FePO₄→FePO₄$(x=1)$ 的过程。如果进一步考虑 LiFePO₄、Li_{1-x}FePO₄ 和 FePO₄ 三者晶体结构惊人的一致性，于是人们可以认为 LiFePO₄→Li_{1-x}FePO₄→FePO₄$(x=1)$ 的变化是 Li 原子脱离 LiFePO₄ 点阵的结果。人们还可进一步推论，导电的 Li^+ 不是由 LiFePO₄→FePO₄ 相变来提供，而是 Li 原子在电场作用下离开 LiFePO₄ 点阵位置，并由失去一个电子的 Li^+ 来提供。

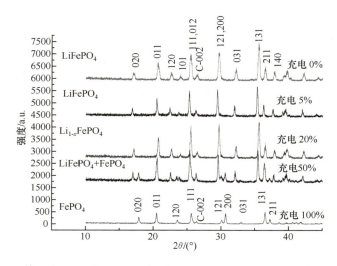

图 12.5　第一次 0.01 充电过程几个阶段的正极活性材料的 X 射线衍射花样

表 12.2　第一次充电过程几个阶段的正极活性材料的 X 射线数据分析结果

充电深度	存在物相		点阵参数			
			a	b	c	V
0%	LiFePO$_4$	$\varepsilon^I/(\times 10^{-3})$	6.0157	10.3915	4.7207	295.1
			0.00	0.00	0.00	0.00
20%	LiFePO$_4$	$\varepsilon^I/(\times 10^{-3})$	6.0116	10.3654	4.7342	295.0
			−0.68	−2.51	2.86	−0.34
50%	LiFePO$_4$ FePO$_4$	$\varepsilon^I/(\times 10^{-3})$	6.0226	10.4368	4.7451	298.3
			1.15	4.36	5.17	10.84
80%	LiFePO$_4$ FePO$_4$	$\varepsilon^I/(\times 10^{-3})$	6.0182	10.4049	4.7405	296.8
			0.42	1.29	4.19	5.76
100%	FePO$_4$		5.8094	9.9222	4.8166	277.6

12.4　石墨/LiFePO$_4$电池在充放电过程中的非对称性

12.4.1　充放电过程中的非对称现象

前面已经提到充放电的不完全可逆性问题和充放电过程 LiFePO$_4$、FePO$_4$ 定量测试结果已证明了充放电的不完全可逆性问题,即充放电过程的非对称性问题。Srinivasan 和 Newmam[6] 报道过,在各种恒电流密度下充电-放电的试验也显示

LiFePO₄这种非对称性,显示在输运限制起重要作用的电流密度下,充电时 LiFePO₄
的利用率明显大于放电时的利用率,也显示了在高倍率下材料利用率对路径
(path)的依赖性,他们用收缩核芯模型(shrinking core model)来解释这种性质,以
说明两相并列(phase juxtapositing)存在的现象。按照他们的假设,在放电期间
Li⁺ 和电子的传输在富 Li 相中发生,因此具有较高激活势垒和较低扩散系数;反之
亦然。因此,在充电期间 Li⁺ 和电子传输较容易。

　　下面介绍 Shin 和 Chung 等[4]用韩国同步辐射在线 XRD 研究 Li/LiFePO₄扣
式电池在充放电过程中的非对称性结果。

　　图 12.6 给出在 5C 倍率下,2.5～4.5V 包覆碳的 LiFePO₄的充放电曲线。曲
线上的垂直线和十字符指明 XRD 开始扫描处,选择 XRD 扫描的数目标在曲线
上,充放电期间给出的容量分别为 147.5mA·h/g 和 143.1mA·h/g,说明放电时
容量低了 4.4mA·h/g。

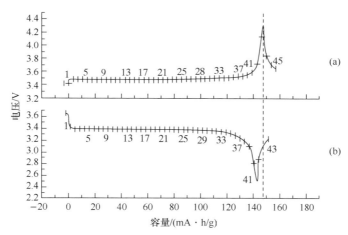

图 12.6　2H-石墨电池 2.5～4.5V 的 5C 充放电曲线

曲线上的数字为在线 XRD 扫描点

　　图 12.7(a) 和(b)给出 5C 充放电期间收集的在线 XRD 花样的选择范围,用
粗线所示的花样是所用电流被切断了,并保持到以后。带有箭头的水平虚线指明
充放电深度相同时的 XRD 花样。在充电开始时的花样所有衍射峰能用 LiFePO₄
指标化,图 12.7(a)中用 T 示出。在充电期间,FePO₄的衍射线条随充电深度增加
逐渐显出,峰形也逐渐明锐,图 12.7(a)中用 H 代表。充电终止时,仅观察到 Fe-
PO₄的衍射峰,LiFePO₄衍射峰完全消失。在继后的放电过程中,观察到所显示的
相变,如图 12.7(b)所示。在放电开始时,仅观察到来自异磷酸铁矿(FePO₄)的线
条。继续放电,来自异磷酸铁的线条逐渐降低,来自磷酸锂铁矿(LiFePO₄)的线条
逐渐增强。在放电结束时,衍射图完全恢复到原始的磷酸锂铁矿的线条。当增加

充放电倍率时，就出现偏离上述现象。图 12.8 给出包碳 LiFePO$_4$ 电池 2C 充放电曲线，充放电倍率是 0.2C 的 20 倍，其衍射花样如图 12.9 所示。明显可见，各衍射峰都已严重宽化，并随充电深度的增加，峰位向大角度方向移动，充电和放电的容

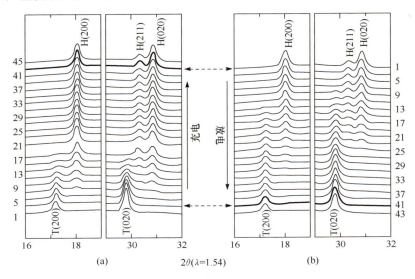

图 12.7　5C 充电到 4.3V(a)和放电至 2.5V(b)期间收集的在线 XRD 花样

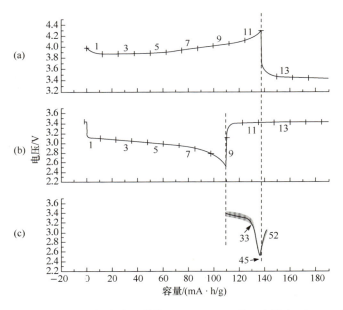

图 12.8　2C 在 2.5～4.3V 的充放电曲线(a)、(b)，10C 进一步放电至 2.5V 的曲线(c)

量分别为 136.9mA · h/g 和 111.4mA · h/g,充-放电之间相差 25.5mA · h/g,这明显大于 0.2C 倍率充放电时的差(4.4 mA · h/g)。从图 12.8(a)可知,在充电期间,从磷酸铁锂矿到异磷酸铁矿的相变已经完全,在放电过程的相反的相变远没有完成。如图 12.9 所示,在相同的放电深度的 0.2C 和 10C 倍率放电电流断掉时的 XRD 扫描曲线,水平虚线指明充放电深度相同时的 XRD 扫描曲线情况下,高倍率比低倍率下的相变更慢,换言之,高倍率下的充放电期间的非对称性更严重。从本节的研究结果可总结非对称性的表现为:

（1）在相同的充放电深度下（如充电 80% 和充电 100% 后放电 20%）,放电的容量小于充电的容量,这种差别随充放电的倍率增加而增大,0.2C 时差值为 4.4mA · h,10C 时差值为 25.5mA · h。

（2）在相同的充放电深度下（如充电 20% 和充电 100% 后放电 80%）,放电的相变的进程存在滞后效应,换言之,放电时逆相变恢复不到原充电时相变程度。

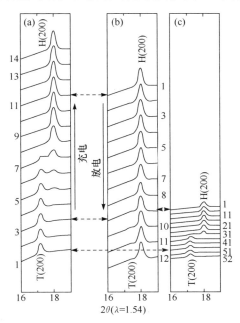

图 12.9　2C 充电至 4.3V(a)和放电 2.5V(b)XRD 扫描
曲线,10C 进一步放电至 2.5V 的曲线(c)

12.4.2　充放电过程中的非对称现象的解释

1. 基于扩散系数的解释

如何解释这种现象呢? Morgan 等[7]基于第一原理计算了 Li$_{1-x}$FePO$_4$ 中沿

ID 链 Li 的跃迁激活势垒和扩散系数为：

	激活势垒	扩散系数
$LiFePO_4$	270	$10^{-8} cm^2/s$
$FePO_4$	200	$10^{-7} cm^2/s$

得出结论：$Li_{1-x}FePO_4$ 中的倍率问题是因电子传导性的限制引起，而不是因离子传导性的限制引起。这说明了一个重要事实，在充电和放电之间的 $Li_{1-x}FePO_4$ 材料中存在激活势垒和扩散系数的非对称性。这种非对称性可能影响 $LiFePO_4$ 的高倍率性能。当用包覆碳或掺金属离子来改善 $LiFePO_4$，以提高电子传导性时，非对称性的相对贡献更明显。

从上述激活势垒和扩散系数的数据能说明存在充放电的非对称性，由于 Li 原子在 $FePO_4$ 中的激活势垒比 $LiFePO_4$ 低，扩散系数较大，放电时相变的速度也较充电时快，充电时的相变应表现为超前一些。这与实验事实相悖。因此，Morgan 等的数据不能解释放电相变的滞后效应，更不能解释为什么在相同的充-放电深度下，较高倍率比低倍率时相变要滞后更严重。现讨论如下：

（1）$LiFePO_4$、$Li_{1-x}FePO_4$ 和 $FePO_4$ 三者的晶体结构相同，都为 $Pnma$（No. 62）空间群，但晶胞体积发生明显的变化，实际测得的 $Li_{1-x}FePO_4$ 晶胞体积是

$Li_{1-x}FePO_4$ 中的 x	0	0.5	1.0
晶胞体积/$Å^3$	295.1	298.3	277.6

同一种原子在原子密度差别不太大的 $LiFePO_4$ 和 $Li_{1-x}FePO_4$ 中扩散速度应该差不多，但在晶体结构相同，晶胞体积小得很多的 $FePO_4$ 中的扩散速度显然要慢些。

（2）从 Li 原子的扩散路径来看也是不相同的。充电时 Li 原子离开正极活性材料的路径是从开始的 $LiFePO_4$ 到 $LiFePO_4 + Li_{1-x}FePO_4$，最后到 $Li_{1-x}FePO_4 + FePO_4$，$LiFePO_4 \rightarrow Li_{1-x}FePO_4 \rightarrow FePO_4$ 的变化，而放电时 Li 原子回嵌正极活性材料的路径是从 $FePO_4$ 开始到 $Li_{1-x}FePO_4 + FePO_4$，最后到 $LiFePO_4 + Li_{1-x}FePO_4$。

（3）当在低倍率（如 0.2C）充放电时，其进程是很慢的。比如，需要 20h 达到满充，也需要 20h 才放电完成。这时 Li 原子的实际扩散速度都小于 $LiFePO_4$、$Li_{1-x}FePO_4$ 和 $FePO_4$ 理论扩散系数对应的扩散速度，因此未能显示充放电的非对称性，或非对称性极小。

（4）当在高倍率下（如 2C 或 10C）下充放电时，其进程是很快的，按 0.2C 和 2C 的倍率，后者要快 10 倍，即 2h 就能达到满充，因此 Li 原子的实际扩散速度都

大于或远大于 LiFePO₄、Li$_{1-x}$FePO₄ 和 FePO₄ 理论扩散系数对应的扩散速度。由于 FePO₄ 的晶胞体积较 LiFePO₄ 小 6%，所以在高倍率下能直接影响 Li 原子在 LiFePO₄ 的扩散速度，使之达不到快速放电时扩散速度的要求，而出现相变滞后效应，并随充电倍率的增加愈趋严重。

2. Andersson 的解释

Andersson 等[8]提出了辐射和马赛克两种模型，用以解释其在充放电过程中结构变化的滞后现象，如图 12.10 所示。

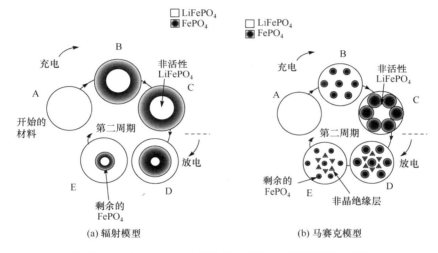

图 12.10 Andersson 的 LiFePO₄ 充放电过程脱嵌锂模型[8]

辐射模型认为 LiFePO₄ 材料中的锂离子脱嵌过程是在 LiFePO₄/FePO₄ 两相界面上发生的。充电时，LiFePO₄ 颗粒外层的锂离子优先脱出，从而在颗粒外层形成一个 FePO₄ 壳层，出现两相界面，如图 12.10(a) 中 B 所示；在随后的充电过程中，两相界面不断向内核推进，外层的 LiFePO₄ 不断转变为 FePO₄，锂离子和电子不断通过新形成的两相界面以维持有效电流，但锂离子的扩散速率在一定条件下是常数，随着两相界面的缩小，锂离子的扩散量最终将不足以维持有效电流，从而颗粒内核部分的 LiFePO₄ 将不能被充分利用，在充电完毕后，颗粒内部形成不活泼的 LiFePO₄ 核心。放电时，过程相反，颗粒外层形成 LiFePO₄ 壳层，两相界面不断向内核推进，最终由于两相界面的缩小，锂离子的扩散量不足以维持有效电流，在放电末期在颗粒内部不活泼的 LiFePO₄ 核心外又形成一个 FePO₄ 壳层，这样在后面的充放电过程中，颗粒内部的 LiFePO₄ 核心将不再会被利用，从而造成容量损失。

马赛克模型与辐射模型相似，只是它认为锂离子脱嵌过程虽然是在

$LiFePO_4/FePO_4$ 两相界面的脱嵌过程,但是锂离子的脱嵌过程可以发生在颗粒的任一位置。充电时,$FePO_4$ 区域在颗粒的不同点增大,区域边缘交叉接触,形成很多不能反应的死角,从而造成容量损失。放电时,逆反应过程进行,锂离子嵌入到 $FePO_4$ 相中,核心处没有嵌入锂离子的部分造成容量的损失。

由图 12.10 可以看出,在第一次充放电结束后,$LiFePO_4$ 颗粒内部便形成残留的 $FePO_4$,因此,在化成后的 $LiFePO_4$ 正极活性材料的 XRD 图谱中,即使是放电态,其中也存在少量的 $FePO_4$ 峰。同时,充电过程中 $FePO_4$ 相优先在颗粒外层生成并向内层扩散,由于 X 射线在材料颗粒表面存在一定的入射角,所以颗粒外层的 $FePO_4$ 相对于内层 $LiFePO_4$ 相的 X 射线衍射存在一定的阻挡作用,导致 $LiFePO_4$ 相的 X 射线衍射强度减弱。而放电过程情况相反,颗粒外层优先生成 $LiFePO_4$ 相,其对于内层 $FePO_4$ 相 X 射线衍射的阻挡作用使得 $FePO_4$ 相的 X 射线衍射强度减弱。这样在 $LiFePO_4$ 正极活性材料的 XRD 图谱中就表现为其充放电过程相变化的滞后性或非对称性。

若与石墨/$LiCoO_2$、石墨/$Li(Ni_{1/3}Co_{1/3}Mn_{1/3})O_2$ 相比较,三种电池都存在充放电过程非对称性,但石墨/$LiFePO_4$ 电池的非对称性更为明显。

12.5　2H-石墨/$LiFePO_4$ 电池中锂的脱嵌机理[5]

12.5.1　正极活性材料 $LiFePO_4$ 在充放电过程中的相变特征和脱嵌机理

2H-石墨/$LiFePO_4$ 电池在充放电过程中,正极活性材料涉及 $LiFePO_4$、$Li_{1-x}FePO_4$、$FePO_4$ 三种物质。

$LiFePO_4$ 和 $Li_{1-x}FePO_4$ 均能用磷酸锂铁矿正交晶系,$Pnma$(No. 62)空间群指标化,而 $FePO_4$ 属于异磷铁(锰)矿的正交晶系,也只能用 $Pnma$(No. 62)空间群指标化。其实际测得的点阵参数为:

	a	b	c/Å	V/Å³	$(V_T-V_H)/V_T$
$LiFePO_4$	6.0157	10.3915	4.7207	295.101	0.00%
$FePO_4$	5.8094	9.9222	4.8166	277.638	−5.92%

晶态 $LiFePO_4$ 每个晶胞包含 4 个 $LiFePO_4$ 分子,即 4 个 Li 原子、4 个 Fe 原子、4 个磷原子和 16 个氧原子,共 28 个原子,其原子位置如下[9]:

$$
\begin{array}{cccccc}
 & & x & y & z & \\
\text{Li} & 4a & 0 & 0 & 0 & \\
\text{Fe} & 4c & 0.282 & 1/4 & -0.023 & \\
\text{P} & 4c & 0.095 & 1/4 & 0.418 & \left.\right\} +0\ 1/2\ 0 ; 1/2\ 0\ 1/2 ; 1/2/\ 1/2\ 1/2 \\
\text{O}_1 & 4c & 0.107 & 1/4 & -0.268 & \\
\text{O}_2 & 4c & 0.460 & 1/4 & 0.208 & \\
\text{O}_3 & 8d & 0.165 & 0.043 & 0.288 &
\end{array}
$$

而 FePO$_4$ 单胞中也包含 4 个 FePO$_4$ 分子,即 4 个 Fe 原子、4 个磷原子、16 个氧原子,共 24 个原子,其原子位置如下[10]:

$$
\begin{array}{cccccc}
 & & x & y & z & \\
\text{Fe} & 4c & 0.277 & 1/4 & 0.9449 & \\
\text{P} & 4c & 0.0935 & 1/4 & 0.3983 & \left.\right\} +0\ 1/2\ 0 ; 1/2\ 0\ 1/2 ; 1/2/\ 1/2\ 1/2 \\
\text{O}_1 & 4c & 0.1167 & 1/4 & 0.7131 & \\
\text{O}_2 & 4c & 0.4417 & 1/4 & 0.1614 & \\
\text{O}_3 & 8d & 0.1684 & 0.0461 & 0.2513 &
\end{array}
$$

LiFePO$_4$ 和 FePO$_4$ 的晶体结构模型和化学键合情况如图 12.11 和图 12.12 所示。两种物质的结构数据(包括空间群、点阵参数和单胞中原子位置)由图 12.11 和图 12.12结构模型得知,其两者的晶体结构几乎相同,从 LiFePO$_4$→Li$_{1-x}$FePO$_4$→FePO$_4$($x=1$)的变化并非真正的结构相变,仅由于在电场的作用下,Li 原子逐渐离开 LiFePO$_4$ 晶体点阵的 $4a$ 位置,从 LiFePO$_4$ 变成缺 Li 的 Li$_{1-x}$FePO$_4$,再变成无 Li 的 FePO$_4$,但保持晶体结构基本不变,而仅仅是各原子的晶体学位置做很小移动,故 LiFePO$_4$→Li$_{1-x}$FePO$_4$→FePO$_4$ 的变化不是真正相结构变化的相变,可称之为膺相变(pseudo-phase transition)。同样,在放电过程中,FePO$_4$→Li$_{1-x}$FePO$_4$→LiFePO$_4$ 相变是由于 Li 原子的逐渐回嵌而发生的非真正相结构变化的相变,也是一种膺结构相变,而且是因 Li 原子脱离和回嵌正极活性材料的晶体点阵所引起。

Li 原子在 LiFePO$_4$ 点阵中有 4 种晶体学位置,即:

000;　0 1/2 0;　1/2 0 1/2;　1/2 1/2 1/2

从图 12.11 可知,000 位置的键合力最弱,1/2 1/2 1/2 位置的键合力最强,0 1/2 0 和 1/2 0 1/2 两个位置的情况差不多,因此在较小的电场作用下,000 位置的 Li 原子首先离开 LiFePO$_4$ 点阵,直至变成 Li$_{0.25}$FePO$_4$;然后是 0 1/2 0 和 1/2 0 1/2 两个位置的相继离开,直至变成缺 Li 的 Li$_{0.50}$FePO$_4$ 和 Li$_{0.75}$FePO$_4$;最后是 1/2 1/2 1/2 位置的 Li 原子离开,直至变成无 Li 的 FePO$_4$。2H-石墨/LiFePO$_4$ 电池在充放电曲线可能存在 4 个台阶,最前面的和最后的两个台阶差较大,中间两个台阶相差很小。这在图 12.13 中实际测得的充放电曲线得到了证明。

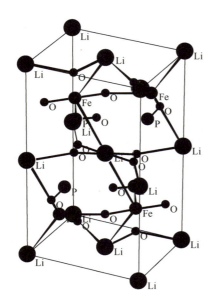

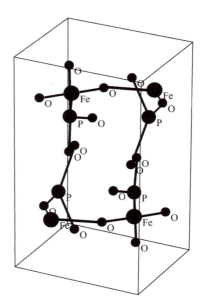

图 12.11　*Pnma*（No. 62）空间群橄榄石　　　　图 12.12　*Pnma*（No. 62）空间群结构的
LiFePO₄ 的晶体结构模型和键合情况　　　　　　　　　FePO₄ 的结构模型和键合情况

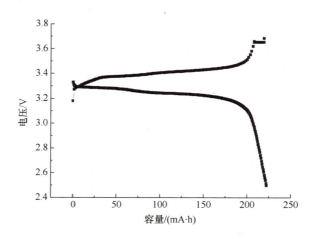

图 12.13　2H-石墨/LiFePO₄ 电池充放电曲线

12.5.2　负极活性材料在充放电过程中的行为

总结第 11 章及本章 12.3.2 节的实验研究结果可知,在充电过程中发生反应
$C + x Li \rightarrow Li_x C_6$,即有一个过程,理论上为:

$x < 0.25$,　　　　　　形成 C-Li 固溶体——C-Li 固溶体＋LiC₂₄

$x=0.25$　　　　LiC$_{24}$

$0.25<x<0.50$　LiC$_{24}$＋LiC$_{12}$$\longrightarrow$ LiC$_{12}$＋LiC$_{24}$

$x=0.50$　　　　LiC$_{12}$

$0.50<x<1.00$　LiC$_{12}$＋LiC$_6$$\longrightarrow$LiC$_6$＋LiC$_{12}$

$x=1.00$　　　　LiC$_6$

但实际情况可能更复杂一些。在充电的不同阶段发生这样的过程,放电则是可逆的过程,并不完全可逆。

12.6　2H-石墨/LiFePO$_4$电池的导电机理[5]

在 12.1 节引言中提到,在 2H-石墨/LiFePO$_4$ 电池充放电过程发生 LiFePO$_4$⇔ FePO$_4$,使 Fe^{+3}⇔ Fe^{+2},即氧化-还原的主体是 Fe 原子,导电离子是由这种氧化-还原提供。

如果在充放电过程中发生真实的结构相变,Fe 原子被氧化和还原,那么这种氧化-还原都在正极上发生,而且分别在充电和放电时发生,这与化学电源在实现化学能直接转换成电能的过程中必须具备两个必要条件之一:"无论是充电还是放电,必须把化学反应中失去电子(氧化)过程和得到电子(还原)过程分隔在正、负两个电极上进行"相矛盾。可见,导电的相变理论是不能成立的。

我们的实验研究结果表明,2H-石墨/LiFePO$_4$ 电池在充放电过程中发生 LiFePO$_4$⇔ FePO$_4$ 的相变不是真正的结构相变,而是晶体结构未发生变化的膺结构相变,并且是因 Li 原子脱离和回嵌所引起,而不是因膺相变引起 Li 原子的脱嵌,这种因果关系不能颠倒。因此,导电是 Li 原子的脱嵌形成的导电离子 Li$^+$ 在电场的作用下的定向迁移和运动,其过程如下:

在刚开始充电时,锂离子的迁移是从负极-电解液的界面开始的。由于锂离子在负极-电解液的界面得到电子嵌入负极,界面上锂离子浓度下降,在溶液中锂离子就像接力赛跑一样从正极向负极迁移来弥补这一浓度空缺。由于锂离子的定向迁移,正极-电解液界面产生锂离子的浓度也相应下降,这时在电场的作用下,LiFePO$_4$ 中 000 位置的 Li 原子就离开点阵位置,在正极-电解液界面失去电子形成 Li$^+$,进入电解液,以补充电解液中的锂离子。当这种离子流动达到动态平衡时,就对应于电池的充电平台。当电池达到满充后,LiFePO$_4$ 中的 Li 原子耗尽,继续充电,Li$^+$ 只能靠电解液来提供,因此电解液的原始成分中必定有 Li$^+$。可以设想,假如电解液中的电解质不存在 Li$^+$,充电时,锂离子的迁移必定从正极-电解液开始,从 LiFePO$_4$ 点阵脱离的 Li 原子转移到电解液中,然后通过电解液迁移到负极表面,嵌入石墨,这必定对应于高的充电平台。

电池放电时,Li$^+$ 的迁移是从正极-电解液的界面开始的,过程与充电相反。于

是得到如下结论:

（1）充放电过程中的导电 Li^+ 不是由 $LiFePO_4$ 到 $FePO_4$ 的相变来提供,而是由 Li 原子在 $LiFePO_4$ 和 $FePO_4$ 脱离和回嵌来提供;

（2）从 $LiFePO_4$ 到 $FePO_4$ 的膺结构相变有一个过程,即 $LiFePO_4 \rightarrow LiFePO_4 + Li_{1-x}FePO_4 \rightarrow Li_{1-x}FePO_4 + LiFePO_4 \rightarrow Li_{1-x}FePO_4 + FePO_4 \rightarrow FePO_4$ 的过程;

（3）锂原子在 2H-石墨中的嵌入也有从 C-Li 固溶体→CLi_{24}→CLi_{12}→CLi_6 的过程;

（4）2H-石墨/$LiFePO_4$ 电池的导电不能用相变机理来解释,而脱离 $LiFePO_4$ 点阵和嵌入石墨电极的 Li^+ 在电场作用下的定向迁移和运动。

于是可把充电过程在正极中的反应写成

$$2LiFePO_4 \rightarrow LiFePO_4 + Li_{1-x}FePO_4 + xLi^+ \rightarrow Li_{1-x}FePO_4 + xLi^+ + FePO_4 \rightarrow FePO_4$$

在负极中的反应为

$$C + Li \rightarrow xLi-C(固溶体) \rightarrow xLi-C(固溶体) + LiC_{24} \rightarrow LiC_{24} + LiC_{12} \rightarrow LiC_{12} + LiC_6 \rightarrow LiC_6$$

（5）无论是充电过程还是放电过程,氧化-还原的主体是 Li 原子,并分别在正负两个电极上被氧化-还原。虽然,在充放电过程由于 Li 原子的脱嵌而发生 $LiFePO_4 \longleftrightarrow FePO_4$ 膺结构相变,同时发生 $Fe^{+3} \longleftrightarrow Fe^{+2}$ 的变化,但这种所谓的氧化-还原都在正极上发生,并分别在充电过程和放电过程发生。根据化学电源(电池)在充放电过程中的氧化和还原,无论是充电过程还是放电过程,都是分别在正负极上发生的原则,导电的相变理论是不能成立的。这里必须强调的是,在充电时,因为 Li 原子离开 $LiFePO_4$ 点阵和继后的 $Li_{1-x}FePO_4$ 点阵才发生 $LiFePO_4 \rightarrow Li_{1-x}FePO_4 \rightarrow FePO_4$,不是由这种相变来释放锂离子;相反,充电时是 Li 原子离开 $LiFePO_4$ 点阵后才发生这种膺结构相变;在放电时,是因 Li 原子的回嵌入 $FePO_4$ 和继后的 $Li_{1-x}FePO_4$ 点阵,才发生 $FePO_4 \rightarrow Li_{1-x}FePO_4 \rightarrow LiFePO_4$ 膺结构相变。这种因果关系不能颠倒。

参 考 文 献

[1] Srinivasan V, Newman J. Discharge model for the lithium iron-phosphateelect-rode. J. Electrochem. Soc. ,151(10):A1517~A1529

[2] Yamada A, Koizumi H, Sonoyama N, et al. Phase change in Li_xFePO_4. Electrochem. and Solid-State Letters. ,2005,8(8):A409~A413

[3] Dodd J L, Yazami R, Fultz B. Phase diagram of Li_xFePO_4. Electrochem. and Solid-State Letters,2006,9(3):A151~A155

[4] Shin H C,Chung K Y,Min W S,et al. Asymmetry between charge and discharge during high rate cycling in $LiFePO_4$-In situ X-ray diffraction study. Electrochem. Commun. ,2008,10:536~540

[5] Wang Q,Lou Y W,Zhang J,et al. Study on phase transformation character of $LiFePO_4$ during

charge-discharge Process of graphite/Lithium iron phoshate battery. Chemical Research in Chinese University,2014(will be published)

[6] 程国峰,杨传铮,黄月鸿. 纳米材料的 X 射线分析. 北京:化学工业出版社,2010;杨传铮,谢达材,陈癸尊,等. 物相衍射分析. 北京:冶金工业出版社,1989

[7] Morgan D,Van der V,Ceder G. Li Conductivity in Li$_x$MPO$_4$(M＝Mn,Fe,Co,Ni) olivine materials,Electrochem. Solid-State Lett. ,2004,7(2):A30~A32

[8] Andersson A S,Thomas J O. The source of first-cycle capacity loss in LiFePO$_4$. J. Power Sources,2001,97,98:498~502

[9] Destenay D. Mem. Soc. Roy. Sci. ,1948,10(4):28; Wilson A J C. Structure Reports,1950,13:319

[10] Eventoff W,Martin R and Peacor D R. ,Amer. Min. ,1972,57:45~51;Structure Reports,1972,38A:314

第 13 章 氢镍电池循环过程机理和循环性能衰减机理

目前 MH/Ni 电池的循环性能衰减的电化学研究已经比较成熟,但把循环性能与电极材料的微结构结合起来研究,尚未见报道。本章介绍通过研究 MH/Ni 电池循环性能和正负极材料的微结构之间的关系,以揭示 MH/Ni 电池在充放电循环寿命的衰减机理。

13.1 20℃ 和 60℃ 下 MH/Ni 电池的循环性能[1~3]

电池分别在室温(20℃)和高温(60℃)下,以 1C 充电 2C 放电进行循环寿命实验,其结果如图 13.1 所示。可见,在两种温度条件下,当循环次数小于 200 时,容量衰减较缓慢,大于 200 之后,衰减速度明显加快,在 60℃ 下,初始容量较室温下低 150mA·h;容量衰减速度高于室温,在循环 300 次时,容量就已衰减至初容量的 51.6%,而常温下循环 400 次时的电池容量保持率还有 60.8%。内阻的变化趋势如图 13.2 所示,在 20℃ 下,循环 300 次时,电池内阻缓慢增加至 97.2mΩ,随后内阻较快增加;而在 60℃ 下,内阻迅速增大,在 200 次时就已超过了 20℃ 下循环 400 次时的内阻。

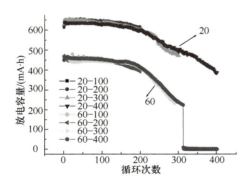

图 13.1 20℃ 及 60℃ 下 MH/Ni 电池
以 1C 充电 2C 放电时放电容量
与循环次数的关系

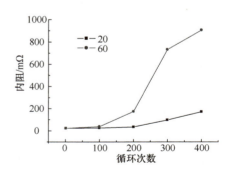

图 13.2 电池在常温及 60℃ 下 1C
充 2C 放时内阻随循环次数的
变化

图 13.3 和图 13.4 分别示出 1C 充放电下容量和自放电率随循环次数的变化关系。可见 60℃ 比 20℃ 容量衰减快得多,自放电率也大得多,特别是循环次数大

于 100 之后。

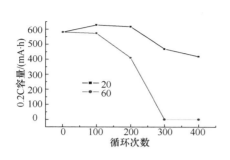

图 13.3　电池在 1C 充放电和 20℃、60℃　　图 13.4　电池在 20℃和 60℃状态下
　　循环下容量随循环次数的变化　　　　　　　自放电率随循环次数的变化

13.2　20℃和60℃循环过程中正极材料 β-Ni(OH)₂ 的微结构[2~3]

图 13.5 给出 20℃和 60℃下不同循环阶段 β-Ni(OH)$_2$ 的 XRD 花样,采用第 2 章的分析计算方法得到的微结构参数,如表 13.1 所示,直观地示于图 13.6~图 13.9。

表 13.1　20℃和60℃C下循环前后几个主要阶段 β-Ni(OH)₂ 实验数据分析结果

		D_{001}/nm	D_{100}/nm	D_{100}/D_{001}	$D_{平均}$/nm	ε/($\times10^{-3}$)	f_D/%	f_T/%	f_D+f_T/%
	未活化	16.50	29.40	1.782	27.2	—	9.86	1.59	11.45
	仅活化	19.98	17.67	0.931	57.3	5.96	4.28	4.66	8.94
20℃	100cyc	19.78	17.82	0.901	54.9	5.57	5.12	2.83	7.95
	200cyc	20.03	17.67	0.882	43.9	4.81	4.59	3.68	8.27
	300cyc	19.49	19.42	0.996	39.2	4.61	5.57	2.10	7.67
	400cyc	16.71	19.46	1.105	34.2	4.62	4.13	3.10	7.23
60℃	100cyc	19.63	17.15	0.874	85.1	6.81	3.03	2.03	5.06
	200cyc	19.30	19.56	0.962	54.3	5.64	2.93	2.21	5.81
	300cyc	20.49	15.70	0.766	82.4	6.99	3.12	2.73	5.85
	400cyc	因已短路(图 13.1),数据不可信,故未列入							

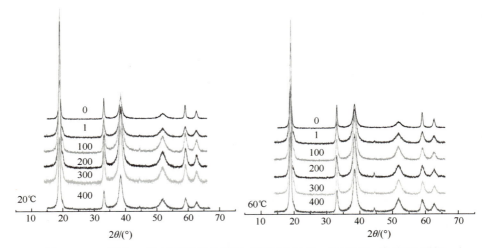

图 13.5　20℃和 60℃下不同循环阶段正极活性材料 β-Ni(OH)$_2$ 的 XRD 图谱

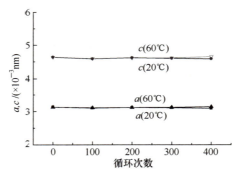

图 13.6　β-Ni(OH)$_2$ 的点阵参数 a、c 随循环次数的变化

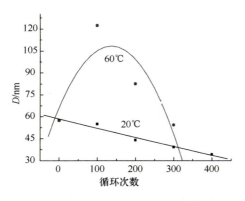

图 13.7　β-Ni(OH)$_2$ 的平均晶粒度 $\overline{D}$ 随循环次数的变化

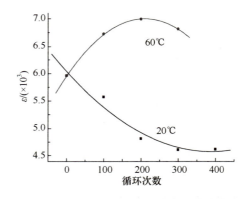

图 13.8　β-Ni(OH)$_2$ 的微应变 ε 随循环次数的变化

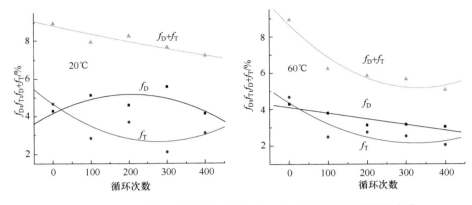

图 13.9　β-Ni(OH)$_2$ 中层错几率(f_D、f_T、f_D+f_T)随循环次数的变化

图 13.6 表明,β-Ni(OH)$_2$ 点阵参数随循环次数增加变化很小,而表 13.1 及相应的图 13.7～图 13.9 均说明充放电循环显著改变了材料的微结构特征:AAA600 电池在 20℃ 及 60℃ 下循环充放电,使 β-Ni(OH)$_2$ 中近等轴晶的晶粒进一步细化,微应变变小,总层错几率降低。因此,文献中仅关注 β-Ni(OH)$_2$ 的点阵参数的变化,不能全面反映其真实性能。

20℃ 下,β-Ni(OH)$_2$ 的平均晶粒度、微应变及总的层错几率均随循环次数的增加而减小,表明晶粒逐渐细化,微应变在 200 次循环后趋于平缓。这是因为微应变反映的是晶格结构随相变过程出现的应力变化,β-Ni(OH)$_2$ 内的应力状态随循环进行逐渐降低,随其充放电深度增加而变小,电池容量降低相一致。虽然形变层错与生长层错的变化趋势不同,但总的层错几率随循环次数增加而降低,这与电池容量的变化吻合,也与文献[13]中总的层错几率越低 β-Ni(OH)$_2$ 的容量及活性降低相一致。

总结上述微结构参数的变化趋势可知:

(1) 活化使微结构参数(晶粒形状,晶粒大小,微应变和层错几率)发生重大变化。

(2) 在 20℃ 循环,电池性能衰减与晶粒的持续细化、微应变的持续变小和层错几率变小相对应;60℃ 下,当循环周期小于 200 次时与 20℃ 情况类似,但在 200 次后的拐点效应十分明显;当循环周期大于 200 次后,平均晶粒尺度、微应变与层错几率的变化更复杂些。

13.3　不同正极活性物质的质子扩散系数[2～4]

分别以 1mV·s^{-1}、2mV·s^{-1}、4mV·s^{-1}、6mV·s^{-1}、8mV·s^{-1}、12mV·s^{-1}、

$16mV \cdot s^{-1}$和$20mV \cdot s^{-1}$的扫描速度测试了 MH/Ni 电池不同循环次数时正极活性物质的循环伏安曲线,相应的还原峰电流和扫描速度的关系,如图 13.10 所示。可以看出,镍电极循环伏安曲线的还原峰电位随扫描速度的增加而增大,还原峰电流和扫描速度的平方根之间存在线性关系。由此可以得出,镍电极的电极过程在所用的扫描速度范围内是由扩散控制的,但并不是完全可逆的。因此,我们选用下式

$$i_L = 2.69 \times 10^5 n^{3/2} A D_0^{1/2} C_0 v^{1/2} \tag{13.1}$$

式中,i_L 为循环伏安曲线的峰电流;n 为电极反应电子数;A 为电极的表面积;D_0 为决定速度步骤的扩散系数,本实验中是指质子的扩散系数;C_0 为质子的浓度,近似等于氢氧化镍的密度($3.97g/cm^3$)与其摩尔质量($92.7g/mol$)之比,即$0.0428mol/cm^3$。

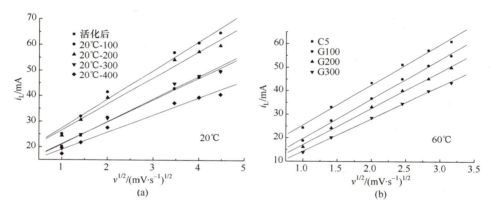

图 13.10 不同 $Ni(OH)_2$ 循环伏安峰电流 i_L 和扫描速度 $v^{1/2}$ 的关系曲线

i_L 与扫描速度的平方根 $v^{1/2}$ 的关系曲线应为直线,由直线斜率,根据式(13.1)可求出镍电极中的质子扩散系数。计算结果如表 13.2 所示。可以看出,随 MH/Ni 电池循环次数的增加,其正极活性物质的质子扩散系数变化有所不同,20℃下循环后的 β-$Ni(OH)_2$,在 100 次时扩散系数达到最大值,随后又逐渐降低,而 60℃下循环后的 β-$Ni(OH)_2$ 质子扩散系数大幅度降低,其循环 100 次时的质子扩散系数就已低于 20℃下循环 300 次的数值。这可能是因为在镍电极在 60℃下充电更容易生成活性较差的 γ-$NiOOH$,容量降低。

表 13.2 循环不同次数正极活性物质的质子扩散系数

扩散系数 $D/(\times 10^{-8}cm^2 \cdot s^{-1})$	活化后,未循环	20℃下循环次数				60℃下循环次数		
		100	200	300	400	100	200	300
	13.7	14.9	12.4	9.26	5.39	8.49	7.21	5.77

　　结合 13.2 节中 β-Ni(OH)$_2$ 的微结构变化规律及 13.2 节中比容量数据可进行相应的分析。20℃下，随循环次数增加，质子扩散系数先增加后降低，在 100 次达最大值，与 β-Ni(OH)$_2$ 的比容量 276mA·h/g 及电池的 0.2C 容量 674mA·h 均在 100 次最高相一致，该质子扩散系数与比容量数据均是针对大量电解液中的 β-Ni(OH)$_2$ 的测试结果，电池的 0.2C 容量是降低了充放电倍率的测试结果；而微结构参数中晶粒细化、微应变减小及层错几率的降低都与电池的 1C 容量的变化一致。这说明微结构参数更能反映 β-Ni(OH)$_2$ 在电池中的真实性能。20℃下，随循环次数增加，在循环伏安曲线上未出现 100 次这一拐点数据的原因可能与取数单位为 100 次有关。因此，β-Ni(OH)$_2$ 的质子扩散系数、微结构与 MH/Ni 电池的容量变化趋势是相关的。由于晶粒尺寸、微应变大小与充放电的温度等条件有关，导致 β-Ni(OH)$_2$ 性能变化的主要微结构参数是总的层错几率，这可作为评价 β-Ni(OH)$_2$ 状态的一个重要内容。

13.4　室温和 60℃循环试样负极材料 AB$_5$ 合金的微结构研究[1~3]

　　图 13.11 给出 20℃和 60℃经循环几个主要样品的 XRD 花样，可见循环后，除 AB$_5$ 合金的衍射线条外，多处出现新的衍射线条，而且十分宽化，按物相衍射分析[5]的原理和方法，利用 Jade6.5 检索/匹配程序[6]分析得，未知相为 A(OH)$_3$（PDF 卡号 06-0585，La(OH)$_3$）和 B 相（卡号 04-0850，Ni）。线条宽化，表明新相的晶粒很细，这与文献[4]的结果一致。

　　图 13.12 较全面地显示了随循环次数增加，MH/Ni 电池中负极材料 AB$_5$ 合金微结构参数 $\overline{D}$ 和 ε 的变化。由图可见，平均晶粒大小、微应变随循环次数增加而增大，特别是 20℃下循环的电池，其负极合金晶粒增大的速度较 60℃时更快。

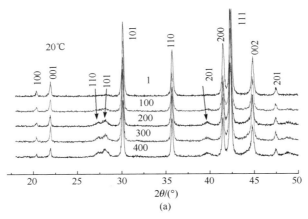

(a)

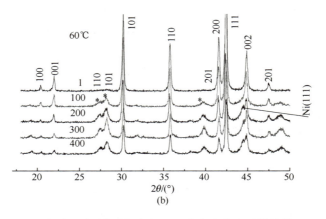

图 13.11　20℃和 60℃循环实验中 AB₅ 合金几个主要样品的 XRD 花样

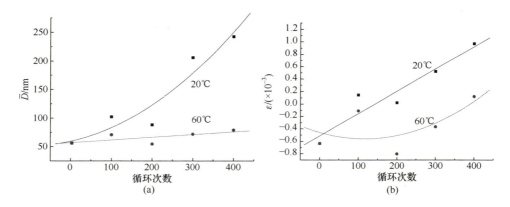

图 13.12　MH/Ni 电池在 20℃和 60℃循环实验中负极材料 AB₅ 的 $\overline{D}$(a)和 ε(d)

　　为了进一步确定 A(OH)₃ 和 B 相随循环周期增加变化趋势,用储氢合金 XRD 谱图中的相对峰强度的变化来表示。观测有关 XRD 花样可知,在 20℃下, A(OH)₃ 最强峰 101 和 110 未能分开,故测定 $I_{A(OH)_3\,110+101}/I_{AB_5\,101}$ 和 $I_{A(OH)_3\,201}/I_{AB_5\,110}$ 的比值;而 60℃下,A(OH)₃ 的 101 和 110 峰能分开(图 13.11),故测定 $I_{A(OH)_3\,101}/I_{AB_5\,101}$ 和 $I_{A(OH)_3\,201}/I_{AB_5\,110}$,其结果如图 13.13 所示。从图可知,在 20℃情况下循环,A(OH)₃ 的含量随循环周期增加而增加,但在 60℃情况下,周期数大于 200 后,A(OH)₃ 的含量却随周期增加而减少,造成这种结果的原因可能有两个:一是 300 周期后的电池已短路;二是由于新相的析出,电极材料体积的膨胀或收缩,微应变也较大,造成电极表面龟裂疏松,使 A(OH)₃ 脱落而溶解于电解液中,文献[4]的扫描电镜照片已观察到电极表面龟裂疏松的情况。因此可以认为,无论是在 20℃还是在 60℃下循环,循环过程中出现的新相 A(OH)₃ 均随循环周期增加而增加,新相 B 也与此类似。

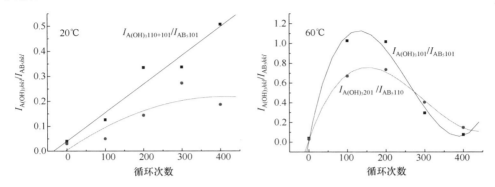

图 13.13　20℃及 60℃下负极材料中 $I_{A(OH)_3 hkl} / I_{AB_5 hkl}$ 的比值随循环次数的变化

13.5　不同充放电倍率下的循环性能和微结构[1~3]

MH/Ni 电池最重要的应用领域是满足高倍率充放电要求的混合电动汽车及电动工具。为此,拟通过研究高功率 SC 型电池在高倍率下的循环寿命及正负极活性物质的微结构,获得影响电池循环寿命的微结构数据,以指导高功率 MH/Ni 电池的制备与使用。参照电动工具电池的充放电条件,制定的循环寿命测试制度如下:

(1) 1C 电流充电 1.2h,同时以 $-\Delta V = 10mV$ 作为平行控制条件,静置 1h;再以 1C 电流放电至 1.0V,静置 1h,计为一个循环,共 436 个循环,记为 1C-1C-436。

(2) 1C 电流充电 1.2h,同时以 $-\Delta V = 10mV$ 作为平行控制条件,静置 1h;再以 10C 电流放电至 0.8V,静置 1h,计为一个循环,共 117 个循环,记为1C-10C-117。

(3) 3C 电流充电 0.4h,同时以 $-\Delta V = 10mV$ 作为平行控制条件,静置 1h;再以 10C 电流放电至 0.8V,静置 1h;计为一个循环,记为 3C-10C-95。

为了表征电池性能,除测量电池的充放电容量外,还测试了电池内阻、$\beta\text{-Ni(OH)}_2$ 的利用率等。经不同充放电循环后 $\beta\text{-Ni(OH)}_2$ 的性能如表 13.3 所示。由表可见:

(1) 不同倍率条件下,充放电容量明显不同,低倍率容量明显大于高倍率容量;

(2) 低倍率循环后容量高于高倍率循环后容量,比如,3C 充 10C 放循环 95 周期后的容量保持率与 1C 充放循环 436 周期相同,都是 98.5%;

(3) $\beta\text{-Ni(OH)}_2$ 的热分解温度随倍率因子和循环周期而不同,低倍率循环后的分解温度较高,说明其稳定性较好。

表 13.3　经不同充放电循环后 β-Ni(OH)₂ 的性能

	0.2C 容量/(mA·h/g)	保持率/%	10C 容量/(mA·h/g)	保持率/%	热分解温度/℃
活化后	260.50	100.0	205.89	100.0	221.9
1C-1C-436	256.64	98.5	204.80	99.5	243.4
1C-10C-117	254.10	97.5	206.44	100.3	216.9
3C-10C-95	256.60	98.5	205.67	99.9	223.2

注:1C-1C-436 分别表示充电倍率-放电倍率-循环周期数,下同

　　不同条件下循环寿命实验前后正极材料的微结构参数如表 13.4 所示。由以上数据可得如下结果:

表 13.4　在不同条件下循环寿命实验前后正极材料 β-Ni(OH)₂ 的微结构参数

	D_{001}	D_{100}	D_{110}	D_{111}	$\bar{D}$	$\varepsilon/(\times 10^{-3})$	f_D	f_T	f_D+f_T
	/nm						/%		
未活化	15.33	41.00	26.03	15.81	21.2	—	−5.90	15.70	9.80
仅活化	19.68	17.23	9.35	10.90	44.10	5.098	5.99	−1.12	4.87
1C-1C-436	17.11	17.23	10.69	11.75	26.7	3.411	4.70	−0.62	4.08
1C-10C-117	19.68	13.73	9.98	10.90	30.0	4.283	3.68	0.39	4.07
3C-10C-95	17.11	15.27	9.35	8.47	40.2	5.859	9.02	−5.23	3.79

　　(1) 活化使 β-Ni(OH)₂ 晶粒细化,特别是与六方 c 轴垂直方向的尺度大大减小,从而使微晶形状由矮胖柱体转变为近等轴晶,循环寿命实验没有改变这一趋势。

　　(2) 由于反复可逆相变而残存于正极材料的微应变大小与循环条件有关,循环次数多的残余应变小。

　　(3) 活化后和循环寿命实验后堆垛层错以形变层错为主,总的层错几率和形变层错几率随循环条不同而不同。高倍率的循环总的层错几率降低弧度最大。

　　不同循环条件下负极活性物质的微结构参数如表 13.5 所示。由此可见,充放电循环使储氢合金晶粒进一步细化。在 1C 充放电循环情况下,电池一直处于深充放状态,这使储氢合金在吸氢过程中经受的体积变化更大,且循环次数多达436,从而导致合金粉化、氧化严重;而在 3C 充电 10C 放电循环条件下,储氢合金吸放氢速度很快,因此合金一直经历较快的膨胀和收缩,导致合金内应力变化较

快,从而加速了合金的粉化;相比之下,在 1C 充电 10C 放电循环情况下,循环次数比 1C 放电少,而膨胀速度又比 3C 充电 10C 放电慢,因此合金粉化较轻。在充放电深度最大,循环次数最多的 1C-1C-436 条件下,晶粒细化最明显,残余微应变也最小。

表 13.5　经不同充放电循环后储氢合金的微结构数据

	活化后	1C-1C-436	1C-10C-117	3C-10C-95
$\overline{D}/nm$	88.9	23.4	34.7	32.7
$\varepsilon/(\times 10^3)$	1.46	9.46	0.64	-0.02

13.6　正负极活性材料在电池循环过程中的物理行为[1~2]

研究电池循环性能的目的有 3 个:①表征电极(正极和负极)活性材料和电池的性能,这是电极材料和电池研发者必须进行的,因此有关这方面的报道很多;②通过循环性能和相关电极材料在充放电和循环过程的结构(包括晶体结构和微结构)变化的研究,以及通过正负极材料的结构参数来研究循环性能衰减机理,几乎未见报道;③在此基础上探索提高电池充放电和循环性能的方法。关于③将在第 14 章讨论。

综合 13.1~13.5 节的研究结果,可得正负极活性材料在电池循环过程的活性物理行为如下:

(1) 活化使正极活性材料的晶粒形状明显发生变化,从较矮胖的柱状晶转变为近乎等轴晶,使材料存在微应变,总的层错几率减少。室温下循环使晶粒进一步细化,总的层错几率减少,这与循环性能的衰减相对应;但在 60℃ 下循环在 200 周期出现拐点,大于 200 周期晶粒和总的层错几率变化不大。这些变化使得 β-Ni(OH)$_2$ 中质子扩散系数降低。在不同充放电倍率下循环,最终的晶粒尺度、微应变以及层错几率与循环条件有关。

(2) 无论在 20℃ 或 60℃ 下循环,负极活性材料的平均晶粒度和微应变都随循环周期增加而增加,而在循环过程负极上生成的新相 A(OH)$_3$ 和 B 相都随周期增加而增加。

13.7　循环性能衰减机理[1~3]

13.7.1　循环性能与结构参数间的关系

现以对比的方式把循环性能与电极活性材的结构在循环过程中的变化列入表 13.6。从表可知,循环性能的衰减与正极活性材料的微结构参数、质子扩散系数以及负极的微结构参数、新相析出量都有良好的对应关系。可见影响电池循环寿命及综合性能的主要是正负极材料的共同作用,而不是单一因素。

表 13.6　循环性能与电极材料间的关系

			20℃	60℃
循环性能				
1C 充 2C 放时的容量			<200 次缓慢降低,>200 次明显加快	<200 次缓慢降低,>200 次明显更快
1C 充 2C 放时的内阻			<200 次增加较慢,>200 次增加较快	<100 次增加较慢,>100 次增加较快
1C 充 1C 放时的容量			<200 次降低较慢,>200 次降低较快	>100 次很快降低
自放电率			<100 次变化不大,>100 次增加很快	>100 次增加速度比 20℃ 更快
正极活性材料的参数	点阵参数	$a/\text{Å}$	随循环周期增加而缓慢降低	随循环周期增加而缓慢降低
		$c/\text{Å}$	随循环周期增加而缓慢降低	随循环周期增加而缓慢降低
	晶粒大小	D_{100}/nm	活化后突然降低,随后变化不大	活化后突然降低,随后变化不大
		D_{001}/nm	变化不大	变化不大
		$D_{平均}/\text{nm}$	活化后突然增加,随后缓慢细化	活化后突然增加,随后变化不大
	微应变	$\varepsilon_{平均}/(\times 10^{-3})$	活化后出现微应变,循环次数增加缓慢减小	活化后出现微应变,循环次数增加变化不大
	层错几率	$f_D + f_T/\%$	100 次前稍有增加,>100 次明显降低	先降低,200 次变化不大
	质子扩散系数	D_0		都明显降低,但比 20℃ 降低更快
负极活性材料的参数	晶粒大小 D/nm		随循环次数增加较快	较慢增加
	微应变 $\varepsilon/(\times 10^{-3})$		随循环次数增加较快	较慢增加
	新相 $A(OH)_3$ 和 Ni		随循环次数增加而增加较快	随循环次数增加而增加较快

13.7.2　循环性能的衰减机理

Zhou 等[5]的研究表明,在低倍率(小于 1C 充放电)下循环,MH/Ni 电池在循环过程中的性能衰减是由正极膨胀造成的,正极膨胀不仅挤压隔膜,吸收电解液,导致电解液在电池内重新分配,情况严重时电极活性物质脱落,使电池容量下降并可能造成微短路。Bernarde[6]认为负极的腐蚀产物 A1 污染正极,在正极形成含

A1 的类似水溶性稳定相,导致充电效率降低,电池寿命缩短。Laure 等[7]、Leb-lanc 等[8]却认为 MH/Ni 电池的寿命直接与负极合金的腐蚀有关,合金腐蚀消耗电解液的同时消耗电池的充电储备容量,导致电池内阻和内压迅速升高,缩短了电池的寿命。陈永辉等[9]对高功率 D 型电池的 1C 充放电循环寿命衰减机理研究结果表明,电池失效的原因是负极合金粉在碱性介质中的粉化、氧化腐蚀。由此可见,上述关于循环性能衰减机理的讨论尚未深入正负极材料的结构和微结构。

综合本实验结果,循环性能衰减机理讨论如下:

(1) 在室温下循环,正极材料的点阵参数随循环周期增加而略有减小,表明有 Ni 空位的形成,平均晶粒尺度、微应变和总的层错几率均随循环周期增加而减小,这些变化使 β-Ni(OH)$_2$ 的活性逐渐降低,当这些变化达到一定程度时,寿命可能终止,循环性能单调衰减(图 13.1);在 60℃下循环,当周期数小于 200 时,情况与 20℃下循环大致相似;但当周期数大于 200 后,平均晶粒度、微应变和总的层错几率随周期增加变化不大,出现循环性能衰减更快速(图 13.1)以至短路。

(2) 在负极材料一边,材料的点阵参数随循环周期增加略有减小,表明可能有 A 空位(或 B 空位)的产生,平均晶粒度和微应变却随周期增加而增加,特别是析出的新相 A(OH)$_3$ 和 B 均随周期增加而增加,这是 AB$_5$ 合金被腐蚀的结果,并可能导致负极板表面产生龟裂和脱落。

(3) 由于正极中 Ni 离子和负极材料中 A 和 B 离子的析出,以及腐蚀产物 A(OH)$_3$ 和 B 向电解液的转移,即消耗和恶化电解液,改变了电解液的性能。

由于上述三方面的共同作用是循环性能衰减的主导原因,正极、负极的变化和电解液退化的进程还与循环时的温度和循环时充放电倍率有关,表现出寿命也不同。

参 考 文 献

[1] 娄豫皖,杨传铮,何丹农,等. 氢镍电池的循环性能与电极材料微缺陷的研究. 化学学报,2008,66(10):1173~1180
[2] 杨传铮,娄豫皖,李玉霞,等. 电极活性材料精细结构与 MH-Ni 电池性能关系研究的一些进展. 物理学进展,2009,29(1):108~126
[3] 李玉霞. MH/Ni 电池中电极活性物质的精细结构与性能关系的研究. 中国科学院上海微系统与信息技术研究所硕士学位论文,2009
[4] 娄豫皖. 金属氢化物-镍电池正负极活性物质微结构的 XRD 研究. 中国科学院上海微系统与信息技术研究所博士学位论文,2007.
[5] Zhou Z Q, Lin G W, Zhang J L, et al. Degradation behavior of foamed nickel positive electrodes of Ni-MH batteries. J. Alloys and Comp. ,1999,293~295:795~798
[6] Bernard P. Effects on the positive electrode of the corrosion of AB$_5$ alloys in nickel-metal-hydride batteries. J. Electrochem. Soc. ,1998,145 :456~458

［7］Laure L G，Bernade P. Life duration of Ni-MH cells for high power applications. J. Power Source，2002，105：134～138.

［8］Leblanc P，Jorde C，Knosp B，et al. Mechanism of alloy corrosion and consequences on sealed nickel-metal hydride battery performance. J. Electrochem. Soc. ，1998，145：860～863

［9］陈永辉，魏进平，高峰，等. MH-Ni 电池高倍率循环寿命的影响因素探讨. 电源技术，2001，125：142～145

第14章 MH/Ni 电池中 β-Ni(OH)₂ 添加剂效应和作用机理

第 13 章已提到,研究电池循环性能衰减机理的目的是寻求和提高 MH-Ni 电池的性能,改善循环性能。本章就讨论研究这个问题。

MH/Ni 电池设计一般遵循正极限容的理念,正极一般占电池质量的 35% 以及体积的 36%,因此提高正极性能是制作高性能 MH/Ni 电池的关键之一。由于添加剂可以明显改善镍电极的性能,因此一直是 MH/Ni 电池重要的研究方向[1,2]。其中含钙添加剂能提高镍电极的氧气析出电位,显著提高镍电极 20~70℃下的充电效率,从而提高氢氧化镍的利用率[3~7]。

本章介绍正极材料 β-Ni(OH)₂ 添加剂对 MH/Ni 电池充放电容量和循环性能的影响,并利用分离微晶-微应变二重和微晶-微应变-堆垛层错三重 X 射线衍射线宽化效应的最小二乘法[8,9],研究添加剂对电池正极 β-Ni(OH)₂ 和负极 AB₅ 型储氢合金的微结构的影响,并把性能和微结构参数联系起来,探讨 β-Ni(OH)₂ 添加剂的作用机理。

14.1 添加 CoO 的效应[4]

14.1.1 添加 CoO 对电池性能的影响

图 14.1 和图 14.2 分别给出不同质量比的 CoO 添加剂对电池不同倍率下充放电容量和循环中 1C 充电 2C 放电容量的影响。可见,CoO 添加剂对电池充放电容量和循环性能有明显影响,并随 CoO 含量增加而显著提高。

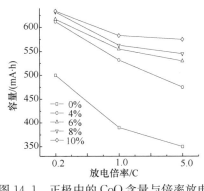

图 14.1 正极中的 CoO 含量与倍率放电容量的关系

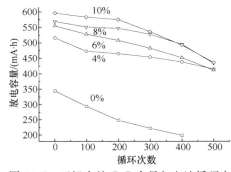

图 14.2 正极中的 CoO 含量与电池循环中 1C 充电 2C 放电容量的关系

14.1.2　添加 CoO 对电池正负极活性材料微结构参数的影响

为了探讨和分析不同 CoO 含量电池性能的差别的原因,研究了正负极材料中的微结构。图 14.3 是电池循环 400 周期后 β-Ni(OH)$_2$ 的 XRD 花样,可见未添加 CoO 的正极 β-Ni(OH)$_2$ 粉末的 XRD 图谱明显不同,101 衍射峰与 100 衍射峰未能完全分离,特别是 101 衍射峰在低角度方向的不对称性,这表明未添加 CoO 的 β-Ni(OH)$_2$ 循环后的晶体结构明显畸变,而添加 CoO 的 β-Ni(OH)$_2$ 在循环过程中能够保持其原有的晶体结构。现把有关数据分析结果以曲线关系示于图 14.4 和图 14.5。

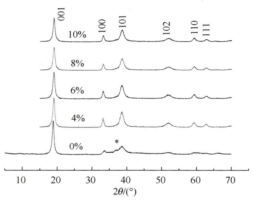

图 14.3　正极中不同 CoO 含量的 AAA 电池循环 400 次后 β-Ni(OH)$_2$ 粉末的 XRD 图谱

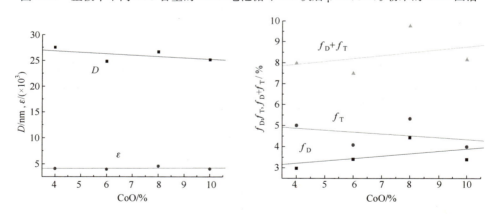

图 14.4　正极中 CoO 含量对电池循环 400 次　　图 14.5　正极中 CoO 含量对电池循环 400 次
　　　　 后 β-Ni(OH)$_2$ 微结构参数的影响　　　　　　　　 后 β-Ni(OH)$_2$ 中堆垛层错的影响

图 14.6 给出不同 CoO 含量的 AAA 电池循环 400 次后 AB$_5$ 储氢合金的 XRD 图谱,它们几乎相同,除了 AB$_5$ 合金各衍射峰外,在 $2\theta=27°-29°$ 附近出现新的衍射峰,经用 Jade 程序检索/匹配(search/match)分析,结果为新相 A(OH)$_3$ 和 B,其中 A 代表 La,B 代表 Ni,有关数据分析结果以曲线关系如图 14.7 和图 14.8 所示。

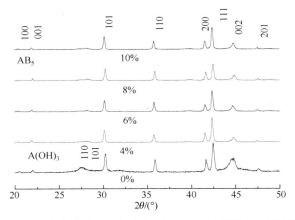

图 14.6　不同含量 CoO 的 AAA 电池循环 400 次后储氢合金的 XRD 图谱

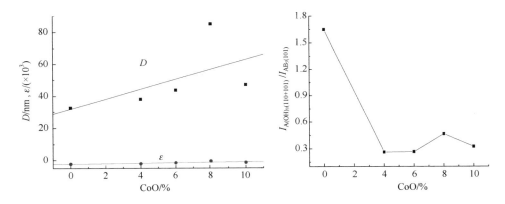

图 14.7　正极中 CoO 含量对电池经 400 次循环　图 14.8　正极添加不同量 CoO 对负极 AB₅
后储氢合金微结构参数 D、ε 的影响　　　循环 400 周期后 $I_{A(OH)_3(110+101)}/I_{AB_5(101)}$ 的影响

从以上可见，对正极活性材料，平均晶粒大小、微应变以及层错几率 f_D、f_T、f_D+f_T 都无明显影响；负极材料的平均晶粒大小、微应变都随 CoO 的增加而增大。这表明负极活性材料的晶粒细化被抑制，A(OH)₃ 和 B 相的析出被极大地抑制。

综合考虑添加 8% 和 10%CoO 的 AAA 电池循环性能在大于 300 周期后基本一致，8% 的层错几率较高，以及成本因素，故下面的研究以添加 8%CoO 的 β-Ni(OH)₂ 为正极材料，进一步研究其他添加剂的效应。

14.2　不同类型添加剂的效应[4]

14.2.1　不同类型添加剂对电池性能的影响

把不同类型的添加剂按质量百分数 3% 与同一种 β-Ni(OH)₂ 机械均匀混合后

作正极材料,负极为 AB_5 型储氢合金,制成 AAA 电池。其倍率性能如图 14.9 所示。可见,在低倍率下,Lu_2O_3 和 CaF_2 对初始容量有所提高,而 Lu_2O_3 在所有充电倍率情况下都明显提高容量,循环性能如图 14.10 所示,Lu_2O_3 和 CaF_2 这两种添加剂都能显著提高电池的循环性能,CaF_2 的效果更好,Y_2O_3 反而恶化循环性能。

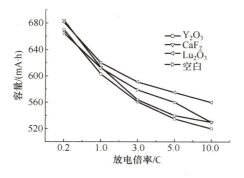

图 14.9　不同添加剂对电池倍率性能的影响　　　图 14.10　不同类型添加剂对电池
循环性能的影响

14.2.2　不同添加剂对正极活性材料微结构的影响

为了进一步探索添加剂对正极和负极活性材料微结构参数的影响,用 X 射线衍射研究了活化后和循环 400 周期后的正极活性材料的结构变化。电池活化后和循环 400 周期后的 XRD 花样如图 14.11 所示。不同添加剂对正极活性材料微结构参数的影响如表 14.1 所示。由此发现,活化后的数据没有什么规律,但循环 400 周期后,添加 Lu_2O_3 和 CaF_2 的平均晶粒尺度仅为未添加的 1.36 倍,而添加 Y_2O_3 则是未添加的 3.69 倍,表明添加 Y_2O_3 的正极材料活性很差,而添加 Lu_2O_3

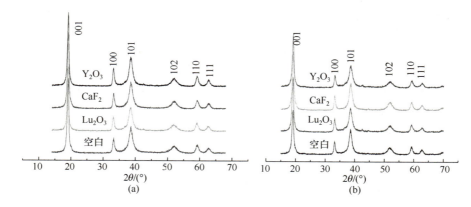

图 14.11　不同类型添加剂对正极活性材料 β-Ni(OH)$_2$ 的 XRD 花样
(a) AAA 电池活化后;(b) 电池循环 400 次后

和 CaF$_2$ 则降低不多;前两者的微应变比后者小,再加上添加 CaF$_2$ 的层错几率(f_D、f_T 和 $f_D + f_T$)相对于未添加的变化率也较小,这三点均表明 CaF$_2$ 对活化和循环过程中微结构变化起着抑制作用。

表 14.1　不同添加剂对正极活性材料微结构参数的影响

		空白	Lu$_2$O$_3$	Y$_2$O$_3$	CaF$_2$
活化后	$a/\text{Å}$	2.9816	3.1194	3.1058	2.9685
	$c/\text{Å}$	4.3533	4.6061	4.5846	4.3313
	$\overline{D}/\text{nm}$	47.5	81.8	46.2	48.8
	$\varepsilon/(\times 10^{-3})$	6.13	6.63	4.84	5.66
	$f_D/\%$	5.77	4.66	4.90	6.07
	$f_T/\%$	3.91	4.58	3.32	1.42
	$(f_D + f_T)/\%$	9.68	9.24	8.22	7.49
循环后	$a/\text{Å}$	2.9732	3.1001	3.0706	3.1214
	$c/\text{Å}$	4.3623	4.5779	4.5488	4.6335
	$\overline{D}/\text{nm}$	24.6	33.4	90.9	33.6
	$\varepsilon/(\times 10^{-3})$	3.44	5.03	7.84	4.62
	$f_D/\%$	3.54	6.52	5.67	3.87
	$f_T/\%$	4.25	0.29	1.99	2.95
	$(f_D + f_T)/\%$	7.69	6.81	7.66	6.82

14.2.3　不同添加剂对负极活性材料结构和微结构的影响

负极 AB$_5$ 合金的 XRD 花样如图 14.12 所示,其结构和微结构的参数分析结果如表 14.2 所示。可见,与未添加的样品相比,添加 Lu$_2$O$_3$ 和 CaF 的电池的负极活性材料 AB$_5$ 的点阵参数 a 和 c 的变化率较添加 Y$_2$O$_3$ 的大得多,但循环 400 周期后,则要小得多,进而微应变也较小。然而,最为明显的是 $I_{\text{A(OH)}_3(110+101)}/I_{\text{AB}_5(101)}$ 强度比的变化,未添加和添加 Lu$_2$O$_3$、Y$_2$O$_3$、CaF$_2$ 的分别为 0.631,0.541,1.007 和 0.249(见表 14.2 最后一行),可见添加 Lu$_2$O$_3$ 和 CaF$_2$ 对新相的析出有明显抑制作用,特别是 CaF$_2$ 最为显著。以上就是添加 Lu$_2$O$_3$ 和 CaF$_2$ 能明显提高电池首次放电容量和改善电池循环性能的原因。而 Y$_2$O$_3$ 的添加则促进新相的析出。

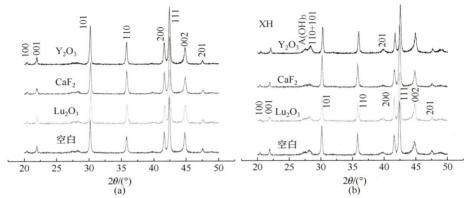

图 14.12　不同类型添加剂对负极活性材料 AB₅ 合金的 XRD 花样

（a）电池活化后；（b）电池循环 400 次后

表 14.2　正极添加剂对储氢合金 AB₅ 微结构参数的影响

		空白	Lu₂O₃	Y₂O₃	CaF₂
活化后	$a/\text{Å}$	4.9869	5.0326	4.9786	5.0179
	$c/\text{Å}$	4.0230	4.0589	4.0098	4.0441
	$\overline{D}/\text{nm}$	190.7	68.1	49.8	31.7
	$\varepsilon/(\times10^{-3})$	0.79	0.19	−0.66	−1.95
循环 400 周期后	$a/\text{Å}$	4.9421	4.9765	5.0677	4.9873
	$c/\text{Å}$	3.9829	4.0095	4.0857	4.0183
	$\overline{D}/\text{nm}$	99.8	35.2	36.0	110.8
	$\varepsilon/(\times10^{-3})$	1.02	−1.04	1.62	0.53
	$\dfrac{I_{\text{A(OH)}_3\,110+101}}{I_{\text{AB}_5\,101}}$	0.631	0.541	1.007	0.249

14.3　不同含 Ca 添加剂的效应[4,10]

为了进一步证明 CaF₂ 添加剂的良好效应，现选不同的含 Ca 添加剂：Ca(OH)₂、CaF₂ 和 CaCO₃，以 β-Ni(OH)₂1‰的重量比添加，并按 14.2 节所用方法制作成电池，经充放电后的性能如表 14.3 所示，可见添加 CaF₂ 和 Ca(OH)₂ 有较高比容量和较高 β-Ni(OH)₂ 利用率。其正极材料经 1C 循环 200 周期后的数据分析结果如表 14.4 所示。分析上述数据可知：

（1）含 Ca 化合物没有改变活化使矮胖状晶粒转变为近等轴晶，而阻碍晶粒细化的进程和程度，增大平均晶粒尺寸，以添加 Ca(OH)₂ 最为明显。

（2）含 Ca 化合物促进生长层错向形变层错转变的进程，但总层错几率变化不大。

（3）含 Ca 化合物也改变由于 H 原子的可逆脱嵌引起的微应变的存在情况。

对比性能与微结构参数的变化，$Ca(OH)_2$ 和 CaF_2 的影响最显著，$CaCO_3$ 的影响较小，这与三种化合物的活性有关。

表 14.3　1%不同 Ca 添加剂对电池性能的影响

	$Ni(OH)_2$ 利用率/%	电池内阻/mΩ		正极材料比容量 /(mA·h/g)	(C_{600C}/C_{200C}) /%	(C_{190}/C_1) /%
		未循环	循环后			
未添加	93.5	15.0	26.9	219.8	46.0	90.5
$Ca(OH)_2$	96.2	15.3	34.0	224.2	50.8	89.0
CaF_2	96.1	15.0	46.9	224.0	49.8	75.8
$CaCO_3$	94.8	14.7	25.9	221.0	51.4	87.2

表 14.4　1%不同 Ca 添加剂正极材料的微结构

D_{hkl}/nm	001	100	110	111	$\bar{D}$	$\varepsilon/(\times 10^{-3})$	f_D	f_T	f_D+f_T
未添加	19.5	16.3	9.3	11.0	36.6	4.92	1.84	4.00	5.84
$Ca(OH)_2$	24.5	22.5	10.5	12.3	89.6	5.12	3.11	2.49	5.60
CaF_2	19.5	19.6	8.8	10.4	61.1	5.20	3.39	2.47	5.58
$CaCO_3$	19.5	19.3	10.2	11.0	41.9	4.68	3.32	2.44	5.56

为了进一步证明上述添加含 Ca 化合物的效应，我们又以 3%重量比分别添加 $Ca(OH)_2$，CaF_2 和 $CaCO_3$，发现 CaF_2 也极大地改善了循环性能（图 14.13）；相反，$CaCO_3$ 虽能在较高倍率下改善放电容量，却明显恶化了循环性能。为了探索其原因，对循环的始态和终态的正极和负极材料进行微结构 X 射线研究，其结果如表 14.5 所示，负极材料终态循环（500 次）的 XRD 图谱如图 14.14 所示。综合分析上述数据清楚可见：

表 14.5　3%钙添加剂对仅活化和循环 400 次后正极和负极材料的微结构的影响

		正极					负极		
		$\bar{D}$/nm	$\varepsilon/(\times 10^{-3})$	f_D/%	f_T/%	f_D+f_T/%	$\bar{D}$/nm	$\varepsilon/(\times 10^{-3})$	$I_{A(OH)_3}/I_{AB_5}$
未添加	仅活化	47.5	6.13	5.77	3.91	9.68	190.7	0.79	
	循环	24.6	3.44	3.45	4.24	7.69	99.8	1.02	0.631
CaF_2	仅活化	60.4	5.84	5.78	2.13	7.91	31.7	−1.95	
	循环	33.6	4.62	3.87	2.95	6.82	110.8	0.53	0.249
$Ca(OH)_2$	仅活化	60.4	5.84	5.78	2.13	7.91	63.0	0.22	
	循环	25.4	4.19	4.96	2.07	7.03	76.0	0.11	0.340
$CaCO_3$	仅活化	56.7	5.87	5.96	1.99	7.95	42.9	−0.94	
	循环 400	28.4	5.67	7.94	−1.76	6.18	93.9	0.68	0.636

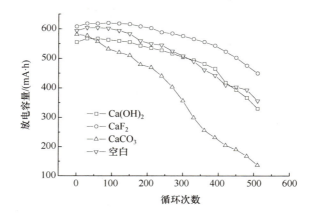

图 14.13　正极 3% 不同钙添加剂对 AAA 电池循环性能的影响(1C 充电 2C 放电)

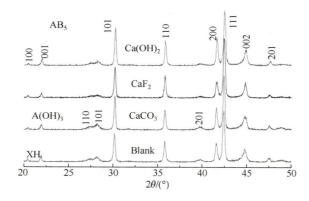

图 14.14　正极加入 3% 钙添加剂的 AAA 电池循环 500 次后储氢合金的 XRD 图谱

(1) 循环均使微晶进一步细化,无论正极是否添加,但对负极而言未添加的仍然细化,添加的则使晶粒长大。

(2) 添加剂促使形变层错转变成生长层错,但总的层错几率变化不大。

(3) 由图 14.13 和表 14.5 的最右一列数据可知,添加 CaF_2 和 $Ca(OH)_2$ 能极大地抑制 $A(OH)_3$ 和 B 相形成,尤其是添加 CaF_2 最为明显,但 $CaCO_3$ 不能起什么作用。

上述结果与本节前半部(添加 1% Ca 化合物)结果一致,并进一步证明 CaF_2 添加剂能改善电池的循环性能。

14.4　β-Ni(OH)$_2$ 添加剂作用的物理机理[4]

14.4.1　电极活性材料在电池循环过程中的行为

以 β-Ni(OH)$_2$ 为正极,储氢合金 AB$_5$ 为负极的 MH/Ni 电池,通常认为在充放电过程中发生下列电化学反应:

$$\qquad\qquad 正\ 极 \qquad\qquad\qquad\qquad 负\ 极$$

充电　$\beta\text{-Ni(OH)}_2 + OH^- \rightarrow \beta\text{-NiOOH} + H_2O \qquad AB_5 + H_2O + e^- \rightarrow AB_5H_x + OH^-$

放电　$\beta\text{-NiOOH} + H_2O \rightarrow \beta\text{-Ni(OH)}_2 + OH^- \qquad AB_5H_x + OH^- \rightarrow AB_5 + H_2O + e^-$

总反应　$AB_5 + \beta\text{-Ni(OH)}_2 \longleftrightarrow AB_5H_x + \beta\text{-NiOOH}$

上述电化学反应还包括正极和负极材料在充放电过程中的结构相变,并且似乎是完全可逆的,由此推理 MH/Ni 的使用寿命是无限的,这与事实不符。根据第10 章的结果,可写出下列反应式:

$$\qquad\qquad 正\ 极 \qquad\qquad\qquad\qquad 负\ 极$$

充电　$\beta\text{-Ni(OH)}_2 \rightarrow \beta\text{-Ni(OH}_{1-x})_2 + 2xH^+ + e^- \qquad AB_5 + 2xH^+ + e^- \rightarrow AB_5\text{-}2xH$

$$\qquad\qquad\qquad\qquad\qquad\qquad\qquad\qquad\qquad\qquad (固溶体)$$

$$0 < x < 0.50$$

过充电　$2\beta\text{-Ni(OH)}_2 \rightarrow \beta\text{-Ni(OH)}_2 + \gamma\text{-NiOOH} + H^+ + e^- \qquad AB_5 + H^+ + e^- \rightarrow AB_5H$

$$\qquad\qquad\qquad\qquad\qquad\qquad\qquad\qquad\qquad\qquad (氢化物)$$

放电　$\beta\text{-Ni(OH}_{1-x})_2 + 2xH^+ + e^- \rightarrow \beta\text{-Ni(OH)}_2 \qquad AB_5\text{-}2xH \rightarrow AB_5 + 2xH^+ + e^-$

总的反应　$\beta\text{-Ni(OH)}_2 + AB_5 \longleftrightarrow \beta\text{-Ni(OH}_{1-x})_2 + AB_5\text{-}2xH$(固溶体)

过充电的总反应　$\beta\text{-Ni(OH)}_2 + AB_5 \longrightarrow \beta\text{-Ni(OH)}_2 + \gamma\text{-NiOOH} + AB_5H_x$

为什么电池的使用寿命总是有限的,且与原材料、充放电循环实验(使用)条件紧密相关,这是人们一直关注的问题。这个问题的关键不是正负极材料的结构相变,而是正负极材料结构相变之外的变化,也就是微结构的不可逆变化。经过研究发现:

(1) 电池活化以后,正极材料的微结构发生重大变化,矮胖柱体状微晶变成多面体或近等轴晶;晶粒明显细化;材料从无微应变状况变为受微应变状态;堆垛层错的种类和数量也发生了变化[11]。

(2) 我们在研究 MH/Ni 电池的循环性能和微结构关系时发现[9]以下几点。

① 在 20℃下循环正极材料的点阵参数、平均晶粒尺度、微应变和总的层错几率均随循环次数的增加而减小,表明有 Ni 空位的形成,使 β-Ni(OH)$_2$ 的活性逐渐降低,循环性能单调衰减;

② 而负极材料的点阵参数随循环次数的增加略有减小,表明可能有 A 空位(或/和 B 空位)的产生,平均晶粒度和微应变却随循环次数的增加而增加,特别是新相 A(OH)₃ 和 B 均随循环次数的增加而增加,这是 AB₅ 合金被腐蚀的结果,负极板表面产生龟裂和脱落;

③ 由于电极中 Ni 离子和负极中 A 和 B 离子,以及腐蚀产物 A(OH)₃ 和 B 相向电解液转移,既消耗了电解液也改变了电解液的性质。

上述三方面的共同作用才是循环性能衰减的真正原因。上述正极、负极和电解液变化的进程与循环寿命实验的温度及循环时的充放电倍率有关,表现出的寿命衰减趋势也不同。

14.4.2 关于 β-Ni(OH)₂ 添加剂作用机理

在弄清上述电池中正负极材料微结构的变化与其循环性能衰减的关系以后,如何通过抑制正负极材料的微结构的变化,改善电池的充放电容量和循环性能是本研究的目的之一。通过在 β-Ni(OH)₂ 添加不同类型的添加剂 Lu₂O₃、Y₂O₃、CaF₂、不同含 Ca 化合物添加剂 CaF₂、Ca(OH)₂、CaCO₃ 的研究发现:①能提高充放电容量,同时也能改善循环性能,如 Lu₂O₃;②不能提高充放电容量,但能明显改善循环性能,如 CaF₂;③既不能提高充放电容量也不能改善循环性能,如 CaCO₃。

那么这三类添加剂的作用机理如何,这是本研究的另一个任务。通过上述实验研究结果可总结如下事实:

(1) 正极中添加 Lu₂O₃ 和 CaF₂ 后,β-Ni(OH)₂ 的晶粒尺度、微应变和层错几率相对于未添加的变化率要小,而添加 Y₂O₃ 和 CaCO₃ 后明显增大,这表明 CaF₂ 和 Lu₂O₃ 在活化和循环过程中对微结构的变化起着抑制作用,而 Y₂O₃ 起一定的促进作用。

(2) 对负极活性物质影响最明显的是 CaF₂、Lu₂O₃ 和 Ca(OH)₂,它们抑制了新相 A(OH)₃ 和 B 相的形成,CaF₂ 最为明显,CaCO₃ 不起这种作用,Y₂O₃ 则促进了新相的形成。

(3) 由于上述两者的作用,CaF₂ 和 Lu₂O₃ 的添加剂明显改善了电池循环性能。

为什么添加剂能起到如此作用,初步讨论如下所述。

1. 添加剂对正极活性材料 β-Ni(OH)₂ 的作用

正极添加剂 CoO、Lu₂O₃ 和 CaF₂ 是以机械混合的方式加入的,添加剂的分子或离子不可能进入 β-Ni(OH)₂ 的点阵中,只可能 β-Ni(OH)₂ 粒子部分被添加剂所包覆,进而造成添加剂与 β-Ni(OH)₂ 粒子间的微电位差。它不但不会影响 H

原子离开 β-Ni(OH)₂ 点阵,反而能抵偿因 H 原子离开 β-Ni(OH)₂ 点阵所造成 β-Ni(OH)₂ 点阵的应变,进而在循环过程中抑制正极活性材料 β-Ni(OH)₂ 微晶细化,减缓总的层错几率的降低。

正极添加剂 Y_2O_3、$Ca(OH)_2$ 和 $CaCO_3$,虽能把 β-Ni(OH)₂ 粒子部分被添加剂所包裹,但其包裹性能较差,其间的微电位差太小,不足以抵偿因 H 原子离开 β-Ni(OH)₂ 点阵所造成 β-Ni(OH)₂ 点阵的应变,所以不能起到改善的作用。

2. 添加剂对负极活性材料 AB_5 合金的作用

正极添加剂 CoO、Lu_2O_3 和 CaF_2 可能在电极过程中会部分离解,正离子 Co^+、Ca^+、Lu^+ 在电场的作用下迁移到负极表面,并起着钝化负极表面的作用,它不影响 H 原子嵌入 AB_5 合金的点阵,而阻碍 AB_5 合金的碱化作用,减缓 $A(OH)_3$ 和 B 相的形成,进而改善 MH-Ni 电池的循环性能。

添加剂 $CaCO_3$ 只能在高温下分解为 $CaO+CO_2$,不能在电解液中离解出活性 Ca^+,故不能阻碍 AB_5 合金的碱化作用,不能减缓 $A(OH)_2$ 和 B 相的形成。而 Y_2O_3 部分离解成 Y^+,也能到达负极表面,可能由于其化学电位较低,不但不能阻碍 AB_5 合金的碱化作用,反而促进 AB_5 合金的碱化作用,促进 $A(OH)_3$ 和 B 相的形成,所以 $CaCO_3$ 和 Y_2O_3 添加剂不能改善 MH-Ni 电池的循环性能。

14.5　结　　论

综合分析 14.1~14.4 节的实验结果和讨论,可得到添加剂效应的结论。

(1) 正极中加入不同含量的 CoO 制作的 AAA 型 MH/Ni 电池,CoO 含量从 0% 增加至 10%,电池 0.2C 容量增加 134mA·h、5C 放电容量提高 225mA·h,自放电率减小 55%,循环寿命提高 18%,而 8% 的 CoO 含量为最佳值。

(2) 就正极材料 β-Ni(OH)₂ 而言,添加 Lu_2O_3 和 CaF_2 的晶粒尺度、微应变和层错几率相对未添加的变化率要小,而添加 Y_2O_3 和 $CaCO_3$ 的变化率要大很多,这表明 CaF_2 和 Lu_2O_3 在活化和循环过程中对正极材料 β-Ni(OH)₂ 微结构的变化起着钝化作用,Y_2O_3 不起钝化作用,而是起一定的催化作用。

(3) 在负极材料这一边,最明显的是 CaF_2、Lu_2O_3 和 $Ca(OH)_2$,它们抑制了新相 $A(OH)_3$ 和 B 相的形成,特别是 CaF_2 效果最好,$CaCO_3$ 不起什么作用,Y_2O_3 则促进新相的形成。

(4) 由于上述(2)和(3)两者的作用,特别是第三点作用,消耗了电解液,也改变电解液的性能,因此 CaF_2 和 Lu_2O_3 添加剂明显改善了电池循环性能。因 CaF_2 价格便宜,特别有效,也易于推广。

参 考 文 献

[1] Sakai T,Uehara I,Ishikawa H R. On metal hydride materiale and Ni-MH batteries in Japan. J. Alloys and Compounds,1999,293～295:762～769

[2] Pralong V,Chabre Y,Delaye Vidal A,et al. Study of the contribution of cobalt additive to the behavior of the nickel oxy—hydroxide electrode by potential-dynamic techniques. Solid State Lonics,2002,147:73～84

[3] Provazi K,Giz M J,Dall Antonia L H,et al. The effect of Cd,Co,and Zn as additives on nickel hydroxide opto-electrochemical behavior. J. Power Sources,2001,102:224～232

[4] 娄豫皖,杨传铮,夏保佳. MH-Ni 电池中电极材料 β-Ni(OH)₂ 添加剂的效应. 电源技术, 2009,33(6):449～453

[5] Oshitani M,Watada M,Shodai K,et al. Effect of lanthanide oxide additives on the high—temperature characteristics. J. Electrochem. Soc. ,2001,148(1):A67～A73

[6] 李峰,娄豫皖,夏保佳,等. Ca 类添加剂在高容量氢镍电池中的应用. 电源技术,2005,29(5): 312～314

[7] 夏保佳,林则青,马丽萍,等. 正极添加剂对 MH/Ni 电池高温充电行为的影响. 电池,2003, 33(2):68～70

[8] 钦佩,娄豫皖,杨传铮. 分离 X 射线衍射多重线宽化效应的新方法和计算程序. 物理学报, 2006,55(3):314～325

[9] 杨传铮,张建. X 射线衍射研究纳米材料微结构的一些进展. 物理学进展,2008, 28(3):280～313

[10] 娄豫皖,杨传铮,何丹农,等. 氢镍电池的循环性与电极材料微结构的研究. 化学学报, 2008,66(10):1173～1180

[11] 娄豫皖. 金属氢化物-镍电池正负极活性物质微结构的 XRD 研究. 中国科学院上海微系统与信息技术研究所博士学位论文,2007

第 15 章　石墨/Li(Ni,Co,Mn)O₂ 电池循环过程机理

18650 型锂离子电池采用传统锂离子电池电芯组成和液态电解液体系,而外形包装上则采用圆柱形不锈钢外壳,其综合了液态锂离子电池优异的电化学性能以及圆柱形电池外形包装上独特的优点,是便携式用电器上所普遍采用的电池构型,目前由于其具有高安全性的优点而被大型高功率锂离子电池(如 HEV 用电源)应用场合所使用。

本章采用对比的方式介绍包覆和未包覆 Al_2O_3 的石墨/Li(Ni$_{0.4}$Co$_{0.2}$Mn$_{0.4}$)O$_2$ 体系的 18650 型锂离子电池循环性能的普遍规律和一般特点;正极、负极和隔膜的精细结构在循环过程中的变化规律;把上述两类变化规律联系起来,讨论了电池性能衰减机理,得到一些新颖的现象与结论[1~4]。

15.1　包覆与未包覆 Al_2O_3 正极材料的表面形貌及电池的循环性能[3,4]

15.1.1　包覆 Al_2O_3 前后正极活性材料的表面形貌

图 15.1(a)为未包覆正极活性材料的 SEM 图,图 15.1(b)为经(30+60)℃两步法反应 300℃烧结包覆后 SEM 图。从图中可以看出,包覆前的 Li(Ni$_{0.4}$Co$_{0.2}$Mn$_{0.4}$)O$_2$ 表面光滑,而 Al_2O_3 包覆后的 Li(Ni$_{0.4}$Co$_{0.2}$Mn$_{0.4}$)O$_2$ 表面变得粗糙,说明氧化铝覆盖于 Li(Ni$_{0.4}$Co$_{0.2}$Mn$_{0.4}$)O$_2$ 表面,并且从图中还可以看出,包覆物在 Li(Ni$_{0.4}$Co$_{0.2}$Mn$_{0.4}$)O$_2$ 表面分布较为均匀。

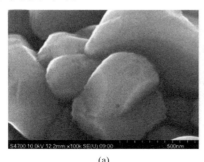
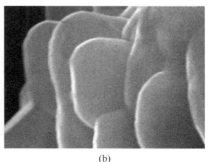

(a)　　　　　　　　　　　　(b)

图 15.1　包覆前后 Li(Ni$_{0.4}$Co$_{0.2}$Mn$_{0.4}$)O$_2$ 的 SEM 图

(a) 包覆前;(b) 包覆后

15.1.2 电池循环曲线

图 15.2 为石墨/Li($Ni_{0.4}Co_{0.2}Mn_{0.4}$)O_2 电池在 2.75~4.2V、0.05C 倍率下的首次充放电曲线。从图中可以看出,两种电池充放电曲线几乎重合,包覆前后电池 0.05C 首次放电容量分别为 1214.2mA·h 和 1218.0mA·h,首次库仑效率分别为 88.0%及 88.3%。

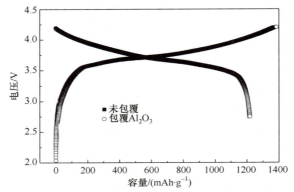

图 15.2   石墨/Li($Ni_{0.4}Co_{0.2}Mn_{0.4}$)O_2 电池的首次充放电曲线

电池在常温,2C 倍率,2.75~4.2V 条件下进行循环,全电池循环性能曲线如图 15.3 所示。从图中可以看出,包覆较大地提高了电池循环稳定性,也极大地改善循环性能。未包覆的电池经 200 和 400 周期的容量保持率衰减分别为 89.2%、81.1%,而包覆 Al_2O_3 的则分别为 97.4%、94.2%。

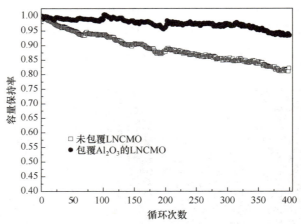

图 15.3   包覆前后 18650 电池 25℃,2.75~4.2V,2C 倍率下的循环性能

图 15.4 为包覆和未包覆两种电池循环前后 0.2C 放电曲线。从图中可以看出,包覆前后的电池初期 0.2C 容量分别为 1163.3mA·h 及 1168.9mA·h,两者差别很小;而 2C,2.75~4.2V,400 次循环后,包覆前后电池 0.2C 容量分别为

991.8mA・h 及 1101.1mA・h,容量保持率分别为 85.3% 及 94.2%。这一结果与 2025 型半电池的容量衰减规律不同,具体原因会在后面的讨论中分析。

图 15.5 为两种电池包覆前后 2C 放电曲线。可见,包覆前后电池 2C 初始容量分别为 1046.7mA・h 及 1047.9mA・h,容量相近;400 次循环后,包覆前后电池 2C 容量分别为 860.4mA・h 及 978.7mA・h,相差为 118.3mA・h。这说明石墨/Li(Ni$_{0.4}$Co$_{0.2}$Mn$_{0.4}$)O₂ 18650 电池循环过程中的容量与功率特性都降低了。

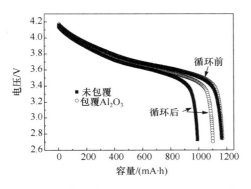

图 15.4　包覆前后电池于 25℃、0.2C 倍率　　　图 15.5　包覆前后电池于 25℃、2C 倍率
　　　　下的放电曲线　　　　　　　　　　　　　　　　下的放电曲线

15.1.3　电池循环过程中容量及放电平台的变化

图 15.6 为未包覆与包覆材料组装的电池在第 1 次,100 次,200 次,400 次循环的放电曲线对比图。从图中可以看出,随着循环的进行,电池的放电平台及放电容量均有下降。从对比图中可以看出,经包覆材料组装的电池放电容量及放电平台衰减的幅度明显低于未包覆的材料组装的电池。

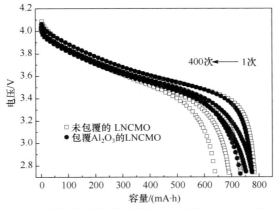

图 15.6　未包覆与包覆材料组装的电池在第 1 次、100 次、200 次
和 400 次循环的放电曲线对比图

15.1.4　电池循环过程中阻抗的变化

图 15.7 为未包覆和包覆 Al_2O_3 的 $Li(Ni_{0.4}Co_{0.2}Mn_{0.4})O_2$ 组装的两种电池循环前后的交流阻抗谱。拟合的结果如表 15.1 所示。可见,循环后两种电池的欧姆阻抗 R_e 及表面膜阻抗 R_f 变化均不大,但电荷转移阻抗 R_{CT} 变化明显。未包覆电池 R_{CT} 循环后是循环前的 4.53 倍;而包覆后的电池增长仅为 2.27 倍多,较未包覆电池明显降低。这说明经过包覆后,材料的循环稳定性得到了明显提升。

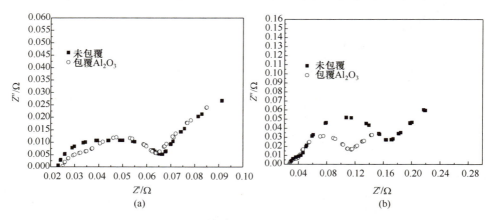

图 15.7　未包覆和包覆 Al_2O_3 的 $Li(Ni_{0.4}Co_{0.2}Mn_{0.4})O_2$ 组装的
两种电池的交流阻抗 Nyquist 曲线
(a) 活化后、循环前;(b) 2C,2.75~4.2V,400 次循环后

表 15.1　18650 型电池 400 次循环前后的阻抗　　　　　　　(单位:mΩ)

			循环前	循环后	循环后/循环前
未包覆电池	电池的欧姆阻抗	R_e	23.1	24.0	1.04
	表面膜阻抗	R_f	21.4	15.6	0.72
	电荷转移阻抗	R_{CT}	24.3	110.1	4.53
包覆电池	电池的欧姆阻抗	R_e	24.9	24.1	0.97
	表面膜阻抗	R_f	16.7	15	0.90
	电荷转移阻抗	R_{CT}	26.2	59.4	2.27

15.2　正极活性材料的精细结构和表面结构在循环过程中的变化[4]

2C 充放循环前后正极活性材料的 XRD 花样如图 15.8 所示,初看起来,所有衍射线条都属 $R\bar{3}m$ 结构的 $Li(Ni_{0.4}Co_{0.4}Mn_{0.2})O_2$,似乎没有什么变化,但仔细分

析后发现,其精细结构有明显的变化。

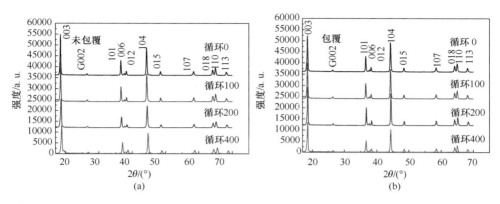

图 15.8　2C 充放循环前后正极活性材料的 XRD 花样
(a) 未包覆;(b) 已包覆 Al₂O₃

15.2.1　正极活性材料的点阵参数

正极活性材料的点阵参数随循环周期的变化如图 15.9 所示。从图 15.9 可知,未包覆的正极活性材料的 a 和 c 的变化趋势大致相同,但包覆的正极活性材料的点阵参数随循环周期的降低程度有明显差别,a 是随周循环期增加而降低,而 c 则是先稍有升高后降。这表明循环 100 周期之后,正极活性材料(NCM)中剩余的 Li 原子的比例较高。从图 15.8 中还可以看到未包覆电池循环 400 次后,NCM 的 (003)峰发生了变化。为了对其进行深入分析,将循环 400 次的包覆前后 NCM 的 XRD 进行对比,结果如图 15.10 所示。其中图 15.10(a)为全谱,图 15.10(b)为 (003)主衍射峰附近的放大。可以看出,未包覆的材料出现了尖晶石 Li$_{1-x}$Me₂O₄ 的 111 衍射峰。

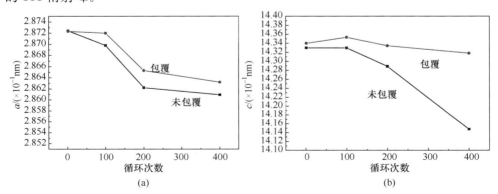

图 15.9　2C 充放循环前后正极活性材料的点阵参数 a 和 c 随循环周期的变化

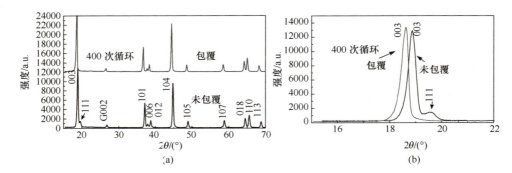

图 15.10　400 次循环后包覆前后正极活性材料的 XRD 花样

(a) 全谱；(b) 局部放大图

尖晶石相是 NCM 与电解液副反应的产物，而包覆后的材料未见该峰。物相的变化主要是由于循环过程中伴随着析氧及过渡金属化合物的溶解，其反应可表示为

$$3Li_{1-x}MeO_2 - 2(1-x)e^- \Longrightarrow MeO + Li_{1-x}Me_2O_4 + O + 2(1-x)Li^+ \quad (15.1)$$

Me 为过渡金属元素（Ni、Co、Mn），Li^+ 进入液相，MeO 较易溶解于电解液中，从而促进了尖晶石相 $Li_{1-x}Me_2O_4$ 的形成。

15.2.2　正极活性材料的微晶大小和微观应变

为了计算正极活性材料微结构参数，测定了其 003 和 104 两条衍射线的 FWHM，按离微晶-微应变效应的最小二乘法计算该材料的平均微晶大小 $\overline{D}$ 和平均微应变 $\bar{\varepsilon}$，其结果如图 15.11 所示。可见，①充放电循环使晶粒明显细化，微应变明显降低，包覆后的正极活性材料的晶粒细化大大减小；②未包覆的材料的微应变随循环次数增加而下降，最后由张应变变为压应变，而包覆的材料的微应变在循环次数大于 100 后，微应变都大于未包覆的，特别是仍保持张应变。

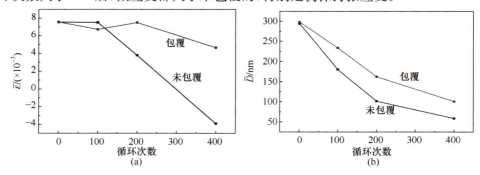

图 15.11　正极活性材料微结构参数 $\overline{D}$ 和 $\bar{\varepsilon}$ 随循环次数的变化

(a) 平均微应变 $\bar{\varepsilon}$；(b) 平均微晶大小 $\overline{D}$

在电池的循环过程中未包覆 NCM 的应变起始为张应变,这主要是由于在该材料制备的晶化过程中,锂离子进入到 NCM 前驱体晶格中,从微观上可以看成是一种晶格膨胀而导致。随着循环的进行,未包覆 NCM 体相出现 O 的析出等结构变化,导致晶格收缩,因而逐渐呈现压应变,而包覆能够抑制 O 的析出,从而在循环的过程中始终保持压应变状态。不难看出,微应变的变化规律与微晶细化规律是一致的。这主要是由于微应变的变化导致微应力的聚集与释放,进而导致微晶细化。包覆抑制了微应变的变化,因而抑制了微晶的细化。

15.2.3　电池循环后正极表面形貌和成分

图 15.12 是循环后两种电池的正极 SEM 图。从图 15.12(a)、(b)可以看出,循环后两种电池正极片表面导电网络分布相似,说明其电子通路不是导致功率性能降低的主要原因。从图 15.12(c)、(d)可以看出,循环后部分二次粒子出现裂纹,这主要是由于充放电过程 $Li(Ni_{0.4}Co_{0.2}Mn_{0.4})O_2$ 的体积收缩膨胀而导致。事实上,表面纳米厚度的包覆层很难抑制这种体积效应,对于 424 比例的此类材料,全放电态与全充电态的体积变化约为 4%。由于二次粒子解体的现象在包覆前后样品中出现的程度相近,因而不应是循环后功率特性下降的主要原因。由图 15.12(e)、(f)可以看出,循环后,两种样品一次颗粒表面形貌有明显差别:未包覆样品表面显得非常粗糙,表面的富集物较多;而包覆样品表面轮廓较为明晰,富集物少。

为了研究表面富集物的组成,对其进行能量色散谱(EDS)测试,其检测结果的含量如表 15.2 所示。可见,100 次循环后,未包覆及包覆正极片表面 F/(Mn+Co+Ni)值分别为 1.51 及 0.80,说明包覆后的 $Li(Ni_{0.4}Co_{0.2}Mn_{0.4})O_2$ 极片表面氟化物的沉积量明显减少,这与图 15.12(e)、(f)的 SEM 图所示结果相吻合。

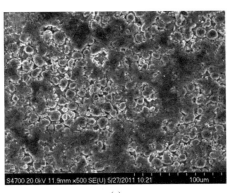
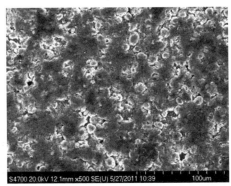

(a)　　　　　　　　　　　　　　　　　(b)

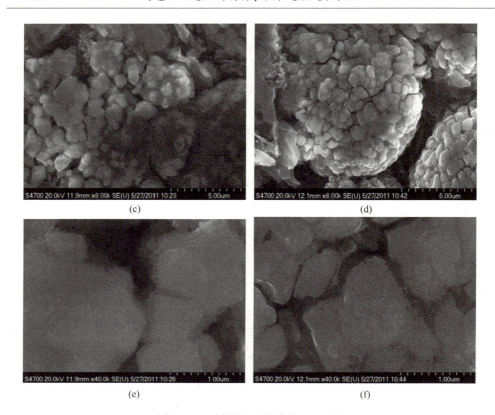

图 15.12　循环后正极片的 SEM 图

(a) 未包覆、500 倍；(b) 包覆、500 倍；(c) 未包覆、8000 倍；

(d) 包覆、8000 倍；(e) 未包覆、40000 倍；(f) 包覆、40000 倍

表 15.2　循环 100 次后正极片表面元素分布

元素	原子比		包覆后/未包覆
	未包覆	包覆后	
C	19.40	20.37	1.11
O	42.62	44.01	1.03
F	23.46	15.80	0.67
Mn+Co+Ni	15.53	19.82	1.28
F/(Mn+Co+Ni)	1.51	0.80	0.53

　　图 15.13 为循环 100 次后 2025 电池充电至 $4.5\mathrm{V}$ vs. $\mathrm{Li}^+/\mathrm{Li}$ 的正极 X 射线光电子能谱（XPS）谱，图中峰位经 C_{14} 校正，采用 XPSpeak 进行分峰。其中 $857.1\mathrm{eV}$ 的谱峰为 $\mathrm{Li(Ni_{0.4}Co_{0.2}Mn_{0.4})O_2}$ 中 $\mathrm{Ni^{4+}}$ 对应的 Ni 谱，$854.2\mathrm{eV}$ 的谱峰为 NiO 的

Ni 谱。从图中可以看出,未包覆的 Li(Ni$_{0.4}$Co$_{0.2}$Mn$_{0.4}$)O$_2$ 循环后表面 NiO 的成分增加,而包覆对其有明显抑制作用。循环过程中,过渡金属氧化物溶解及表面析出氧气是表面层 NiO 形成的主要原因,如反应式(15.1)所示,其中 Me 为过渡金属离子,MeO 以 NiO 成分为主。

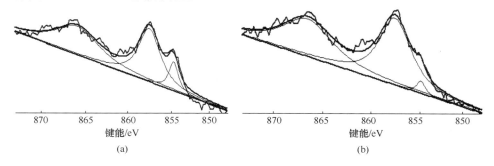

(a)　　　　　　　　　　　　　　(b)

图 15.13　循环 100 次后 2025 正极片中 Ni 的 XPS 谱

(a) 未包覆;(b) 包覆

15.3　负极活性材料的精细结构和成分[3,4]

15.3.1　负极活性材料的精细结构

负极片的 XRD 花样如图 15.14 所示,其部分放大如图 15.15 所示,可见石墨的 002 衍射峰无论是峰位或半宽度都有明显不同。由于是直接使用负极极片作试样,故衍射谱中包括集流体 Cu 的 111、200 和 220 三个衍射峰。我们还测定了沿 c 轴方向[002]的晶粒尺度(图 15.16),并以 Cu 的 111 为内标,精确测定了石墨的 002 衍射峰的 2θ 峰位,并按如下方法[5~7]先由实验测得 $2\theta_{实验}^{石墨}$ 值,用下式

$$2\theta_{修正}^{石墨} = 2\theta_{实验}^{石墨} + (2\theta_{标准}^{Cu} - 2\theta_{实验}^{Cu}) \tag{15.2}$$

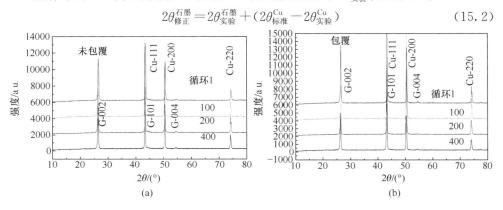

(a)　　　　　　　　　　　　　　(b)

图 15.14　2C 充放循环前后石墨的 XRD 花样

(a) 未包覆;(b) Al$_2$O$_3$ 包覆

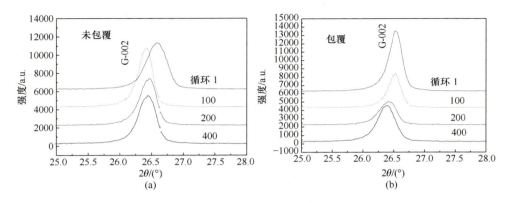

图 15.15　图 15.14 的部分放大

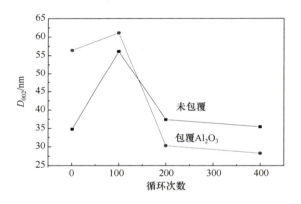

图 15.16　石墨沿 c 轴方向的晶粒尺度 d_{002} 随循环周期的变化

求得 $2\theta_{\text{修正}}^{\text{石墨}}$，然后按 Bragg 公式 $2d_{002}\sin\theta_{\text{修正}}^{\text{石墨}}=\lambda_{\text{CuK}\alpha1}=1.54056\text{Å}$ 计算获得精确的石墨沿 c 轴方向的晶面间距 d_{002}，最后按下式

$$P_{002}=\frac{d_{002}-3.354}{3.440-3.354} \tag{15.3}$$

计算石墨的堆垛无序度 P_{002}，其结果分别如图 15.17(a) 和 (b) 所示。可见：①在循环次数大于 100 时，d_{002} 随循环次数增加而降低，表明循环过程中晶粒明显细化；②石墨的点阵参数 c 和堆垛无序 P_{002} 随循环次数都有明显的变化，但包覆和未包覆没有明显的差别。

　　为了研究石墨/$Li(Ni_{0.4}Co_{0.2}Mn_{0.4})O_2$ 体系中倍率衰减的原因，对循环 400 次后的 18650 电池解剖后，将正负极片分别与锂组成 2025 型电池，测试交流阻抗，结果如图 15.18 所示。可见，400 次循环后，正极阻抗增加明显大于负极，这是循环后电池倍率性能降低的主要原因。从图中还可以看出，包覆后的电池正、负极阻抗的增加均明显小于未包覆电池。原因在于抑制了表面 LiF 的沉积及 NiO 的形成。对于负极倍率保持能力提升的原因在于减少 Ni、Co、Mn 等的沉积，抑制了 SEI 膜的再形成。

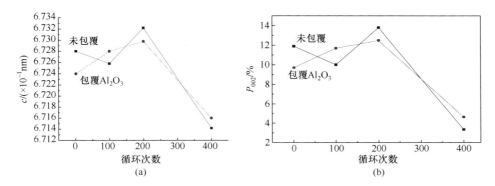

图 15.17　负极活性材料石墨的点阵参数 c(a) 和堆垛无序度 P_{002}(b) 随环周期的变化

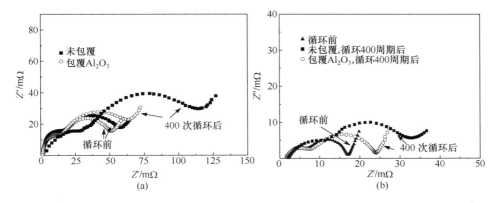

图 15.18　18650 电池循环前后正负极的交流阻抗谱

（a）正极；（b）负极

15.3.2　负极表面和体内相关成分分析

在正负极上没有电化学副反应的前提下，其在正负极上等法拉第电量脱嵌，活性锂量保持恒定。图 15.19(a) 为活性不损失条件下的充放电示意图。可以看出，充电时在正极脱出 100 单位 Li⁺ 的同时负极嵌入等量的 100 单位的 Li⁺；放电时在正极嵌入 100 单位 Li⁺ 的同时负极脱出等量的 Li⁺。然而，还存在另一种情况，即正极嵌入锂时，负极由于 SEI 膜的再生成而消耗电量，并未嵌入与正极脱出同等数量的活性锂，导致了活性锂的减少，如图 15.19(b) 所示。

既然 18650 电池容量的衰减主要是负极 SEI 再生成而导致的活性锂缺失，那么正极包覆为何能够降低其容量损失？为了探究其原因，对负极取样，进行 EDS 测试，C、F、P 的半定量结果如表 15.3 所示。可见，包覆电池负极中的 F、P 沉积物明显少于未包覆电池。

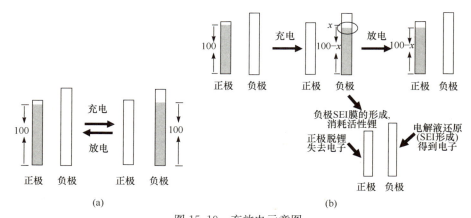

图 15.19　充放电示意图

(a) 理论脱嵌 Li^+ 量；(b) 实际再生成 SEI 膜时的脱嵌 Li^+ 量

为了进一步定量分析其中 Ni、Co、Mn 的量，将负极用前述方法溶解，再对其进行等离子激发-原子发射光谱(ICP-AES)测定，结果如表 15.3 所示。可见，包覆电池的负极中 Ni、Co、Mn 含量明显小于未包覆电池。

表 15.3　扣式电池和 18650 电池循环后负极片表面元素分布

扣式电池循环 100 次负极表面元素分布原子比			扣式电池循环 100 次负极中 Ni、Co、Mn 的量		
	原子比				
	未包覆	包覆后	元素	未包覆/μg	包覆 Al_2O_3 后/μg
C	19.40		Ni	8	3
O	42.62		Co	24	6
F	23.46		Mn	32	7
Ni+Co+Mn	15.53				
F/(Ni+Co+Mn)	1.51				
全电池循环 400 次后负极表面元素分布原子比			全电池循环 400 次后负极中的 Ni、Co、Mn 的量		
	原子比				
元素	未包覆	包覆后	元素	未包覆/μg	包覆后/μg
C	94.12	96.31	Ni	17	11
F	2.88	0.67	Co	54	21
P	0.17	0.05	Mn	61	19

Ni、Co、Mn 的沉积破坏了已生成 SEI 膜的完整性，充电时电解液继续在其表面还原，因而加厚了 SEI 膜的形成。同时，Ni、Co、Mn 对 SEI 膜的形成有催化作

用,消耗了更多负极电量。Al₂O₃ 包覆层减少了正极中 Ni、Co、Mn 等化合物的溶解,使得其在负极的沉积更少,SEI 膜的稳定性就更高,在后期充放电过程中 SEI 膜再形成而导致活性锂的损失更少,电池就能放出更多的容量。

　　综上所述,18650 型石墨/Li(Ni$_{0.4}$Co$_{0.2}$Mn$_{0.4}$)O₂ 电池容量的衰减源于负极 SEI 的再生成而导致的活性锂损失。正极包覆抑制了 Co、Mn 的沉积,从而抑制了 SEI 膜的再生成,提高了电池的可放电容量。倍率的衰减主要由于正极电化学阻抗的迅速增加而导致,但并非一般认为的 LiF 作用,结合关于倍率性能衰减原因的分析,可以认为其表面 NiO 的形成是更重要的因素。

15.4　隔膜精细结构随循环周期的变化[3,4]

　　该类电池的隔膜为 PP-PE-PP 三层组成,PP 为聚丙烯薄膜,属单斜结构,$P2_1/c$(No. 14)空间群;PE 为聚乙烯,属正交晶系,$Pnam$(No. 62)空间群。2C 充放循环前后隔膜的 XRD 花样如图 15.20 所示,图中已对各衍射峰进行指标化,可见,①PP-131 与 PE-110、PP-111 与 PE-200 衍射峰两两重叠;②PP 和 PE 非晶散射峰的位置分别在 $2\theta=16.30°$ 和 $19.50°$,所有样品的结晶度都很高,非晶部分极少;③循环前后峰位发生位移,线条明显宽化;④包覆的与未包覆的比较,宽化现象明显减小。

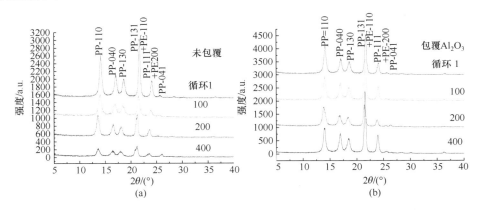

图 15.20　2C 充放循环前后隔膜的 XRD 花样
(a) 未包覆;(b) 已包覆 Al₂O₃

　　为了考察两对重叠峰的情况,其放大的花样如图 15.21 所示,可见包覆与未包覆明显不同,后者峰位移和宽化都严重得多;未包覆的样品经 200 和 400 周期循环后,PP-131 和 PE-110 已明显分裂,表明隔膜的表面(PP)在循环过程受到严重损坏而减薄。

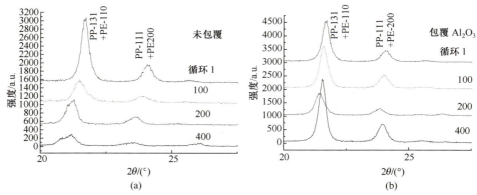

图 15.21　2C 充放循环前后隔膜的 XRD 花样的部分放大

（a）未包覆；（b）已包覆 Al_2O_3

15.4.1　聚丙烯隔膜的点阵参数

由于隔膜是两层聚丙烯夹一层聚乙烯，我们用 PP 的 6 个衍射峰的峰位数据计算了聚丙烯的点阵参数，其结果如图 15.22 所示。可见三个点阵参数都随循环

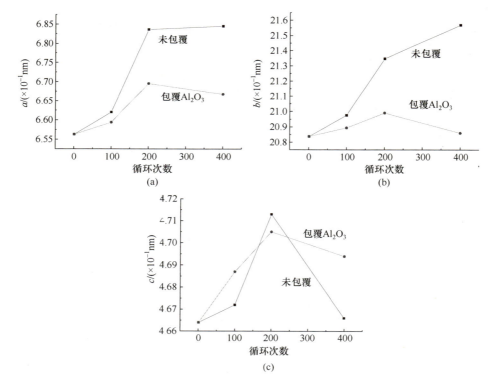

图 15.22　2C 充放循环前后隔膜聚丙烯点阵参数随循环周期的变化

周期增加而变化,但包覆样品都比没包覆变化缓慢,a 和 b 都较没包覆的小,c 也有类似情况。这说明正极活性材料的包覆对隔膜有一定的保护作用。

15.4.2　聚丙烯中的微结构

对比观测衍射峰的宽化现象有明显差别,特别是包覆与未包覆的明显差别,这表明隔膜的微结构(微晶大小和/或微应变)有明显差别。分别按微晶-微应变二重效应和两者单独存在三种方法处理数据,结果发现二重效应处理明显不合情理,微晶尺度出现负值。两者单独存在的计算结果如图 15.23 所示。从图 15.23 可见,未包覆的数据变化没有规律,但包覆的作用还是明显的:正极活性材料的包覆使隔膜的晶粒细化减缓,或微应变的变化也减小。

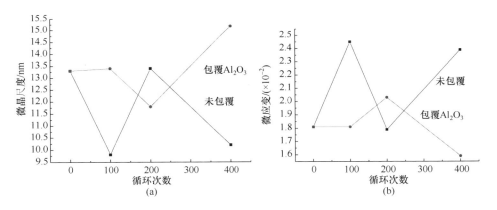

图 15.23　聚丙烯的微晶尺度(a)和微应变(b)随循环周期的变化

15.4.3　隔膜的表面形貌

图 15.24 为循环前后隔膜的 SEM 图,其中图 15.24(a)为循环前,(b)、(c)分别为未包覆和 Al₂O₃ 包覆的 NCM 电池正极侧的隔膜循环 400 次后的形貌。可见,经过 400 次循环,未包覆电池的隔膜形貌变化较大,隔膜的微孔大量闭合,而包覆电池的隔膜形貌变化较小。隔膜的微孔是隔膜中容纳电解液的场所和传导锂离子的通道,微孔闭合将使得电池的功率性能下降,闭合的原因与隔膜所处的温度有关,温度越高 PP、PE 越易软化(PP、PE 熔点分别为 165℃和 140℃)、微孔越易闭合。从循环 400 次后 2C 下电池的充放电曲线(图 15.25)也可以看出,包覆电池的充电电压低而放电电压高,所以充放电循环中电池的放热量更小,温度更低。因此 NCM 包覆明显起到了抑制隔膜在循环过程中微孔闭合的作用。

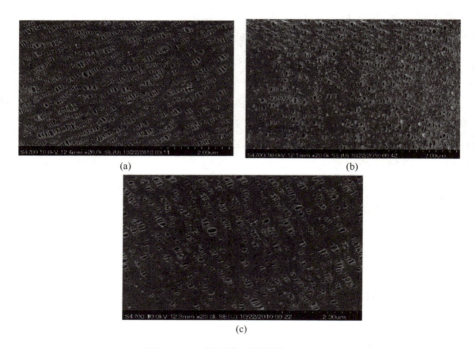

(a)

(b)

(c)

图 15.24　循环前后隔膜的 SEM 图

(a)循环前；400 次循环后未包覆(b)与包覆(c)的电池

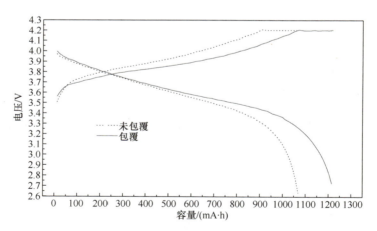

图 15.25　25℃、2.75～4.2V、2C 条件下 400 次循环后的充放电曲线

15.5　循环性能衰减的机理和包覆作用机理[8]

15.5.1　循环性能衰减与正负极及隔膜结构变化间的关系

现将循环性能、正负极活性材料及隔膜精细结构的变化规律总结于表 15.4，仔细对比分析这些数据可清楚看到，无论是正极活性材料经包覆的还是未包覆的，循环性能的衰减与正负极活性材料以及隔膜的精细结构在循环过程中的变化有良好的对应关系，并显示包覆对改善循环性能和减缓正负极活性材料以及隔膜的精细结构在循环过程中的变化进程所起的重大作用。

表 15.4　循环性能、正负极活性材料及隔膜精细结构的变化规律

	初始容量	包覆与未包覆的两种电池的初始容量相同，充放电曲线几乎重合
电池性能	循环性能	随循环周期的增加而衰减，正极未包覆的电池比包覆的衰减快得多； 而全电池在 2C、2.75~4.2V、400 次循环后，包覆前后电池 0.2C 容量分别为 991.8mA·h 及 1101.1mA·h，容量保持率分别为 85.3% 及 94.2%； 容量和放电平台都随循环周期增加而下降，但包覆的比未包覆的下降速率低得多
	阻抗	循环前包覆与未包覆阻抗没有什么差别，但循环 400 周期后阻抗的增加包覆的明显低于未包覆的，特别是电荷转移阻抗未包覆增加 4.53 倍，而包覆的仅为 2.27 倍
正极活性材料	精细结构	未包覆的点阵参数 a 和 c 变化趋势一样，但包覆的总趋势 a 是降低，而 c 是增加； 微晶大小和微应变都随循环周期增加而变小，而且包覆的都比未包覆的大很多
	表面形貌	循环前未包覆的材料颗粒表面光滑，包覆后表面粗糙，氧化铝覆盖于表面均匀
	表面成分	循环 100 周期后 F 在表面沉积未包覆的仅为包覆的 1.5 倍；F/(Ni+Co+Mn) 未包覆的仅为包覆的 1.98 倍
	有关性能	包覆前后 $Li(Ni_{0.4}Co_{0.2}Mn_{0.4})O_2$ 材料的比表面积、振实密度、扩散系数差别不大

隔膜材料	精细结构	聚丙烯的三个点阵参数都随循环周期增加而变化,但包覆样品都比未包覆变化缓慢,a 和 b 都较未包覆的小,c 也有类似情况,这说明正极活性材料的包覆对隔膜有一定的保护作用; 未包覆的微结构数据变化没有规律,但包覆的作用还是明显的:正极活性材料的包覆使隔膜的晶粒细化减缓,或微应变的变化也减小
	表面形貌	未包覆电池的隔膜形貌变化较大,隔膜的微孔大量闭合,微孔闭合将使得电池的功率性能下降
负极活性材料	精细结构	点阵参数 c 和堆垛无序在小于 200 周期时,随循环周期增加稍有增加,大于 200 周期,都随循环周期增加而明显降低; 循环周期小于 100 时,D_{002} 稍有增加,大于 100 周期后晶粒明显细化; 包覆 Al_2O_3 能明显减缓上述各种变化的进程
	表面成分	循环 100 周期后,Ni、Co、Mn 在表面沉积,包覆的都比未包覆的低得多,循环 400 周期后也一样; 循环 400 周期后 F 和 P 的沉积,未包覆分别是包覆的 4.3 倍和 3.4 倍

15.5.2　循环性能衰减的机理

在锂离子二次电池循环性能衰减机理的讨论中,许多研究者多把其归结为电极表面的作用,如电解液对电极表面以及隔膜表面的化学腐蚀作用等。当然,不能忽视这种腐蚀作用。先重点研究正负极活性材料和隔膜的内部结构在循环过程中的变化,即体效应问题,并且讨论未包覆的情况,并把表面分析的结果结合起来。

(1)正极点阵参数 a 和 c 随循环增加而减少,表明非活性的 Li 原子越来越多;正极活性材料的晶粒和微应变随循环周期增加而变小,并且这两点是相对应的。其结果都会降低正极活性材料的活性。

(2)负极点阵参数 c 和堆垛无序都随循环周期增加先稍有增加后降低,循环使晶粒细化,这对 Li 原子的嵌入是无利的。换言之,石墨的活性随循环周期增加而降低。包覆 Al_2O_3 能明显减缓上述各种变化的进程。

(3)隔膜聚丙烯的三个点阵参数都随循环周期增加而变化,特别是随着循环周期的增加,隔膜表面层的聚丙烯受损越严重。

上述三方面的共同作用才是循环性能衰减的主导原因。

(4)研究了 2025 型 $Li/Li(Ni_xCo_yMn_{1-x-y})O_2$ 电池性能衰减机理,氟化物及 NiO 等在 $Li(Ni_xCo_yMn_{1-x-y})O_2$ 表面沉积而导致的电化学阻抗增加。

（5）研究了 18650 型石墨/Li(Ni$_x$Co$_y$Mn$_{1-x-y}$)O$_2$ 电池容量衰减机理，由充放电过程中负极中 Ni、Co、Mn 的沉积破坏了 SEI 的完整性，SEI 膜再生长促进了循环过程中活性锂的损失。

（6）研究了 18650 型 MCMB/LiNi$_x$Co$_y$Mn$_{1-x-y}$O$_2$ 电池倍率性能衰减机理，主要由氟化物及 NiO 在正极表面的沉积导致，正极电化学反应阻抗增加快于负极。

（7）研究了包覆改善 Li(Ni$_x$Co$_y$Mn$_{1-x-y}$)O$_2$ 材料及石墨/Li(Ni$_x$Co$_y$Mn$_{1-x-y}$)O$_2$ 电池循环性能的机理，减少了氟化物、NiO 在正极表面的沉积，同时减少了 Ni、Co、Mn 在负极表面的沉积。

（8）研究了包覆改善 18650 型石墨/LiNi$_x$Co$_y$Mn$_{1-x-y}$O$_2$ 电池高温储存性能规律，包覆抑制了电池容量及倍率性能的衰减，抑制了 Ni、Co、Mn 在负极的沉积。

可见，除循环过程正负极活性材料及隔膜材料的体效应外，表面效应也起重要作用，包覆不仅缓解了表面效应，而且影响体效应。可见正极活性材料的包覆对提高和改善锂离子电池的性能是十分有效的。

15.6　结　　论

通过对正极活性材料 Li(Ni$_x$Co$_y$Mn$_{1-x-y}$)O$_2$ 包覆 Al$_2$O$_3$、未包覆循环性能和正负极活性材料及隔膜精细结构在循环过程变化的对比研究，得出如下结论：

（1）循环性能衰减与正极活性材料和隔膜精细结构的变化有良好的对应关系；

（2）循环性能衰减既与负极表面膜结构变化有关，又与正负极隔膜的精细的体结构变化紧密相关；

（3）正极活性材料的表面包覆明显改善电池的循环性能，包覆减少了正极材料自身的氧化性，使得在循环的过程中正极边充电态 Li(Ni$_{0.4}$Co$_{0.2}$Mn$_{0.4}$)O$_2$ 与电解液的副反应及与隔膜的副反应减少，减缓了正负极和隔膜的精细结构变化的进程，改善表面膜性能的综合结果。

参 考 文 献

[1] Liu H H，Zhang J，Lou Y W，et al. Structure evolution and electrochemical performance of Al$_2$O$_3$-coated Li(Ni$_{0.4}$Co$_{0.2}$Mn$_{0.4}$)O$_2$ during charge-discharge cycling. Chem. Res. Chinese Unirersity，2012，28(4)，686～690

[2] 刘浩涵，张建，娄豫皖，等. XANES 研究 Al$_2$O$_3$ 包覆 Li(Ni$_{0.4}$Co$_{0.2}$Mn$_{0.4}$)O$_2$ 材料的稳定性. 化学学报，2012，70(9)：1055～1059

[3] 刘浩涵，张建，娄豫皖，等. Li(Ni$_{0.4}$Co$_{0.2}$Mn$_{0.4}$)O$_2$ 包覆 Al$_2$O$_3$ 对隔膜形貌及结构的影响. 电池，2012，42(2)：59～61

[4] 刘浩涵. Li($Ni_xCo_yMn_{1-x-y}$)O_2 材料的失效机理及包覆改性研究. 中国科学院上海微系统与信息技术研究所博士学位论文,2011

[5] 李辉,杨传铮,刘芳. 测定六方石墨堆垛无序度的 X 射线衍射新方法. 中国科学,B 辑化学,2008,28(9),755~760

[6] Li H,Yang C Z,Liu F. Novel method of determination stacking disorder degree in Hexagonal graphite by X-ray diffraction. Sci. Chin. Ser. B,Chemistry,2009,52(2),174~180

[7] 李辉,杨传铮,刘芳. 碳电极材料石墨化度和无序度的 X 射线衍射测定. 测试技术学报,2009,23(2),161~167

[8] 刘浩涵,张建,杨传铮,等. 2H-石墨/Li($Ni_{0.4}Co_{0.2}Mn_{0.4}$)O_2 电池过程对比研究,2015(待发表)

第 16 章　石墨/Li(Ni$_{0.4}$Co$_{0.2}$Mn$_{0.4}$)O$_2$＋LiMn$_2$O$_4$ 电池循环过程机理

第 15 章已介绍了对石墨/Li(Ni$_{0.4}$Co$_{0.2}$Mn$_{0.4}$)O$_2$ 电池循环过程的研究结果。结果表明,循环性能的衰减与正负极活性材料及隔膜的精细结构变化有良好的对应关系,对正极进行包覆能大大改进循环性能[1]。采用 Li(Ni$_{0.4}$Co$_{0.2}$Mn$_{0.4}$)O$_2$＋LiMn$_2$O$_4$复合正极的方法来降低电池成本。本章系统研究了这种电池的循环性能和循环性能的衰减机理,以了解这种电池的可行性,以便批量生产锂离子电池。

16.1　石墨/Li(Ni$_{0.4}$Co$_{0.2}$Mn$_{0.4}$)O$_2$＋LiMn$_2$O$_4$ 电池循环过程性能[2]

16.1.1　电池的制备和电池的充放电及循环工艺

研究使用 Li(Ni$_{0.4}$Co$_{0.2}$Mn$_{0.4}$)O$_2$：LiMn$_2$O$_4$＝1：1 质量比为正极活性材料。以人造六方石墨为负极的 18650 型锂离子电池,正负极片用 PP-PE-PP 隔膜隔开,按圆柱形锂离子电池制造工艺卷绕成型后,装配成 18650 型锂离子电池。电池经烘干后,在手套箱中进行注液,所注电解液成分为 1mol/L 的 LiPF$_6$/(EC：DMC：DEC＝1：1：1)。

电池 1C 充至 4.2V,放电至 2.5V,再放电至 0.2V 为一个周期。循环温度分室温和 55℃两种,另外还进行了 3C 充 10C 放的实验。其样品编号如表 16.1 所示。

表 16.1　循环实验样品编号

样品编号	循环温度/℃	充放电倍率	循环周期数
18	室温 25		1
18-16	室温 25	1C 充　1C 放	250
18-10	室温 25	1C 充　1C 放	300
18-17	室温 25	1C 充　1C 放	1000
18-14	55	1C 充　1C 放	500
18-24	室温 25	3C 充　10C 放	500

16.1.2　循环性能的测试结果

三个电池的循环曲线如图 16.1 所示。从图可知,容量保持率随循环周期的增加而降低,充放电的倍率和循环的温度对循环性能有重大影响。同样在 500 周期时,它们的容量保持率如表 16.2 所示。可见,特别是温度的影响更为显著,即循环温度越高,循环性能下降越快,容量保持率就越低。

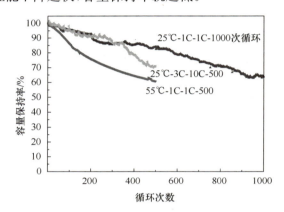

图 16.1　不同循环条件下三个样品的循环曲线

表 16.2　三个电池循环 500 周期的容量保持率

样品编号	温度/℃	充放电倍率	500 周期时容量保持率/%
18-17	25	1C 充 1C 放	83.4
18-14	55	1C 充 1C 放	61.1
18-24	25	3C 充 10C 放	70.3

16.2　石墨/Li(Ni$_{0.4}$Co$_{0.2}$Mn$_{0.4}$)O$_2$＋LiMn$_2$O$_4$ 电池循环过程[2] 正极活性材料的精细结构

复合正极活性材料的 X 射线花样如图 16.2 所示,可见其为 Li(Ni$_{0.4}$Co$_{0.2}$Mn$_{0.4}$)O$_2$ 和 LiMn$_2$O$_4$ 两相组成。前者为三方相,3-Rm(No. 166)空间群;后者为立方结构,$Fd3m$(No. 277)空间群。图 16.3 为表 16.1 所列各循环样品的正极活性材料的 X 射线衍射花样。比较可知:

(1) 菱形结构的 003 和立方结构的 111 两衍射线,在一些样品中不能分开,而在一些样品中明显分开,表明在循环过程中两相的点阵参数发生变化;

（2）R-101 和 C-311 这对衍射线在所有样品都明显分开,而且两分离角发生明显的变化;

（3）R-101 和 C-311 的半高宽和相对强度都随循环明显宽化。

下面对其进行仔细分析。

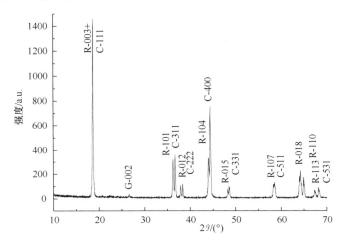

图 16.2　循环前复合正极活性材料的 X 射线花样

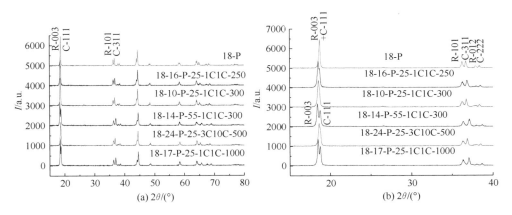

图 16.3　在不同循环条件下循环不同周期的复合正极活性材料的
X 射线衍射花样(a),(b)为(a)的部分放大

16.2.1　两相点阵参数的变化

1C 充 1C 放室温(25℃)样品的立方相和 Li(Ni₀.₄Co₀.₂Mn₀.₄)O₂ 的点阵参数随循环周期的变化如图 16.4 所示。可见,数据比较分散,这可能由各样品循环条件不同造成的,但总的趋势是:立方相的点阵参数随周期增加而降低,故其各衍射

线向高角度方向移动；$Li(Ni_{0.4}Co_{0.2}Mn_{0.4})O_2$ 的点阵参数 a 和 c 变化是低周期时降低，高周期时反而增加。

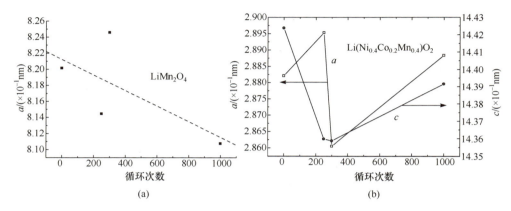

(a)　　　　　　　　　　　(b)

图 16.4　立方相(a) 和 $Li(Ni_{0.4}Co_{0.2}Mn_{0.4})O_2$(b) 的点阵参数随循环周期的变化

16.2.2　两相的微结构和相对量的变化

两相的微晶大小随循环周期的变化如图 16.5(a)和(b)所示，总趋势是循环使晶粒细化。两相的相对量的变化用积分强度比 $I_{3R\text{-}101}/I_{C\text{-}311}$ 定性地表征，其结果如图 16.6 所示。可见，比值随循环周期增加有所增加，在周期<300 前增加速率较快，之后变化不大，增加率为 2%。

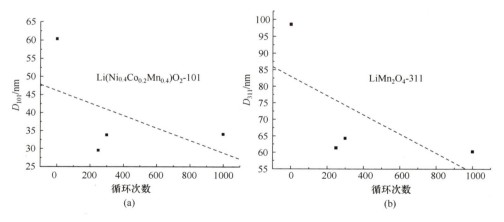

(a)　　　　　　　　　　　(b)

图 16.5　正极活性材料中的 $Li(Ni_{0.4}Co_{0.2}Mn_{0.4})O_2$ (a) 和 $LiMn_2O_4$ (b) 的
微晶尺度随循环周期的变化

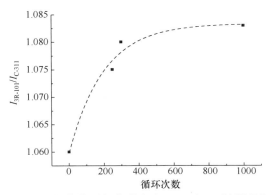

图 16.6　两相的相对量的变化用积分强度比 I_{3R-101}/I_{C-311} 随循环周期的变化表征

16.2.3　正极活性材料的循环温度效应和倍率效应

温度效应和倍率效应如表 16.3 所示。可见,对于立方相在高温下循环或在高倍率下循环的点阵参数都较小,其他似无规律。

表 16.3　充放电循环的温度效应和倍率效应

微结构参数	立方相	三方相		D_{3R-101}	D_{C-311}
循环条件和周期	a/Å	a/Å	c/Å	/nm	
1C 充放　25℃循环 250 周期	8.2456	2.8605	14.3587	33.8	64.2
1C 充放　55℃循环 300 周期	8.1264	2.8637	14.3953	36.7	51.4
3C 充 10C 放 25℃循环 500 周期	8.1311	2.8938	14.2983	30.3	78.1

16.3　负极活性材料的精细结构[2]

负极活性材料的 X 射线花样及部分放大如图 16.7(a)和(b)所示。可见,除石

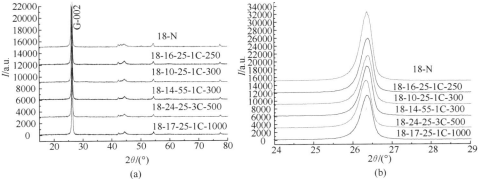

图 16.7　不同循环条件后负极活性材料的 X 射线花样(a)及部分放大(b)

墨外未发现碳-锂的化合物,但石墨的 002 衍射线有明显的位移和宽化效应。现进一步分析如下。

16.3.1　点阵参数的变化

六方石墨点阵参数 a 和 c 随循环周期的变化如图 16.8 所示。可见,a 几乎是单调下降,c 则在低周期时增加较快,到 300 周期后仅缓慢增加,这表明在低周期时,间隙在碳原子六方网格间的 Li 原子较多,300 周期后间隙的碳原子不再增加。

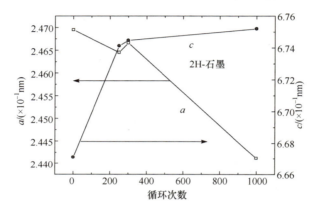

图 16.8　六方石墨的点阵参数 a 和 c 随循环周期的变化

16.3.2　负极活性材料的微结构和堆垛无序

在电池循环实验中,负极活性材料微结构应为微晶-微应变-堆垛无序三重效应。按文献[3]~[5]的介绍解三重宽化效应,需有等于或大于三条衍射线的数据。这里,102 和 103 的强度很弱,而且宽化严重,不能获得有效的 FWHM 数据,而无法求解。但可用 002、100、004 和 110 四条线的 FWHM 数据,解微晶-微应变二重效应求得 $\overline{D}$ 和 ε,代入下式

$$\frac{\beta_{101}\cos\theta_{101}}{\lambda}=\frac{0.89}{\overline{D}}+\bar{\varepsilon}\,\frac{4\sin\theta_{101}}{\lambda}+\frac{\cos\phi_{Z101}}{2c}\,\frac{\cos\theta_{101}}{\lambda}P \qquad (16.1)$$

代入有关数据得

$$0.601\beta_{101}=\frac{0.89}{\overline{D}}+0.981\bar{\varepsilon}+9.806\times10^{-3}P \qquad (16.2)$$

故可求得堆垛无序参数 P。其结果如图 16.9 所示。可见,微晶大小和堆垛无序度都随循环周期增加而降低,但微观压应变随循环周期增加而增加。

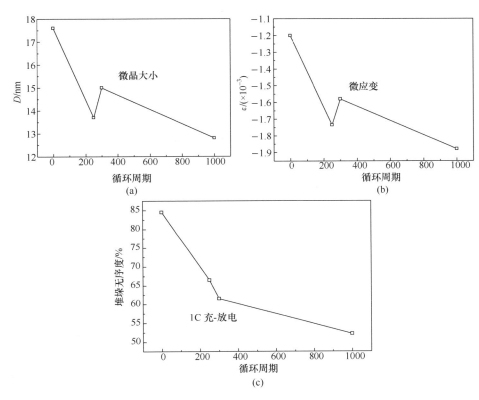

图 16.9　负极石墨的微晶大小 D(a)、微应变 ε(b)和堆垛无序度(c)随循环周期的变化

16.3.3　负极循环的温度效应和倍率效应

负极循环的温度效应和倍率效应如表 16.4 所示，表明循环温度越高或倍率越高，晶粒细化较严重，堆垛无序也较大。

表 16.4　充放电循环负极的温度效应和倍率效应

循环条件和周期 ＼ 微结构参数	$\overline{D}$/nm	ε/($\times 10^{-3}$)	堆垛无序度/%
1C 充放　25℃循环 300 周期	26.3	−0.583	61.5
1C 充放　55℃循环 300 周期	22.2	−0.818	64.8
3C 充 10C 放 25℃循环 500 周期	20.4	−1.078	82.0

16.4　循环性能衰减的机理和 $LiMn_2O_4$ 的作用[2]

16.4.1　循环性能衰减与正极、负极活性材料精细结构之间的关系

现将前面的研究结果归纳于表 16.5,可见循环性能衰减与正极、负极活性材料的精细结构变化有良好的对应关系。

表 16.5　循环性能衰减与正极、负极活性材料精细结构之间的关系

循环性能	正极活性材料	负极活性材料
1. 容量保持率随循环周期的增加而降低; 2. 充放电的倍率越高,循环性能降低越快; 3. 循环的温度越高,循环性能降低越快	1. 立方相的点阵参数总趋势是降低,3R 的点阵参数 a 和 c 变化是:低周期时降低,高周期时增加; 2. 两相的微晶大小随循环周期增加而晶粒细化; 3.3R 相相对量随循环周期增加有所增加,立方相反而降低,变化率大约是 2%; 4. 立方相在高温下循环或在高倍率下循环的点阵参数都较小	1. a 几乎是单调的下降,c 则在低周期时增加较快,到 300 周期后仅缓慢增加; 2. 微晶尺度和堆垛无序都随循环周期增加而变小; 3. 微观压应变随周期增加而增加; 4. 循环温度越高或倍率越高,晶粒细化较严重,堆垛无序也较大

16.4.2　循环性能衰减机理的讨论

从表 16.5 对应关系可知,循环性能衰减是由于组成电池的正负极活性材料精细结构在循环过程中变化有良好的对应关系,换言之:

（1）由于在循环过程中正极活性材料点阵参数的变化,表明正极中除 Li 的脱嵌和回嵌外,还有正离子在电场的作用下进入电解液,变化电解液的某些性质;正极活性材料的晶粒细化,也降低它的性能;

（2）由于在循环过程中负极活性材料点阵参数的变化,表明在低周期时,间隙在碳原子六方网格间的 Li 原子较多,300 周期后间隙的碳原子不再变化;微晶尺度和堆垛无序都随循环周期增加而变小,这降低了负极活性材料的活性,特别是高温或高倍率时。

综上所述,正负极活性材料和电解液在循环过程中变化,而这种变化还会影响电极表面的质量,造成电池循环性能的衰减。

16.4.3　$LiMn_2O_4$ 在混合正极活性材料中的作用

就电化学性能而言,$Li(Ni_{0.4}Co_{0.2}Mn_{0.4})O_2$ 比 $LiMn_2O_4$ 优越,因此 2H-石墨/

Li(Ni$_{0.4}$Co$_{0.2}$Mn$_{0.4}$)O$_2$ 电池的综合性能也比 2H-石墨/LiMn$_2$O$_4$ 优越,这是无疑的。然而在这种复合正极活性材料中制成的锂离子电池的循环过程中:①立方相的点阵参数明显优先变小;②立方相的相对含量随循环进程而降低,3-Rm 相反而相对增加。这两点表明 LiMn$_2$O$_4$ 在循环过程中优先消耗,换言之,在循环过程中,LiMn$_2$O$_4$ 有保护 Li(Ni$_{0.4}$Co$_{0.2}$Mn$_{0.4}$)O$_2$ 的作用。

石墨/Li(Ni$_{0.4}$Co$_{0.2}$Mn$_{0.4}$)O$_2$＋LiMn$_2$O$_4$ 电池循环过程中,容量随周期增加而衰减,正负极活性材料的精细结构也随周期增加而变化,两者有良好的对应关系。循环性能衰减是正负极活性材料在循环过程的变化,使其性能降低,进而影响电解液和电极表面膜的质量的综合结果。LiMn$_2$O 的加入,对 Li(Ni$_{0.4}$Co$_{0.2}$Mn$_{0.4}$)O$_2$ 有一定的保护作用。

参 考 文 献

[1] 刘浩涵,张建,杨传铮,等,六方石墨/Li(Ni$_{0.4}$Co$_{0.4}$Mn$_{0.2}$)O$_2$ 电池循环过程对比的研究. 化学学报,(将发表)

[2] 张建,刘浩涵,杨传铮,等. 石墨/Li(Ni$_{0.4}$Co$_{0.2}$Mn$_{0.4}$)O$_2$＋LiMn$_2$O$_4$ 电池循环过程研究. 电源技术,2013,(2):60～64

[3] 李辉,杨传铮,刘芳. 测定六方石墨堆垛无序度的 X 射线衍射新方法. 中国科学,B 辑化学,2008,28(9):755～760

[4] Li H,Yang C Z,Liu F. Novel method of determination stacking disorder degree in Hexagonal graphite by X-ray diffraction. Sci. Chin. Ser. B,Chemistry,2009,522:174～180

[5] 李辉,杨传铮,刘芳. 碳电极材料石墨化度和无序度的 X 射线衍射测定. 测试技术学报,2009,23(2):161～167

第 17 章　石墨/$LiFePO_4$ 电池循环过程的机理

锂离子电池若想成为电动汽车的动力电源,必须保证其具有可靠的安全性和良好的性能稳定性。在诸多正极活性材料中,磷酸铁锂($LiFePO_4$)以其安全性高、循环稳定性好、价格低廉等优点,被认为是最有希望的锂离子动力电池的候选材料。然而目前,在针对磷酸铁锂进行的大量的研究中,人们把目光主要集中在其性能的改进,而对其作为正极活性材料的电池在长期循环使用过程中的性能变化以及变化机理很少进行关注。本章重点介绍这方面的研究结果[1~4]。

17.1　循环性能的变化规律[1]

图 17.1 给出 452340 型 2H-石墨/$LiFePO_4$ 电池 25℃下 1C 充-放电循环 3~1000 周期放电容量的变化曲线(a)和容量保持率的变化(b)。由图可见,容量有随循环周期增加而增大的过程,其峰值在 186 周期处,然后缓慢降低,直到 1000 周期时,容量保持率仍有近 90%。

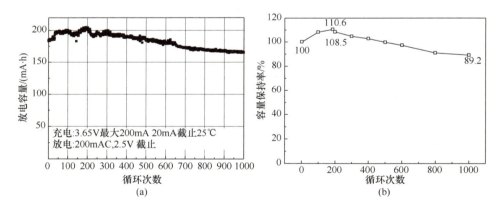

图 17.1　452340 型 2H-石墨/$LiFePO_4$ 电池 25℃循环曲线(a)和容量保持曲线(b)

循环过程的几个阶段电池充放电曲线如图 17.2 所示。由图明显可见,充电平台随循环周期增加而下降,而放电平台随循环周期增加先升后降。其具体性能参数如表 17.1 所示。可见,无论是充电容量还是放电容量,都有一个升高的过程,然后逐渐降低,其极大值在循环 200 周期附近;充电平台电压先降低后稍升高,极小值在循环 200 周期附近,这与充电容量的变化相对应;而放电平台电压也是先升后降,这与放电容量的先升后降一致。

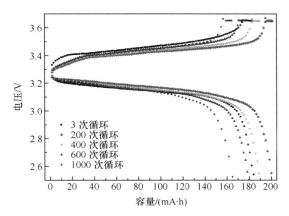

图 17.2　循环过程的几个阶段电池充放电曲线

表 17.1　2H-石墨/LiFePO₄ 电池循环后充放电性能参数

循环次数	充电容量/(mA·h)	充电平台/V	放电容量/(mA·h)	放电平台/V
3	183.5	3.462	185.2	3.143
100	198.8	3.428	200.5	3.165
200	201.4	3.430	201.0	3.168
300	195.3	3.435	193.9	3.161
400	189.6	3.436	190.2	3.154
500	185.4	3.438	184.6	3.158
600	178.8	3.446	180.1	3.146
800	168.9	3.440	168.4	3.147
1000	164.8	3.435	165.2	3.150

17.2　正极活性材料的精细结构在循环过程中的变化

电池循环过程中几个阶段正极活性材料的 X 射线衍射花样如图 17.3 所示,其中(b)是(a)的部分放大。可见在整个循环过程中,无论循环周期多少,正极活性材料均为 LiFePO₄ 和 FePO₄ 两相组成。其主要原始衍射数据如表 17.2 所示,现分析如下。

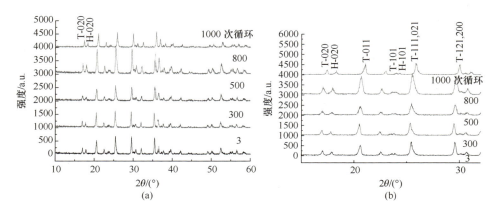

图 17.3　电池循环过程中几个阶段正极活性材料的 X 射线衍射花样

表 17.2　正极活性材料有关原始衍射数据

循环周期	$\dfrac{I_{LiFePO_4-020}}{I_{FePO_4-020}}$	2θ/(°)					FWHM/(°)			
		020	011	111	121	131	011	111	121	131
3	1.398	17.014	20.604	25.386	29.564	35.442	0.260	0.302	0.192	0.186
100	1.365	17.030	20.652	25.490	29.623	35.532	0.333	0.362	0.240	0.248
200	1.396	17.014	20.608	25.387	29.562	35.441	0.231	0.185	0.167	0.157
300	1.874	16.935	20.519	25.296	29.462	35.344	0.247	0.334	0.176	0.186
400	2.087	13.980	20.605	25.404	29.559	35.450	0.266	0.273	0.233	0.236
500	1.317	16.990	20.605	25.380	29.567	35.451	0.309	0.378	0.242	0.246
600	1.226	17.227	20.827	25.639	29.777	35.669	0.284	0.325	0.246	0.240
800	1.109	17.059	20.656	25.486	29.599	35.513	0.315	0.400	0.259	0.293
1000	1.320	17.451	21.058	25.838	30.023	35.891	0.250	0.198	0.183	0.197

17.2.1　两相相对含量随循环周期的变化

从图 17.3 可看出：$LiFePO_4$（T）和 $FePO_4$（H）两相的衍射线条，除 T020 和 H020、T101 和 H101 能分开外，都近乎重叠，因此只能通过 T020-H020 线对的强度分析来测定两相的相对含量；所显示的几种周期的样品中，其线对间的强度变化不大，表明各样品间两相相对含量差别不大。前面第 15 章用的已知各相质量吸收系数的无标样法在此不适用。下面介绍直接比较法，其工作方程为[2]

$$\begin{cases} \dfrac{I_m}{I_i} = \dfrac{K_m}{K_i} \cdot \dfrac{\rho_i}{\rho_m} \cdot \dfrac{X_m}{X_i} \\ \sum_{i=1}^{n} X_i = 1 \end{cases} \quad (17.1)$$

$$K = \left(N^2 \cdot P_{hkl} \cdot F_{hkl}^2 \cdot \frac{1 + \cos^2 2\theta_{hkl}}{\sin^2 \theta_{hkl} \cdot \cos\theta_{hkl}} \cdot e^{-2M} \right) \tag{17.2}$$

其中,N 为单位体积(1cm^3)中的晶胞数目;P_{hkl} 为多重性因子;F_{hkl} 为结构因子。两相有关数据如表 17.3 所示。

表 17.3　LiFePO₄ 和 FePO₄ 有关数据

	hkl	N^2	P	F^2	$\dfrac{1+\cos^2 2\theta_{020}}{\sin^2 \theta_{020}\cos\theta_{020}}$	K	$\rho/(\text{g/cm}^3)$
LiFePO₄	020	11.485×10^{42}	2	21688.453	88.60	4.4138×10^{49}	2.138
FePO₄	020	12.974×10^{42}	2	24348.482	81.95	5.1775×10^{49}	2.173

在忽略温度因子($e^{-2M}=1$)的情况下,把相关数据代入得

$$\begin{cases} \dfrac{I_{\text{LiFePO}_4-020}}{I_{\text{FePO}_4-020}} = 0.8664 \times \dfrac{X_{\text{LiFePO}_4}}{X_{\text{FePO}_4}} \\ X_{\text{LiFePO}_4} + X_{\text{FePO}_4} = 1 \end{cases} \tag{17.3}$$

用 Jade 程序对整个花样和仅对 020 线对拟合获得积分强度比的平均值(见表 17.2 中第二列)所测定的结果如图 17.4 所示。可见 LiFePO₄ 的相对含量随循环周期增加变化不大,然后随周期增加而增加,极大值在 400 周期附近,这与循环容量的变化大致相对应。

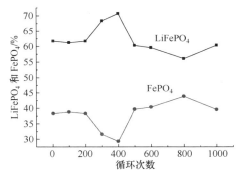

图 17.4　LiFePO₄ 和 FePO₄ 相对含量在循环过程中的变化

17.2.2　LiFePO₄ 的点阵参数随循环周期的变化

利用 LiFePO₄ 的 020、011、111、121、131 的 2θ 值测得的点阵参数随循环周期变化曲线如图 17.5 所示。由图可见:a 随循环周期稍有增加,而 c 稍有降低,特别是 500 周期后的变化趋势正好相反;b 的变化趋势(图 17.5(b))与 c 的变化趋势基本相同,先降后升,超过 300 周期后,随周期增加而变小,这显示了在 300 周期前处于放电态的 LiFePO₄ 中 Li 原子量有少量增加,而 300 周期后,Li 原子量逐渐降低,这和图 17.1 中容量随循环周期的变化是先有所增加,然后缓慢降低相对应。

17.2.3　LiFePO₄ 中微结构参数随循环周期的变化

用 LiFePO₄ 的 011、111、121、131 四条衍射线的 FWHM 值进行微晶-微应变二重宽化效应求解,结果如图 17.6 所示,可见总的变化趋势是随循环周期增加而逐渐增加,但微应变为压应变。

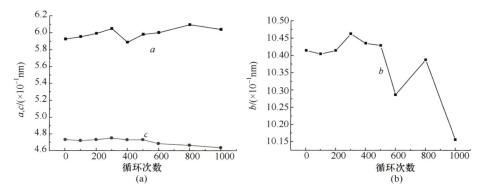

图 17.5　LiFePO₄ 的点阵参数随循环周期的变化

(a)显示 *a* 和 *c*；(b)显示 *b*

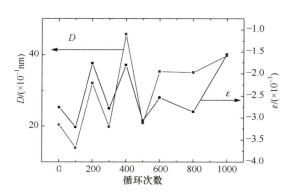

图 17.6　LiFePO₄ 的微结构 *D* 和 ε 的变化

17.3　负极活性材料的精细结构在循环过程中的变化

电池循环过程中几个阶段负极活性材料石墨电极的 X 射线衍射花样如图 17.7所示。可见其相结构没有改变，也没有观测到未分解的 Li-C 化合物，但002 峰发生明显位移，其主要原始衍射数据如表 17.4 所示。用 002、100、101、004 和 110 等五条原始线的 2θ 值经分析计算得点阵参数，用 002、100、004 和 110 的 FWHM 求解其 D 和 ε，然后用 101 的 FWHM 和前面的 D 和 ε 求得堆垛无序度 P。其精细结构参数随循环周期的变化如图 17.8 和图 17.9所示。点阵参数 a 和 c 没有明显变化，微结构参数 D 和 ε 看似无多大规律，但堆垛无序度总的变化趋势是随循环周期的增加而增加。

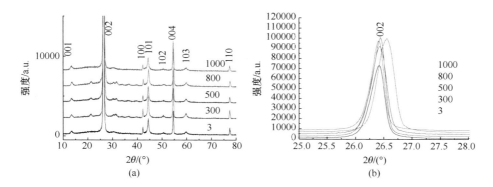

图 17.7　电池循环过程中几个阶段石墨电极的 X 射线衍射花样(a),(b)是(a)的局部放大

表 17.4　负极活性材料石墨的原始衍射数据

循环周期	$2\theta/(°)$					FWHM/(°)				
	002	100	101	004	110	002	100	101	004	110
3	26.431	42.237	44.394	54.539	77.354	0.280	0.255	0.461	0.341	0.269
100	26.518	42.342	44.503	54.632	77.452	0.271	0.333	0.629	0.297	0.230
200	26.433	42.206	44.410	54.541	77.396	0.268	0.278	0.536	0.313	0.234
300	26.419	42.170	44.393	54.516	77.355	0.306	0.272	0.517	0.315	0.274
400	26.478	42.297	44.476	54.596	77.419	0.271	0.290	0.571	0.282	0.234
500	26.538	42.411	44.537	54.652	77.476	0.314	0.361	0.548	0.335	0.258
600	26.357	42.198	44.370	54.475	77.311	0.253	0.235	0.487	0.302	0.248
800	26.397	42.245	44.393	54.497	77.358	0.254	0.270	0.610	0.321	0.273
1000	26.402	42.194	44.399	54.501	77.375	0.276	0.214	0.599	0.304	0.220

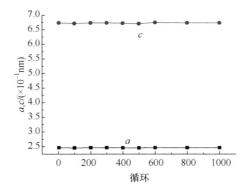

图 17.8　石墨电极点阵参数随循环周期的变化

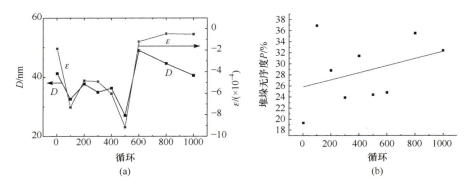

图 17.9　石墨的晶粒大小 D、微应变 ε(a)和堆垛无序 P 随循环周期的变化

17.4　隔膜材料的精细结构的变化

隔膜为 PP-PE-PP 三层组成，PP 为聚丙烯薄膜，属单斜结构，$P2_1/c$(No. 14)空间群；PE 为聚乙烯，属正交晶系，$Pnam$(No. 62)空间群。电池循环过程中几个阶段隔膜材料的 X 射线衍射花样如图 17.10 所示，其中(b)是(a)的部分放大。图中已对各衍射峰进行指标化。可见：①PP-131 与 PE-110、PP-111 与 PE-200 衍射峰两两重叠；②PP 和 PE 非晶散射峰的位置分别在 $2\theta=16.30°$ 和 $19.50°$，可见，所有样品的结晶度都很高，非晶部分极少；③PP 的几个衍射峰随循环周期的增加向低角度方向位移；④峰的半宽度也明显变化。其主要原始数据如表 17.5 所示。现分析如下。

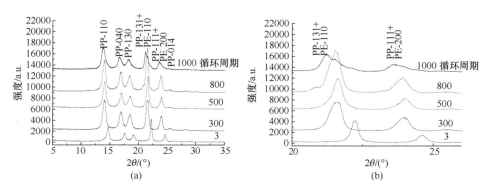

图 17.10　电池循环过程中几个阶段隔膜材料的 X 射线衍射花样(a)，(b)是(a)的部分放大

表 17.5　隔膜的原始衍射数据

循环周期	2θ/(°)						FWHM/(°)		
	110	040	130	131	111	014	110	040	130
3	14.716	17.566	19.138	22.226	24.605	26.192	0.649	0.470	0.619
100	13.964	16.837	19.397	21.463	23.857	25.532	0.676	0.689	0.753
200	14.195	17.145	19.657	21.816	24.196	25.511	0.806	0.832	0.976
300	14.024	16.961	19.487	21.594	23.964	25.471	0.640	0.651	0.719
400	14.119	17.037	19.565	21.657	24.039	25.430	0.518	0.574	0.576
500	14.045	16.963	19.519	21.624	24.003	25.637	0.650	0.607	0.768
600	14.312	17.254	19.781	21.910	24.284	25.877	0.657	0.651	0.742
800	13.997	16.896	19.445	21.553	23.913	25.442	0.602	0.625	0.652
1000	13.755	16.564	19.181	21.176	23.564	25.329	0.739	0.808	0.882

17.4.1　聚丙烯的点阵参数随循环周期的变化

根据聚丙烯的 110、040、130、131、111 和 014 六条衍射线的 2θ 计算得聚丙烯 (PP) 的点阵参数随循环周期的变化如图 17.11 所示,其中 a 和 b 总的变化趋势是随循环周期增加而增加,c 的变化较复杂些。

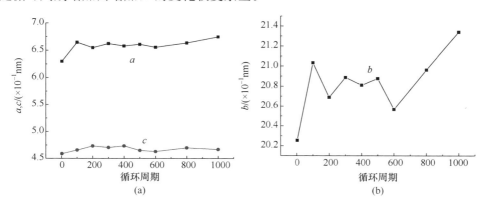

图 17.11　聚丙烯的点阵参数随循环周期的变化

17.4.2　聚丙烯的微结构参数随循环周期的变化

根据聚丙烯的 110、040、130 三条衍射线的 FWHM,解微晶-微应变二重宽化效应获得微结构参数 D 和 ε 如图 17.12 所示。可见,ε 总的变化趋势是随循环周期的增加而增加,并在循环初期从压应力变为张应力。

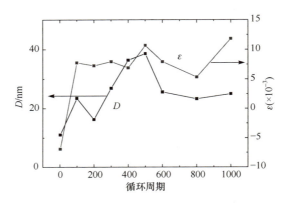

图 17.12　聚丙烯微晶大小 D 和微应变 ε 随循环周期的变化

17.5　循环性能变化规律和机理[1]

17.5.1　循环性能变化规律与正极、负极及隔膜材料精细结构的关系

为了探索循环性能与正极、负极及隔膜材料精细结构之间的关系,现将17.1~17.4节实验研究结果总结于表17.6中。可见循环性能的变化规律与正极中的 LiFePO₄ 的相对含量变化、点阵参数 b、c 的变化,负极石墨中无序度的变化,以及隔膜中 PP 的点阵参数 a、b 及微应变的变化有良好的对应关系。

表 17.6　循环性能与正极、负极及隔膜精细结构变化的关系

循环性能	正极活性材料	负极活性材料	隔膜
1. 循环性能和容量保持率随循环周期是先有所增加,后再缓慢降低,极大值处于约200周期附近; 2. 从充放电曲线获得的充电容量和放电容量都随循环周期增加稍有升高,然后逐渐降低,其极大值均在200周期附近; 3. 充电平台先降低后缓慢增加,而放电平台先增加后下降	1. LiFePO₄ 的相对含量随循环周期增加变化不大,然后随周期增加而增加,极大值在400周期附近; 2. LiFePO₄ 点阵参数 c 和 b 随循环周期先是稍有增加,然后下降,极大值在300周期附近; 3. LiFePO₄ 的 D 和 ε 总的趋势是增加	1. 堆垛无序度总的变化趋势是随循环周期增加而增大; 2. 石墨点阵参数随循环周期变化不大; 3. 微结构参数 D 和 ε 也变化不大	1. 聚丙烯的点阵参数 a 和 b 随循环周期增加而增加,但 c 的变化显得无规律; 2. 微应变 ε 随循环周期增加而增加; 3. 经长时间周期循环后,PP-113 和 PE-110 已明显分裂,表明隔膜的表面在循环过程受到损坏严重而减薄

17.5.2　循环性能变化规律的机理

从第12章 2H-石墨/LiFePO₄ 电池充放电过程的化学物理研究知道,放电过

程存在滞后效应,或称充放电的非对称性;从第 20 章 2H-石墨/LiFePO$_4$ 电池储存过程的研究可知,储存能明显降低放电过程的滞后效应[3]。

所谓循环是充放电一次为一个循环周期,因此测试的样品都处于放电态。由于存在放电的滞后效应,那么这种滞后效应在循环过程中如何变化是首先应关注的问题。从循环过程 LiFePO$_4$ 与 FePO$_4$ 相对含量随循环周期的变化和 LiFePO$_4$ 点阵参数随循环周期的变化似乎就能揭示这个问题。如果随后循环后的 LiFePO$_4$ 含量大于前期的含量,则放电的滞后效应减弱;反之,则放电滞后效应增强。

(1) 在循环开始后,LiFePO$_4$ 的相对含量有所上升,FePO$_4$ 含量有所降低,表明正极活性材料中 Li 的含量较多,使 LiFePO$_4$ 的点阵参数 b 和 c 增大,能提供较多的 Li 离子,故循环后的容量有所升高,最高达 10%,由此造成放电滞后效应有一定的减弱。但当循环周期超过 200～300 周期,继后放电后回嵌入 LiFePO$_4$ 的 Li 量减少,LiFePO$_4$ 的点阵参数 b 和 c 开始降低,故容量随之降低,放电滞后效应相应增强,直至循环 1000 周期,或许也会在其间的循环中出现某些波动。

(2) 隔膜在循环初期受压应变,后变为张应变,并随循环周期增加而增加,点阵参数 a 和 b 随循环周期增加而增加;到了后期,PP 和 PE 重叠的两对线明显宽化和分裂。这些都表明隔膜在循环过程中有明显的变化,揭示了在循环过程中:①隔膜内部精细结构有不利于离子通过的变化,并随循环周期的延长而愈趋严重,特别是 800 周期以后;②隔膜表面受损程度、表面 PP 层的厚度减薄也随循环周期增加日趋严重。

以上两个原因的综合作用使石墨/LiFePO$_4$ 电池循环性能随循环周期变化是开始有所提高,然后逐渐衰减的主要原因和机理。负极活性材料虽然不起太大作用,但体现了第一点作用的结果,由于放电后回嵌到 LiFePO$_4$ 的 Li 原子量减少,换言之,固溶在石墨中的 Li 原子则较多,这使得石墨中无序度有所增加。

参 考 文 献

[1] 张建,刘浩涵,杨传铮,等. 石墨/LiFePO$_4$ 电池循环过程的研究. 电源技术,2012,36(2):165～168

[2] 杨传铮,谢达材,等. 物相衍射分析. 北京:冶金工业出版社,1989;程国峰,杨传铮,黄月鸿. 纳米材料 X 射线分析. 北京:化学工业出版社,2010

[3] 李佳. 锂离子电池储存性能的研究. 中国科学院上海微系统与信息技术研究所博士学位论文,2010

[4] 武雪峰,王振波. LiFePO$_4$/C 电池循环性能和安全性能研究. 电池工业,2010,15(3):156～159

第18章 MH-Ni电池储存过程活性材料化学物理和性能衰减机理

对于实用型电池,如MH-Ni电池,作为电动工具和混合电动车的动力电源,研究它的储存性能及其衰减规律很有实际意义,因此引起电池研究者和开发者的广泛注意,已有不少报道。归纳起来有以下几种结果:

(1) Lichtenbery等[1],Pralong等[2],海谷英男等[3],认为储存期间正极中的CoOOH还原或β-Ni(OH)$_2$被部分还原为金属[4],导致正极性能下降。

(2) Bernard[5]则认为负极合金的腐蚀产物在正极活性物质中的沉积会降低正极的容量,继而影响电池的性能。

(3) 储存期间负极合金的钝化[6]和隔膜性能的劣化[7,8]也可能对电池产生影响。

李晓峰等[9,10]的研究表明,组成正极导电网络的CoOOH将被还原,并在随后的充电过程中不能完全复原导致电池储存性能下降,如果在正极中加镍粉作导电剂,便能在一定程度上减缓这种影响,改进电池的储存性能[11];还发现储存期间负极合金元素,特别是Al和Mn的腐蚀并在正极中沉积,不会造成MH-Ni电池容量的不可逆衰变,这与Bernard[5]的结果不同。

综上所述,各研究者由于试验条件的差异和分析问题的角度不同,尽管对MH-Ni电池储存性能衰减的认识有些相同,但尚无一致看法。本章试图通过分别在充电态和放电状态下储存前后的性能对比研究和电极(正极和负极)活性材料结构的X射线衍射(XRD)对比研究,并把性能与结构联系起来,探讨电池储存性能衰减的原因和机理,这方面的研究未见报道。

18.1 储存工艺和容量衰减率的计算

18.1.1 电池制作、活化和储存工艺

正极材料为含2.4wt% Co(OH)$_2$和8.4wt% Zn(OH)$_2$的共沉积球形β-Ni(OH)$_2$,并按β-Ni(OH)$_2$:CoO=100:8质量比机械混合,分别以涂膏式(pasted)和烧结式(sintered)用泡沫镍制成正极;负极为AB$_5$合金成分:RENi$_{3.35}$Co$_{0.75}$-Al$_{0.2}$Mn$_{0.5}$(RE表示混合稀土),也涂覆在泡沫镍上制成负极,然后组装成AAA型密封电池。

电池经0.2C充放电循环4次为活化工艺。

　　放电态储存制度：以 0.1C 电流放电至 1.0V,然有在开路状态下(60±2)℃的环境中储存 20 天,每两天用数字式万用表检测其开路电压。

　　充电态储存制度：将电池以 0.2 电流充电 7h,然后开路状态下在(60±2)℃的环境储 20 天,储存期间每 7 天用 0.2C 电流补充电 3h。

18.1.2　容量衰减率的计算

　　以活化的最后一次 0.2C 放电容量为电池初始容量。充电态和放电态储存 20 天后,以 0.2C 循环 4 次的最后一次的放电容量为储存后的容量,故容量衰减率按下式计算：

$$容量衰减率 = \frac{储存前容量 - 储存后容量}{储存前容量} \times 100\% \qquad (18.1)$$

18.2　MH-Ni 电池在放电态和充电态下的储存性能[12]

　　图 18.1 给出自制涂膏式和烧结式电池开路电压与储存天数的关系曲线。可见在 60℃条件下储存有较大的自放电率,当时间达 10 天时,两种电池均从 1.2V 分别下降至 1.0V,0.7V,整个下降也不尽相同。

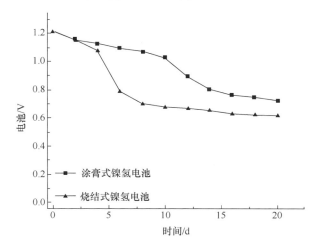

图 18.1　涂膏式和烧结式两种电池在 60℃放电态储存的开路电压与储存天数的关系曲线

　　图 18.2 分别给出涂膏式(a)和烧结式(b)电池放电态(60±2)℃储存 20 天前后 0.2C 的充放电曲线。比较可知,储存后涂膏式电池的充电电压有所升高,而烧结式电池则几乎不变。图 18.3 为涂膏式电池充电态(60±2)℃储存 20 天后 0.2C 充放电曲线,与图 18.2(a)比较可知,放电态储存后充放电压的升高幅度比放电态储存要小些。现把有关数据列入表 18.1 中,比较这些数据可知：

（1）同样在放电态储存，烧结式电池几乎保持储存前的性能，而涂膏式电池容量明显下降，内阻也明显增加；

（2）同样是涂膏式电池，充电态（60±2）℃储存 20 天后几乎保持储存前容量，内阻增加约 11.6%，而放电态储存 20 天后，容量下降约 12%，内阻增加 42%。

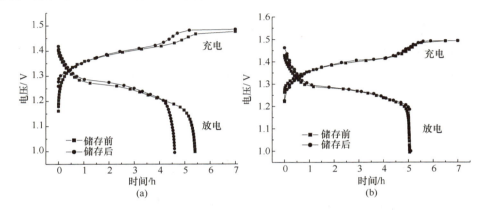

图 18.2　涂膏式（a）烧结式（b）电池放电态储存 20 天前后 0.2C 的充放电曲线

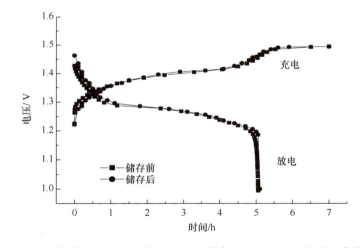

图 18.3　涂膏式电池充电态（60±2）℃储存 20 天后 0.2C 充放电曲线

表 18.1　不同类型电池在充、放电态（60±2）℃下储存 20 天前后的性能对比

电池类型	储存状态	0.2C 容量		容量衰减率/%	内组/mΩ		内阻增加率/%
		储前	储后		储前	储后	
烧结式	放电态	508	513	−0.98	15.3	15.9	3.92
涂膏式	放电态	650	571	12.2	20.2	28.7	42.10
涂膏式	充电态	648	655	−1.1	19.8	22.1	11.62

18.3　储存前后正极活性材料结构的 XRD 对比分析[12]

18.3.1　正极活性材料 β-Ni(OH)₂ 结构

解剖未经活化、仅活化两种涂膏式电池分别经充电态和放电态储存 20 天后，电池正极材料的 XRD 花样如图 18.4 所示，其原始数据如表 18.2 所示，分析结果如表 18.3 所示。物相鉴定的结果如表 18.3(a)所示，其中 CoOOH 参比 PDF 卡号为 7-0169，属 $R\text{-}3m$(No,166)空间群，$a=2.855$Å，$c=9.156$Å，β-Ni(OH)₂ 的点阵参数以及按文献[13]和[15]介绍的方法处理数据获得的微结构参数分别列入表 18.3(a)和(b)中。

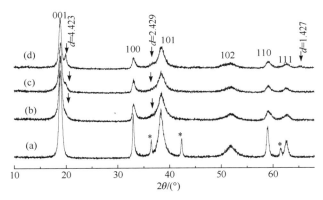

图 18.4　电池正极材料的 XRD 花样

(a)活化前；(b)活化后；(c)充电态储存 20 天后；(d)放电态储存 20 天后

表 18.2　涂膏式电池储存前后正极材料中 β-Ni(OH)₂ 的 XRD 原始数据

$h\ k\ l$		001	100	101	102	110	111
$\beta_{1/2}^{0}/(°)$		0.140	0.130	0.133	0.124	0.125	0.126
活化前	$B_{1/2}/(°)$	0.652	0.329	1.037	2.653	0.395	0.649
	$2\theta/(°)$	19.988	32.993	38.344	51.857	58.935	62.513
活化后	$B_{1/2}/(°)$	0.664	0.595	1.682	2.479	1.400	
	$2\theta/(°)$	19.013	33.091	38.419	51.966	58.940	
充电态储存 20 天后	$B_{1/2}/(°)$	0.782	0.631	1.686	2.742	1.044	1.166
	$2\theta/(°)$	19.037	33.014	38.508	51.977	59.059	62.737
放电态储存 20 天后	$B_{1/2}/(°)$	0.640	0.602	1.631	2.650	1.220	1.300
	$2\theta/(°)$	19.027	33.029	38.577	51.902	59.014	62.610

表 18.3(a)　涂膏式电池储存前后正极材料中 β-Ni(OH)₂ XRD 花样的物相鉴定结果

样品状态	存在物相	β-Ni(OH)₂ 的点阵参数/Å	
		a	c
活化前	β-Ni(OH)₂＋CoO	3.1124	4.6039
活化后储存前	β-Ni(OH)₂＋微量 CoOOH	3.1353	4.6305
充电态储存后	β-Ni(OH)₂＋少量 CoOOH	3.1059	4.5928
放电态储存后	β-Ni(OH)₂＋多量 CoOOH	3.1506	4.4669

表 18.3(b)　涂膏式电池储存前后正极材料中 β-Ni(OH)₂ XRD 花样的微结构数据分析结果

样品状态	001	100	110	111	$\overline{D}$/nm	$\overline{\varepsilon}$/ $(\times10^{-3})$	f_D	f_T	$f_D + f_T$
	D_{hkl}/nm						/%		
活化前	15.56	41.16	33.42	17.57			2.90	10.95	13.85
活化后储存前	15.20	17.62	7.08		108.2	8.59	7.87	0.74	8.61
充电态储存后	12.41	16.35	9.82	8.85	20.0	3.67	7.26	4.39	11.65
放电态储存后	15.93	17.36	8.24	7.83	59.1	7.07	7.07	3.36	10.43

18.3.2　放电态储存前后正极材料在醋酸中不溶物的相结构分析

将放电态储存前后正极材料与基体分离后,用 50% 体积比的醋酸在 60℃ 反复浸渍处理,直至浸渍液由绿变为无色,过滤得到黑色不溶物,并干燥后进行 XRD 测试,其衍射花样如图 18.5 所示。衍射数据分析结果如表 18.4 所示。从数据(包括 d 值和相对强度 I/I_1)分析得知,其主相为 CoOOH,而不是 β-Co(OH)₂,对比 PDF 卡号 为 7-0169,属 R-3m(No.166)空间群,这和 18.3.1 节分析结果完全一致,还有很少的 Co₃O₄,对比 PDF 卡号为 43-1003;另外,储存前的线条较储存后宽化,说明储存期间 CoOOH 的晶粒在长大。

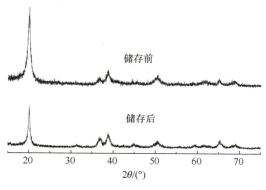

图 18.5　MH/Ni 电池放电态储存前后正极材料在醋酸中的不溶物的 XRD 图谱

表 18.4　放电态储存前后正极材料在醋酸中不溶物的 XRD 分析结果

待分析数据		CoOOH,07-0169			β-Co(OH)$_2$,30-0443			Co$_3$O$_4$,43-1003		
d/Å	I/I_1	d/Å	I/I_1	hkl	d/Å	I/I_1	hkl	d/Å	I/I_1	hkl
4.419	100	4.384	100	003	4.653	60	001			
2.855	2							2.858	33	220
2.434	23	2.429	12	101	2.755	45	100	2.437	100	311
2.317	33	2.314	85	012	2.371	100	101			
2.019	7	1.977	12	104				2.021	20	400
1.802	13	1.803	75	015	1.778	45	102			
1.502	7	1.497	20	107	1.591	35	110	1.556	32	511
					1.506	25	111			
1.427	17	1.427	30	110				1.429	38	440
1.360	9	1.371	10	018	1.379	5	200			
		1.357	25	113	1.351	14	103			
1.228	5	1.214	10	202						

注：01-0357 号 PDF 卡是 1948 年收入的,早已删除,并被 30-0443 代替

18.4　储存前后负极材料 AB$_5$ 储氢合金的 XRD 对比分析[12]

负极材料 AB$_5$ 合金储存前后的 XRD 花样如图 18.6 所示,可见相结构没有发生变化,也未见负极的腐蚀产物 A(OH)$_3$ 和 B(即 La(OH)$_2$ 和 Ni),其原始数据从 101~220 共 12 条线的 2θ 值用自编求解六方点阵参数[14],以及用 001~002 共六条的 FMHM 数据获得微结构参数列入表 18.5 中。可见,点阵参数 c 变小,储存后晶粒也被细化,存在压应力。放电态储存比充电态储存晶粒细化较小,受压应力也较小。

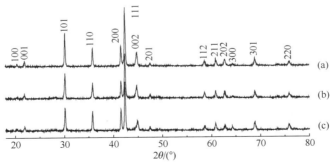

图 18.6　储存前后负极材料 AB$_5$ 合金的 XRD 花样

(a)储存前；(b)充电态储存 20 天后；(c)放电态储存 20 天后

表 18.5　储存前后负极材料 AB_5 合金的 XRD 数据分析结果

样品状态	晶胞参数			微结构参数	
	$a/Å$	$c/Å$	$V/Å^3$	$\bar{D}/nm$	$\bar{\varepsilon}/(\times 10^{-3})$
活化后储存前	5.0080	4.0421	87.79	71.4	−0.46
充电态储存后	5.0056	4.0391	87.64	31.6	−1.88
放电态储存后	5.0082	4.0342	87.63	42.3	−0.77

18.5　电池储存期间正负极活性材料化学物理行为

18.5.1　储存过程中正负极材料相结构的变化

从图 18.4 和表 18.3 的数据可知,活化前正极材料为 β-$Ni(OH)_2$ 和 CoO,经活化后,CoO 的衍射线消失,根据物质不灭定律可判断,不是 CoO 消失,而是转变为其他物质,有两种可能:

(1) CoO 在碱性溶液中通过溶解-重新沉淀形成 β-$Co(OH)_2$,即

$$CoO + H_2O \longrightarrow β\text{-}Co(OH)_2$$

它或是包覆在 β-$Ni(OH)_2$ 颗粒周围,或是与 β-$Ni(OH)_2$ 形成固溶体 β-$(Ni,Co)(OH)_2$,前者应在 β-$Ni(OH)_2$ 之 100 和 101 衍射线的低角度侧出现卫星峰,因为

$2\theta/(°)$	β-$Ni(OH)_2$	β-$Co(OH)_2$
001	19.013	19.058
100	33.262	32.473
101	38.419	37.917

实验未观测到;

(2) 第二种可能是 CoO + H_2O 形成的 β-$Co(OH)_2$,在活化过程中发生下述反应

$$Co(OH)_2 + OH \longrightarrow CoOOH + H_2O$$

生成 Co^{+3} 价的 CoOOH。仔细观测图 18.4 可见,在(b)和(c)中 β-$Ni(OH)_2$ 之(001)的高角一侧和(101)的低角一侧显然不对称,特别是(d)中出现了 $d=4.423$、2.429 和 1.427 三个特征峰(见箭头所示),经仔细鉴定它属 CoOOH(PDF 卡号 07-0169);正极材料在醋酸中不溶物的 XRD 分析(见 18.2.2 节)进一步证明了这点;并从 $d=4.423$ 峰在图 18.4(b)~(d)中的强度变化可以断定,在活化后已存在极少量 CoOOH,并在随后的储存过程中增加,特别是放电态储存增加更明显。

从图 18.6 及表 18.5 中可知,负极在储存前后,无相结构、点阵参数及晶胞体积大小都无明显变化。

18.5.2　电池储存前后正负极材料微结构变化

从图 18.4 和表 18.3(b) 对比可知,活化前后正极微结构发生巨大的变化:

(1) D_{001} 从 15.6nm →15.2nm,D_{100} 从 41.2nm →18.6nm,表明晶粒形状由活化前矮胖的柱状晶变为近等轴晶;

(2) 总的层错几率从 13.9% →8.6%,形变层错增加,而孪生层错大大降低,这与文献[13]的结果一致。

从表 18.3(b) 还可看到,无论充电态储存还是放电态储存,总的层错几率均比活化前小,但较储存前均有所增加;形变层错储存前后无多大变化,但孪生层错明显增加。

从表 18.3(b) 还可以看出,活化使晶粒尺度变小,储存也使晶粒进一步细化,特别是充电态储存细化程度更大,这与储存期间每隔 7h 补充充电相联系。

从表 18.4 可知,负极材料的晶粒也在储存期间进一步细化,所受压应变也增加,特别是充电态储存的晶粒细化程度和所受压应变程度都比放电态储存大些,这也许与在充电态储存期间每隔 7h 补充充电有关。

18.5.3　电池储存性能与电极材料结构和微结构之间的关系

电池储存性能与电极活性材料微结构参数以对比方式列入表 18.6 中,可见容量衰减率较大和内阻变化率较大的放电态储存与正极材料中 CoOOH 含量较高、晶粒细化程度较大相对应,与正极材料层错率无对应关系,与负极材料的相结构及微结构参数也无对应关系。

表 18.6　涂膏式电池储存性能与电极活性材料微结构参数对比

涂膏式电池	储存性能			正极材料				负极材料	
	容量衰减率	内阻增加率	CoOOH 含量	晶粒细化程度	f_D	f_T	$f_D + f_T$	晶粒细化程度	应变增大
充电储存	−1%	11.6%	低	20%	几乎不变	增加较大	增加较大	56%	4 倍
放电储存	12%	42.1%	较高	50%	几乎不变	增加较小	增加较小	41%	1.8 倍

18.6　电池储存期间性能衰减机理

从引言中可知,负极合金被腐蚀是影响电池储存性能因素之一,从本实验研究结果来看,这不是一个重要因素,至少在 20 天储存时间内是如此;正极材料中的 CoOOH 被还原导致正极材料的下降而影响储存性能。李晓峰等[9,10] 的前期工作支持这个观点,其依据是储存后正极材料在醋酸中不溶物的鉴定结果是 Co(OH)$_2$ ＋

少量 Co_3O_4，然而主相的鉴定结果需进一步研究，仔细分析表 18.4 中列出的 $CoOOH$，07-0169 和 β-$Co(OH)_2$，30-0443 的 d 和 I/I_1 谱数据与待分析数据相对比，显然 $CoOOH$ 的数据与待分析数据符合更好，故主相应判定为 $Co^{+3}OOH$，而不是 β-$Co(OH)_2$，这与储存前后正极材料出现的新相为 $CoOOH$ 完全一致。因此基于下述反应

$$4CoOOH + 2H_2O \longrightarrow 4\beta\text{-}Co(OH)_2 + O_2$$

即 $CoOOH$ 被还原而破坏在正电中由 $CoOOH$ 提供的导电网络，从而导致电池容量的不可逆衰减的观点值得商榷和研究。如果由 $CoOOH$ 提供的导电网络起主控作用，由于 $CoOOH$ 的含量是放电态储存后＞充电态储存后＞储存前，那么容量应该是放电态储存后＞充电态储存后＞储存前，而内阻是放电态储存后＜充电态储存后＜储存前，这与实验结果正好相反。

根据第 10 章的研究结果，能写出 Ni-MH 电池充放电过程的反应式

　　　　　　　　正极　　　　　　　　　　　　负极

充电　β-$Ni(OH)_2 \rightarrow \beta$-$Ni(OH_{1-x})_2 + 2xH^+ + e^-$　　$AB_5 + 2xH^+ + e^- \rightarrow AB_5 - 2xH$（固溶体）

　　　　　　　　　　　　　　$0 < x < 0.50$

过充电　2β-$Ni(OH)_2 \rightarrow \beta$-$Ni(OH)_2 + \gamma$-$NiOOH + H^+ + e^-$　　$AB_5 + H^+ + e^- \rightarrow AB_5H$（氢化物）

放电　β-$Ni(OH_{1-x})_2 + 2xH^+ + e^- \rightarrow \beta$-$Ni(OH)_2$　　$AB_5 - 2xH \rightarrow AB_5 + 2xH^+ + e^-$

充放电的总反应　β-$Ni(OH)_2 + AB_5 \longleftrightarrow \beta$-$Ni(OH_{1-x})_2 + AB_5\text{-}2xH$（固溶体）

过充放电总反应　β-$Ni(OH)_2 + AB_5 \longleftrightarrow \beta$-$Ni(OH)_2 + \gamma$-$NiOOH + AB_5H$（氢化物）

用什么措施能促进上述可逆反应顺利进行，即能提高电池的容量，改善电池的性能，反之亦然。从前面实验研究分析结果已知，在储存前正极材料已存在极少量的 $CoOOH$，这不足以影响电池充放电的主导反应，因此在正常充放电实验以及循环寿命实验中未观测到这种影响；而在储存过程中，$CoOOH$ 量不断增加，特别是放电态储存，$CoOOH$ 量增加更快更多，而且 $CoOOH$ 可能部分包裹在 β-$Ni(OH)_2$ 颗粒表面，这阻碍 β-$Ni(OH)_2$ 与离子结合，使得

充电　β-$Ni(OH)_2 + AB_5 \longrightarrow \beta$-$Ni(OH_{1-x})_2 + AB_5\text{-}2xH$（固溶体）

放电　β-$Ni(OH_{1-x})_2 + 2xH^+ + e^- \longrightarrow \beta$-$Ni(OH)_2$

受到一定的阻碍，换言之，就是在充放电过程中 β-$Ni(OH)_2$ 的有效利用率降低，从而容量降低，内阻增加；并且在电池储存后 $CoOOH$ 含量越高，影响越大，容量降低幅度越大，内阻增加的幅度越大。

此外，在储存过程中的另一效应是晶粒细化，放电态储存的细化程度较充电态储存大，放电态是充电态的 2.5 倍。晶粒细化伴随着 $CoOOH$ 更多析出，细化后新晶粒的新表面也可能被 $CoOOH$ 所部分包裹，阻碍电池在充放过程的主导可逆反应也随之增加，造成容量的下降和内阻的增加。

如果在正极中加镍粉作导电剂，便能在一定程度上减缓晶粒细化、减少

CoOOH 的析出或提高 β-Ni(OH)$_2$ 的活性,从而改进电池的储存性能[11]。

综合本章得出如下结论:

(1) MH-Ni 电池储存性能的衰减与其在储存过程中正极材料上 CoOOH 的析出和晶粒细化的两重作用的结果,其作用是部分包覆在 β-Ni(OH)$_2$ 表面的 CoOOH 阻碍电池充放电时的主导反应,CoOOH 的含量越多,晶粒越细,这种阻碍作用就越大,在性能上表现为容量降低幅度越大,电池内阻增加幅度越大。

(2) 储存性能的衰减与正极材料在储存过程层错几率的变化,与负极是否产生腐蚀和微结构参数无对应关系,即不起太大作用,至少在储存 20 天内是如此。

(3) 由 CoOOH 提供的导电网络和 CoOOH 阻碍电池充放电时的主导反应的两种作用中,后者起主控作用,而前者起的作用较小。

参 考 文 献

[1] Lichtenbery F, Kleisorgen K. Stability enhancement of the CoOOH Conductive network of Nickel hydroxide electroxide electrodes. J. Power Sources, 1996, 62:207~211

[2] Pralong V, Delahaye-Vidal A, Beandion B, et al. Binucth-enhanad electrochemical stability of Cobalt hydroxide word ar an additive in Ni/Cd and Ni/Metal hydric batteries. J. Elechrochern, Soc. , 2000, 147:2096~2103

[3] 海谷英男, 秋元道代, 谷穿太志. ベースト式水酸化 ニッケル电极の低电位での保持特性. 电气化学, 1995, 63:952~959

[4] 吉缙. MH/Ni 电池储存性能研究, 电池, 2000, 30(5):219,220

[5] Bernard P. Effects on the positive electrode of the corrosion of AB$_5$ alloys in Nickel-metal-hydride batteries, J. Electrochem, Soc. , 1998, 145:456~458

[6] Meli F, Sakai T, Zutlel A, et al. Passivation behavior of AB$_5$ type hgdrogen storage alloy for battery electrode application. J. Alloys and Comp. , 1995, 221:284~290

[7] 王振宪. MH/Ni 电池长期储存性能的评价. 电池, 2003, 33:368~370

[8] 戚道锋, 杨勇, 林祖赓. 金氢化物-镍电池储存性能衰退的研究. 电流技术, 1998, 22:236~239

[9] 李晓峰, 马丽萍, 娄豫皖, 等. MH-Ni 蓄电池在放电态条件下的储存性能. 电源技术, 2004, 28(6):364~368

[10] 李晓峰, 夏保佳. 充电态储对 MH-Ni 蓄电池的影响. 电源技术, 2004, 28(12):737~739

[11] 李晓峰, 马丽萍, 夏保佳. MH/Ni 电池储存性能的改善及其机理研究. 电化学, 2004, 10:425~429

[12] 李晓峰. 金属氢化物-镍电池储存性能的研究. 中国科学院上海微系统与信息技术研究所博士学位论文, 2005

第 19 章　2H-石墨/LiCoO$_2$ 和 2H-石墨/Li(Ni$_{1/3}$Co$_{1/3}$Mn$_{1/3}$)O$_2$ 电池储存过程机理

为了研究锂离子电池储存性能的普遍规律和一般特点,本章首先采用 2H-石墨/LiCoO$_2$ 和 2H-石墨/Li(Ni$_{1/3}$Co$_{1/3}$Mn$_{1/3}$)O$_2$ 体系的铝塑膜包装锂离子电池作为研究对象,研究储存条件对锂离子电池储存性能、正负极活性材料及隔膜结构的影响规律。所选取的储存条件包括:①不同荷电态(SOC)(0%、25%、50%、75%和100%);②不同温度(−20℃、25℃、55℃)。

19.1　2H-石墨/LiCoO$_2$ 电池储存前后的宏观观察[1,3]

图 19.1 为 2H-石墨/LiCoO$_2$ 电池以不同荷电态在 55℃下储存 100 天前后 A 型电池的照片。可以看出,以 100%SOC 储存后电池发生严重气胀现象,以 50% SOC 和 0%SOC 储存后电池气胀现象不明显。这可能是由于在高温高荷电态条件下储存后,电池内部发生了较严重的副反应,产生了大量的气体。而我们观察到以不同荷电态经−20℃和 25℃储存更长时间(65 周)后,电池的表观形貌并未发生明显变化。这说明储存温度对于电池的储存也具有很大影响。

图 19.1　2H-石墨/LiCoO$_2$ 电池 55℃储存 100 天前后的 A 型电池照片
A:储存前;B:0% SOC;C:50% SOC;D: 100% SOC 储存后

19.2　储存前后电池性能的变化[1~4]

19.2.1　储存前后电池的 0.2C 容量变化

图 19.2(a)和(b)分别为 55℃以不同荷电态储存 2H-石墨/LiCoO$_2$ 和 2H-石墨/Li(Ni$_{1/3}$Co$_{1/3}$Mn$_{1/3}$)O$_2$ 两种电池的 0.2C(240mA)容量随储存天数的变化。可

以发现：①在高温（55℃）储存，所有电池容量都随储存天数的增加衰减；②其衰减程度随储存时荷电态的升高，电池的容量衰减逐渐加剧。满电态（100%SOC）储存后电池容量衰减速度明显大于其他荷电态的电池，衰减最为剧烈。结合图 19.1 可知，与其他荷电态相比，电池以满电态储存时，其内部发生的副反应更为剧烈。同时发现，随储存天数的延长，电池的容量衰减幅度逐渐变小，这与文献的报道[1]相吻合，原因在于造成容量衰减的副反应速度随时间的增长而逐渐减弱，但是满电态储存电池不遵循此规律。

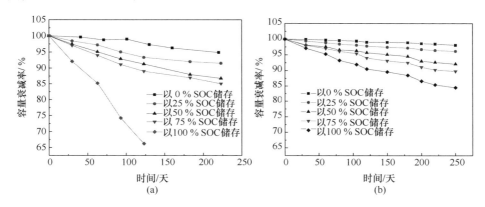

图 19.2　55 ℃以不同荷电态储存过程中 A 型电池的 0.2C(240mA)容量衰减

(a)2H-石墨/LiCoO₂ 电池；(b)2H-石墨/Li(Ni₁/₃Co₁/₃Mn₁/₃)O₂ 电池

两种电池相比较，石墨/Li(Ni₁/₃Co₁/₃Mn₁/₃)O₂ 电池极大地改善了满电态的储存性能。图 19.3 给出储存容量衰减率与荷电度的关系，可见石墨/Li(Ni₁/₃Co₁/₃Mn₁/₃)O₂ 电池能极大地改善高荷电度的储存性能。这些变化都可以由储存后电极表面

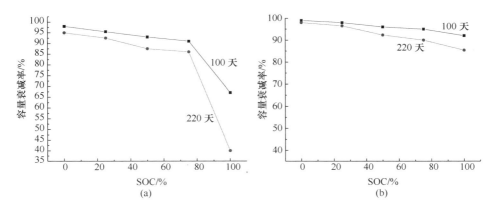

图 19.3　储存容量衰减率与荷电度的关系

(a)2H-石墨/LiCoO₂ 电池；(b)2H-石墨/Li(Ni₁/₃Co₁/₃Mn₁/₃)O₂ 电池

钝化膜增厚来解释。电极表面的钝化膜是由锂与电解液的反应产物构成的,其厚度增大必将消耗正极的有效脱锂量,从而造成电池容量衰减[2]。同时,Li^+在电极与电解液之间扩散时,必须穿越电极表面的钝化膜,研究表明[3],Li^+在这层膜中的扩散速度要小于其在电极和电解液中的扩散速度,因此,Li^+在这层膜中的扩散便成为整个过程的速度控制步骤。随着膜的厚度增加,Li^+在其中的扩散阻力增大,这就导致电极的阻抗增大,电池在充放电过程中的极化增大。

19.2.2　储存后电池功率性能的变化[1,3,4]

1. 2H-石墨/$LiCoO_2$电池[3]

图19.4为以不同荷电态经55℃储存100天和经－20℃、25℃储存450天后B型2H-石墨/$LiCoO_2$电池1C和10C放电曲线。由图19.4(a)可以发现,55℃以100%SOC储存100天后电池的1C和10C放电容量分别衰减37.5%和91.5%,以其他荷电态储存后,电池的10C容量衰减也明显大于1C容量衰减;同时还可以看出,经55℃储存100天后,电池的10C放电性能衰减随储存时荷电态的升高而增大,以100%SOC储存后,电池的10C放电平台消失,而以0%SOC储存后,电池仍能保持较好10C放电性能。这说明与小电流(1C)放电容量相比,高温储存对电池的大电流(10C)放电能力影响更大,且其影响程度随储存时荷电态的升高而增大。

由图19.4(b)可以发现,与前述高温储存实验结果相似,与1C放电性能相比,室温储存对电池的10C放电能力影响更大,且随储存时荷电态的升高,其大电流放电能力衰减逐渐增大。然而,可以明显发现,与高温储存相比,即使室温储存更长时间后,电池的性能衰减要小得多;同时还发现,低温储存后,除100%SOC储存

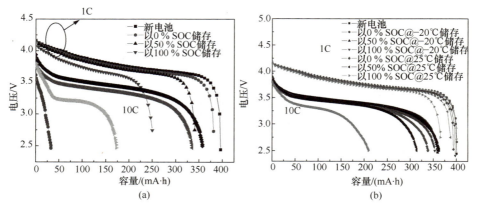

图19.4　以不同荷电态分别在55℃下储存100天(a)和在－20℃、25℃下储存450天(b)
前后B型2H-石墨/$LiCoO_2$电池的1C和10C放电曲线

的电池 10C 容量稍有下降(也只衰减了原始容量的 2.5%)外,50% SOC 和 0%
SOC 储存的电池,其 10C 放电容量和放电性能与储存前相比并无明显差别。这说
明储存温度对储存后电池的大电流放电能力影响较大,低温低荷电态储存有利于
电池大电流放电能力的保持。

电池的直流内阻(direct current resistence,DCR)直接反映其功率特性的优
劣,直流内阻越大说明电池的功率性能越差。在储存过程中检测了 2H-石墨/
LiCoO$_2$ 电池的直流内阻的变化,如图 19.5 所示。由图 19.5(a)可以发现,在 55℃
储存过程中,电池的直流内阻呈上升趋势,其中以 100% SOC 储存后电池的直流内
阻上升最快且幅度最大,经过 55℃ 储存 100 天,其直流内阻增长了 5.2 倍;以 75%
SOC 储存的电池次之,经过 55℃ 储存 100 天,其直流内阻也增长了近 3 倍;以低于
50% SOC 储存的电池直流内阻增长不明显。这些规律与电池的 10C 放电容量衰
减的规律相似。综合电池在储存过程中 10C 容量衰减和直流内阻增加的规律,可
以说明,储存过程中锂离子电池的功率性能的衰减是随储存时荷电态的升高而增
大的。

同时,由图 19.5(b)可以发现,与高温储存相似,在室温储存过程中,电池的直
流内阻呈上升趋势,其中以 100% SOC 储存后电池的直流内阻上升最大,经过 450
天储存,其直流内阻增长了 0.78 倍。然而,与以 100% SOC 在 55℃ 储存电池相
比,室温储存过程中电池的直流内阻变化明显缓慢得多。在 -20℃ 储存过程中,电
池的直流内阻并没有发生明显变化。结合前面大电流放电能力的检测结果可以说
明,储存温度对储存后电池的功率性能影响较大,低温低储存有利于电池功率性能
的保持。

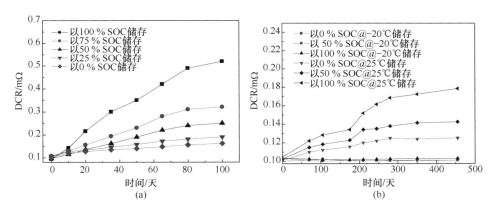

图 19.5　以不同荷电态分别在 55℃ 下(a)和在 -20℃、25℃ 下(b)储存过程中
B 型 2H-石墨/LiCoO$_2$ 电池的直流内阻的变化

2. 2H-石墨/Li($Ni_{1/3}Co_{1/3}Mn_{1/3}$)O_2 电池[4]

图 19.6 为 55℃下以 100%SOC 储存 250 天前后石墨/Li($Ni_{1/3}Co_{1/3}Mn_{1/3}$)O_2 电池的 0.2～10C 充放电曲线。由图可以发现,储存前,随着充放电倍率的增大,电池的容量逐渐变小,充放电平台电压差增大,表明电池极化随充放电电流的增大而增大,同时发现,当电流增大到 5C 后,其放电曲线差别不大,表明电池倍率性能良好;储存后,电池的充放电容量发生衰减,相同倍率下的充放电平台电压差增大,同时,随充放电倍率升高,此滞后现象更加明显;储存后,5C、8C 和 10C 充放电曲线区分明显,其中电池的 10C 容量和充放电性能衰减最大。这印证了第 18 章的结论,储存对于锂离子电池的大电流充放电能力的不利影响更大。

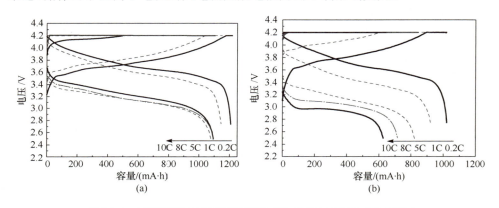

图 19.6　55℃下以 100%SOC 储存 250 天前(a)后(b)2H-石墨/
Li($Ni_{1/3}Co_{1/3}Mn_{1/3}$)O_2 电池的 0.2～10C 充放电曲线

图 19.7 为 55℃下以不同荷电态储存 250 天前后 2H-石墨/Li($Ni_{1/3}Co_{1/3}Mn_{1/3}$)O_2 电池的 10C 放电曲线。由图可以看出,经 55℃储存 250 天后,电池的 10C 放电性能衰减随储存时荷电态的升高而增大,以 100%SOC 储存后,电池的 10C 放电平台电压下降约 210mV,而以 0%SOC 储存后,电池仍能保持较好的 10C 放电性能。这说明储存后电池的大电流(10C)放电能力的衰减程度随储存时荷电态的升高而增大。

图 19.8 为 55℃以不同荷电态储存过程中 2H-石墨/Li($Ni_{1/3}Co_{1/3}Mn_{1/3}$)O_2 和 2H-石墨/$LiCoO_2$ 电池的直流内阻的变化的比较。由图可以发现,在储存过程中,电池的直流内阻呈上升趋势,其中以 100%SOC 储存后电池的直流内阻上升最大,经过 55℃储存 250 天,其直流内阻增长了 0.9 倍;以 75%SOC 储存的电池次之,经过相同条件储存后,其直流内阻也增长了将近 0.6 倍;以低于 50%SOC 储存的电池直流内阻增长不明显。这一规律与 2H-石墨/$LiCoO_2$ 电池储存后直流内阻变化规律相似,但是经对比可知,如图 19.8 所示,相同储存条件下 2H-石墨/

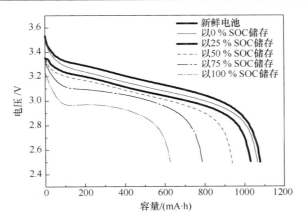

图 19.7　55℃下以不同荷电态储存 250 天前后 2H-石墨/
Li(Ni$_{1/3}$Co$_{1/3}$Mn$_{1/3}$)O$_2$ 电池的 10C 放电曲线

Li(Ni$_{1/3}$Co$_{1/3}$Mn$_{1/3}$)O$_2$ 在储存过程中的直流内阻增加速度明显减缓。综合在储存过程中两种电池 10C 容量衰减和直流内阻增加的规律,可以说明,储存过程中锂离子电池的功率性能的衰减是随储存时荷电态的升高而增大的,2H-石墨/Li(Ni$_{1/3}$Co$_{1/3}$Mn$_{1/3}$)O$_2$ 电池的功率性能衰减速度小于 2H-石墨/LiCoO$_2$ 电池。

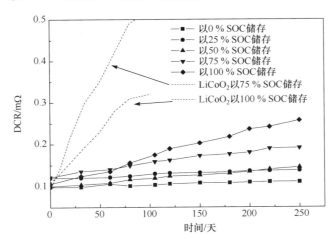

图 19.8　55℃以不同荷电态储存过程中 2H-石墨/Li(Ni$_{1/3}$Co$_{1/3}$Mn$_{1/3}$)O$_2$
和 2H-石墨/LiCoO$_2$ 电池直流内阻的变化的比较

19.2.3　储存后电池的循环性能变化

图 19.9 为 55℃以不同荷电态储存 100 天后 A 型两种电池的 1C 循环曲线。由图可见,经高温高荷电态储存后,电池的循环性能显著下降,其下降程度随储存

时荷电态的升高而增大。满电态储存后,2H-石墨/LiCoO$_2$ 电池经过 50 个周期充放电循环后,其 1C 容量衰减为储存后原始容量的 75%;以 50%SOC 储存的电池经 50 周循环后,容量衰减为储存后原始容量的 89%。以放电态经高温储存后,电池的循环性能没有下降,相反还略优于新电池,50 周循环后,其容量仅衰减了约 1%。两种电池 55℃ 储存 100 天后循环性能保持率与荷电度(SOC)的关系如图 19.10(a)和(b)所示。比较可知,2H-石墨/Li(Ni$_{1/3}$Co$_{1/3}$Mn$_{1/3}$)O$_2$ 电池的循环性能下降率远小于 2H-石墨/LiCoO$_2$ 电池。图 19.10 中三条直线的斜率分别为 -0.212、-0.0312(循环 50 次)和 -0.0732(循环 150 次),由图可见,2H-石墨/Li(Ni$_{1/3}$Co$_{1/3}$Mn$_{1/3}$)O$_2$ 电池循环 150 周期的下降率也比 2H-石墨/LiCoO$_2$ 电池循环 50 周期的下降率小很多。研究认为,锂离子电池的循环寿命与电极(特别是负极)表面的固体电解质界面膜(solid electrolyte interface,SEI 膜)的质量有很大关系,SEI 膜的稳定性不佳会使其在电池的循环过程中发生结构重组,从而消耗可逆脱嵌的锂离子,造成电池在循环过程中的容量衰减。因此说明,经高温高荷电态储存后,电极表面的钝化膜除了厚度增加外,其稳定性也下降了,同时说明低荷电态储存时电极的表面性质较为稳定。

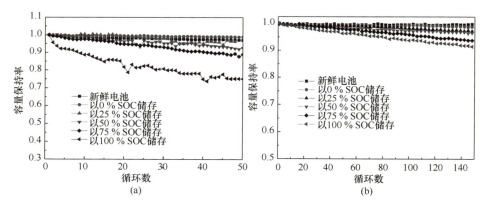

图 19.9 55℃ 以不同荷电态储存 100 天后 A 型两种电池的 1C 循环曲线

(a)2H-石墨/LiCoO$_2$ 电池;(b)2H-石墨/Li(Ni$_{1/3}$Co$_{1/3}$Mn$_{1/3}$)O$_2$ 电池

19.2.4 耐过充性和热稳定性[1]

图 19.11 为 2H-石墨/LiCoO$_2$ 电池储存前和 100%SOC55℃ 储存 100 天前后的 3C-5V 过充电电压、电流、温度曲线,图 19.12 为 2H-石墨/Li(Ni$_{1/3}$Co$_{1/3}$Mn$_{1/3}$)O$_2$ 电池储存前和 50%SOC55℃ 储存 250 天前后的 3C-5V 过充电电压、电流、温度曲线,综合其他储存条件的实验结果分别总结于表 19.1(a)和(b)。图 19.11 中有以下四个阶段。

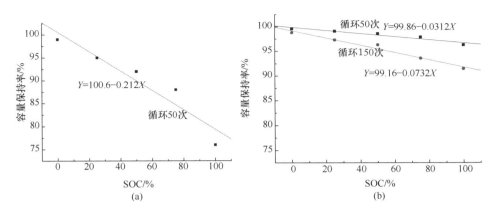

图 19.10　55℃储存 100 天后循环性能保持率与荷电度（SOC）的关系

（a）2H-石墨/LiCoO₂ 电池；（b）2H-石墨/Li(Ni₁/₃Co₁/₃Mn₁/₃)O₂ 电池

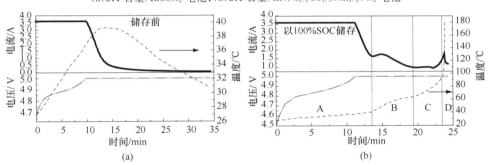

图 19.11　2H-石墨/LiCoO₂ 电池储存前和 100％SOC55℃储存 100 天
前后的 3C-5V 过充电电压、电流和温度曲线

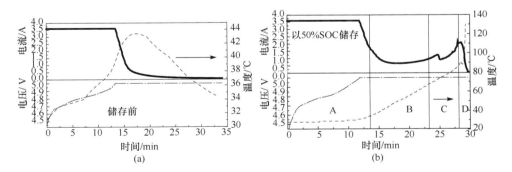

图 19.12　2H-石墨/Li(Ni₁/₃Co₁/₃Mn₁/₃)O₂ 电池储存前和 50％SOC55℃
储存 250 天前后的 3C-5V 过充电电压、电流和温度曲线

表 19.1(a)　55℃储存 100 天后 2H-石墨/LiCoO₂ 电池 3C-5V 过充电测试结果

SOC/%	储存前	0	25	50	75	100
最高温度/℃	32	42	58	180	195	213
结果	通过	通过	通过	燃烧	燃烧	燃烧

表 19.1(b)　55℃储存 250 天前后 2H-石墨/Li(Ni₁/₃Co₁/₃Mn₁/₃)O₂ 电池 3C-5V 过充电测试结果

SOC/%	储存前	0	25	50	75	100
最高温度/℃	35	45	52	54	185	205
结果	通过	通过	通过	通过	燃烧	燃烧

阶段 A：锂从 Li_xCoO_2 正极中不可逆脱出，在碳负极表面沉积生成金属锂。电池电压随着正极脱锂量的增大而缓慢上升，电池温度缓慢升高。

阶段 B：电解液在正、负极上发生分解放热反应，电池的温度加速上升，此时充电电流发生波动即源于电解液的分解反应，因为电池进入恒压充电阶段后，充电电流会由于从正极脱出的锂量减少而逐渐下降。然而此时，电解液发生分解，其反应会给电极提供多余的电子，从而使电流停止下降发生波动。

阶段 C：电池的阻抗会随着正极脱锂量的增高和电解液的消耗而增大，电流通过电池产生的焦耳热增大，导致电池温度上升。

阶段 D：电池温度升高到负极 SEI 膜的分解温度（约 100℃），负极 SEI 膜消失。高脱锂态的 $Li_{1-x}CoO_2$ 发生结构塌陷，释放出活性氧。高活性的嵌锂碳负极以及负极表面沉积的金属锂与电解液在活性氧的参与下发生剧烈放热反应，导致电池热失控。

比较可知，储存前两种对称的耐过充性能没有什么差别，但储存之后，无论从过充后的最高温度还是最后结果来看，2H-石墨/Li(Ni₁/₃Co₁/₃Mn₁/₃)O₂ 电池的耐冲性能都优于 2H-石墨/LiCoO₂ 电池。

石墨/LiCoO₂ 电池和石墨/Li(Ni₁/₃Co₁/₃Mn₁/₃)O₂ 电池的自加热速率（SHR）与温度的关系曲线如图 19.13 所示。由图可见，两种电池的结果相似，热稳定性下降，主要表现为电池内部发生自放热反应的起始温度降低，电池自加热速率升高速度加快，且热稳定性下降幅度随储存时荷电态的升高而增大。其中，以 0%SOC 储存后，电池的自加热速率随温度的变化曲线与储存前电池比较接近，说明以 0%SOC 储存后电池的热稳定性有所降低，但降低幅度不大；以 50% 和 100%SOC 储存后，电池的热稳定性下降较大，其自放热反应起始温度分别降低 6℃ 和 19℃，自加热速率随温度的升高速度也明显增大。同时，与 55℃下储存 100 天后石墨/LiCoO₂电池的自加热曲线对比可以看出，虽然储存更长时间，但是储存后石墨/Li(Ni₁/₃Co₁/₃Mn₁/₃)O₂电池热稳定性的降低幅度明显小很多，这说明储存对于石墨/Li(Ni₁/₃Co₁/₃Mn₁/₃)O₂电池热稳定性的影响小于石墨/LiCoO₂电池。

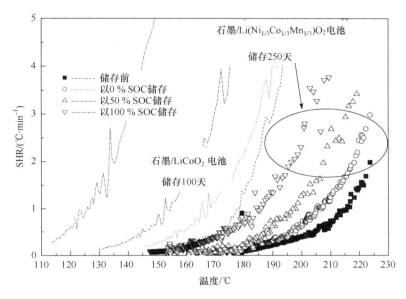

图 19.13　55℃储存前后石墨/LiCoO₂ 电池和石墨/Li(Ni$_{1/3}$Co$_{1/3}$Mn$_{1/3}$)O₂
电池的自加热速率与温度的关系

　　结合前面电池耐过充电实验结果,可以说明,储存后石墨/Li(Ni$_{1/3}$Co$_{1/3}$Mn$_{1/3}$)O₂
电池的安全性衰减,且随储存时荷电态的升高而更明显,但是与石墨/LiCoO₂ 电池
相比,储存中石墨/Li(Ni$_{1/3}$Co$_{1/3}$Mn$_{1/3}$)O₂ 电池的安全性保持能力更强[8]。

19.3　储存前后电池正负极活性材料精细结构的变化[1]

　　为了研究储存过程中电极活性材料微结构及表面形貌的变化,将新电池和以
不同条件储存后的电池以 0.2C 放电至 2.75V,使电池处于 0%SOC,在充满氩气
的手套箱中,对待测电池进行解剖,取下正负极片若干,用 DMC 溶剂反复清洗后,
自然干燥。分别刮下正、负极活性材料,在 Rigaku D/max-2200PC X 射线衍射仪
上进行 X 射线衍射分析,分析的内容有物相结构鉴定、点阵参数、微结构等。剩余
极片在场发射扫描电子显微镜(FE-SEM)[①]上进行表面形貌观察。

19.3.1　储存前后负极活性材料微结构的变化

　　图 19.14(a)、(b)分别是 2H-石墨/LiCoO₂ 电池和 2H-石墨/Li(Ni$_{1/3}$Co$_{1/3}$
Mn$_{1/3}$)O₂ 以不同荷电态在 55℃下储存前后负极活性材料的 XRD 图谱。

---

　　① 由日本岛津公司生产。

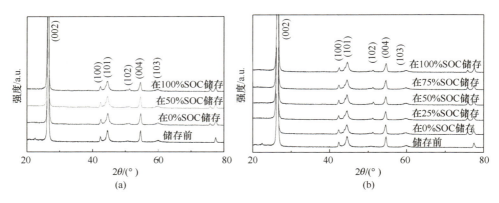

图 19.1　55℃储存前后负极活性材料的 XRD 图谱

(a)2H-石墨/LiCoO₂ 电池储存 100 天前后；(b)2H-石墨/Li(Ni$_{1/3}$Co$_{1/3}$Mn$_{1/3}$)O₂ 储存 250 天前后

按第 8 章所述方法计算 2H-石墨/LiCoO₂ 和 2H-石墨/Li(Ni$_{1/3}$Co$_{1/3}$Mn$_{1/3}$)O₂ 电池负极活性材料 2H-石墨的晶格参数 a、晶胞体积 c、微晶 D、微应变 ε 和堆垛无序度 P，结果分别列入表 19.2 和表 19.3。从表中可以发现，两种电池的测试结果相似，储存后负极活性材料 2H-石墨的晶格参数没有明显变化，同时，其微结构除了微应变在储存后有微小增大外，微晶和堆垛层错并没有发生明显变化，这表明储存对负极活性材料 2H-石墨的体相结构和微结构均没有显著影响。这再一次说明，锂离子电池储存性能衰减原因在于正极。

表 19.2　2H-石墨/LiCoO₂ 电池以不同荷电态在 55℃ 下储存
前后负极活性材料 2H-石墨的参数

参数		储存前	0％SOC 储存后	50％SOC 储存后	100％SOC 储存后
点阵参数	$a/\text{Å}$	2.4627	2.4538	2.4527	2.4517
	$c/\text{Å}$	6.7207	6.6960	6.7196	6.7219
微结构参数	D/nm	52.9	75.7	111.8	65.8
	$\varepsilon/(\times 10^{-3})$	0.983	2.350	2.404	2.400
	$P/\%$	40.0	45.6	52.2	43.4

表 19.3　2H-石墨/Li(Ni$_{1/3}$Co$_{1/3}$Mn$_{1/3}$)O₂ 电池以不同荷电态
在 55℃ 下储存前后负极活性材料 2H-石墨的参数

参数		储存前	0％SOC 储存后	25％SOC 储存后	50％SOC 储存后	75％SOC 储存后	100％SOC 储存后
点阵参数	$a/\text{Å}$	2.4496	2.4486	2.4534	2.4520	2.4650	2.4528
	$c/\text{Å}$	6.7115	6.7233	6.7338	6.7256	6.7213	6.7331
微结构参数	D/nm	84.5	73.8	68.4	88.7	79.5	95.8
	$\varepsilon/(\times 10^{-3})$	1.087	2.051	2.115	2.312	2.089	1.554
	$P/\%$	45.1	54.2	45.9	53.8	51.2	48.7

19.3.2　储存前后正极活性材料 LiCoO₂ 微结构的变化[3]

　　图 19.15 为在 55℃下储存 100 天前后正极活性材料 LiCoO₂ 的 XRD 图谱。从图中可以看出,储存前后正极活性材料的衍射峰位没有发生明显变化,仍清晰地表现出 LiCoO₂ 的特征峰,只是某些峰的相对强度发生了变化,如储存前样品的(006)峰强度很高,但经高温储存后其强度大大下降,这说明储存后材料体相结构没有发生变化。同时发现,高温高荷电态储存后,正极活性材料 LiCoO₂ 的部分 XRD 峰(如(003)、(101))出现宽化现象,而且储存前后负极活性材料的 X 射线衍射峰的峰形和峰位几乎相同,这说明储存后其体相结构也没有发生变化,但其精细结构有变化。表 19.4 和表 19.5 分别给出(003)、(101)和(104)的半高宽和计算结果。可见,微晶大小随 SOC 增大而减小,而储存后微应变从张应变变为压应变,且随 SOC 增加压应变增大。

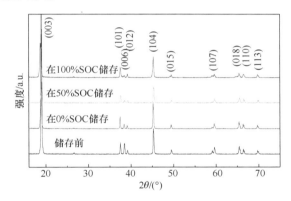

图 19.15　在 55℃下储存 100 天前后电池正极活性材料 LiCoO₂ 的 XRD 图谱

表 19.4　储存前后正极活性材料 LiCoO₂(003)、(101)和(104)峰的半高宽

hkl		储存前	0%SOC 储存后	50%SOC 储存后	100%SOC 储存后
003		0.134	0.161	0.206	0.364
101	半高宽/(°)	0.146	0.148	0.196	0.173
104		0.153	0.154	0.195	0.204

**表 19.5　电池以不同荷电态储存前后正极活性材料 LiCoO₂ 的
点阵参数和微结构参数**

		储存前	0%SOC 储存后	50%SOC 储存后	100%SOC 储存后
点阵参数	$a/\text{Å}$	2.8156	2.8126	2.8119	2.8123
	$c/\text{Å}$	14.0159	13.9975	13.9604	14.0072
微结构参数	D/nm	336.1	116.9	67.2	19.4
	$\varepsilon/(\times 10^{-3})$	0.269	−0.187	−0.352	−3.447

19.3.3 储存前后正极活性材料 Li(Ni$_{1/3}$Co$_{1/3}$Mn$_{1/3}$)O$_2$ 微结构的变化[4]

图 19.16 是电池以不同荷电态在 55℃下储存 250 天前后电池正极活性材料 Li(Ni$_{1/3}$Co$_{1/3}$Mn$_{1/3}$)O$_2$ 的 XRD 图谱。从图中可以看出,储存前后正极活性材料的衍射峰位没有发生明显变化,仍清晰地表现出 Li(Ni$_{1/3}$Co$_{1/3}$Mn$_{1/3}$)O$_2$ 的特征峰,这说明储存后正极活性材料中没有新相生成,其体相结构没有发生变化。但仔细观察可以发现,储存前样品的衍射峰相对强度似乎发生了微小的变化,部分衍射峰出现宽化现象,这说明储存后其精细结构可能发生了变化。表 19.6 给出其微结构参数的计算结果,可见其规律与 LiCoO$_2$ 类似,但变化速率明显减慢。

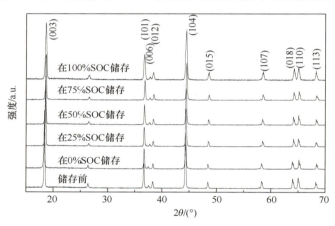

图 19.16 55℃储存 250 天前后电池正极活性材料 Li(Ni$_{1/3}$Co$_{1/3}$Mn$_{1/3}$)O$_2$ 的 XRD 图谱

表 19.6 电池以不同荷电态在 55℃ 下储存 250 天前后 Li(Ni$_{1/3}$Co$_{1/3}$Mn$_{1/3}$)O$_2$ 的点阵参数和微结构参数

石墨/Li(Ni$_{1/3}$Co$_{1/3}$Mn$_{1/3}$)O$_2$ 电池		储存前	0%SOC储存后	25%SOC储存后	50%SOC储存后	75%SOC储存后	100%SOC储存后
点阵参数	a/Å	2.8610	2.8665	2.8661	2.8685	2.8643	2.8689
	c/Å	14.2736	14.2720	14.3151	14.3127	14.4502	14.4196
微结构参数	D/nm	239.2	208.7	182.6	165.5	122.3	95.4
	ε/($\times 10^{-3}$)	0.2357	−0.1367	−0.1439	−0.2984	−0.468	−0.9641

研究发现,对于含 Ni 的锂离子电池正极活性材料(如 LiNiO$_2$、Li(Ni$_{1-x}$Co$_x$)O$_2$ 和 Li(Ni$_{1-x-y}$Co$_x$Mn$_y$)O$_2$ 等),由于 Li$^+$ 和 Ni^{2+} 的半径相差很小,所以在这些材料中容易发生阳离子混排现象,即部分处于 3a 位的 Li$^+$ 和处于 3b 位的 Ni^{2+} 发生位置转换,一旦 Li$^+$ 进入 3b 位,其就失去脱嵌活性。因此,阳离子混排直接扰乱了充放电过程中 Li$^+$ 的脱出和嵌入,造成材料电化学性能的下降[7]。研究认为,阳离子

混排现象可能出现在材料的合成阶段,充放电循环阶段,同时,由于锂镍的热振动和锂离子的自发回嵌,这一现象也可能会发生在电池的储存阶段。因此,测定储存前后 Li(Ni$_{1/3}$Co$_{1/3}$Mn$_{1/3}$)O$_2$ 材料中 Li 和 Ni 的晶体学占位是很有必要的。

目前,我们在全面研究分析这类含 Ni 材料的主要衍射线特征的基础上,提出一套新的模拟方法,即根据占 $3a$ 位和 $3b$ 位原子对各 hkl 晶面衍射强度的贡献有相加和相减关系,提出用相加和相减两种线条的衍射积分强度比的方法来研究这类材料中 Li、Ni 的晶体学占位问题,详细推导和说明参见文献[5]~[7]和第 12 章。下面只对计算 Li(Ni$_{1/3}$Co$_{1/3}$Mn$_{1/3}$)O$_2$ 的混合占位参数 x 的方法作简要介绍。

根据 Li$_{1-x}$Ni$_x$(Li$_x$Ni$_{1/3-x}$Co$_{1/3}$Mn$_{1/3}$)O$_2$ 的混合占位模型,借助 Powder Cell1.0 计算程序模拟计算得到强度比 I_{104}/I_{003}、I_{012}/I_{101}、I_{104}/I_{101} 或 $(I_{003}/I_{104})^{1/2}$、$(I_{101}/I_{012})^{1/2}$、$(I_{101}/I_{104})^{1/2}$ 与混合占位参数 x 的关系曲线,如图 19.17 所示。从图上可知,$(I_1/I_2)^{1/2}$ 与混排参数 x 均为直线关系,将线性解析为一次方程列于表 19.7。由实验测得衍射积分强度比从 $(I_{003}/I_{104})^{1/2}$、$(I_{101}/I_{012})^{1/2}$、$(I_{101}/I_{104})^{1/2}$ 的直线关系即可计算求得对应的混合占位参数 x。

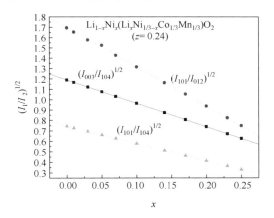

图 19.17　Li(Ni$_{1/3}$Co$_{1/3}$Mn$_{1/3}$)O$_2$ 材料的 $(I_1/I_2)^{1/2}$ 与混排参数 x 的关系曲线

表 19.7　Li(Ni$_{1/3}$Co$_{1/3}$Mn$_{1/3}$)O$_2$ 材料的 $(I_1/I_2)^{1/2}$ 与 x 的线性方程

$z=0.24$	$z=0.25$
$(I_{003}/I_{104})^{1/2}=1.2093-2.2062x$	$(I_{003}/I_{104})^{1/2}=1.0630-2.1693x$
$(I_{101}/I_{012})^{1/2}=1.6435-3.6632x$	$(I_{101}/I_{012})^{1/2}=1.7109-3.4944x$
$(I_{101}/I_{104})^{1/2}=0.7586-1.6055x$	$(I_{101}/I_{104})^{1/2}=0.7840-1.6016x$

这里需要指出的是,I_{104}/I_{003} 的比值对 z 值相对敏感,因此要求首先确认 z 值。根据我们的实验结果,对于 Li(Ni$_{1/3}$Co$_{1/3}$Mn$_{1/3}$)O$_2$,$z=0.24$ 比较符合实际。I_{104}/I_{101} 的比值对 z 值不敏感,即当 $6c$ 位的 z 值不能确定时,可用 I_{104}/I_{101} 的实测数据求解 x。

I_{012}/I_{101} 的比值对 z 值也不敏感,但因 I_{012} 相对太弱,所以结果可靠性较差。由于实测的 I_{012}/I_{101} 小于临界值($z=0.24$ 临界值为 0.351,$z=0.25$ 临界值为 0.321)而无法求解。因此,作相对性测量时,用 101、104 线对的 I_{101}/I_{104} 或 $(I_{101}/I_{104})^{1/2}$ 数据比较方便可信,且可避免 $0C3$ 衍射强度因择优取向异常增强和 $6c$ 位中 z 值不确定性的影响,故用下式求混合占位参数。

$$(I_{101}/I_{104})^{1/2} = 0.7586 - 1.6055x \tag{19.1}$$

因此,用 Jade 程序去除 $K_{\alpha 2}$ 成分,然后用 Fitting all line 和 Refine 对 XRD 图谱进行拟合,得到各样品的 I_{101}/I_{104},列于表 19.8 中。从表中可以发现,储存前 $Li(Ni_{1/3}Co_{1/3}Mn_{1/3})O_2$ 的混合占位参数很小,说明这种材料的合成工艺是比较优异的,从而由前面实验可知,这种材料的性能也是比较优越的。储存后,材料的混合占位参数随 SOC 的增加而增大。这说明,在经过储存后正极活性材料 $Li(Ni_{1/3}Co_{1/3}Mn_{1/3})O_2$ 中发生了阳离子混排,发生混排的锂镍离子量随储存时电池荷电态的升高而增大。这一现象可以和电池储存后正极和全电池的性能衰减的规律相对应。这表明,正极活性材料 $Li(Ni_{1/3}Co_{1/3}Mn_{1/3})O_2$ 在储存后的性能衰减与其中阳离子混排的增加有关。

表 19.8　储存前后正极活性材料 $Li(Ni_{1/3}Co_{1/3}Mn_{1/3})O_2$ 的 I_{101}/I_{104} 和计算得到的混合占位因子 x

	储存前	0％SOC 储存	25％SOC 储存	50％SOC 储存	75％SOC 储存	100％SOC 储存
I_{101}	4964	4967	5247	5129	5367	13277
I_{104}	8910	9151	10086	10529	11549	31423
I_{101}/I_{104}	0.5571	0.5428	0.5202	0.4871	0.4647	0.4225
x	0.0076	0.0136	0.0233	0.0378	0.0479	0.0676

19.4　储存前后正负极活性材料表面形貌的变化[1,3,4]

19.4.1　石墨/LiCoO$_2$ 电池储存前后正负极活性材料表面形貌[1,3]

图 19.18 为 55℃ 储存前后各石墨/LiCoO$_2$ 电池正负极活性材料的 SEM 照片。研究认为[4],锂离子电池经过化成后,其负极表面会形成一层电子绝缘且离子可导的 SEI 膜,其主要是由于电解液在负极表面的还原分解而形成,成分包括无机物(如 Li_2CO_3、LiF)、有机物(如 $ROCO_2Li$、ROLi)和一些聚合物。这层膜的性质和质量直接影响电极的充放电性能和安全性。又有研究认为,在电解液中长期浸泡后,正极表面也存在类似的钝化膜。其生成机理主要是正极活性材料与电解液有机溶剂的亲核反应,以及正极活性物质和溶液中痕量的水或酸的反应。与负极 SEI 膜相比,正极表面的钝化膜厚度小两个数量级。对比这些照片可以发现,以不同荷电态储存后,电池的正负极表面的钝化膜都发生了比较明显的变化。储

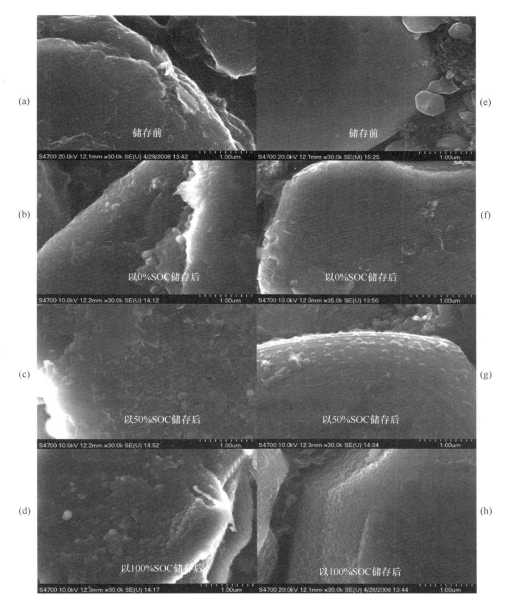

图 19.18　55℃储存 100 天前后石墨/LiCoO$_2$ 电池正负极电极活性材料的 SEM 照片
(a)储存前负极；(b)0%SOC 储存后负极；(c)50%SOC 储存后负极；(d)100%SOC 储存后负极；
(e)储存前正极；(f)0%SOC 储存后正极；(g)50%SOC 储存后正极；(h)100%SOC 储存后正极

存前,正极 LiCoO$_2$ 颗粒表面比较光滑,颗粒边缘清晰可见,但经过储存之后,颗粒
表面生成了较厚的钝化膜。这种钝化膜随着电池储存时荷电态的升高而增厚,放

电态储存后这层膜为不连续的斑状,50％ SOC 储存后其为较密集的颗粒状,100％ SOC 储存后其变为覆盖整个正极活性材料颗粒的厚层。负极也出现类似的钝化膜增厚现象。同时可以发现,负极的钝化膜也是随着电池储存荷电态的升高而增厚的。这一现象与 Edstrom 等的研究结果相一致。由于电极表面存在的结构缺陷和活化条件的偏差,电极表面的 SEI 膜通常并不致密,存在微裂纹,不能对电极起到完全的保护作用,电解液会穿过这些微裂纹继续与电极活性材料反应。因此,随着反应时间的延长,电极表面钝化膜的厚度将不断增加。电池的荷电态越高,正极的氧化性和负极的还原性越强,其与电解液的反应活性就越强,表现为电池发生严重的气胀(图 19.18),所以电池以高荷电态储存后,电极表面钝化膜增厚更为明显。

为了进一步研究电池在储存前后正极活性材料表面成分的变化,对电极进行了 EDS 分析,成分分析结果如表 19.9 所示。从表中可以发现,储存前电池正极表面不含有 F 元素,但随着储存荷电态的升高,其表面 F 的含量逐渐上升,特别是以 100％SOC 储存后,正极表面 F 含量达到了 13.23 ％。研究认为,正极表面出现的 F 元素很可能来源于正极表面在储存过程中生成的 LiF。由于电池的电解质盐为 $LiPF_6$,其在电池长期储存过程中会发生分解,如式(19.2)所示,生成 LiF 和 PF_5,后者进而可以和电解液中的痕量水反应生成 HF,作为碱性氧化物的正极材料,很容易受到 HF 的侵蚀生成 LiF。可以看出,随储存时荷电态的升高,正极表面 LiF 的生成量逐渐上升,由于 LiF 是电极表面副反应的产物,所以这些副反应导致电池在储存过程中的性能衰减,这也解释了电池在储存后的性能衰减是随电池储存时荷电态的升高而增大的。

$$LiPF_6 \longrightarrow LiF + PF_5 \tag{19.2}$$

$$PF_5 + H_2O \longrightarrow PF_3O + 2HF \tag{19.3}$$

表 19.9　由 EDS 得到的石墨/$LiCoO_2$ 电池储存前后正极活性材料表面的组成成分

	成分/(％,原子百分数)			
	Co	O	C	F
新鲜电池	26.45	50.97	22.58	0
以 0％SOC 储存 100 天	20.1	49.55	27.88	2.48
以 50％SOC 储存 100 天	20.12	43.85	29.18	6.79
以 100％SOC 储存 100 天	19.72	39.03	28.02	13.23

19.4.2　石墨/$Li(Ni_{1/3}Co_{1/3}Mn_{1/3})O_2$ 电池储存前后正负极活性材料表面形貌和成分

图 19.19 为 55℃储存 250 天前后各电池正负极活性材料的 SEM 照片。对比

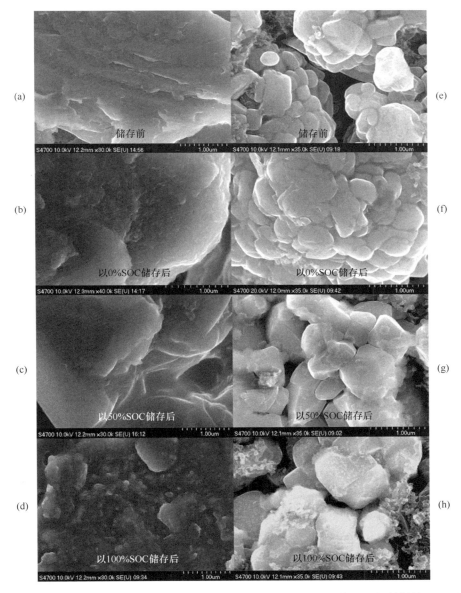

图 19.19　55℃储存 250 天前后石墨/Li(Ni₁/₃Co₁/₃Mn₁/₃)O₂ 电池正负极活性材料的 SEM 照片
(a)储存前负极;(b)0%SOC 储存后负极;(c)50%SOC 储存后负极;
(d)100%SOC 储存后负极;(e)储存前正极;(f)0%SOC 储存后正极;
(g)50%SOC 储存后正极;(h)100%SOC 储存后正极

这些照片可以发现,正极进行了 EDS 分析。其分析结果如表 19.10 所示。由此可以看出,储存前,正极活性材料表面不含任何其他元素;储存后,正极活性材料表面检测出有 F 存在。可见，其中 F 的含量明显随 SOC 增加而增加。这与前述 $LiCoO_2$ 的检测结果非常相似，此类物质应为电池储存过程中 $LiPF_6$ 的分解产物以及 HF 侵蚀正极活性材料后的生成产物 LiF。由于 LiF 的电子和锂离子传导能力均很差，所以导致储存后正极的交流阻抗增大。同时可以发现，与 $LiCoO_2$ 相比，即使储存更长时间后，$Li(Ni_{1/3}Co_{1/3}Mn_{1/3})O_2$ 表面生成的 F 的量也明显少很多，这说明在相同储存条件下，$Li(Ni_{1/3}Co_{1/3}Mn_{1/3})O_2$ 在电解液中比 $LiCoO_2$ 更加稳定，这也是石墨/$Li(Ni_{1/3}Co_{1/3}Mn_{1/3})O_2$ 电池储存后性能更好的原因之一。

表 19.10　由 EDS 得到的石墨/$Li(Ni_{1/3}Co_{1/3}Mn_{1/3})O_2$ 电池储存前后
正极活性材料表面的组成成分

	成分/(%,原子百分数)					
	Ni	Co	Mn	O	C	F
新鲜电池	8.85	9.36	8.41	58.77	14.61	0
以 0%SOC 储存	7.92	9.46	8.83	55.81	16.86	1.12
以 50%SOC 储存	9.21	8.34	9.11	54.34	16.97	2.03
以 100%SOC 储存	7.92	7.11	9.41	52.89	16.15	6.52

从图 19.19 中还可以发现，储存前负极石墨颗粒表面纹理清晰可见，经过 0% SOC 储存后，石墨颗粒表面形貌变化不大，但随着储存荷电态升高，储存后石墨颗粒表面变得模糊，以 100%SOC 储存后，其表面出现颗粒状物质。这一现象与石墨/$LiCoO_2$ 电池储存后负极表面的变化相似，说明在储存过程中石墨颗粒表面的 SEI 膜出现增生，随储存荷电态升高其厚度增大，从而导致储存后负极阻抗增大。然而，对比正负极储存前后的阻抗变化可以发现，储存后负极阻抗升高幅度远小于正极，因此可以说明，储存过程中负极表面膜的增生对整个电池的性能影响不大，储存后电池性能衰减主要源于正极。

19.5　隔膜形貌的观察[1,3,4]

19.5.1　石墨/$LiCoO_2$ 电池的隔膜[1,3]

对储存前后电池隔膜的形貌进行了研究，图 19.20 为 55℃ 储存 100 天前后电池中与正负极相对隔膜的 SEM 照片。可以发现，储存前后与负极相对的隔膜一侧的形貌变化较小，隔膜仍为多孔结构，只是随储存时荷电态升高，隔膜的孔隙率有所降低；然而，储存后，与正极相对的隔膜一侧形貌发生了较大变化，随储存时荷电态升高，隔膜的孔隙率明显降低。同时发现，以 100%SOC 储存后，正极侧隔膜表面生成颗粒状物质，经 EDS 分析发现，此物质主要含有 F 和 P 元素，说明其为电解质 $LiPF_6$ 的分解产物。结合正极 EDS 结果可以发现，电池以 100%SOC 储存过程中,处于高脱锂态的 LiCoO₂ 加速电解质的分解,其产物在正极活性材料表面和隔膜表面沉积,导致正极阻抗增大,同时堵塞隔膜微孔,从而阻碍锂离子在正负极间的传导,这是以 100%SOC 储存后电池性能剧烈衰减的一个重要原因。

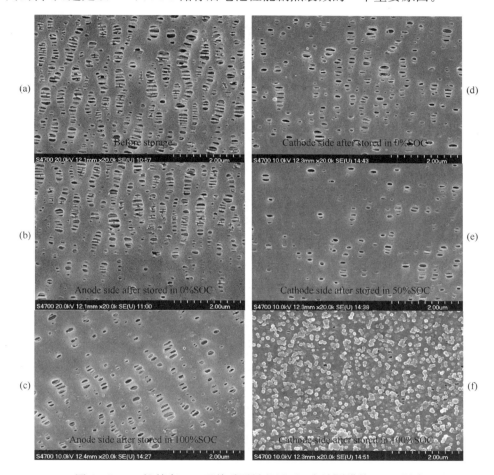

图 19.20　55℃储存 100 天前后石墨/LiCoO₂ 电池隔膜的 SEM 照片

(a)储存前;(b)0%SOC 储存后负极侧;(c)100%SOC 储存后负极侧;(d)0%SOC 储存后正极侧;

(e)50%SOC 储存后正极侧;(f)100%SOC 储存后正极侧

19.5.2　石墨/Li(Ni$_{1/3}$Co$_{1/3}$Mn$_{1/3}$)O₂ 电池的隔膜[1,4]

图 19.21 为 55℃储存 250 天前后石墨/Li(Ni$_{1/3}$Co$_{1/3}$Mn$_{1/3}$)O₂ 电池中与正负极相对隔膜的 SEM 照片。可以发现,与石墨/LiCoO₂ 电池相似,储存前后与负极相对的隔膜一侧的形貌变化较小,隔膜仍为多孔结构,只是随储存时荷电态升高,隔膜的孔隙率有所降低,这里给出以 100%SOC 储存后负极一侧隔膜的照片以示

对比。相比之下,储存后与正极相对隔膜一侧的形貌变化更大,随储存时荷电态升高,隔膜的孔隙率明显降低,这是由于电池储存过程中电解液分解,产物堵塞微孔造成的。然而与石墨/LiCoO$_2$电池对比可以发现,以100%SOC储存后,Li(Ni$_{1/3}$Co$_{1/3}$Mn$_{1/3}$)O$_2$正极侧隔膜只是表现为微孔减少,其表面并没有明显的生成物,这说明,储存过程中电解质在Li(Ni$_{1/3}$Co$_{1/3}$Mn$_{1/3}$)O$_2$正极表面的分解程度明显小于LiCoO$_2$电极。这再一次说明,在电解液中储存过程中,特别是在高荷电态下,Li(Ni$_{1/3}$Co$_{1/3}$Mn$_{1/3}$)O$_2$电极比LiCoO$_2$电极更加稳定。

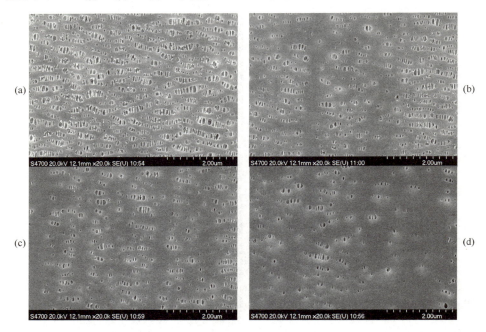

图19.21　55℃储存250天前后石墨/Li(Ni$_{1/3}$Co$_{1/3}$Mn$_{1/3}$)O$_2$电池隔膜的SEM照片
(a)储存前;(b)100%SOC储存后负极侧;(c)0%SOC储存后正极侧;(d)100%SOC储存后正极侧

19.6　两种电池的比较和影响锂离子电池储存性能的机理分析

19.6.1　电池的储存性能衰减的温度和荷电效应

从上述实验结果可以看出,储存温度和储存时电池的荷电态对于电池储存过程中性能的变化都有着很大的影响,电池的性能衰减随储存温度和储存时电池荷电态的升高而增大。为了进一步分析两种条件参数对电池储存性能的影响规律,首先,选取前面测得的不同温度、不同荷电态储存相同时间(100天)后电池典型的性能参数(0.2C容量保持率和直流内阻增加率),以储存温度为横坐标作图,并利用 Origin 7.0 的 Fit 选项对数据进行拟合,石墨/LiCoO$_2$ 电池拟合曲线也示于图 19.22 中,结果如表 19.11 所示。由图可见,当储存电池荷电态相同时,随储存温度的升高,储存后电池的性能衰减(0.2C 容量保持率下降和直流内阻增加率升高)并非呈线性增大,经拟合后可知,电池的性能衰减与储存温度均很好地符合

$$y = A \cdot \exp(Bx) + C \tag{19.4}$$

所描述的指数关系。其中,x 为储存温度,y 表示储存后电池的性能参数。同时,由表 19.8 可见,随储存荷电态的升高,拟合式(19.4)中 A 的绝对值或 B 值增大,说明当电池处于稍高荷电态时,温度对其储存性能的影响更大。为了进一步分析储存时电池荷电态的影响,将不同温度不同荷电态储存 100 天后电池典型的性能参数(0.2C 容量保持率和直流内阻增加率)以储存荷电态为横坐标作图,如图 19.22 所示。

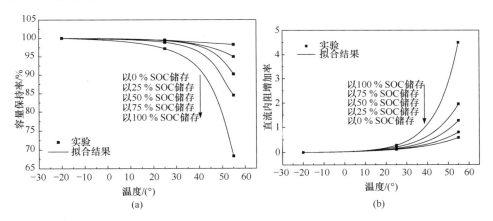

图 19.22　以不同荷电态储存 100 天后石墨/LiCoO$_2$ 电池的 0.2C 容量保持率(a)
和直流内阻增加率(b)与储存温度的关系

**表 19.11　以不同荷电态储存 100 天后石墨/LiCoO$_2$ 电池的 0.2C 容量保持率(Cr)
和直流内阻增加率(Di)与储存温度关系的拟合结果**

SOC/%	容量保持率拟合结果	直流内阻增加率拟合结果
100	$C_r = -0.4\exp 0.081T + 100$	$D_i = 0.028\exp 0.093T - 0.0044$
75	$C_r = -0.3\exp 0.065T + 100$	$D_i = 0.034\exp 0.074T - 0.0078$
50	$C_r = -0.1\exp 0.093T + 100$	$D_i = 0.029\exp 0.067T - 0.0073$
25	$C_r = -0.1\exp 0.072T + 100$	$D_i = 0.032\exp 0.059T - 0.0098$
0	$C_r = -0.05\exp 0.050T + 100$	$D_i = 0.034\exp 0.052T - 0.0092$

注:C_r 为容量保持率,单位%;D_i 为直流内阻增加率;T 为储存温度,单位℃;SOC 为储存荷电态,单位%

同样,利用 Origin 7.0 的 Fit 选项对数据进行拟合,拟合曲线示于图 19.23 中,结果如表 19.12 所示。由此可见,在−20℃条件下,荷电态对于电池储存性能几乎没有影响,储存后电池性能衰减很不明显;在温度超过 25℃后,电池的储存性能随储存荷电态的升高而变差,当储存时电池温度相同时,随储存荷电态的升高,储存后电池的性能衰减(0.2C 容量保持率下降和直流内阻增加率升高)也并非呈线性增大,经过拟合发现,其关系也符合式(19.4)所示的指数关系,这里 x 为储存荷电态,y 表示储存后电池的性能参数。同时,由表 19.11 可见,随储存温度的升高,拟合式中 A 的绝对值(对于 C_r 和 D_i)或 B 值(对于 D_i)增大,说明当电池处于稍高温度时,荷电态对其储存性能的影响更加明显。可以看出,储存过程中电池的性能衰减随储存时电池的荷电态的升高而增大,提高储存温度,可以加速电池的性能衰减速度,放大电池储存时的性能衰减规律。因此,可以通过提高储存温度进行加速储存实验,从而缩短实验周期。同时,低温可以有效地降低储存时电池的性能衰减,电池如需长期储存时,低温下进行储存有利于保持良好的初始性能。也可对石墨/$Li(Ni_{1/3}Co_{1/3}Mn_{1/3})O_2$ 电池处理获得类似结果。

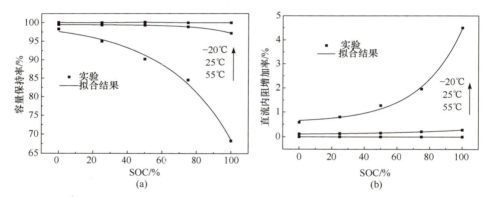

图 19.23 以不同温度储存 100 天后石墨/$LiCoO_2$ 电池的 0.2C 容量保持率(a)和直流内阻增加率(b)与储存荷电态的关系

表 19.12 以不同温度储存 100 天后石墨/$LiCoO_2$ 电池的 0.2C 容量保持率(C_r)和直流内阻增加率(D_i)与储存荷电态关系的拟合结果

T/℃	容量保持率拟合结果	直流内阻增加率拟合结果
55	$C_r = -2.5\exp 0.025S + 100$	$D_i = 0.079\exp 0.039S + 0.57$
25	$C_r = -0.01\exp 0.054S + 100$	$D_i = 0.029\exp 0.019S + 0.082$
−20	$C_r = -0.01S + 100$	$D_i = 0.002S$

注:C_r 为容量保持率,单位%;D_i 为直流内阻增加率;T 为储存温度,单位℃;S 为储存荷电态,单位%

19.6.2　石墨/$LiCoO_2$ 和石墨/$Li(Ni_{1/3}Co_{1/3}Mn_{1/3})O_2$ 两种电池的比较

由 19.1～19.5 节所述以及结果可知,石墨/$LiCoO_2$ 和石墨/$Li(Ni_{1/3}Co_{1/3}Mn_{1/3})O_2$ 两种电池存在明显的差别,现以性能、结构对比方式列入表 19.13。

表 19.13　石墨/$Li(Ni_{1/3}Co_{1/3}Mn_{1/3})O_2$ 和石墨/$LiCoO_2$ 两种电池的比较

比较项目	石墨/$Li(Ni_{1/3}Co_{1/3}Mn_{1/3})O_2$ 电池	石墨/$LiCoO_2$ 电池
0.2C 容量	储存后变小,随储存天数缓慢衰减,高 SOC(>75%)也衰减较慢	储存后变小,随储存天数较快衰减,低 SOC(≤75%)时衰减较慢,高 SOC(>75%)时衰减很快
倍率性能容量	储存后变小,随储存天数增加缓慢衰减,高倍率比低倍率衰减快,0.2C、5C 缓慢衰减,8C、10C 衰减加快	储存后变小,随储存天数较快衰减,10C 比0.2C 衰减快很多,如 55℃,100%SOC 储存100 天后,两种倍率的衰减率分别为 37.5% 和 91.5%
直流电阻	随储存天数增加缓慢增加,增加速度随 SOC增加而加快;55℃储存 250 天,100%SOC 增加 0.9 倍,75%SOC 增加 0.6 倍,50%变化不大	随储存天数增加较快增加,增加速度随 SOC增加而加快,特别是高 SOC 时增加特别快(图 19.8)
容量衰减的温度效应	随储存温度升高,容量衰减加快,并满足$y=A \cdot \exp Bx+C$	随储存温度升高,容量衰减加快,并满足$y=A \cdot \exp Bx+C$
容量衰减的荷电效应	随储存荷电量增加,容量衰减加快,并满足$y=A \cdot \exp Bx+C$	随储存荷电量增加,容量衰减加快,并满足$y=A \cdot \exp Bx+C$
直流电阻增加与温度关系	随储存温度升高,直流电阻上升加快,并满足 $y=A \cdot \exp Bx+C$	随储存温度升高,直流电阻上升加快,并满足 $y=A \cdot \exp Bx+C$
直流电阻与荷电的关系	随储存荷电量增加,直流电阻上升加快,并满足 $y=A \cdot \exp Bx+C$	随储存荷电量增加,直流电阻升高加快,并满足 $y=A \cdot \exp Bx+C$
上述虽都满足 $y=A \cdot \exp Bx+C$,其差别由 A、B 值揭示。当 $B=0$ 时,为线性关系,$B \neq 0$ 时,B 值越大变化越快;$A<0$ 表示衰减,A 绝对值越大衰减越快;$A>0$ 表示增加,A 值越大增加越快		
循环性能	随储存天数增加而缓慢衰减,并随 SOC 增加而加快,但比石墨/$LiCoO_2$ 电池慢得多	随储存天数增加很快衰减,并随 SOC 增加而加快,但都比石墨/$Li(Ni_{1/3}Co_{1/3}Mn_{1/3})O_2$ 电池快得多
耐过充性和热稳定性	低 SOC 储存与储存前的耐过充性没什么差别,但随 SOC 增加,耐过充性变差,直至燃烧;自加热速率随温度的升高明显增大。这两种性能都优于石墨/$LiCoO_2$ 电池	低 SOC 储存与储存前的耐过充性没什么差别,但随 SOC 增加,耐过充性变差,直至燃烧;自加热速率随温度的升高速度也明显增大

比较项目	石墨/Li(Ni$_{1/3}$Co$_{1/3}$Mn$_{1/3}$)O$_2$ 电池	石墨/LiCoO$_2$ 电池
负极的点阵参数	a 随 SOC 增加变化不大;c 储存后增大,随 SOC 增加变化不大	a 储存后减小,随储存 SOC 增加变化不大;c 变化不大
负极微结构参数	储存后 D 减小,100%SOC 储存后增大;ε 储存后张应力增大,随 SOC 增加先增加后变小;P 储存后增加,随 SOC 变化无规律	储存后 D 减小,随 SOC 增加变化不大;ε 储存后张应力增大,随 SOC 增加先增加后变小;P 储存后增加,随 SOC 增加先增加后变小
正极点阵参数	a 储存后变化不大;c 储存后减小,随 SOC 先减小后又增加	a 和 c 变化都不大
正极微结构参数	D 储存后变小,随储存 SOC 增加而细化,但速度很慢;ε 储存后从张应力变为压应力,并随储存 SOC 增加而增大,但大小和增加速度都小于石墨/LiCoO$_2$ 电池;x(Ni 和 Li 的混排参数)储存后变大,并随 SOC 增加而增加	D 储存后变小,随储存 SOC 增加而细化,细化速度很快;ε 储存后从张应力变为压应力,并随储存 SOC 增加而增大,且增加速度快
负极表面形貌	储存后表面形成钝化膜,并随 SOC 升高而增厚,100% SOC 储存 250 天后,成颗粒状 SEI 膜	储存后表面形成钝化膜,并随 SOC 升高而增厚
正极表面形貌	储存前颗粒表面光滑,储存后表面形成聚集的二次颗粒,并随 SOC 升高而长大	储存前颗粒表面光滑,储存后表面形成钝化膜,并随 SOC 升高而增厚
正极表面化学成分	F 的含量随 SOC 增加而增加,正极表面 LiF 的量也增加,100% SOC 储存后,F 含量为 3.5%	F 的含量随 SOC 增加而增加,正极表面 LiF 的量也增加,100% SOC 储存后,F 含量为 13.2%
隔膜形貌	储存前后负极一侧形貌变化不大,仍为多孔结构;正极一侧变化较大,随 SOC 升高,孔隙率降低,100%SOC 储存后,微孔减少	储存前后负极一侧形貌变化不大,仍为多孔结构;正极一侧变化较大,成颗粒状的电解液分解物质

19.6.3 储存性能与电池材料精细结构的对应关系

总结前面的研究结果和比较表 19.13 可得石墨/LiCoO$_2$ 锂离子电池和石墨/Li(Ni$_{1/3}$Co$_{1/3}$Mn$_{1/3}$)O$_2$ 电池储存前后的性能变化规律。

(1) 高温(55℃)储存后电池的容量、充放电性能、循环性能、功率特性和安全性均发生衰减,衰减程度随储存天数增加而衰减,随荷电态的升高,衰减速度增大。

(2) 室温(25℃)储存后,电池的性能衰减规律与 55℃储存相同,但衰减速度明显减缓。

（3）低温（—20℃）储存后，电池的性能没有明显衰减。

（4）储存温度和储存时电池的荷电态对电池储存性能的影响很大。电池的性能保持率与储存温度及直流内阻增加率与温度的关系符合 $y = A \cdot \exp Bx + C$ 所描述的指数关系；电池的性能保持率与荷电态（SOC）及直流内阻增加率与储存荷电态也符合此指数关系。

（5）可见，石墨/Li(Ni₁/₃Co₁/₃Mn₁/₃)O₂ 电池在各方面都优于石墨/LiCoO₂ 电池。

总结前面的结果并比较表 19.13 可得石墨/LiCoO₂ 锂离子电池和石/Li(Ni₁/₃Co₁/₃)O₂电池储存前后的正负极活性材料及隔膜结构的变化规律。

（1）储存后负极活性材料的微晶尺度和微应变随储存时荷电量的增加呈无规律变化。

（2）在正极活性材料中，D 储存后变小，随储存 SOC 增加而细化，储存后正极从张应力变为压应力，并随储存 SOC 增加而增大，且 LiCoO₂ 增加速度比 Li(Ni₁/₃Co₁/₃Mn₁/₃)O₂增加快得多。Li(Ni₁/₃Co₁/₃Mn₁/₃)O₂ 中的 Ni 和 Li 的混排参数 x，储存后变大，并随 SOC 增加而增加。

（3）负极表面都形成 SEI 膜，并随 SOC 增大而加厚，但石墨/Li(Ni₁/₃Co₁/₃Mn₁/₃)O₂ 电池的负极 SEI 膜的凹凸感较明显。

（4）正极表面也形成钝化膜，LiCoO₂ 表面比较致密，Li(Ni₁/₃Co₁/₃Mn₁/₃)O₂ 表面不致密，并且膜中 F 的含量前一种电池较后一种电池大得多。

（5）储存对负极一侧的隔膜影响不明显，储存对正极一侧隔膜影响较大，特别是对石墨/LiCoO₂ 电池正极一侧隔膜破坏较严重，呈多洞状。

把上述两个五点联系起来，便能发现，储存性能衰减与电极活性材料的精细结构有良好的对应关系，与正极活性材料的精细结构变化及正极一侧隔膜的受损情况的对应关系更好。

19.6.4　电池储存性能衰减机理讨论

综上所述，储存性能衰减机理讨论如下：电池在储存过程中存在两种作用：①电池的自放电；②电解液与正、负极表面以及隔膜的两个表面发生化学/电化学作用。下面先讨论自放电效应。

（1）在储存过程中电池会发生自放电现象，使得组成电池的材料（包括正负极活性材料）和隔膜的精细结构发生明显变化，从而使正极活性材料的微晶细化、微应变从张应变变为压应变。这明显影响储存后电池充放电过程中 Li 离子的脱嵌行为，给 Li 离子脱嵌造成更大的势垒而阻碍 Li 离子的脱嵌，在性能上表现出直流内阻的增加，容量的降低。

（2）这种自放电现象随电池储存时荷电百分数的增大而趋于严重，随电池荷电程度增加正极活性材料的晶粒细化速度加快,压应变也增加较快,因此造成容量降低较快,内阻增加也较快,故性能变化随荷电度的增大衰减速度加快,特别是在高荷电度情况下,性能衰减速度大大加快。

(3) 储存温度越高,自发放电现象就越严重,低温($-20℃$)下,性能衰减呈斜率很小线性关系,高温($55℃$)下则呈指数关系衰减。

(4) 石墨/$Li(Ni_{1/3}Co_{1/3}Mn_{1/3})O_2$ 和石墨/$LiCoO_2$ 两种电池,负极相同,正极活性材料不同,在储存过程中自放电效应的情况不同,前一种电池在储存过程中的自放电现象比后一种电池要小些,因此前者的储存性能优于后者。这是由于负极活性材料的精细结构变化不大,但在正极的精细结构、表面膜的组织结构都有明显变化。2H-石墨/$LiCoO_2$ 电池中的正极活性材料 $LiCoO_2$ 晶粒细化速度较 2H-石墨/$Li(Ni_{1/3}Co_{1/3}Mn_{1/3})O_2$ 中的 $Li(Ni_{1/3}Co_{1/3}Mn_{1/3})O_2$ 快;2H-石墨/$LiCoO_2$ 电池中的 $LiCoO_2$ 压应变较 2H-石墨/$Li(Ni_{1/3}Co_{1/3}Mn_{1/3})O_2$ 中 $Li(Ni_{1/3}Co_{1/3}Mn_{1/3})O_2$ 大得很多。

现来考察电解液与正、负极表面、隔膜表面的化学/电化学作用。

实验结果表明,两种电池相比,负极表面以及负极一侧的隔膜表面形貌变化都不大,也没有较大差别;但正极表面形貌和成分明显不同,正极一侧隔膜形貌不同、$LiCoO_2$ 表面成分 F 含量较高,正极一侧的隔膜受损较大,因此石墨/$Li(Ni_{1/3}Co_{1/3}Mn_{1/3})O_2$ 电池在容量、循环性能、储存性能和倍率性能等方面都优于石墨/$LiCoO_2$ 电池,这种优越性在随储存时的荷电度和储存温度效应上表现出来。

为了更清楚地了解储存后电池正、负极比容量变化对电池容量的影响,计算了储存后石墨/$Li(Ni_{1/3}Co_{1/3}Mn_{1/3})O_2$ 电池及正、负极的 0.20C 容量变化率,结果如表 19.14 所示。

表 19.14　储存后电池及正、负极的 0.20C 容量变化率

SOC/%	容量变化率/%		
	全电池	$Li(Ni_{1/3}Co_{1/3}Mn_{1/3})O_2$正极	石墨负极
0	98.10	98.44	99.21
25	96.05	96.02	98.06
50	92.03	92.03	94.46
75	89.71	89.71	91.41
100	84.49	84.49	87.32

从表 19.14 可知,储存后电池及正、负极的容量衰减速度均随储存时 SOC 的升高而增大,负极的容量衰减速度慢于正极,正极容量的变化与电池容量的变化很接近。由此可知,在 $55℃$ 下储存后,$Li(Ni_{1/3}Co_{1/3}Mn_{1/3})O_2$ 正极的容量衰减较大,与全电池的容量变化率接近;同时,阻抗增大,动力学性能下降;石墨负极储存后

的性能衰减较小。这说明该电池储存后性能的衰减主要源于正极。电池储存后性能衰减的原因是：储存期间电解液中的 $LiPF_6$ 分解，生成的 HF 侵蚀 $Li(Ni_{1/3}Co_{1/3}Mn_{1/3})O_2$，造成容量衰减，正极表面生成 LiF 等高阻抗沉积物，使阻抗增大，动力学性能下降。

可见，以石墨为负极活性材料的锂离子二次电池，在提高容量、改善循环性能和提高储存性能等方面，正极活性材料是问题核心和关键，因此正极包覆是有利的[9]。

为了分析正、负极的阻抗变化，对阻抗谱进行拟合，其中，R_e 代表欧姆电阻，R_f 和 R_{SEI} 分别代表正、负极表面膜电阻，R_{CT} 代表电荷转移阻抗，拟合结果如表 19.15 所示。

表 19.15　储存前后电池正、负极的 EIS 模拟结果　　（单位：mΩ）

样品	Li(Ni₁/₃Co₁/₃Mn₁/₃)O₂ 正极			石墨负极		
	R_e	R_f	R_{CT}	R_e	R_{SEI}	R_{CT}
储存前	1.87	35.20	54.70	2.37	6.40	15.20
以 0%SOC 储存后	2.05	38.50	66.50	2.35	6.20	18.70
以 75%SOC 储存后	2.12	39.60	87.30	2.28	9.10	23.50
以 100%SOC 储存后	2.98	52.40	115.20	2.45	13.40	29.40

从表 19.15 可知，储存前后，正极的 R_e 变化不大，但 R_f 有所增加，表明在电池储存过程中，$Li(Ni_{1/3}Co_{1/3}Mn_{1/3})O_2$ 与电解液发生了副反应，产物在正极表面沉积，导致 R_f 增大，电池的荷电量对该过程起到了加速的作用。相比而言，储存后正极的 R_{CT} 变化更明显，与文献的结果一致。R_{CT} 随着储存 SOC 的升高而增大，其中以 100%SOC 储存的增加超过 1 倍，说明储存后正极 R_{CT} 的变化导致整体阻抗的增大。与正极相比，石墨负极无论是 R_{SEI} 还是 R_{CT} 都要小很多。储存后，负极的 R_{SEI} 和 R_{CT} 均随储存 SOC 的升高而增大，说明储存时嵌锂量越多，负极与电解液的反应越剧烈，反应产物的沉积使表面膜增厚、阻抗增大，也导致负极的 R_{CT} 升高。将正、负极阻抗结果对比可知，储存后正、负极对于全电池阻抗的增大均有贡献，但正极起主导作用。

参 考 文 献

[1] 李佳. 锂离子电池储存性能的研究. 中国科学院上海微系统与信息技术研究所博士学位论文. 2010
[2] Li J, Zhang J, Zhang X G, et al. Study of the storage performance of a Li-ion cell at elevated temperature. Electrochimica Acta, 2010, 55: 927~934
[3] 李佳, 张建, 张熙贵, 等. 储存后锂离子电池的性能研究. 电源技术, 2009, 33(7): 552~556

［4］李佳,谢晓华,夏保佳,等. 石墨/Li(Ni$_{1/3}$Co$_{1/3}$Mn$_{1/3}$)O$_2$ 电池储存后性能机理. 电池,2011,41(6):293～296

［5］张建,杨传铮,张熙贵,等. 在合成过程中 Li(Ni,Co,Mn)O$_2$ 结构变化的模拟分析和研究. 材料科学与工程学报,2009,27(6):824～828

［6］张熙贵,张建,杨传铮,等. 研究和分析 Li(Ni,Co,Mn)O$_2$ 中锂和镍原子混合占位的新方法. 无机材料学报,2010,25(1):8～12

［7］李佳,张熙贵,张建,等. 研究 Li(Ni,Me)O$_2$ 中 Li/Ni 原子混合占位的新方法及应用. 稀有金属材料与工程,2011,40(8):1348～1354

［8］李佳,何亮明,杜翀. 锂离子电池高温储存后的安全性能. 电池,2010,40(3):158～160

［9］刘浩涵. 锂离子电池正极材料 LiNi$_x$Co$_y$Mn$_{1-x-y}$O$_2$ 的包覆改性及应用研究. 中国科学院上海微系统与信息技术研究所博士学位论文,2012

第 20 章　2H-石墨/LiFePO₄电池储存性能衰减机理

随着锂离子电池的性能不断改进,性价比逐步提高,其应用领域不断拓宽,正朝着大型化动力电源方向发展。近年来,为应对环境污染、石油资源短缺等社会问题,各国都在积极开展采用清洁能源的电动汽车 EV 以及混合动力电动车 HEV 的研究。锂离子电池若想成为电动汽车的动力电源,就必须保证其具有可靠的安全性和性能稳定性。在诸多的正极活性材料中,磷酸铁锂(LiFePO₄)以其安全性高、循环稳定性好、价格低廉等优点,被认为是最有希望的锂离子动力电池的候选材料。然而目前,在针对磷酸铁锂进行的大量研究中,人们把目光主要集中在其性能的改进,而对其作为电极在电解液中长期储存后的性能变化以及变化机理的关注很少。根据第 19 章的研究结果,以钴酸锂和三元材料为正极的锂离子电池储存后性能发生衰减,其主要原因在于正极活性材料不同,其储存性能也不相同。那么,以磷酸铁锂作为正极活性材料的锂离子电池,其储存性能又会怎样,确实是一个值得研究的问题。因此,本章采用市售的以 LiFePO₄ 作为正极活性材料,以石墨作为负极材料的铝塑膜包装锂离子电池(额定容量 200mA·h),在 55℃下进行加速储存实验,系统研究 2H-石墨/LiFePO₄电池储存后性能的变化规律,并通过对储存前后正负极活性材料的研究揭示电池性能变化的机理。

20.1　储存后 2H-石墨/LiFePO₄电池的性能变化[1]

20.1.1　储存后 2H-石墨/LiFePO₄电池的容量和充放电性能变化

图 20.1 为 2H-石墨/LiFePO₄电池在 55℃下储存过程中的 0.2C 容量变化曲线。可以发现,与第 19 章所述钴酸锂和三元材料电池相似,电池荷电态对以磷酸铁锂为正极的锂离子电池的储存性能也存在较大影响。然而可以发现,与其他两种正极活性材料的电池不同,2H-石墨/LiFePO₄电池的容量不是随储存时间的延长而单调衰减。由图 20.1 可见,在以 25%～75%SOC 储存过程中电池的容量表现出先增加后衰减的过程,其中以 50%SOC 储存时这一现象最为明显,当储存时间达到 135 天时,其容量达到最高值(增长为原始容量的 101.4%)。以 0%SOC 和 100%SOC 储存的电池,其容量随储存时间的延长而下降,但是可以发现,与其他两种正极活性材料的电池相比,其容量衰减速度也大大降低,储存 260 天容量只衰减了原始容量的 1.9% 和 2.0%。

2H-石墨/LiFePO₄电池在储存过程中容量变化这一规律尚未见文献报道。为了进一步研究其充放电特性的变化,将储存 135 天后 2H-石墨/LiFePO₄ 电池的 0.2C(40mA)充放电曲线绘于图 20.2。由图可见,缘于充放电时正极中 LiFePO₄/FePO₄ 两相共存,电池的充放电平台非常平坦,这也是 LiFePO₄ 电池的优势之一。同时可以发现,以 25%~75%SOC 储存后,电池不仅容量增长,其充放电性能也得到提高,表现为充电平台电压下降,放电平台电压上升,这说明储存后电池内部极化减小。测定其交流内阻后发现,以 25%SOC、50%SOC 和 75%SOC 储存 135 天后电池交流内阻分别降低了 1.5%、2.5% 和 1.5%,这与电池的极化下降是一致的。同时,仔细观察可以发现一个有意思的现象,以 25%~75%SOC 储存后,电池的放电曲线在 3.15V 附近出现了一个新的放电平台,正是这个平台导致了电池的

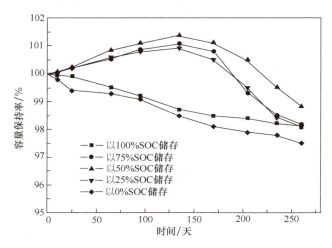

图 20.1　55℃以不同荷电态储存过程中 2H-石墨/LiFePO₄ 电池的 0.2C(40mA)容量变化

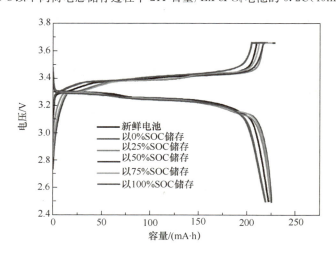

图 20.2　55℃储存 135 天后 2H-石墨/LiFePO₄ 电池的 0.2C(40mA)充放电曲线

容量上升。众所周知,LiFePO₄ 在充放电过程中 Fe 离子只发生 Fe^{2+}/Fe^{3+} 的单一变价,因此通常只有一个放电平台,这个 3.15V 附近平台的出现说明储存后电极活性材料内部发生了某种结构变化。这一现象也未见文献报道,对这一现象在后文中将进一步讨论。同时从图 20.2 中还可以发现,以 0%SOC 和 100%SOC 储存后,电池容量发生衰减的同时,其充放电平台电压差(滞后)也增大了,说明其电池内部极化增大,对其进行交流内阻测定发现其内阻分别增大了 2.5% 和 2.0%。

图 20.3 为 55℃储存 135 天后 2H-石墨/LiFePO₄ 电池的 1C(200mA) 充放电和 3C(600mA) 放电曲线。可以发现,随着充放电倍率的升高,电池的容量逐渐降低,然而储存后都呈现出与 0.2C 倍率相似的容量变化规律。同时可以发现,以 25%~75%SOC 储存后,电池的 3C 放电平台电压升高明显,这说明储存后电池的功率性能也得到了一定的提高;而以 0%SOC 和 100%SOC 储存后,电池的 3C 放电平台电压的降低也反映其功率性能的衰减。

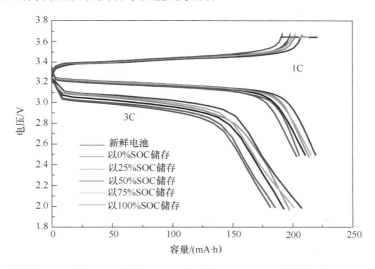

图 20.3   55℃储存 135 天后 2H-石墨/LiFePO₄ 电池的 1C(200mA) 充放电和 3C 600mA 放电曲线

20.1.2   储存后 2H-石墨/LiFePO₄ 电池安全性的变化

储存后 LiFePO₄ 材料以其优异的安全性而得到人们的青睐,研究发现,其结构中的聚阴离子大基团对于 O 具有强大的约束力,因此在过充电时,即使电压达到 12V,材料也不会像钴酸锂和三元材料一样发生分解而析出氧,如李佳的博士论文[1] 所述及的"钴酸锂电池过充电时 C 和 D 阶段就不会发生",这就阻断了电解液和负极因剧烈氧化而导致电池热失控。但是目前有关磷酸铁锂安全性能的报道只是针对新制备的 LiFePO₄ 电池,尚未有关于储存对于磷酸铁锂电池安全性能影响的报道。本节通过过充电实验和 ARC 实验研究了磷酸铁锂电池储存前后的安全性能。

　　图 20.4 为储存前和 55℃ 以 50％SOC 储存 135 天后 2H-石墨/LiFePO₄ 电池的 3C-12V 过充电曲线。从图可以看出，随着电压的升高，表面温度不断上升，当电压升至 12V 后，电池表面温度达到 84℃，此后随着时间延长，电池表面温度不断下降，由于 LiFePO₄ 在脱 Li 后生成 FePO₄，FePO₄ 的电导率是 LiFePO₄ 的 1/3 倍，所以在过充电过程中电池的内阻逐渐增大，电流通过产生的焦耳热使电池的温度逐渐升高；当电压达到 12V 后，转为恒压充电，电流迅速减小，电池温度也随之下降。在整个过充电过程中，电池未发生爆炸、起火现象。由此可见，磷酸铁锂具有良好的过充安全性能。

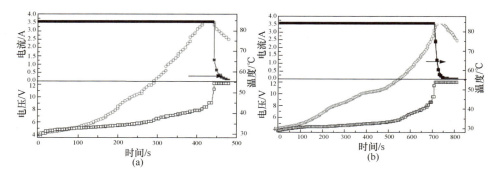

图 20.4　储存前(a)和 55℃ 以 50％SOC 储存 135 天后(b)
2H-石墨/LiFePO₄ 电池的 3C-12V 过充电曲线

　　对比储存前后电池的过充电电压曲线，可以发现，LiFePO₄ 电池以 50％SOC 在 55℃ 下储存 135 天后，其耐过充电时间比储存前的电池延长了近 350s，这说明其耐过充电性能经储存后得到了一定的提高。其他电池的测试结果列于表 20.1 中，可以发现，以 25％和 75％储存后电池的过充电实验也表现出类似的现象。这与 LiCoO₂ 和 Li(Ni₁/₃Co₁/₃Mn₁/₃)O₂ 电池储存后过充电性能的变化截然相反，目前有关此现象并无其他文献报道。而以 0％SOC 和 100％SOC 储存后电池的耐过充电时间并未增长，但是最终也未出现热失控。这说明即使是高温长时间储存后，LiFePO₄ 电池仍具有优异的耐过充电性能。这也从一个方面证明了 LiFePO₄ 在安全性方面具有巨大的优势。

表 20.1　55℃ 储存 135 天后电池 3C-12V 过充电测试结果

	新鲜电池	0％SOC	25％SOC	50％SOC	75％SOC	100％SOC
表面最高温度/℃	85	84	83	85	88	85
耐过充电时间/s	474	455	625	810	684	420
结果	不起火	不起火	不起火	不起火	不起火	不起火

　　图 20.5 为储存前和 55℃ 以 50％SOC、100％SOC 储存 135 天后石墨/

LiFePO₄电池在 ARC 实验中的自加热速率随温度的变化曲线。与钴酸锂和三元材料电池不同,石墨/LiFePO₄电池的自加热速率随温度的变化并无明显的一致性。当温度升高至 160℃时,电池的自加热速率开始升高,这说明电池内部开始发生自加热反应,随着温度继续升高,电池的自加热速率缓慢上升,当达到最大值后,随着温度继续升高其自加热速率逐渐下降,在整个温度变化范围内 LiFePO₄电池的自加热速率均保持在比较低的水平(<0.6℃/min)。电池自加热速率上升可能是由于温度达到隔膜熔解温度(高于 130℃)后隔膜发生熔解导致正负极接触电池短路,电流瞬间增大产生热量使得电池温度升高,同时温度升高还可能导致电解液分解放热,但是由于 LiFePO₄自身的结构稳定性,高温下不会分解析出氧气,所以不会促使电解液和电极的剧烈氧化反应,从而当电池内部短路放电完毕和电解液分解殆尽后电池的自加热速率逐渐降低,最终电池不会发生热失控等安全问题。从图 20.5 中可以发现,以 50%SOC 储存后,电池的自加热速率在整个温度变化范围内均低于未储存电池,而以 100%SOC 储存后,电池的自加热速率高于未储存电池。这说明 55℃以 50%SOC 储存 135 天后 LiFePO₄电池的热稳定性得到一定的提高,而以 100%SOC 储存后电池的热稳定性有所降低。

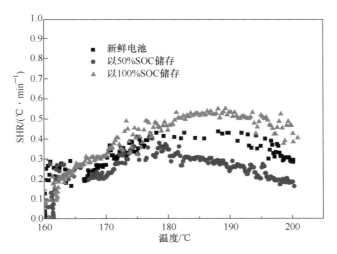

图 20.5　储存前和 55℃以 50%SOC 和 100%SOC 储存 135 天后
石墨 LiFePO₄电池的自加热速率随温度的变化曲线

20.2　储存后 2H-石墨/LiFePO₄电池的电极特性变化

20.2.1　储存后 2H-石墨/LiFePO₄电池的正负极的容量变化

为了探究 2H-石墨/LiFePO₄电池储存后性能变化的原因,将以各荷电态储存

135 天后的电池在室温下以 0.2C 放电至 2.5V(0％SOC),然后在充满氩气的手套箱中对其进行解剖,取下正负极片,将正负极片分别剪下 1cm² 的小圆片,用异丙醇洗涤数次,以去除电极残留电解液,然后自然干燥,称重。分别以储存前后的正负极作为研究电极,以锂片作为对电极,组装成 2025 型扣式电池,对其进行充放电测试。

扣式电池正负极储存前后的 0.2C 充放电曲线绘于图 20.6 中。由图 20.6(a) 可以看出,储存前 LiFePO₄ 的比容量为 147.2mA・h・g⁻¹,低于其理论容量 170mA・h・g⁻¹,充放平台电压分别为 3.5V 和 3.4V,平台平稳。与储存后全电池的容量变化规律相似,以 25％~75％SOC 储存后,正极容量增长,其比容量分别

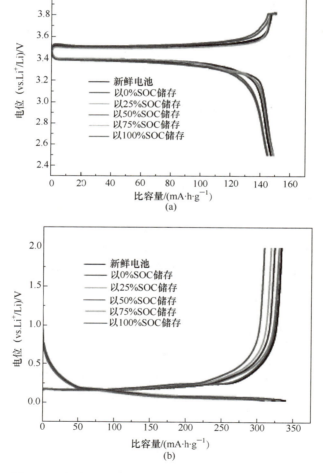

图 20.6 扣式 2H-石墨/LiFePO₄电池 55℃储存 135 天后
正极(a)和负极(b)的 0.2C 充放电曲线

达到 148.6mA・h・g^{-1}、149.1mA・h・g^{-1}和 148.5mA・h・g^{-1},同时其充电平台电压下降,放电平台电压上升,表明正极的充放电性能也得到提高。同时还可以发现,以 25%～75%SOC 储存后,正极的放电曲线在 3.25V 附近出现一个放电平台,这与储存后全电池的放电曲线变化是一致的。以 0%SOC 和 100%SOC 储存后,正极容量发生衰减,同时其充放电平台电压差(滞后)也增大了,这和全电池的表现相一致。

由图 20.6(b)可知,储存前石墨电极的比容量为 331mA・h・g^{-1},储存后其容量随储存时荷电态的升高而下降,这与石墨/钴酸锂和石墨/三元材料电池储存后负极的容量变化规律相似。

为了更清晰地分辨储存后电池正负极的容量变化对全电池容量的影响,表 20.2 给出了 55℃储存 135 天后石墨/LiFePO₄电池及其正负极的 0.2C 容量变化率。从表中可以发现,储存后正极和全电池的容量变化率非常接近,均表现为以 25%～75%SOC 储存后容量发生增长,其中以 50%SOC 储存后其容量增幅最大,为 1.37%,而以 0%SOC 和 100%SOC 储存后容量发生衰减;负极储存后的容量变化率则随储存时荷电态的升高而下降。由此可以看出,LiFePO₄正极对于石墨/LiFePO₄电池储存后的容量变化起到决定性的作用。

表 20.2　55℃储存 135 天后石墨/LiFePO₄电池及其正负极的 0.2C 容量变化率

		0%SOC	25%SOC	50%SOC	75%SOC	100%SOC
容量变化率/%	全电池	98.73	101.08	101.37	100.92	98.50
	LiFePO₄	98.65	100.91	101.30	100.86	98.31
	石墨	99.09	98.32	97.36	95.83	93.00

20.2.2　储存后 2H-石墨/LiFePO₄电池的正负极的动力学性能变化

为了进一步研究 2H-石墨/LiFePO₄电池储存后正负极动力学性能的变化,采用交流阻抗(EIS)和循环伏安(CV)两种电化学方法对电极进行测试,测试过程和条件与第 19 章相同。

图 20.7 为电池 55℃储存 135 天前后正负极的交流阻抗 Nyquist 曲线。从图中可以看出,石墨/LiFePO₄电池正负极阻抗相差较大,正极阻抗比负极大一个数量级,这与石墨/钴酸锂和石墨/三元材料电池相似,说明正极对于锂离子电池的阻抗的影响较大。对于 LiFePO₄电极,储存前后其阻抗谱图均由位于中高频区的半圆弧和位于低频区的一条直线组成,同时仔细观察可以发现,高频区的半圆弧由两个半圆弧组成,在高于 10³ Hz 范围内存在一个不明显的半圆弧,该半圆弧对应于电极表面的钝化膜的阻抗,而频率稍低的大半圆弧对应于电解液/电极间的电荷传递阻抗,低频区的直线对应于 Li$^+$ 扩散的 Warburg 阻抗。因此可知,在充放电过

程中 LiFePO$_4$ 的电极反应包括三个环节,即锂原子在正极活性材料中的扩散、锂离子在电极表面膜中的扩散和锂离子在电解液/电极间的电荷交换。然而从阻抗谱中可知,相比之下,电极的电荷传递阻抗和 Warburg 阻抗明显大于膜阻抗,说明整个电极过程主要受到电荷传递和 Li$^+$ 的扩散控制。

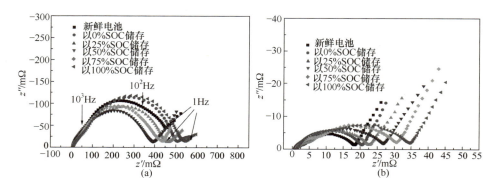

图 20.7   2H-石墨/LiFePO$_4$ 电池 55℃储存 135 天前后正极(a)和
负极(b)交流阻抗的 Nyquist 曲线

从图中可以发现,储存后正极的阻抗发生较明显的变化,以 25%～75%SOC 储存后,电极的阻抗减小,其中以 50%SOC 储存后最为明显,而以 0%SOC 和 100%SOC 储存后电极的阻抗增大。这一规律与储存后电池和电极的容量变化规律相似,电极的容量提高和阻抗减小相对应。为了更清晰地分析正极的阻抗变化,对其阻抗谱按照图 20.8(a)所示的等效电路进行拟合,其中 R_e 代表欧姆电阻,R_f 和 R_{CT} 分别为表面膜电阻和电荷传递电阻,表面膜电容、双电层电容以及浓差阻抗分别用恒相角元件 CPE$_1$、CPE$_2$ 和 CPE$_3$ 表示。CPE 能够表征复合电极的非理想行为(材料的多孔性、电极表面的粗糙程度),比较适合模拟锂离子电池电极[6]。CPE 的导纳响应表达式如下:

$$Y = Y_0 \omega^n \cos\left(\frac{n\pi}{2}\right) + jY_0 \omega^n \sin\left(\frac{n\pi}{2}\right) \qquad (20.1)$$

其中,ω 为角频率;j 为虚数单位 $\sqrt{-1}$。当 $n=0$ 时,CPE 相当于一个电阻;$n=1$ 则相当于一个电容;$n=0.5$ 则相当于 Warburg 阻抗。在本研究中,当 $0.5 < n < 1$ 时,Y_0 被当成一个假电容。此等效电路能较好地拟合电极储存前后所获取的 EIS 实验数据,各等效电路参数拟合误差均小于 5%。拟合结果如表 20.3 所示,从表中可见,储存前后正极欧姆阻抗 R_e 变化不大,表面膜阻抗 R_f 有所增大,这说明电池在储存过程中,正极 LiFePO$_4$ 与电解液发生了比较微弱的副反应,使得正极表面膜生成变化导致阻抗增大。同时发现,储存后正极的电荷转移阻抗 R_{CT} 变化比较明显,以 25%～75%SOC 储存后,电极的 R_{CT} 减小,其中以 50%SOC 储存后最为明

显,而以 0％SOC 和 100％SOC 储存后电极的 R_{CT} 增大,这说明正是电极的 R_{CT} 的变化导致其整体阻抗的变化。与正极相比,储存后电池石墨负极的阻抗变化较小,其随储存时荷电态的升高而增大。这与石墨/钴酸锂和石墨/三元材料电池相似。按照图 20.8(b)所示的等效电路对其进行拟合,拟合结果如表 20.3 所示。从表中可以看出,与正极相比,无论是表面膜阻抗还是电荷转移阻抗,都要小 1～2 个数量级。储存后,负极的 SEI 膜阻抗和电荷转移电阻均随储存时荷电态的升高而增大,其中 R_{SEI} 变化更为明显,这说明储存时嵌锂量越高,负极与电解液的反应越剧烈,从而反应产物的沉积使表面膜增厚阻抗增大,同时导致电极的电荷转移阻抗升高。

表 20.3　55℃储存 135 天后 2H-石墨/LiFePO₄ 电池正负极的阻抗谱拟合结果

		新鲜电池	0％SOC	25％SOC	50％SOC	75％SOC	100％SOC
	R_e	2.34	2.12	2.06	2.21	2.11	1.98
阴极	R_f	152	164	165	168	169	167
	R_{CT}	455	511	402	362	395	532
	R_e	0.94	1.21	1.24	1.15	1.34	1.51
正极	R_{SEI}	3.34	4.56	7.32	10.22	11.54	15.01
	R_{CT}	15.32	19.87	22.12	24.52	28.55	31.45

图 20.9(a)和(b)是 55℃储存 135 天前后石墨/LiFePO₄ 电池正极和负极的循环伏安曲线。从图中可以看出,正极的循环伏安曲线在储存前后的变化比较明显。以 25％～75％SOC 储存后,电极的氧化还原峰值电流增大,氧化还原峰变得尖锐,表明电极的反应动力学性能提高,这与其储存后 R_{CT} 的减小是一致的。同时可以发现,其还原峰形发生变化,由储存前的单一还原

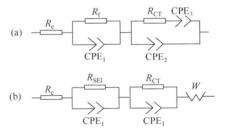

图 20.8　储存前后电池正(a)负(b)极交流阻抗的等效电路模型

峰变为两个峰,在 3.3V 附近出现了一个新峰,结合图 20.6(a)可以发现,这一峰对应于储存后正极放电曲线出现的新平台。这说明以 25％～75％SOC 储存后,LiFePO₄ 电极的放电反应发生变化,出现了一个新的还原反应,使得电极容量升高,动力学性能提高。然而,以 0％SOC 和 100％SOC 储存后,电极的氧化还原峰值电流降低,表明以 0％SOC 和 100％SOC 储存对电极的反应动力学性能造成了一定的影响。结合 EIS 曲线可以发现,这是由于电极在储存过程中表面层发生变化,导致 R_f 和 R_{CT} 增大使 Li^+ 与正极活性材料之间电荷交换变得困难所造成的。从图中还可以发现,与钴酸锂电池相比,以 100％SOC 储存后,磷酸铁锂电极只是

表现出氧化还原峰值电流降低,其峰位并未变化,这说明电极反应的可逆程度并未发生变化,再一次表明 LiFePO₄ 卓越的储存性能。

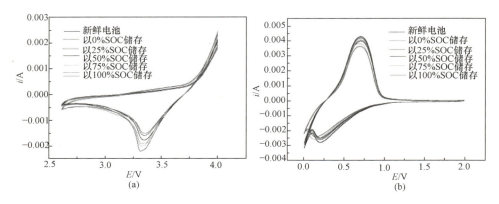

图 20.9　55℃储存 135 天前后 2H-石墨/LiFePO₄ 电池正极(a)和负极(b)的循环伏安曲线

由图 20.9(b)可以发现,与正极相比,锂离子电池储存后负极石墨的循环伏安曲线变化不大,随储存荷电态的升高,其氧化还原峰值电流微弱降低,其中以 75% SOC 和 100% SOC 储存后,电池负极的氧化还原峰值电流下降较大,并且其还原峰位向负电位偏移。这说明以 75%SOC 和 100%SOC 储存对石墨负极的反应动力学性能和反应可逆性有所影响,但影响程度远小于正极。此结果与阻抗结果相对应,说明储存后正极动力学性能变化较大,对于电池的性能起到决定性作用。

20.2.3　储存后 2H-石墨/LiFePO₄ 电池的正负极表面形貌的变化

为进一步分析电池储存后性能变化的原因,将 55℃下以不同荷电态储存 135 天前后的电池进行解剖,取下正负极片和隔膜,在场发射扫描电子显微镜(FE-SEM)上进行表面形貌观察。可以发现,储存后负极表面形貌变化的规律与第 18 章和第 19 章所述相似,表现为表面膜有所增厚;同时,储存后正负极侧隔膜表面形貌并无明显变化;然而相比之下发现,正极活性材料的表面形貌在以不同荷电态储存后表现出明显差别,因此为了避免冗赘,这里只列出 55℃储存 135 天前后石墨/LiFePO₄ 电池正极活性材料的 SEM 照片,如图 20.10 所示。

由图 20.10 可以发现,储存前,正极活性材料颗粒表面平整连续,没有明显的沉积物和微裂纹;经 0%SOC 和 100%SOC 储存后,颗粒表面出现细小的斑状生成物,但是表面仍然连续,没有微裂纹;经 25%~75%SOC 储存后,颗粒表面也出现少量斑状生成物,然而与 0%SOC 和 100%SOC 储存后不同,材料颗粒表面出现裂纹,其中以 50%SOC 储存后,裂纹最多也最明显。结合前面所述可知,以 25%~75%SOC 储存后,电池和 LiFePO₄ 电极性能提高与正极活性材料颗粒表面出现的这些微裂纹有很大关系。我们知道,电池充放电时,在电极活性材料与电解液的固/液界面上,电极与电解液进行电子和离子交换发生电化学反应。固/液界面面积越大,电极的反应活性越高,从而电池的性能越好。经 25％～75％SOC 储存后,正极活性材料颗粒表面开裂,会出现许多新鲜表面,这样就会增大电极与电解液的接触面积,从而增大电极反应面积,提高电极反应活性,表现在正极特性上,即阻抗降低,反应动力学性能提高。从图 20.10 中可以发现,以 50％SOC 储存后,正极活性材料颗粒表面裂纹最多。因此,以 50％SOC 储存后电池和正极的性能提高最为明显。经 25％～75％SOC 储存后,正极活性材料颗粒表面的微裂纹的形成机理将在 20.3 节进行更深入的分析。

图 20.10　55℃储存 135 天前后石墨/LiFePO₄电池正极活性材料的 SEM 照片
(a) 储存前;(b) 0％SOC 储存后;(c) 25％SOC 储存后;(d) 50％SOC 储存后
(e) 75％SOC 储存后;(f) 100％SOC 储存后

同时,为了进一步分析电池储存后正极活性材料表面生成物的成分,对正极进行了 EDS 分析。55℃储存 135 天前后正极的分析结果列于表 20.4 中。由

图 20.10 和表 20.4 可以看出，与 $LiCoO_2$ 和 $Li(Ni_{1/3}Co_{1/3}Mn_{1/3})O_2$ 储存前后表面成分的变化相似，储存前正极活性材料表面不含任何其他元素；储存后，正极活性材料表面检测出有 F 存在。此类物质也应为电池储存过程中 $LiPF_6$ 的分解产物以及 HF 侵蚀正极活性材料后的生成产物 LiF。可以发现，储存后 $LiFePO_4$ 电极 R_f 增大就是由电极表面生成的含 F 物质造成的。然而与前述两种材料不同，储存后 $LiFePO_4$ 表面 F 含量较低，同时储存荷电态对于 F 含量似乎没有明显的影响。这一方面是因电极的反应动力学性能造成了一定的影响。结合 EIS 曲线可以发现，这是由于电极在储存过程中表面层发生变化，导致 R_f 和 R_{CT} 增大，使 Li^+ 与正极活性材料之间电荷交换变得困难所造成的。从图中还可以发现，与钴酸锂电池相比，以 100% SOC 储存后，磷酸铁锂电极只是表现出氧化还原峰值电流降低，其峰位并未变化，这说明电极反应的可逆程度并未发生，$LiFePO_4$ 具有更高的耐 HF 腐蚀的稳定性。另一方面，由于 $LiFePO_4$ 电极电位较低（以 100% SOC 储存时，$LiFePO_4$：3.65V vs. Li^+/Li；$LiCoO_2$：4.3 V vs. Li^+/Li)，在高荷电态下其氧化性明显小于其他两种材料，因此对 $LiPF_6$ 分解的加速效应不明显。这说明，特别是在高荷电态下储存时，$LiFePO_4$ 在电解液中的稳定性高于 $LiCoO_2$ 和 $Li(Ni_{1/3}Co_{1/3}Mn_{1/3})O_2$，因此，石墨/ $LiFePO_4$ 的储存性能也更加优异。

表 20.4　用 EDS 得到的电池 55℃ 储存 135 天前后正极活性材料表面的组成成分

	成分（原子 %）				
	Fe	P	O	C	F
储存前	15.32	13.23	56.87	14.58	0
0%SOC 储存 135 天后	14.60	13.40	54.05	17.08	0.87
25%SOC 储存 135 天后	12.45	14.57	56.42	15.44	1.12
50%SOC 储存 135 天后	14.12	14.85	55.22	14.39	1.42
75%SOC 储存 135 天后	12.25	13.32	54.15	19.26	1.02
100%SOC 储存 135 天后	13.22	12.85	55.35	17.4	1.18

20.3　储存前后电池充放电过程正极活性材料精细结构的变化

　　为了进一步剖析石墨/$LiFePO_4$ 电池以 25%～75%SOC 储存后性能改善的原因，本节利用准动态 X 射线衍射的方法，系统研究了 55℃ 以 50%SOC 储存 135 天前后，石墨/$LiFePO_4$ 电池在充放电过程中正极活性材料的结构变化。

　　研究认为，$LiFePO_4$ 的脱嵌锂行为实际是一个 $LiFePO_4$ 脱 Li，使 $LiFePO_4$ 逐渐转变为 $FePO_4$ 的膺结构相变过程（见第 15 章），也可以说是形成 $FePO_4$ 和 $LiFePO_4$

相界面的两相反应过程,Newman[3]、Yamada[4]、Dodd[5]等分别系统研究了 LiFePO₄充放电过程中的相变过程。充电时,锂离子从 FeO_6 层面间迁移出来,经过电解液进入负极,发生 $Fe^{2+} \rightarrow Fe^{3+}$ 的氧化反应,为保持电荷平衡,电子从外电路到达负极。放电时则发生还原反应,与上述过程相反。即

$$充电 \quad LiFePO_4 \longrightarrow Li^+ + FePO_4 + e^-$$

$$放电 \quad FePO_4 + Li^+ + e^- \longrightarrow LiFePO_4$$

20.3.1 储存前充放电过程 LiFePO₄ 的结构变化

图 20.11(a)给出电池储存前 LiFePO₄ 正极活性材料充放电过程的几个阶段的 XRD 图谱,并分别用正交结构的 LiFePO₄ 和 FePO₄ 进行指标化,分别用字母 T 和 H 表示。可以发现,在充电过程中,随着充电深度的增加,LiFePO₄ 相含量逐渐减少,FePO₄ 含量则逐渐增加;充电达 80%时,仍有微量 LiFePO₄ 存在,直至充电至100%时,其 XRD 图谱中 LiFePO₄ 相的峰才完全消失。放电过程中,放电 20%就出现 LiFePO₄,其含量随放电深度增加而增加,直到放电 80%时,以 LiFePO₄ 相为主,但仍存在一定含量的 FePO₄。可见,在充放电过程中正极活性材料存在着 LiFePO₄ ⟷ FePO₄的相变。同时发现,电池经化成之后,即使是放电态,正极活性材料中也并非 LiFePO₄ 单相,其中含有少量 FePO₄ 相。

为了更加清晰地表现充放电过程中两相的变化情况,将图 20.11(a)中两相特征峰位置进行局部放大,并对充放电过程中相同荷电态的 XRD 图谱进行对比,如图 20.12所示。可以发现,在充放电过程中,即使处于相同荷电态,XRD 图谱中两相的相对强度也存在明显的差别。相同荷电态时,充电态正极活性材料中 FePO₄相的强度高于放电态,而放电态正极活性材料中 LiFePO₄ 相的强度高于充电态。这说明在充电过程中,LiFePO₄ 相的消失速度和 FePO₄ 相的增加速度较快,而在放电过程中,FePO₄ 相的消失速度和 LiFePO₄ 相的增加速度较快。这表明,LiFePO₄正极活性材料在充放电过程中的相变化存在一定的滞后性或非对称性[2]。

20.3.2 储存后充放电过程 LiFePO₄ 的结构变化

前面研究了未储存石墨/LiFePO₄电池正极活性材料充放电过程的结构变化,发现其放电过程比充电过程的结构变化存在明显的滞后现象,那么,储存后其充放电过程中结构变化规律是否会发生变化?

图 20.11(b)给出储存前和 55℃下以 50%SOC 储存 135 天后石墨/LiFePO₄电池充放电典型阶段正极活性材料的 XRD 图谱。由图可以发现,与储存前相似,储存后正极 LiFePO₄ 在整个充放电过程中均发生有规律的结构变化,随着充电深度的增加,FePO₄峰的强度增大,LiFePO₄峰的强度减小,放电过程则相反。从表面很难看出储存前后其结构变化规律有什么不同。然而认真对比后可以发现,储

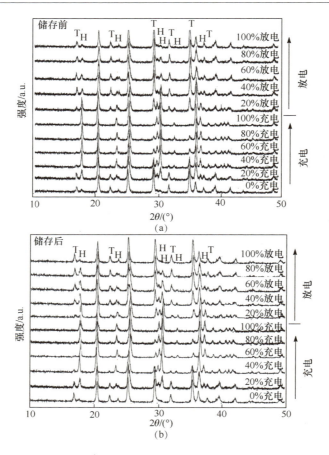

图 20.11　55℃以 50% SOC 储存 135 天前(a)后(b)石墨/LiFePO₄ 电池的
充放电过程的几个阶段的 XRD 图谱

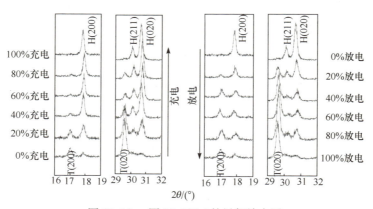

图 20.12　图 20.12(a)的局部放大图

前后相同充放电状态的衍射花样中 $FePO_4$ 和 $LiFePO_4$ 峰的强度比有所不同,这些似乎说明储存后,$LiFePO_4$ 正极活性材料在充放电过程中相变化的滞后性发生了变化。

为了进一步分析储存前后电池充放电过程中正极活性材料相变的滞后性差异,下面采用泽温的无标样法[6,7]定量计算充放电各阶段正极活性材料中 $FePO_4$ 和 $LiFePO_4$ 两相的相对含量。由式(16.3)有

$$\begin{cases} \left[\left(1-\dfrac{I_{LiFePO_4 B}}{I_{LiFePO_4 A}}\right)128.28x_{LiFePO_4 A}\right]+\left[\left(1-\dfrac{I_{FePO_4 B}}{I_{FePO_4 A}}\right)128.25x_{FePO_4 A}\right]=0 \\ x_{LiFePO_4 A}+x_{FePO_4 A}=1 \end{cases} \quad (20.2)$$

由 Jade6.5 软件拟合得到各充放电状态 XRD 衍射谱中两个相的相对积分强度,代入方程组(20.2)中进行求解,可得各充放电状态时正极活性材料中 $FePO_4$ 和 $LiFePO_4$ 的相对含量,结果如图 20.13 所示。

从图中可以看出,储存前,即使是在放电态时,正极活性材料也并不完全是 $LiFePO_4$ 相,其中存在着少量的 $FePO_4$ 相(经计算约 8%),这是由于 $LiFePO_4$ 材料本身的离子传导能力较低,首次充电时形成了不活泼的 $FePO_4$ 壳层所造成的。然而可以发现,经过 55℃ 以 50%SOC 储存 135 天后,处于放电态时,正极活性材料中 $FePO_4$ 相的含量就减小到了约 4%,这说明储存后不活泼的 $FePO_4$ 壳层减少了。对比储存前后正极中 $LiFePO_4$ 和 $FePO_4$ 相的相对含量随充放电深度的变化曲线(图中虚线为充放电过程中 $LiFePO_4$ 和 $FePO_4$ 相的相对含量的理想变化曲线(方程式为 $y=x$)),可以发现,储存前,充电开始时 $FePO_4$ 相含量升高速度明显高于理想值,而放电开始时其 $FePO_4$ 相的消失速度也明显高于理想值,充放电过程中两相的含量变化存在着明显的差别,说明正极材料的结构变化在充放电过程中存在明显的滞后。这一现象的原因前面已经解释。然而,储存后两相的变化曲线与理想曲线比较接近,这说明经过储存后这一滞后减小了。同时,满充态时在正极的 XRD 图谱中由于 $LiFePO_4$ 被 $FePO_4$ 的峰所覆盖,无法计算 $LiFePO_4$ 的含量,因此满充态时 $FePO_4$ 的含量为 100%,但是这并不能说明此时正极中就完全为 $FePO_4$ 相。计算 $FePO_4$ 的晶胞参数可以发现,储存前,$FePO_4$ 相的晶胞体积为 $V_{cell}=$ 277.64,储存后,其晶胞体积为 $V_{cell}=274.12$,而标准 PDF 卡片给出 $V_{cell}=273.75$。可以这样理解,储存前满充态时,其正极晶胞体积大于标准值是由于正极中存在未脱出的 Li 造成的,而储存后满充态时,正极中未脱出的 Li 含量减少,使得其晶胞体积减小,接近标准值。这说明,同处于满充态时,储存后正极中未脱出的 Li 含量减少了,即前面提到的不活泼 $LiFePO_4$ 的含量减少了。上述现象说明,石墨/$LiFePO_4$ 电池在以 50%SOC 储存过程中正极活性材料内部可能发生了某种变化,从而导致储存后电池充放电过程中正极活性材料相变的滞后性减小,放电态材料中不活泼 $FePO_4$ 相减少,满充态材料中不活泼 $LiFePO_4$ 含量减少。

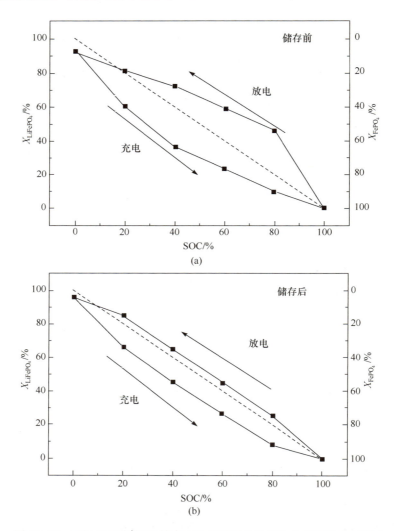

图 20.13　55℃以 50％SOC 储存 135 天前后 LiFePO$_4$电极充放电过程中
LiFePO$_4$和 FePO$_4$相的相对含量变化

20.4　电池性能衰减机理分析

20.4.1　电池性能变化与电池活性材料精细结构变化间的关系

　　为了揭示储存性能衰减的规律,现对 20.1～20.3 节关于性能和结构的研究结果进行整理,如表 20.5 所示。

表 20.5　20.1～20.3 节研究结果汇总

项目	内容摘要
55℃储存 0.2C 的容量	55℃储存容量随储存天数的变化是： 1. SOC 为 0% 和 100% 时是单调缓慢衰减； 2. SOC 为 25%、50%、75% 时，容量随储存天数增加先增加后衰减，极大值出现在 135 天处，50%SOC 时最为明显
55℃储存 135 天后的 0.2C 充放电特性	1. 储存前充放电平台非常平坦； 2. SOC 在 25%～75%，电池容量增加，充放电特性提高，充电平台电压下降，放电电压平台上升； 3. 荷电 25%、50%、75% 储存 135 天后，交流内阻分别降低 1.5%、2.5%、1.5%； 4. 25%～75%SOC 储存 135 天后，电池放电曲线在 3.15V 出现新的放电平台
55℃储存 135 天后 1C、3C 的充放电特性	随倍率增加，电池容量逐渐降低，25%～75%SOC 储存后，性能有一定提高；0%SOC 和 100%SOC 储存后电池随倍率增加容量逐渐下降；3C 时放电平台随 SOC 的增加是先升后降
安全性能	由 55℃储存 135 天的过充电曲线可知，随电压上升，电池表面温度升高，达 12V 时温度达 85℃，充电时间延长，表面温度下降，具有良好的安全性能
稳定性	由 55℃储存 135 天后电池自加热率与温度的关系曲线可知，从 160℃开始，电池自加热率随温度升高而增加，达最大值后，随温度升高自加热率逐渐下降，表明电池有良好的耐过充性能
55℃储存 135 天后电池和负极 0.2C 容量变化率的比较	全电池和 LiFePO₄ 都是随 SOC 的增加先逐渐增加后降低，极大值位于 50%SOC 处，而负极的容量随 SOC 增加而降低
循环伏安特性	25%～75%SOC 储存后的动力学性质提高，还原峰形由储存前的单一的还原峰变成两个峰，这与储存后正极充放电曲线出现新平台相对应
正负极的阻抗	储存后正极阻抗明显变化，25%～75%SOC 阻抗减小，50%SOC 的最明显，0%SOC 和 100%SOC 的阻抗增大；负极阻抗变化较小，随储存时 SOC 升高而增加；正极的阻抗比负极阻抗大一个数量级
正负极表面形貌和正极一侧的隔膜表面形貌	负极表面膜有所增厚，储存后正极侧隔膜的表面形貌无明显变化；但正极表面随 SOC 有明显变化，经 0%SOC 和 100%SOC 储存后表面出现小的生成物，但表面仍然连续、无微裂纹，25%～75%SOC 储存后，也出现小的生成物，表面出现裂纹，以 50%SOC 者裂纹最为明显
55℃储存 135 天前后相变和相变的非对称性	充放电过程存在 LiFePO₄ ⟷ FePO₄ 的膺结构相变，但电池储存前充放电过程中 LiFePO₄ 正极活性材料相变存在明显的滞后效应，即在充电过程中，LiFePO₄ 相消失速度比 FePO₄ 相正极速度快，而在放电过程中，LiFePO₄ 相增加速度比 FePO₄ 相消失速度快。 通过对储存前后两种电池充放电过程 LiFePO₄ 和 FePO₄ 两相的定量分析可知，经 55℃储存 135 天后，这种滞后效应明显减小，表现为储存前后充放电两相相对含量的变化曲线偏离理想值明显减小

总结上表不难发现：

（1）高温（55℃）储存后，电池荷电态对石墨/$LiFePO_4$电池的储存性能也存在较大影响，与前述钴酸锂和三元材料电池相似。

（2）然而不同的是，石墨/$LiFePO_4$电池在以 25％～75％SOC 储存过程中，电池的容量表现出先增加后衰减的过程，以 50％SOC 储存时这一现象最为明显；储存过程中，电池容量最高点出现在 135 天，此时，电池的功率性能和安全性也得到了一定程度的改善。以 0％SOC 和 100％SOC 储存过程中，电池的容量随储存时间的延长而下降，但其容量衰减速度也明显低于其他两种电池。

（3）储存后，正极和全电池的容量变化率非常接近，同时，以 25％～75％SOC 储存后，电池正极的阻抗减小，动力学性能提高，而以 0％SOC 和 100％SOC 储存后，电池正极的阻抗增大，动力学性能衰减，这些均与电池的性能变化规律一致，说明 $LiFePO_4$正极对于石墨/$LiFePO_4$电池储存后的性能变化起决定性的作用。

（4）对储存后 $LiFePO_4$电极表面形貌进行观察，并测定成分后发现，与钴酸锂和三元材料相似，储存后 $LiFePO_4$颗粒表面也出现少量含氟沉淀物，这是导致以 0％SOC 和 100％SOC 储存后电池性能衰减的主要原因。同时发现，以 25％～50％SOC 储存后，正极活性材料颗粒出现微裂纹。分析发现，此现象与电池储存后性能提高有很大关系。

（5）电池储存前，充放电过程中 $LiFePO_4$正极活性材料相变存在明显的滞后效应，但储存后这种滞后效应明显减小。

（6）$LiFePO_4$荷电储存时，材料颗粒中 $LiFePO_4$和 $FePO_4$两相共存，两相间存在体积差，两相界面上的内应力使两相晶粒沿着界面方向分裂，从而导致裂缝出现。裂缝会产生新鲜界面，并使原本存在于活性物质颗粒内部的不活泼的核心重新具有脱嵌锂活性，因此，正极动力学性能改善，容量提高；同时，颗粒开裂后会达到减小颗粒粒度的效果，从而导致储存后充放电过程中正极材料的 $LiFePO_4$/$FePO_4$相变的滞后性减小。

20.4.2　电池储存性能变化机理讨论

与第 18 章的情况一样，在电池储存过程中也发生自放电和正极表面、负极表面、隔膜的两个表面与电解液的化学/电化学作用，所以第 18 章讨论的机理也适用于此，能解释 0％SOC 和 100％SOC 的储存性能变化，但不能解释荷电 25％～75％的储存性能。下面就对这个问题进行讨论。

如前所述，$LiFePO_4$电极未化成时为 $LiFePO_4$单相，经第一次充电后，单相 $LiFePO_4$转变为双相 $LiFePO_4$/$FePO_4$，再经放电后电极中出现残留的 $FePO_4$相，此相在随后的充放电循环中不能可逆脱嵌锂，从而使电池的容量降低。电池荷电态储存时,正极中为 $LiFePO_4 / FePO_4$ 两相共存。从手册上查到,$LiFePO_4$ 属于磷酸锂铁矿,正交晶系,$Pnma$(No. 62)空间群,而 $FePO_4$ 属于磷铁(锰)矿,为正交晶系 $Pnma$(No. 62)空间群。其点阵参数如表 20.6 所示。从表中可以看出,$LiFePO_4$ 与 $FePO_4$ 相的晶格参数有较大差别,$LiFePO_4$ 的 a、b 值大于 $FePO_4$,而 c 值小于 $FePO_4$。计算两相的晶胞体积后发现,两种晶胞间存在明显的体积差,$LiFePO_4$ 比 $FePO_4$ 大 6.46%。由 Andersson[8] 的 $LiFePO_4$ 充放电过程脱嵌锂模型可以知道,在荷电态的 $LiFePO_4$ 颗粒中,$LiFePO_4$ 和 $FePO_4$ 分别形成连续的相,呈层状或马赛克状分布,这样两种晶胞的体积差会进一步积累,使两相间具有更大体积差,此时两相之间会形成尖锐的界面,界面上有很强的内应力。在储存过程中,界面应力会使两相晶粒沿界面方向分裂,从而导致裂缝的出现,如图 20.10 所示。裂缝会产生新鲜界面,这样原本存在于活性物质颗粒内部的不活泼的核心就被暴露在外,与电解液接触,从而使得其重新具有脱嵌锂活性。这样储存后正极出现新的放电平台,使得电池容量升高。新鲜界面的出现会提高电极的电化学反应活性,降低正极的 R_{CT},如表 20.3 所示,提高电极的动力学性能,从而使电池在充放电(特别是大电流)时的极化减小。同时,颗粒开裂后会达到减小颗粒粒度的效果,使锂离子在材料内的扩散路径缩短,从而在充放电过程中使在颗粒外层优先形成的 $FePO_4$(充电时)和 $LiFePO_4$(放电时)相的厚度减小,这样在进行 X 射线衍射实验时,其对于内层 $LiFePO_4$(充电时)和 $FePO_4$(放电时)相的 X 射线衍射的阻挡作用减小。因此,储存后,在正极活性材料的 XRD 图谱中就观察到其充放电过程相变化的滞后性或非对称性减小。

表 20.6　$LiFePO_4$ 和 $FePO_4$ 的点阵参数和晶胞体积

	晶格参数/Å				
	a	b	c	V	$(V_T - V_H)/V_T$
$LiFePO_4$	6.018	10.34	4.703	292.65	0.00 %
$FePO_4$	5.824	9.821	4.786	273.75	− 6.46 %

同时还可以发现,当电池以 50%SOC 储存时,正极活性材料中 $LiFePO_4$ 和 $FePO_4$ 两相含量之比约为 1:1,此时正极中两相之间的界面最大,经过储存,正极活性材料颗粒微裂纹最多(图 20.10),颗粒内部产生新鲜表面面积最大,因此其储存后电池性能改善最大。当电池以 25%SOC 和 75%SOC 储存时,正极活性材料中两相含量之比约为 3:1 和 1:3,此时两电极活性材料中两相之间的界面面积相当,但小于 50%SOC 正极活性材料,所以储存后电池性能提高幅度较小。

然而,电池若以 0%SOC 或 100%SOC 储存时,正极活性材料中基本为单相,因此颗粒不会开裂,此时,电解液与正极活性材料作用导致正极表面含 F 物质的沉积,从而改变正极表面特性便成为影响电极性能的主要因素。因此,以 0%SOC

或 100%SOC 储存后,正极阻抗增大,动力学性能下降,从而导致电池的性能衰减。

　　对比石墨/LiCoO₂、石墨/Li(Ni$_{1/3}$Co$_{1/3}$Mn$_{1/3}$)O₂ 石墨/LiFePO₄ 这三种不同正极活性材料的锂离子电池的储存性能可以发现,石墨/ LiFePO₄ 电池储存过程中容量衰减最为缓慢,储存后性能衰减最小,储存性能最为优异,而且应用荷电25%～75%储存还能提高电池的性能,特别是荷电 50%时储存最为有利。

参 考 文 献

[1] 李佳. 锂离子电池储存性能的研究. 中国科学院上海微系统与信息技术研究所博士学位论文,2010

[2] Shin H C,Chung K Y,Min W S,et al. Asymmetry between charge and discharge during high rate cycling in LiFePO₄-In Situ X-ray diffraction study. Electrochemistry Communications,2008,10:536～540

[3] Newman J,Srinivasan V. Discharge model for the lithium iron-phosphate electrode. J. Electrochem. Soc. ,151(10):A1517～A1529

[4] Yamada A,Koizumi H,Sonoyama N,et al. Phase change in Li$_{1-x}$FePO₄. Electrochem and Solid-State Letters,2005, ε(8): A409～A413

[5] Dodd J L,Yazami R,Fultz B. Phase diagram of Li$_x$FePO₄. Electrochem. and Solid-State Letters, 2006, 9(3): A151～A155

[6] 程国峰,杨传铮,黄月鸿. 纳米材料 X 射线分析. 北京:化学工业出版社,2010;杨传铮,谢达材,陈癸尊,等. 物相衍射分析. 北京:冶金工业出版社,1989

[7] 程国峰,杨传铮,黄月鸿. 纳米材料的 X 射线分析,北京:化学工业出版社,2010

[8] Andersson A S,Thomas J O. The source of first0cycle capacity loss in LiFePO₄. J. Power Source,2000,(97,98):498～502

第21章　提高绿色二次电池性能的方法和作用机理

21.1　提高绿色二次电池性能的途径

第 14 章已介绍了在氢镍电池的正极活性材料 β-Ni(OH)$_2$ 添加 CoO、Y$_2$O$_3$、CaF$_2$、Y$_2$O$_3$ 和 CaCO$_3$ 的作用,结果证明,添加 Lu$_2$O$_3$ 和 CaF$_2$ 的晶粒尺度、微应变和层错几率相对未添加的变化率要小,而添加 Y$_2$O$_3$ 和 CaCO$_3$ 的变化率要大很多,这表明 CaF$_2$ 和 Lu$_2$O$_3$ 在活化和循环过程中对正极材料 β-Ni(OH)$_2$ 微结构的变化起着钝化作用,Y$_2$O$_3$ 不起钝化作用,而是起一定的催化作用。在负极材料边,最明显是 CaF$_2$、Lu$_2$O$_3$ 和 Ca(OH)$_2$ 抑制了新相 A(OH)$_3$ 和 B 相的形成,特别是 CaF$_2$ 效果最好,CaCO$_3$ 不起作用,Y$_2$O$_3$ 则促进新相的形成。

第 7 章介绍了提高磷酸铁锂材料电导率的主要方法,包括:①颗粒纳米化;②表面包覆导电层,如纳米碳层;③对磷酸亚铁锂进行体掺杂;④合成过程中在磷酸亚铁锂材料表面生成良好电子电导的 Fe$_2$P、Fe$_3$P 和 Fe$_{15}$P$_3$C$_2$ 相;⑤改善磷酸亚铁锂材料的表面形貌。

第 15 章介绍了包覆 Al$_2$O$_3$ 的 Li(Ni,Co,Mn)O$_2$ 能明显改善和提高石墨/Li(Ni,Co,Mn)O$_2$ 性能。可见提高和改善正负极活性材料的电化学性能,提高和改善电池的循环、储存性能的方法有如下几种。

就正极活性材料而言有:正极添加剂、包覆掺杂、材料的纳米化等;

就锂离子电池负极材料而言,目前商品化的锂离子电池负极材料大多采用各种嵌锂碳材料,如人造石墨或中间相碳微球(MCMB),但用作锂离子电池负极材料时仍存在一些缺点。例如,首次充放电效率低;碳材料的电位与金属锂的电位很接近,造成电池过充时,金属锂可能会在碳电极表面析出形成锂枝晶而引起短路;与电解液发生作用,存在明显的电压滞后现象;制备方法比较复杂等。与碳负极材料相比,合金类负极材料虽然具有较高的比容量,但合金类电极在锂反复嵌脱过程中,体积效应大,因而循环性能较差。与以上锂离子电池用负极材料相比,尖晶石型钛酸锂(Li$_4$Ti$_5$O$_{12}$)作为锂离子电池负极材料则显示了其独特的优势[1~4,12],主要有如下三个方面:

(1) 作为一种零应力嵌脱材料,锂离子在嵌入-脱出的过程中晶体结构能够保持高度稳定,使其具有优良的循环稳定性和平稳的放电电压平台;

(2) 具有较高的操作电压(~1.5V),避免了电解液分解生成固体电极中间相(solid electrode interphase, SEI)膜;

（3）原料来源丰富，生产成本容易控制。

与商品化的碳负极材料相比，通常具有更好的安全性能；与合金类负极材料相比，循环稳定性高，材料易于制备，成本低。因此，作为未来商品化锂离子电池负极材料的替代材料，尖晶石型钛酸锂开始受到研究者们的广泛关注[46,47]。

此外，硬碳也得到应用，其循环性能比 2H-石墨好得多，见 21.2 节的介绍。

电解液[5,6]作为锂离子电池的电解质锂盐应具备以下要求：①化学稳定性和电化学稳定性好，不与电极活性物质、集流体发生化学反应；②锂盐在有机溶剂中应具有较高的溶解度，以保证足够的电导率；③良好的热稳定性。

根据锂离子电池用锂盐阴离子种类的不同，可分为无机阴离子锂盐和有机阴离子锂盐两大类。在无机锂盐中，$LiClO_4$ 具有电导率较高、热稳定好、价格低廉、易于制备和纯化等特点，但其较强的氧化性会带来安全隐患；$LiAsF_6$ 热稳定性好，不易水解，但价格昂贵，且有毒性；$LiBF$ 的电导率较低，电化学稳定性低于 $LiAsF_6$ 和 $LiPF_6$，但其在高温、低温情况下的性能优于 $LiPF_6$；$LiPF_6$ 是目前综合性能最优的锂盐，电导率较大，电化学稳定性好，不腐蚀铝集流体，但其价格较贵，抗热和抗水解性能不够理想。

在单一溶剂 DMC 电解液体系中，几种锂盐的氧化电位按以下规律变化：$LiPF_6 > LiBF_4 > LiAsF_6 > LiClO_4$；在 EC/DMC 电解液体系中的电导率变化规律为：按 $LiAsF_6 \approx LiPF_6 > LiClO_4 > LiBFO_4$ 的顺序递减。为了进一步改善锂离子电池的低温性能，将张家港国泰华荣 5160A 电解作为低温共溶剂（PA），其核心是降低电解液体系中 EC 的含量，得到较好的效果。

尽管上面已提到提高和改善绿色电池性能的各种方法，但因在性能衰减中正极活性材料起主导作用，所以对正极活性材料的研究比较多。

21.2　硬碳作为负极活性材料的应用[7]

近年来，有人尝试用硬碳（见第 8 章）作锂离子电池的负极活性材料。图 21.1 给出用日本"Carbotron P"作负极活性材料的电池的循环性能与未添加及添加导电助剂的石墨作负极的循环性能的比较。从图 21.1(a)和(b)可以看到：①即使在终止电压偏低的情况下也具有比石墨优良得多的循环性能；②无需导电助剂，也具有比石墨优良得多的循环性能。原因是"碳子"比石墨具有更好的晶体结构稳定性（图 21.2(a)）和极片结构稳定性（图 21.2(b)）。图 21.3 给出了"碳子"和石墨颗粒间导电通路的示意图，可见，Carbotron P 在充电前、充电后和放电后颗粒间的结合方式几乎不变，而石墨在充电过程中颗粒膨胀，放电过程颗粒收缩，因此前者具有稳定的导电性，而后者则可能切断导电通路。Carbotron P 的硬碳的一些性能参数列入表 21.1 中。

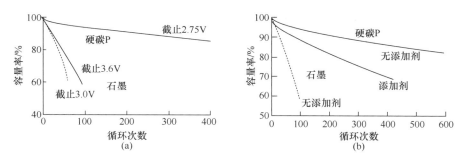

图 21.1　用碳子和石墨作负极活性材料的锂离子电池循环性能的比较

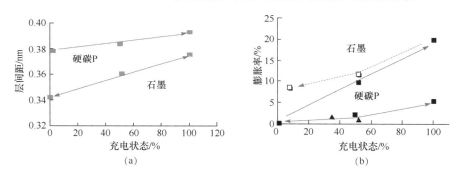

图 21.2　碳子与石墨负极晶体结构稳定性(a)和极片结构稳定性(b)的比较

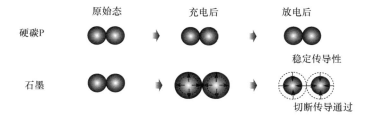

图 21.3　"碳子"和石墨颗粒间导电通路的示意图

表 21.1　Carbotron P 和六方石墨一些性能参数的比较

性能	单位	Carbotron P	六方石墨
比表面	m^2/g	6	
层间距 d_{002}	nm	0.38*	
微晶大小 L_{002}	nm	1.1*	0.354~0.344
平均颗粒大小	μm	9	几纳米~十几纳米
放电容量	$A \cdot h/kg$	430	
不可逆容量	$A \cdot h/kg$	70	

　*　根据第一个非晶碳的散射峰的峰位定 d_{002} 和层间距似乎不科学合理,同样,根据该非晶峰的半高宽计算微晶尺度也是如此。因为非晶散射花样经 Fourier 变换后的峰位和峰面积分别表征局域结构的第一壳层原子的距离和原子数。

需要说明的是,根据第 8.7 节测定分析可知,硬碳是非晶碳和畸变面心立方碳的混合物,这里有两相的比例、颗粒大小、比表面、层间距等性能参数,它们在提高电池循环性能方面的作用,以及硬碳的制备、电极的制备和电池制备等方面都需要进一步研究才能真正获得应用。

21.3　正极 $Li(Ni_{1/3}Co_{1/3}Mn_{1/3})O_2$ 的添加剂的作用[8]

21.3.1　Al(OH)₃ 添加剂

为了对其进行证明,首先在正极活性材料和浆过程中将 Al(OH)₃ 作为添加剂加入,然后制作电池并测试性能。以 $Li(Ni_{1/3}Co_{1/3}Mn_{1/3})O_2$ 和石墨分别作为正、负极活性物质,制得 18650 型电池(额定容量 1200mA·h)。参考正极活性物质的包覆量[13],Al(OH)₃ 的加入量为 4wt%(相对于正极活性材料)。

以石墨为负极的锂离子电池,储存中正极的性能变化较大,其对整个电池在储存后的性能起到决定性作用。改善锂离子电池储存性能的途径主要有:①减少储存过程的自放电效应;②减少正极活性材料与电解液的副反应,降低 HF 对正极活性材料的腐蚀,抑制其表面含氟物质的生成。

研究者对正极活性材料进行包覆,提高其表面稳定性,目的主要是改善电池的循环性能。因此,为了评价此方法的效果,首先对电池进行循环性能测试。石墨/$Li(Ni_{1/3}Co_{1/3}Mn_{1/3})O_2$ 电池自身的循环性能优异(室温下 4.2~2.75V 的 1C 循环500 次,容量仅衰减 10%),故将电池在 55℃下 4.3~2.75V 进行 1C 循环测试。图 21.4 为正极中未添加和添加 4wt% Al(OH)₃ 的石墨/$Li(Ni_{1/3}Co_{1/3}Mn_{1/3})O_2$ 电池循环性能比较。可见,提高温度和充电上限电压后,电池在 1C 循环过程中容量衰减加快,300 次循环后其容量衰减了 70%;同时可以看出,正极中添加 Al(OH)₃后,电池的循环性能得到明显的改善,300 次循环后其容量衰减率减小为 37%。这说明,此方法在提高正极活性材料循环性能的效果上与表面包覆相似。

与循环性能相比,此方法是否能够提高电池的储存性能是本节更为关注的。在 80℃下以 100%SOC 对电池进行储存,储存 20 天前后未添加和添加 Al(OH)₃电池的 0.2C 充放电曲线如图 21.5 所示。可以看出,未添加 Al(OH)₃ 的电池经储存后,容量发生较大衰减,同时充放电平台电压差增大;而添加 Al(OH)₃ 的电池储存后的容量衰减明显减小,且与储存前相比其充放电平台电压差变化不大。由此可以说明,此方法对于电池在储存过程中的容量和充放电性能的保持均有利。

然而,对比电池储存前的充放电曲线(图 21.5)可以看出,添加 Al(OH)₃后,电池的初始充放电平台电压差有所升高,同时容量有所减小。这主要由于 Al(OH)₃是电子和锂离子的不良导体,影响了正极导电网络的完整性和连续性,从而增大电极阻抗,造成电池充放电时极化增大;同时非活性物质的加入造成电极中活性物质

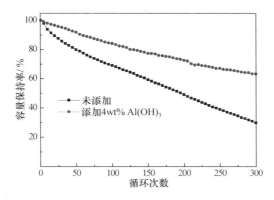

图 21.4　石墨/Li(Ni$_{1/3}$Co$_{1/3}$Mn$_{1/3}$)O$_2$电池在
55℃下 4.3～2.75V 的 1C 循环性能

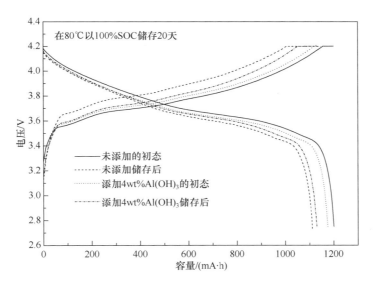

图 21.5　石墨/Li(Ni$_{1/3}$Co$_{1/3}$Mn$_{1/3}$)O$_2$电池储存 20 天前后的 0.2C 充放电曲线

含量降低、电池容量减小。

　　为了减小添加剂对电池初始性能的影响,同时达到改善电池储存性能的目的,
下面考虑 Al(OH)$_3$ 的加入量,并进一步分析其对电池储存性能的改善机理。

21.3.2　Al(OH)$_3$加入量对电池性能的影响

　　向正极浆料中分别加入 1wt％、2wt％、3wt％、5wt％的 Al(OH)$_3$,制成极片,
然后以锂片为对电极制作 2025 型扣式电池。电池的储存条件为 80℃下以 100%
SOC 储存 10 天。添加剂在电极中的分布情况对其性能有重要影响。从 SEM 照

片中可以看到,由于电极中导电剂和小粒径活性材料颗粒的形状与添加剂颗粒比较相似,从表面形貌上很难看到添加剂的存在。利用 EDS 对电极进行面扫描,通过 Al 元素的分布可以确定添加剂在极片中的分布情况。可见,当加入量较少时,添加剂在电极中分布比较均匀,但是随着加入量的增大,添加剂的分布出现了聚集情况。图 21.6 给出添加 2wt%和 5wt%Al(OH)₃的正极片的 SEM 照片和相应的Al 元素面扫描图像。可以看出,当加入 2wt%Al(OH)₃后,其在电极中分布均匀;当加入量为 5wt%时,Al(OH)₃在电极中的分布不再均匀,发生聚集,这对电极的性能会产生不利影响。

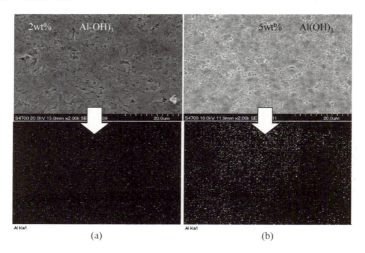

图 21.6 含 Al(OH)₃正极片的 SEM 照片及其 Al 面扫描图像

图 21.7 为正极中加入不同量的 Al(OH)₃后 Li/Li(Ni$_{1/3}$Co$_{1/3}$Mn$_{1/3}$)O₂电池储存前后的 0.2C 充放电曲线。可以看出,正极中加入 Al(OH)₃后,电池充放电平台电压差增大,说明电池极化增大,且这种趋势随 Al(OH)₃加入量的增加而更为明显;同时,随着 Al(OH)₃加入量的增大,电池的容量略有降低。如前所述,这主要由于电化学和电子惰性的 Al(OH)₃增大了正极的阻抗,且正极中活性物质的含量降低所造成的;同时,当加入量增大后,Al(OH)₃在电极中分布不均匀,可能进一步使正极的局部导电性能变差,从而破坏电池的充放电性能,造成电池容量降低。但是,当 Al(OH)₃加入量≤2wt%时,这一影响并不明显。

对比图 21.7(a)和(b)可以看出,未添加 Al(OH)₃的电池,储存后容量衰减率为 8.6%,同时其充放电平台电压差增大;添加 1wt%、2wt%、3wt%和 5wt%的Al(OH)₃的电池,储存后容量衰减率分别为 6.8%、3.1%、2.9%和 3%。可以看出,添加 Al(OH)₃后,电池储存后容量衰减率下降,且下降幅度随添加量的增大而降低,但是,当添加量超过 2wt%后,电池储存后的容量衰减率基本相同。对比储

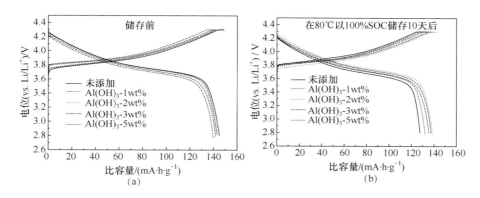

图 21.7　含 $Al(OH)_3$ 的 $Li/Li(Ni_{1/3}Co_{1/3}Mn_{1/3})O_2$ 电池储存前后的 0.2C 充放电曲线

存后各电池的充放电性能表明，$2wt\%Al(OH)_3$ 的电池储存后充放电性能最佳。

石墨/$Li(Ni_{1/3}Co_{1/3}Mn_{1/3})O_2$ 电池储存后正极阻抗增大是造成电池性能衰减的主要原因。对储存前后的添加和未添加 $Al(OH)_3$ 的电池进行解剖，然后对正极进行 EIS 测试，结果如图 21.8 所示。可见，储存前，由于 $Al(OH)_3$ 的加入，$Li(Ni_{1/3}Co_{1/3}Mn_{1/3})O_2$ 电极的阻抗有所增大，且增大幅度随 $Al(OH)_3$ 加入量的增加而增大。同时，储存后，未添加 $Al(OH)_3$ 的电池正极阻抗增大明显，然而，添加 $Al(OH)_3$ 后，正极阻抗增大不太明显。储存后，添加 $2wt\%$ 的 $Al(OH)_3$ 的正极阻抗最小。

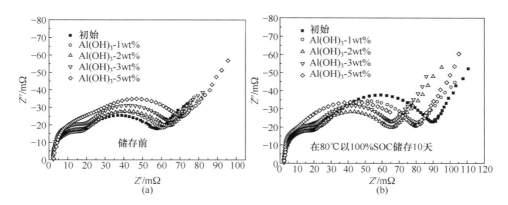

图 21.8　含不同量 $Al(OH)_3$ 的 $Li(Ni_{1/3}Co_{1/3}Mn_{1/3})O_2$ 电极储存前后的 Nyquist 曲线

综上所述，正极中添加 $Al(OH)_3$ 可以提高电池的储存性能，但是 $Al(OH)_3$ 的加入量过多会使电池初始性能下降，最佳加入量应为 $2wt\%$ 左右。

有无添加 $2wt\%Al(OH)_3$ 的电池储存前后 $Li(Ni_{1/3}Co_{1/3}Mn_{1/3})O_2$ 电极的 SEM 照片如图 21.9 所示。可以看出，未添加 $Al(OH)_3$ 的电池正极储存前后形貌发生显著变化,储存前活性材料颗粒表面光滑,储存后颗粒表面生成白色絮状物质,亮度较高,说明其导电性较差,阻抗较高。其为含 F 的高阻抗化合物,其在正极活性材料表面沉积是造成储存后正极阻抗增大的原因。然而,由图 21.9(c)、(d)可见,添加 $2wt\%Al(OH)_3$ 的电池,在储存前后正极的表面形貌变化并不明显。图片上白色颗粒为 $Al(OH)_3$,在电池储存过程中,$Al(OH)_3$ 自我牺牲,与电解液中的 HF 反应,降低其含量,从而减少其对活性材料的侵蚀。

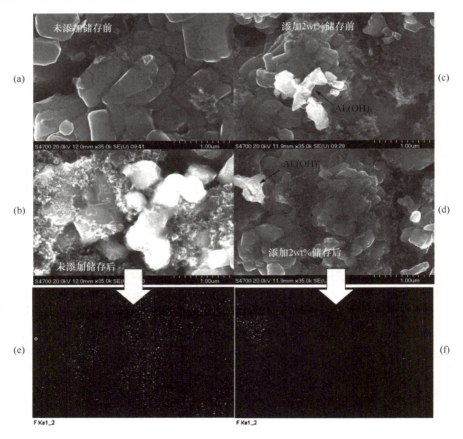

图 21.9　有无 $Al(OH)_3$ 的电池储存前后 $Li(Ni_{1/3}Co_{1/3}Mn_{1/3})O_2$
电极的 SEM 照片及其 F 元素面扫描图像

为了进一步证明这一点,利用 EDS 对图 21.9(b)和(d)所示区域作 F 元素的面扫描。可以看出,未添加 $Al(OH)_3$ 的正极,储存后表面 F 元素分布与活性材料颗粒形状对应较好,说明 F 分布在颗粒表面,且含量较高;而添加 $2wt\%Al(OH)_3$ 的正极,储存后电极表面 F 元素的分布与 $Al(OH)_3$ 颗粒形状吻合较好,说明 F 元素主要分布在 $Al(OH)_3$ 颗粒表面,而正极活性材料颗粒表面 F 含量较少。这说明储存过程中,正极中的 Al(OH)₃ 与电解液中的 HF 反应,这样就降低了活性材料表面 HF 含量,从而减少了其对正极活性材料的侵蚀,降低正极活性材料表面含 F 高阻抗物质的生成,降低正极的阻抗。当 Al(OH)₃ 的加入量超过 2wt% 后,其对于电池储存性能的改善效果不再增大。这可能是由于 2wt% 的 Al(OH)₃ 已足以消耗电解液中的 HF,多余的 Al(OH)₃ 的存在不仅没有必要,相反还会使电池的初始性能变差,因此,根据前面的实验结果,添加 2wt% 的 Al(OH)₃ 后,电池的初始性能和储存性能最佳。

21.3.3　不同添加剂对电池性能的影响

尝试用其他常用包覆材料作为添加剂,并研究其对石墨/Li(Ni$_{1/3}$Co$_{1/3}$Mn$_{1/3}$)O₂ 电池储存性能的影响,包括 Al₂O₃、ZrO₂、ZnO、MgO 等。根据 2wt% Al(OH)₃ 对于 HF 的当量比计算其他添加剂的加入量,如下式

$$m = \frac{2\text{wt}\% \times 3 \times M_B}{M_{\text{Al(OH)}_3} \cdot n} \tag{21.1}$$

其中,$M_{\text{Al(OH)}_3}$ 为 Al(OH)₃ 的分子质量;M_B 为添加剂 B 的分子质量;n 代表一个 B 分子最多可以与 n 个 HF 分子反应。计算得到 Al₂O₃、ZrO₂、ZnO 和 MgO 的加入量分别为 1.3wt%、1.77wt%、3.15wt% 和 1.54wt%。分别向正极中添加上述添加剂制作极片,以石墨为负极组装 18650 型圆柱电池(额定容量为 1200mA·h)。储存条件为在 80℃ 下以 100%SOC 储存 20 天。

图 21.10 为正极中加入不同添加剂的石墨/Li(Ni$_{1/3}$Co$_{1/3}$Mn$_{1/3}$)O₂ 电池储存前后的 0.2C 充放电曲线。可见,加入添加剂后,电池初始的充放电性能变化不大,含添加剂电池的充放电平台电压差略有增大,这主要是由于添加剂的电子和锂离子绝缘性造成的;同时,由于加入量和电导率不同,不同添加剂对电池初始充放电性能影响有所区别。

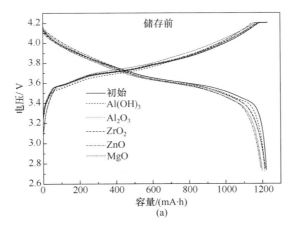

(a)

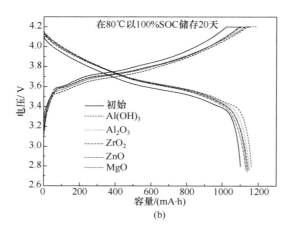

(b)

图 21.10 正极中加入不同添加剂的石墨/Li(Ni$_{1/3}$Co$_{1/3}$Mn$_{1/3}$)O$_2$
电池储存前后的 0.2C 充放电曲线

对比图 21.10(a)、(b)可以看出,不含添加剂的电池,储存后容量发生明显衰减(衰减率为 9.8%),同时其充放电平台电压差明显增大;而加入添加剂后,电池储存前后的充放电曲线变化并不明显。添加 Al(OH)$_3$、Al$_2$O$_3$、ZrO$_2$、ZnO 和 MgO 的电池,储存后容量衰减率分别为 4.1%、4.9%、5.8%、5.0% 和 5.1%。可以看出,正极中加入添加剂后电池储存后的容量衰减率明显下降,同时充放电平台电压差明显减小,这说明,这些添加剂的加入也能够抑制电池储存过程中的容量和充放电性能的衰减。

对储存前后含不同添加剂的电池进行解剖,并对其正极进行 EIS 测试,结果如图 21.11 所示。可见,储存前,由于添加剂的加入,Li(Ni$_{1/3}$Co$_{1/3}$Mn$_{1/3}$)O$_2$ 电极

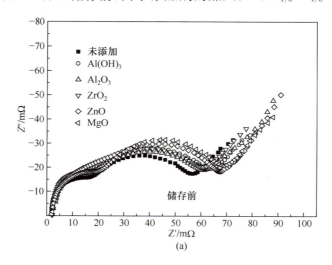

(a)

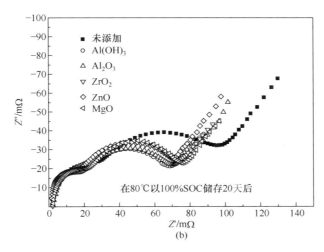

图 21.11　含不同添加剂电池的 $Li(Ni_{1/3}Co_{1/3}Mn_{1/3})O_2$ 电极储存前后的 Nyquist 曲线

的阻抗有所增大,但增大幅度并不明显。结合图 21.10 表明,加入添加剂后是电池初期充放电性能变差的主要原因。同时,储存后,不含添加剂的电池正极阻抗增大明显。然而,加入添加剂后,电池正极阻抗增大幅度明显减小。

21.3.4　关于添加剂研究小结

综合本节的研究得出以下主要结论。

(1) $Al(OH)_3$ 作为添加剂,对于储存过程中的容量和充放电性能的衰减起抑制作用,然而其对于电池的初始充放电性能有一定的不利影响。

(2) $Al(OH)_3$ 的加入量对电池初始性能和储存性能有很大影响。随 $Al(OH)_3$ 加入量的增加,$Li(Ni_{1/3}Co_{1/3}Mn_{1/3})O_2$ 电极的阻抗增大,电池的初始充放电性能下降,同时对电池储存性能的提高效果增大,但当加入量超过 2wt% 后,其对电池储存性能的改善效果基本不变。确定 2wt% 为 $Al(OH)_3$ 的最佳加入量。

(3) 储存前后,含 $Al(OH)_3$ 的 $Li(Ni_{1/3}Co_{1/3}Mn_{1/3})O_2$ 电极表面形貌变化较小,同时 F 元素集中在 $Al(OH)_3$ 颗粒表面,说明 $Al(OH)_3$ 自我牺牲与电解液中 HF 反应,从而降低正极附近 HF 浓度,减少其对正极活性材料的腐蚀,是电池储存性能得到改善的原因。

(4) 其他添加剂 (Al_2O_3、ZrO_2、ZnO、MgO) 的加入,对于石墨/$Li(Ni_{1/3}Co_{1/3}Mn_{1/3})O_2$ 电池的初始性能有一定影响,但均不明显;与 $Al(OH)_3$ 相似,这些添加剂的加入同样能够抑制电池储存过程中的容量和充放电性能衰减,能够提高储存后电池的循环性能,减小储存后电池直流内阻的增加,抑制正极阻抗的增大,从而表明,这种方法能够达到提高石墨/$Li(Ni_{1/3}Co_{1/3}Mn_{1/3})O_2$ 电池储存性能的目的。

21.4 锂离子电池正极活性材料包覆概述

以 $LiCoO_2$、$Li(Ni_{1/3}Co_{1/3}Mn_{1/3})O_2$ 和 $LiFePO_4$ 为正极,以石墨为负极的锂离子电池,储存中正极的性能变化较大,其对于整个电池在储存后的性能起决定性作用。储存过程中正极性能衰减的主要原因是电解质在正极活性材料表面分解,同时电解液中 HF 等酸性物质对于正极活性材料的腐蚀,在正极活性材料表面生成 LiF 等高阻抗物质,从而导致储存后正极容量衰减,阻抗增大,最终造成整个电池性能衰减。基于此机理,人们认为改善锂离子电池储存性能的途径主要是减少储存中正极活性材料与电解液的副反应,降低 HF 对正极活性材料的腐蚀,抑制其表面含氟物质的生成。

目前,人们在提高正极活性材料表面稳定性的研究中,主要采用表面包覆来达到减小电解液对正极活性材料腐蚀的目的,包覆材料主要为金属氧化物(包括 $Al_2O_3^{[25\sim27]}$、$ZrO_2^{[17\sim19]}$、$ZnO^{[20,21]}$、$Y_2O_3^{[28]}$ 等)和无机盐类(包括 $AlF_3^{[29\sim32]}$、$Al(OH)_3^{[23,24]}$、磷化物[35]和磷酸盐[36\sim39]等)。目前比较一致的包覆改性机理是:其一,包覆层隔离了活性材料与电解液的直接接触,从而阻挡了电解液分解产物对活性材料的侵蚀;其二,包覆材料自我牺牲,与电解液中的酸性物质(主要为 HF)反应,从而减少其对活性材料的侵蚀。前者要求包覆层尽可能致密并完全覆盖材料颗粒表面,然而最近有研究认为,即使是非常致密的包覆层,也不能完全阻止正极活性材料与电解液之间的自发反应。相反,疏松、不完整的包覆层同样能起到提高材料性能的作用。因此目前更多的研究者认为,上述第二个机理的作用更为明显。

目前,表面包覆的方法较多,但是普遍存在工艺复杂,不易控制,成本高,对活性材料产生损伤的缺点。基于上述第二个机理,如不必对材料进行工艺复杂的包覆,只是将上述氧化物(或氢氧化物)作为添加剂直接加入正极浆料中,同样可以起到抑制正极活性材料被侵蚀的作用,21.3 节已经证明了这点。

下面将对表面包覆能提高和改善锂离子电池性能的方法和作用机理进行介绍。

21.4.1 锂离子电池正极活性材料包覆

包覆被认为是提升正极材料性能的最简单、有效的方法之一,引起业界的广泛关注。包覆层材料主要为氧化物、氟化物、磷酸盐等,简述如下。

1. 氧化物包覆

氧化物具有合成简单、稳定性好等优点,被广泛应用于正极材料的包覆,主要有 $Al_2O_3^{[25\sim27]}$、$TiO_2^{[14\sim16]}$、$ZrO_2^{[17\sim19]}$、$Y_2O_3^{[28]}$、$ZnO^{[20,21]}$ 等。因其阳离子不同,

故具有不同的表面层掺杂特性及两相界面特性。同时,不同的氧化物在正极活性材料表面的分散均匀性不同。

Al_2O_3 具有 Al 资源丰富、均匀性好、方法简单、稳定性好等优点,故多被采用。目前正极包覆 Al_2O_3 的方法主要有沉淀法、纳米组装法和溶胶-凝胶法。Liu 等采用沉淀法在 $LiCoO_2$ 表面包覆一层无定型的 Al_2O_3,在 $4.5\sim3V$ 循环 20 次后容量保持率由 60% 提升到 97.6%,认为 Al_2O_3 无定形层的存在阻隔了 $LiCoO_2$ 材料中 Co 的溶解。Wang 等同样采用沉淀法合成了 Al_2O_3 包覆的 $LiCoO_2$,但 SEM 显示包覆层不均匀。为了形成更均匀的包覆层,Liu 等采用纳米粒子组装法在 $Li(Ni_{0.42}Co_{0.16}Mn_{1.42})O_2$ 材料表面分别包覆 Al_2O_3、ZnO、Bi_2O_3 和 $AlPO_4$,对比研究发现,Al_2O_3 包覆的 $Li(Ni_{0.42}Co_{0.16}Mn_{0.42})O_2$ 具有最好的循环稳定性及初始容量,而 Bi_2O_3 包覆的 $Li(Ni_{0.42}Co_{0.16}Mn_{0.42})O_2$ 具有最好的倍率性能,$5\sim3.5V$、50 次循环后容量保持率呈如下的规律:未包覆 $Li(Ni_{0.42}Co_{0.16}Mn_{0.42})O_2$ < $AlPO_4$ 包覆 < ZnO 包覆 < Al_2O_3 包覆 < Bi_2O_3 包覆。纳米粒子组装法在少量包覆时,包覆层的形貌可以控制得较为均匀,然而,纳米粒子的分散在大批量包覆过程中难以实现,并且纳米材料的制备及再分散等工艺较为困难,因而目前不太适合于大批量包覆。溶胶-凝胶法具有较优异的成膜性能,Kim 等通过醇盐水解溶胶-凝胶法合成了 Al_2O_3 包覆的 $Li(Ni_{1/3}Co_{1/3}Mn_{1/3})O_2$ 材料,$4.5\sim2.8V$、1C 循环 100 次容量保持率由包覆前的 82% 提升到包覆后的 93%。然而,从 SEM 图中同样可以明显看出,Al_2O_3 在表面仍存在明显的团聚现象,如图 21.12 所示。可见,溶胶-凝胶法工艺仍然非常有必要进行优化。

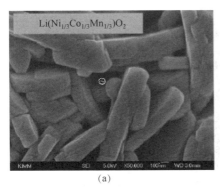

图 21.12　Al_2O_3 包覆前后 $Li(Ni_{1/3}Co_{1/3}Mn_{1/3})O_2$ 的 SEM 图[26]

Wu 等[15]采用钛酸四丁酯水解法在 $Li(Ni_{1/3}Co_{1/3}Mn_{1/3})O_2$ 表面包覆 TiO_2,提高了 $Li(Ni_{1/3}Co_{1/3}Mn_{1/3})O_2$ 的循环稳定性,结果表明,$1wt\%$ 的 TiO_2 包覆 $Li(Ni_{1/3}Co_{1/3}Mn_{1/3})O_2$ 具有最佳的循环及倍率保持能力。Zheng 等[16]采用向 $Li(Li_{0.2}Mn_{0.54}Ni_{0.13}Co_{0.13})O_2$ 的悬浮液中加入钛酸四丁酯溶液的方法包覆 TiO_2,

改善了材料循环性能及热稳定性。尽管他们都采用溶胶-凝胶法包覆,但是 SEM 图表明,TiO_2 在两种材料表面都存在不均匀现象,如图 21.13 和图 21.14 所示。但通过对比发现,不同的加料顺序,所制备的 $Li(Ni_xCo_yMn_{1-x-y})O_2$ 材料上 TiO_2 包覆层均匀性有差别,因此 Wu 等[15]通过先形成溶胶再加入 $Li(Ni_xCo_yMn_{1-x-y})O_2$ 制备的包覆层均匀性明显优于 Zheng 等[16]制备的材料。

(a)　　　　　　　　　　　(b)

图 21.13　TiO_2 包覆前后 $Li(Ni_{1/3}Co_{1/3}Mn_{1/3})O_2$ 的 SEM 图[15]

(a)　　　　　　　　　　　(b)

(c)　　　　　　　　　　　(d)

图 21.14　TiO_2 包覆前后 $Li(Li_{0.2}Mn_{0.54}Ni_{0.13}Co_{0.13})O_2$ 的 SEM 图
(a) 未包覆;(b) 1.0mol%包覆;(c) 3.0mol%包覆;(d) 5.0mol%包覆[16]

　　ZrO_2 的包覆主要采用两种方式：其一是在前躯体阶段进行包覆；其二对合成好的正极材料表面包覆。Huang 等[18]通过在前驱体 $Ni_{1/3}Co_{1/3}Mn_{1/3}(OH)_2$ 阶段包覆 ZrO_2，再混锂、烧结，实现 Zr 化合物表面层的富集。XRD 结果表明，表面存在部分 Li_2ZrO_3 相，$4.5\sim3V$、$0.5C$ 循环结果表明，ZrO_2 表面富集的 $Li(Ni_{1/3}Co_{1/3}Mn_{1/3})O_2$ 经 100 次循环后，与包覆前相比容量保持率有较大提升。Hu 等[19]将 $Li(Ni_{1/3}Co_{1/3}Mn_{1/3})O_2$ 与异丙醇锆溶液混合，80℃高温形成溶胶，烧结制得 ZrO_2 包覆的 $Li(Ni_{1/3}Co_{1/3}Mn_{1/3})O_2$。TEM 结果表明，在 $Li(Ni_{1/3}Co_{1/3}Mn_{1/3})O_2$ 表面形成了一层 10nm 的 ZrO_2 包覆层。$4.5\sim3V$、$1C$ 循环 50 次容量保持率由包覆前的 62％提升到包覆后的 90％，DSC 测试表明，放热量由包覆前的 320.5J/g 降低至包覆后的 287.3J/g。

　　Wu 等[28]采用沉淀法在 $Li(Ni_{1/3}Co_{1/3}Mn_{1/3})O_2$ 表面包覆 Y_2O_3，SEM 结果显示，形成的包覆层不均匀，尽管包覆改善了 $Li(Ni_{1/3}Co_{1/3}Mn_{1/3})O_2$ 的循环性能，但其效果并不十分显著。Chang 等[20]以二乙基锌为原料，采用化学气相沉积（CVD）方法在 $LiCoO_2$ 表面包覆 ZnO，SEM 表明，ZnO 在其表面主要以纳米粒子形式分布，但分布不均匀、不致密，如图 21.15 所示。$4.5\sim3V$、$1C$ 循环结果表明，其容量保持率有一定的改善。

2. 氟化物包覆[29~32]

　　氟化物与氧化物一样不易与电解液反应，AlF_3 由于具有较强的抗 HF 特性，同时 AlF_3 包覆层与正极材料在热处理过程中 F 部分取代表面层 O，从而可抑制活性 O 的析出。

　　Sun 等[29]控制 $Al:F=3$ 比例来控制 AlF_3 在表面沉积速度，在 $Li(Ni_{1/3}Co_{1/3}Mn_{1/3})O_2$ 表面包覆 AlF_3，$4.5\sim3V$、$0.5C$ 循环 100 次容量保持率由包覆前的 75％提升至包覆后的 93％。Park 等[30]在 $Li(Ni_{1/3}Co_{1/3}Mn_{1/3})O_2$ 表面包覆一层 AlF_3 提升了 $4.5\sim3V$ 区间的循环性能，DSC 结果表明，包覆后的 $Li(Ni_{1/3}Co_{1/3}Mn_{1/3})O_2$ 具有更高的放热峰起始温度。Woo 等[32]采用 $F:Al=6$ 比例控制沉积，在 $Li(Ni_{0.8}Co_{0.1}Mn_{0.1})O_2$ 表面沉积 AlF_3，明显提高了循环性能，$4.2\sim3V$、$1C$ 充放电条件下循环 1000 次后，容量保持率达到 93％，放热峰起始温度由 217℃提高到包覆后的 248℃。

3. 磷酸盐包覆[36~39]

　　磷酸盐由于聚阴离子 PO_4^{3-} 的存在，具有稳定的结构，是较好的包覆层材料。Kim 等[35]采用纳米粒子组装法在 $LiCoO_2$ 表面分别包覆 $AlPO_4$、$FePO_4$、$CePO_4$、$SrHPO_4$，结果表明，这些包覆均提升了 $LiCoO_2$ 的循环性能，由于成膜性的差别，包

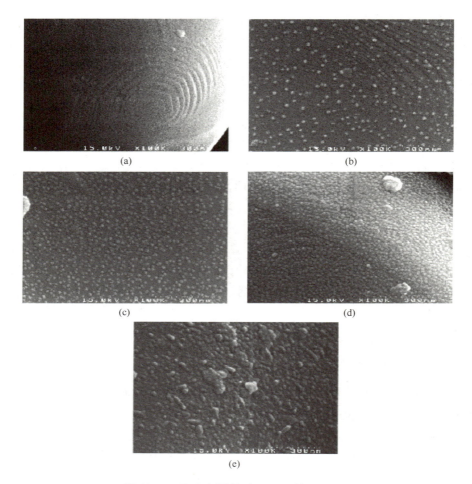

图 21.15　ZnO 包覆前后 LiCoO₂ 的 SEM 图

(a) 未包覆；(b) 0.08wt%包覆；(c) 0.10wt%包覆；(d) 0.21wt%包覆；

(e) 0.49wt%ZnO 包覆 LiCoO₂[20]

覆效果呈现 AlPO₄ 包覆＞CePO₄ 包覆＞SrHPO₄ 包覆＞FePO₄ 包覆＞未包覆的规律。这与 LiCoO₂ 表面 4 种材料的包覆层均匀性相吻合。Eom 等[36]采用纳米粒子组装法制备了 Mg₃(PO₄)₂ 和 Zn₃(PO₄)₂ 包覆的 LiCoO₂ 材料，并研究其在 90℃下的储存性能。结果表明，Mg₃(PO₄)₂ 和 Zn₃(PO₄)₂ 包覆的 LiCoO₂ 在 90℃下的储存结构稳定性明显优于 Mg、Zn 掺杂的 LiCoO₂ 材料。

聚阴离子 PO₄³⁻ 在表面的富集可以抑制正极材料在高电位、高温条件下的析氧，从而提升正极材料的热稳定性及抗过充性能。Cho 等[37]在 Li(Ni₀.₈Co₀.₁Mn₀.₁)O₂ 表面包覆 AlPO₄，包覆后的材料 DSC 测试的放热量及过充测试的材料结构变化都小

于未包覆的 $LiCoO_2$。Cho 等[37,38] 在 $LiCoO_2$ 表面包覆 $AlPO_4$ 后与石墨负极组装的电池在 1C、10V 抗过充测试中未出现热失控,最高表面温度仅有 60℃,而未包覆时发生了热失控。

4. 其他材料的包覆[40~42]

锂化盐(如 Li_3PO_4、$LiAlO_2$、Li_2ZrO_3 等)具有较高的锂离子传导能力。Song 等[39] 采用 Li_3PO_4 包覆 $Li(Ni_{0.4}Co_{0.3}Mn_{0.3})O_2$,提升了循环及倍率性能。研究发现,不同 pH 下制备的包覆材料,其性能因包覆层的均匀性不同而有差异。其中,在 pH 为 2 时制备的 Li_3PO_4 包覆 $Li(Ni_{0.4}Co_{0.3}Mn_{0.3})O_2$ 具有最好的循环及倍率性能。

复合氧化物及复合氟化物也可用作正极包覆材料,Sun 等[40] 通过表面包覆 $(NH_4)_3AlF_6$ 提高了 $Li(Ni_{1/3}Co_{1/3}Mn_{1/3})O_2$ 的 55℃ 高温循环稳定性及热稳定性,放热峰由包覆前的 289℃ 提高到包覆后的 301℃,放热量由包覆前的 523J/g 降低到包覆后的 429J/g。Chen 等[41] 在 $LiCoO_2$ 表面包覆一层 $Y_3Al_5O_{12}$,提升了其循环性能,按充电容量衰减至 80% 计算,4.4~2.75V、0.2C 充放电条件下循环,包覆后 $LiCoO_2$ 循环次数可达 164 次。

21.4.2　正极材料表面包覆改性机理研究

各种正极材料的失效机理不同,但失效的诱因往往是相似的,主要可归结为两方面:①表面氟化物等的富集阻碍锂离子及电子的传导;②因为材料的表面反应包括溶解或析氧而导致的表面结构塌陷。

以层状 $LiMe(Me=Ni、Co、Mn)O_2$ 材料为例,包覆改性的机理主要有以下三种:①包覆层材料减少 HF 的产生并消耗电解液中 HF,抑制正极材料表面结构变化及 LiF 等物质的沉积。Myung 等[42] 通过对 $Li(Li_{0.05}Ni_{0.4}Co_{0.15}Mn_{0.4})O_2$ 进行 Al_2O_3 包覆,采用 XPS、ToF-SIMS 等手段研究了循环前后 $Li(Li_{0.05}Ni_{0.4}Co_{0.15}Mn_{0.4})O_2$ 的表面成分及形貌变化,研究发现,Al_2O_3 包覆减少了 HF 的产生,同时 Al_2O_3 包覆层起到消耗 HF 的作用,并认为这是包覆改善正极材料循环性能的主要原因;②包覆层的物理隔离作用,减少了电解液与正极活性材料的直接接触,从而起到保护正极材料的作用。Sun 等[43] 通过 AlF_3 包覆提升 $Li(Ni_{1/3}Co_{1/3}Mn_{1/3})O_2$ 高电位下的循环性能及热稳定性,认为 AlF_3 作为物理阻隔层,阻碍了电解液与正极材料的直接接触,是性能提升的关键;③由于包覆层材料的路易斯酸特性,腐蚀了正极活性材料表面而不断使新鲜的表面暴露,减少了锂离子的传导阻抗。Bai 等[44] 将 Al_2O_3 颗粒浸泡于电解液中,发现浸泡过的电解液组装的电池具有更好的循环稳定性,通过 SEM 观察,发现浸泡过的电解液组装的电池循环后,正极 $LiCoO_2$ 表面更光滑,由此推论,包覆改善正极材料性能的关键是包覆层的酸特性不断腐蚀正极材料表面。

综上所述,目前对于正极包覆改性机理尚未有一致的观点。现有的观点均存在一定的局限性,而正极包覆改性机理的研究是进一步指导相关工作推进的关键,因而对其进行研究仍然具有重要意义。

21.5　包覆 Al_2O_3 前后 2H-石墨/$Li(Ni,Co,Mn)O_2$ 电池储存性能的比较[13]

包覆 Al_2O_3 前后 2H-石墨/$Li(Ni,Co,Mn)O_2$ 电池循环性能对比已在第 15 章介绍,下面介绍储存性能和过充性能的对比研究。

图 21.16 为包覆和未包覆两种电池储存前后的 0.2C 充放电曲线。可见,包覆电池容量衰减小于未包覆电池,包覆前后电池的储存容量保持率分别为 94.7% 及 97.6%。从图中还可看出,储存前后其恒压部分充电电量有不同,其值越大充电倍率性能越差。未包覆电池由储存前的 122mA·h 增加到 128mA·h,而包覆电池由储存前的 109mA·h 增加为 112mA·h。

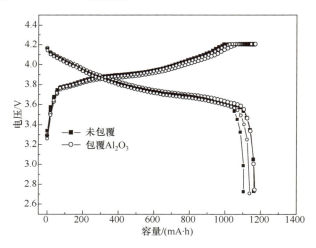

图 21.16　包覆和未包覆两种电池储存前后的 0.2C 充放电曲线

图 21.17 为包覆和未包覆两种电池储存前后的交流阻抗 Nyquist 谱。将其按照等效电路拟合的结果示于表 21.2 中。可见,R_{CT} 变化较明显,未包覆电池储存后 R_{CT} 增加至储存前的 3.27 倍,而包覆电池仅增加至 1.27 倍。

直流内阻测试结果如图 21.18 所示。可见,其变化规律与交流内阻相吻合,未包覆及包覆电池的直流内阻分别增加至储存前的 1.88 倍和 1.13 倍。

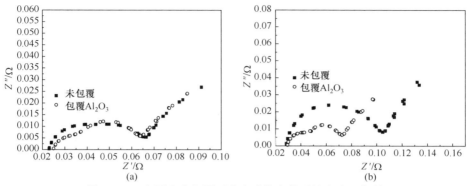

图 21.17　包覆和未包覆两种电池储存前后的交流阻抗谱

表 21.2　包覆和未包覆两种电池储存前后的阻抗　　　　（单位:mΩ）

		储存前	储存后
未包覆电池	R_e	24	28
	R_f	20.3	14.6
	R_{CT}	24.3	79.2
包覆电池	R_e	24.9	28.1
	R_f	17.6	14.3
	R_{CT}	25.4	32.3

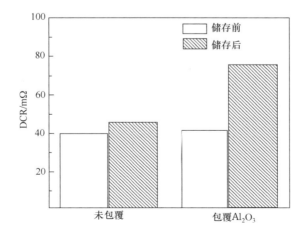

图 21.18　包覆和未包覆两种电池储存前后的直流内阻变化

21.6　包覆 Al_2O_3 前后石墨/$Li(Ni,Co,Mn)O_2$
电池过充性能和热稳定性[13]

　　图 21.19 为包覆前后电池 3C、5V 过充测试结果。可见,包覆 Al_2O_3 前后的电池在测试过程中均未出现热失控,并且温度呈现先升高后降低的规律。同时可见,包覆电池的最高表面温度为 46℃,明显低于未包覆电池的 63℃,表明正极中 NCM 的 Al_2O_3 包覆抑制了电池的过充放热。图 21.20 为两种电池 3C、10V 过充测试结果,两种电池在 3C、10V 的过充测试中均发生热失控。但从图中还可看出,包覆电池温度升高的速率明显低于未包覆电池,同样说明包覆提高了电池的抗过充性能。

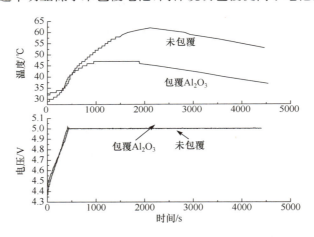

图 21.19　电池 3C、5V 过充曲线

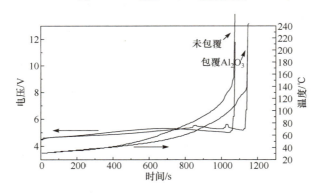

图 21.20　电池 3C、10V 过充测试曲线

　　图 21.21 为 $Li(Ni_{0.4}Co_{0.2}Mn_{0.4})O_2$ 包覆前后的两种电池在 25℃ 下的恒电位极化曲线,考虑到负极锂的极化不大,所以将其作为参比电极和辅助电极。可见,

3.5~4.3Vvs. Li/Li⁺（下同）为 A 区，对应着 NCM 中 Ni²⁺ 到 Ni⁴⁺ 的氧化；4.3~
5.0V 为 B 区，对应着 Co³⁺ 到 Co⁴⁺ 的氧化；C 区为电解液氧化区。由此可见，A、B
区差别不大，而 C 区中未包覆 NCM 的氧化电流更高。

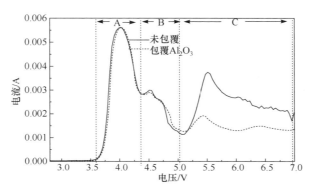

图 21.21　Al₂O₃ 包覆前后 Li(Ni₀.₄Co₀.₂Mn₀.₄)O₂ 电池在 25℃ 下恒电位极化曲线

　　为了进一步分析其相关机理，将上述两种电池都充电至 4.5V，在充满氩气的
手套箱中将正极取出，于 DMC 中浸洗 3 次，再于 Ar 气保护下烘干。取其粉末测
试 TG 曲线，结果如图 21.22 所示。由于正极中 SP 在 400℃ 内是稳定的，而包覆
前后正极中 PVDF 的含量一致，所以可以推断 400℃ 范围内 NCM 的析氧是导致
极片质量损失的主要原因。可见，在无电解液参与的情况下，包覆也明显减少了
NCM 的析氧量。所以，包覆层物理隔离作用减少析氧量的观点不够全面，而应该
从 NCM 本身稳定性的角度去作进一步的分析。

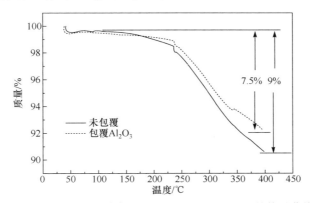

图 21.22　Al₂O₃ 包覆前后 Li(Ni₀.₄Co₀.₂Mn₀.₄)O₂ 的热重曲线

　　接着分析了包覆前后 NCM 中体相及表面中氧的局部环境变化，采用 X 射线
吸近限结构（XANES）的荧光产率（FY）及总电子产率（TEY）两种模式分别检测包
覆前后的 NCM，结果如图 21.23 所示。O 的 K 边吸收谱是表征未占据的 O2p 态

的有效方法,图 21.23(a)为 FY 模式下 O 的 K 边吸收谱,两种情况下的谱线几乎重合,说明包覆未改变 NCM 体相中氧的电子结构,这与上述 XRD 的结果是一致的。图 21.23(b)为 TEY 模式下 O 的 K 边吸收谱,525～534eV 区域的谱峰为 NCM 表面层中 O2p 与过渡金属的 3d 轨道杂化谱,而 534eV 以上更宽的谱峰为表面层 NCM 中 O2p 与过渡金属的 4sp 轨道杂化谱。可见,包覆后 NCM 表面层中的 O2p 与过渡金属的 3d 轨道杂化减少,而与过渡金属的 4sp 轨道杂化增加。根据 Yoon 等的观点,与 4sp 轨道杂化的 O 具有更高的结合能(在 534eV 以上,而与 3d 轨道杂化的谱峰在 534eV 以下),因而包覆的 NCM 材料表面的 O 更为稳定,因此,其在高温(TG 曲线)、高电位(图 3C 区)下具有更高的稳定性[45]。

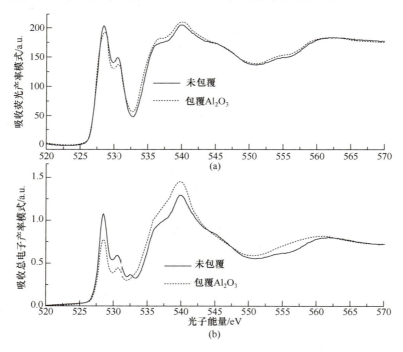

图 21.23 O 的 K 边 X 射线吸收近边结构谱[45]

(a) 荧光产率(FY)模式;(b)总电子产率(TEY)模式

21.7   石墨/Al$_2$O$_3$包覆 Li(Ni$_{0.4}$Co$_{0.2}$Mn$_{0.4}$)O$_2$电池研究结论

关于石墨/Al$_2$O$_3$包(未包)覆 Li(Ni$_{0.4}$Co$_{0.2}$Mn$_{0.4}$)O$_2$电池对比研究结果总结如下:

(1) 包覆前后 Li(Ni$_{0.4}$Co$_{0.2}$Mn$_{0.4}$)O$_2$材料比表面积、振实密度、扩散系数差别不大。Al$_2$O$_3$在表面的包覆降低了 Li(Ni$_{0.4}$Co$_{0.2}$Mn$_{0.4}$)O$_2$的碱性,有利于电极活性

材料的涂布。

（2）包覆前后 2025 型电池 2.8～4.5V、1C、100 次循环后 1C 放电容量衰减相差 10.9%，但 0.2C 放电容量相差仅为 3.1%。这说明，该电池循环衰减的关键在于阻抗的增加。SEM 观察到循环后未包覆电池正极活性材料表面比包覆的更粗糙，说明其表面附着物更多。EDS 结果表明，未包覆正极表面氟化物含量更高。XPS 结果表明，未包覆表面形成更多的 NiO，这是包覆减少循环过程中阻抗增加的主要原因之一。

（3）包覆前后 18650 型电池 2.75～4.2V、2C 电流下 400 次循环后，未包覆电池容量衰减 17.8%，但此时的正、负极容量衰减分别为 7.1% 和 3.4%，远小于电池的 17.8%，说明电池容量的衰减是由于正、负极充放电容量不匹配导致。结合活性锂的 ICP 检测表明，在循环过程中活性锂损失是其容量衰减的关键。负极材料 ICP 检测表明，包覆后负极中促进 SEI 膜的形成、活性锂损失的 Ni、Co、Mn 的沉积量明显小于未包覆电池，这正是其改善电池循环性能的原因。

（4）18650 型电池循环过程中的正负极阻抗测定结果表明，倍率性能衰减的关键在正极，包覆使正负极阻抗都降低了，从而提高了电池的倍率保持能力。

（5）18650 型电池 $60℃$ 储存 60 天的结果表明，正极包覆改善了电池的储存性能，容量保持率由 94.7% 提高至 97.6%，R_{CT} 的增加幅度由 3.27 倍降至 1.27 倍，同时减少了 Ni、Co、Mn 在负极中的沉积。

参 考 文 献

[1] Ohzuku T，Ueda A，Yamamoto N. Zero-strain insertion materials of $Li(Li_{1/3}Ti_{5/3})O_4$ for rechargeable lithium cells. J. Electrochem. Soc.，1995，142:1431～1435

[2] Wang G X，Brandhurst D H，Dou S X，et al. Spine $Li_2(Li_{1/3}Ti_{5/3})O_4$ as an anode material for lithium ion batteries. J. Power Sources，1999，(83):156～161

[3] Scharner S，Weppner W. Evidence of two-phase formation upon lithium insertion into the $Li_{1.33}Ti_{1.67}O_4$ spinel. J. Electrochem. Soc.，1999，146(3):857～861

[4] Kanamura K，Umegaki T，Naito H，et al. Structural and electrochemical characteristics of $Li_{4/3}Ti_{i5/3}O_4$ as an anode material for rechargeable lithium batteries. J. Applied Electrochem.，2001，31:73～78

[5] 谢晓华. 锂离子电池低温用有机液体电解质的性能有机. 中国科学院上海微系统与信息技术研究所博士学位论文. 2008

[6] 谢晓华. 磷酸铁锂型锂离子动力电池低温性能有机. 中国科学院上海微系统与信息技术研究所博士后研究工作报告，2014

[7] 日本 RUREHA 公司. 关于硬碳 Carbontron P 的说明书，2010

[8] 李佳. 锂离子电池储存性能的研究. 中国科学院上海微系统与信息技术研究所博士学位论文，2010

[9] 李峰, 娄豫皖, 夏保佳, 等. Ca 类添加剂在高容量氢镍电池中的应用. 电源技术, 2005, 29(5): 312～314

[10] 夏保佳, 林则青, 马丽萍, 等. 正极添加剂对 MH/Ni 电池高温充电行为的影响. 电池, 2003, 33(2): 68～70

[11] 娄豫皖, 杨传铮, 夏保佳. MH-Ni 电池中电极材料 β-Ni(OH)$_2$ 添加剂的效应. 电源技术, 2009, 33(6): 449～453

[12] 刘微. 钛酸锂的制备和性能研究. 中国科学院上海微系统与信息技术研究所博士学位论文, 2014

[13] 刘浩涵. 锂离子电池正极材料 Li(Ni$_x$Co$_y$Mn$_{1-x-y}$)O$_2$ 的包覆改性及应用研究. 中国科学院上海微系统与信息技术研究所博士学位论文, 2012

[14] Fey G T, Lu C Z, Kumar T P, et al. TiO$_2$ coating for long-cycling LiCoO$_2$: A comparison of coating procedures. Surface and Coatings Technology, 2005, 199(1): 22～31

[15] Wu F, Wang M, Su Y F, et al. Effect of TiO$_2$-coating on the electrochemical performances of Li(Co$_{1/3}$Ni$_{1/3}$Mn$_{1/3}$)O$_2$. Journal of Power Sources, 2009, 191: 628～632

[16] Zheng J M, Li J, Zhang Z R, et al. The effects of TiO$_2$ coating on the electrochemical performance of Li(Li$_{0.2}$Mn$_{0.54}$Ni$_{0.13}$Co$_{0.13}$)O$_2$ cathode material for lithium-ion battery. Solid State Ionics, 2008, 179: 1794～1799

[17] Liu G Q, Kuo H T, Liu R S, et al. Study of electrochemical properties of coating ZrO$_2$ on LiCoO$_2$. Journal of Alloys and Compounds, 2010, 496(1,2): 512～516

[18] Huang Y Y, Chen J T, Ni J F, et al. A modified ZrO$_2$-coating process to improve electrochemical performance of Li(Ni$_{1/3}$Co$_{1/3}$Mn$_{1/3}$)O$_2$. Journal of Power Sources, 2009, 188: 538～545

[19] Hu S K, Cheng G H, Cheng M Y, et al. Cycle life improvement of ZrO$_2$-coated spherical Li(Ni$_{1/3}$Co$_{1/3}$Mn$_{1/3}$)O$_2$ cathode material for lithium ion batteries. Journal of Power Sources, 2009, 188: 564～569

[20] Chang W, Choi J W, Im J C, et al., Effects of ZnO coating on electrochemical performance and thermal stability of LiCoO$_2$ as cathode material for lithium-ion batteries. Journal of Power Sources, 2010, 195(1): 320～326

[21] Chang W, Choi J W, Choo J, et al. Effects of ZnO coating on electrochemical performance and thermal stability of LiCoO$_2$ as cathode material for lithium-ion batteries. Journal of Power Sources, 2010, 195(1): 320～326

[22] Li D C, Kato Y, Kobayakawa K, et al. Preparation and electrochemical characteristics of Li(Ni$_{1/3}$Mn$_{1/3}$Co$_{1/3}$)O$_2$ coated with metal oxides coating. Journal of Power Sources, 2006, 160(2): 1342～1348

[23] Kang Y J, Kim J H, Lee S W, et al. The effect of Al(OH)$_3$ coating on the Li(Li$_{0.2}$Ni$_{0.2}$Mn$_{0.6}$)O$_2$ cathode material for lithium secondary battery. Electrochimica Acta, 2005, 50(24): 4784～4791

[24] Jang S B, Kang S H, Amine K, et al. Synthesis and improved electrochemical performance

of Al(OH)$_3$-coated Li(Ni$_{1/3}$Mn$_{1/3}$Co$_{1/3}$)O$_2$ cathode materials at elevated temperature. Electrochimica Acta, 2005, 50(20): 4168~4173

[25] Lee Oh S, Byun J K, Cho D, et al. Effect of Al$_2$O$_3$ coating on electrochemical performance of LiCoO$_2$ as cathode materials for secondary lithium batteries. Journal of Power Sources, 2004, 132(1,2): 249~255

[26] Landschoot N, Van Kelder E M, Kooyman P J, et al. Electrochemical performance of Al$_2$O$_3$-coated Fe doped LiCoVO$_4$. Journal of Power Sources, 2004, 138(1/2): 262~270

[27] Kim Y, Kim H S, Steve W M. Synthesis and electrochemical characteristics of Al$_2$O$_3$-coated Li(Ni$_{1/3}$Co$_{1/3}$Mn$_{1/3}$)O$_2$ cathode materials for lithium ion batteries. Electrochimica Acta 2006, 52: 1316~1322

[28] Wu F, Wang M, Su Y F, et al. Surface modification of Li(Co$_{1/3}$Ni$_{1/3}$Mn$_{1/3}$)O$_2$ with Y$_2$O$_3$ for lithium-ion battery. Journal of Power Sources, 2009, 189(1): 743~747

[29] Sun Y K, Cho S W, Lee S W, et al. AlF$_3$-coating to improve high voltage cycling performance of Li(Ni$_{1/3}$Co$_{1/3}$Mn$_{1/3}$)O$_2$ cathode materials for lithium secondary batteries. Journal of The Electrochemical Society, 2007, 154(3): A168~A172

[30] Park B C, Kim H B, Myung S T, et al. Improvement of structural and electrochemical properties of AlF$_3$-coated Li(Ni$_{1/3}$Co$_{1/3}$Mn$_{1/3}$)O$_2$ cathode materials on high voltage region. Journal of Power Sources, 2008, 178: 826~831

[31] Sun Y K, Cho S W, Lee S W, et al. AlF$_3$-coating to improve high voltage cycling performance of Li(Ni$_{1/3}$Co$_{1/3}$Mn$_{1/3}$)O$_2$ cathode materials for lithium secondary batteries. Journal of The Electrochemical Society, 2007, 154(3): A168~A172

[32] Woo S U, Yoon C S, Amine K, et al. Significant improvement of electrochemical performance of AlF$_3$-coated Li(Ni$_{0.8}$Co$_{0.1}$Mn$_{0.1}$)O$_2$ cathode materials. Journal of The Electrochemical Society, 2007, 154(11): A1005~A1009

[33] Liu J Y, Liu N, Liu D T, et al. Improving the performances of LiCoO$_2$ cathode materials by soaking nano-alumina in commercial electrolyte. Journal of The Electrochemical Society, 2007, 154(1): A55~A63

[34] Kannan A M, Rabenberg L, Manthiram A. High capacity surface-modified LiCoO$_2$ cathodes for Lithium-Ion batteries. Electrochemical and Solid-State Letters, 2003, 6(1): A16~A18,30

[35] Kim J, Noh M J, Cho J. et al. Controlled nanoparticle metal phosphates (metal=Al, Fe, Ce, and Sr) coatings on LiCoO$_2$ cathode materials. Journal of The Electrochemical Society, 2005, 152(6): A1142~A1148

[36] Eom J, Cho J. M$_3$(PO$_4$)$_2$-nanoparticle-coated Li(CoO$_2$ vs Li(Co$_{0.96}$M$_{0.04}$)O$_2$ (M=Mg and Zn) on electrochemical and storage characteristics. Journal of The Electrochemical Society, 2008, 155(3): A201~A205

[37] Cho J, Kim H, Park B. Comparison of overcharge behavior of AlPO$_4$-coated LiCoO$_2$ and Li(Ni$_{0.8}$Co$_{0.1}$Mn$_{0.1}$)O$_2$ cathode materials in Li-ion cells. Journal of The Electrochemical So-

ciety，2004，151(10)：A1707～A1711

[38] Cho J. Dependence of AlPO$_4$ coating thickness on overcharge behaviour of LiCoO$_2$ cathode material at 1 and 2 C rates. Journal of Power Sources，2004，126：186～189

[39] Song H G，Kim J Y，Kim K T，et al. Enhanced electrochemical properties of Li(Ni$_{0.4}$Co$_{0.3}$Mn$_{0.3}$)O$_2$ cathode by surface modification using Li$_3$PO$_4$-based materials. Journal of Power Sources，2011，196：6847～6855

[40] Sun Y K，Myung S T，Yoon C S，et al. Improvement of high voltage cycling performances of Li(Ni$_{1/3}$Co$_{1/3}$Mn$_{1/3}$)O$_2$ at 55 degrees C by a (NH$_4$)$_3$AlF$_6$ coating. Electrochemical and Solid-State Letters，2009，12 (8)：A163～A166

[41] Chen J M，Cho Y D，Hsiao C L，et al. Electrochemical studies on LiCoO$_2$ surface coated with Y$_3$Al$_5$O$_{12}$ for lithium-ion cells. Journal of Power Sources，2009，189：279～287

[42] Myung S T，Izumi K，Komaba S，et al. Role of alumina coating on Li-Ni-Co-Mn-O particles as positive electrode material for lithium-ion batteries. Chem. Mater. ，2005，17 (14)：3695～3704

[43] Sun Y K，Cho S W，Lee S W，et al. AlF$_3$-coating to improve high voltage cycling performance of Li(Ni$_{1/3}$Co$_{1/3}$Mn$_{1/3}$)O$_2$ cathode materials for lithium secondary batteries. Journal of The Electrochemical Society，2007，154(3)：A168～A172

[44] Bai Y，Yin Y，Liu N，et al. New concept of surface modification to LiCoO$_2$. Journal of Power Sources，2007，174：328～334

[45] 刘浩涵，张 建，娄豫皖，等. XANES 研究 Al$_2$O$_3$ 包覆 Li(Ni$_{0.4}$Co$_{0.2}$Mn$_{0.4}$)O$_2$材料的稳定性. 化学学报，2012，70(9)：1055～1058

[46] 刘微. 钛酸锂的制备和性能研究. 中国科学院上海微系统与信息技术研究所博士学位论文，2014

[47] 王倩. 钛酸锂系锂离子电池的研制机理研究. 中国科学院上海微系统与信息技术研究所博士学位论文，2015

第 22 章　绿色二次电池离子导电的脱嵌理论和脱嵌应力

本章是全书的理论总结,包括绿色二次电池离子导电脱嵌理论和脱嵌应力两大部分。脱嵌理论包括电导离子的由来,即离子在正负极活性材料中的脱嵌行为、离子电导机理;脱嵌应力包括脱嵌应力的由来和应力对电极材料及电池功能的影响。

22.1　绿色二次电池离子脱嵌行为[1]

总结前面有关章节得知,前人认为氢镍电池在充放电过程中在正极发生如下反应

$$\beta\text{-Ni(OH)}_2 + OH^- \Longleftrightarrow \beta\text{-NiOOH} + H_2O + e^-$$

2H-石墨/LiCoO$_2$锂离子电池在充放电过程中在正极发生如下反应

$$LiCoO_2 \Longleftrightarrow Li_{1-x}CoO_2 + xLi^+ + xe^-$$

2H-石墨/Li(Ni,Co,Mn)O$_2$锂离子电池在充放电过程中在正极发生如下反应

$$LiMeO_2 \Longleftrightarrow Li_{1-x}MeO_2 + xLi^+ + xe^- \quad (Me=Ni, Co, Mn)$$

2H-石墨/LiFePO$_4$锂离子电池在充放电过程中在正极发生如下反应

$$LiFePO_4 + xLi^+ + xe^- \Longleftrightarrow xFePO_4 + (1-x)LiFePO_4$$

于是得出结论,电池的导电离子是由相变来提供,称为离子导电的相变理论。

仔细分析发现,充电是在正极发生氧化反应,放电时在正极发生还原反应,也就是说,充电时相变动力是氧化反应,放电时相变动力是还原反应,但这与下述原则不符,即化学电源在实现化学能直接转换成电能的过程中,必须具备两个必要条件,其一:"必须把化学反应中失去电子(氧化)过程和得到电子(还原)过程分隔在正、负两个电极上进行,因此它与一般的氧化-还原反应不同"。其二:"两个电极分别发生氧化反应和还原反应时,电子必须通过外电路做功,因此它与电化学腐蚀的微电池效应不同"。两个必要条件都强调,无论是充电过程还是放电过程,氧化和还原都分隔在正、负极两个电极上进行。

我们的实验研究发现:氢-镍电池在充电过程中不发生上述相变,只有在满充和过充时才发生下述变化:

$$2\beta\text{-Ni(OH)}_2 \longrightarrow \beta\text{-Ni(OH)}_2 + \gamma\text{-NiOOH} + H^+ + e^-$$

石墨/LiCoO$_2$锂离子电池虽然发生下述变化:

$$\text{LiCoO}_2 \longleftrightarrow \text{Li}_{1-x}\text{CoO}_2 + x\text{Li}^+ + xe^-$$

但 LiCoO_2 和 $\text{Li}_{1-x}\text{CoO}_2$ 晶体结构是相同的,后者在 Li 的点阵位置上留下空位。类似地,对于石墨/Li(Ni,Co,Mn)O_2 锂离子电池也发生下述变化:

$$\text{LiMeO}_2 \Longleftrightarrow \text{Li}_{1-x}\text{MeO}_2 + x\text{Li}^+ + xe^-$$

但 LiMeO_2 和 $\text{Li}_{1-x}\text{MeO}_2$ 的晶体结构也是相同的,后者在 Li 的点阵位置上留下空位。

2H-石墨/LiFePO_4 锂离子电池在充电过程中发生下述变化:

$$2\text{LiFePO}_4 \longrightarrow \text{LiFePO}_4 + \text{Li}_{1-x}\text{FePO}_4 + x\text{Li}^+ \rightarrow \text{Li}_{1-x}\text{FePO}_4 + x\text{Li}^+ + \text{FePO}_4 \rightarrow \text{FePO}_4$$

但 LiFePO_4、$\text{Li}_{1-x}\text{FePO}_4$ 和 FePO_4 晶体结构相同,发生的相变属膺结构相变,后两者仅是在 Li 的点阵位置缺 Li 和无 Li,而且这些变化是由于 Li(或 H)原子的脱离或回嵌正负极活性材料所引起。这种因果关系不能搞颠倒了。

正因如此,我们提出了绿色二次电池离子导电的脱嵌理论,其电极活性材料的离子脱嵌行为分述如下。

22.1.1 β-Ni(OH)₂ 的脱嵌行为

β-Ni(OH)_2 属六方结构,$P\bar{3}m1$(No. 164)空间群,单胞中有 1 个分子,即 1 个 Ni 原子,2 个氧原子和 2 个氢原子,共 5 个原子。它们在单胞的晶体学位置是:

原子	位置	x	y	z
Ni	$1a$	0	0	0
H	$2c$	0	0	$\pm 1/4$
O	$2d$	1/3	2/3	± 0.222

其晶体结构模型和化学键合情况如图 10.11 所示。由图 10.11 可知,Ni 和 O 之间化学键较强,而 H 和 O 之间要弱得多。当不存在堆垛无序时,Ni—O 层按 $ABAB\cdots$ 顺序堆垛,氢分两层嵌在 Ni—O 层之间。在 β-Ni(OH)_2 中 H 原子有两个等效位置 $00\pm1/4$,当充电时,氢原子离开 β-Ni(OH)_2 点阵的 $00\pm1/4$ 位置,留下空位,并在正极-电解液界面失去电子变成电导离子 H^+;当放电时,H^+ 在正极-电解液界面还原为氢原子,并回嵌到 β-Ni(OH)_2 点阵的 $00\pm1/4$ 位置,填补因脱离所留下的空位。由于原子脱离 $00\pm1/4$ 两位置所需能量是近乎相同,所以其充电平台只有一个。

22.1.2 AB₅ 储氢合金的脱嵌行为

储氢合金 AB₅(LaNi_5)属六方结构,$P6/mmm$(No. 191)空间群,单胞中存在 1 个分子,即 1 个 La 原子和 5 个 Ni 原子。它们在晶胞的晶体学位置是:

原子	位置	坐 标								
La	$1a$	0	0	0						
Ni-1	$2c$	1/3	2/3	0 ;	2/3	1/3	0			
Ni-2	$3g$	1/2	0	1/2 ;	0	1/2	1/2 ;	1/2	1/2	1/2

晶体结构模型和化学键合情况如图 10.12 所示。当充电时,电解液-负极界面的 H^+ 从外电路获得电子还原为原子,并嵌入 AB_5 点阵的间隙位置而形成 AB_5-$2x$H 固溶体。只有当晶胞体积由于氢原子的嵌入量增加到一定百分数才能形成氢化物 AB_5H_x,当然氢化物的形成有一个成核长大的过程。当放电时,氢原子优先从氢化物点阵离开,并在电解液-负极界面失去电子变成氢 H^+,在反向电场的作用下,向正极运动。氢原子可能优先从氢化物点阵离开,逐渐使氢化物的分解,然后固溶氢原子离开 AB_5-$2x$H 固溶体合金。

22.1.3　LiMeO$_2$ 的脱嵌行为

$LiCoO_2$ 和 $Li(Ni_xCo_yMn_{1-x-y})O_2$ 都属 $R\bar{3}m$(No. 166)空间群,单胞中有 3 个分子,共 12 个原子,它们在晶胞的占位是:

Li 占　　　　　　　($3a$)位　000;　　1/3 2/3 2/3;　　2/3 1/3 1/3
Ni,Co,Mn 占　　($3b$)位　001/2;　2/3 1/3 5/6;　　1/3 2/3 7/6
O 占　　　　　　　($6c$)位　001/4;　2/3 1/3 7/12;　1/3 2/3 11/12;　00−1/4;
　　　　　　　　　　　　　　　2/3 1/3 1/12;1/3 2/3 5/12

其晶体结构模型和键合情况如图 11.18 所示。由图可见,处于 000 位的 Li 原子与近邻原子的化学键较长,其在晶胞中的结合力较弱。当充电开始时,处于 $LiMeO_2$ 中 000 位的 Li 原子优先脱离晶体点阵,继后位于 1/3 2/3 2/3 和 2/3 1/3 1/3 位的 Li 原子离开点阵,脱离 $LiMeO_2$ 的锂原子在正极-电解液界面失去电子,氧化成 Li^+,在正向电场的作用下定向地向负极运动。因处于 000 位的 Li 原子优先脱离晶体点阵,继后才是位于 2/3 1/3 1/3 和 1/3 2/3 2/3 位的 Li 原子离开点阵,所以在充电荷电态<30%时,引起的点阵参数和点阵应变的变化较缓慢,此后的变化率较大。这样,在充电曲线上存在两个平台。在放电过程中 Li^+ 从负极定向运动到正极-电解液界面获得电子,还原为 Li 原子,回嵌到 $LiMeO_2$ 中 Li 的空位位置。可见放电大致是充电的逆过程,但并不完全可逆。

22.1.4　LiFePO$_4$ 的脱嵌行为

$LiFePO_4$ 每个晶胞包含 4 个 $LiFePO_4$ 分子,即 4 个 Li 原子、4 个 Fe 原子、4 个磷原子和 16 个氧原子,共 28 个原子,其原子位置如下:

		x	y	z
Li	$4a$	0	0	0
Fe	$4c$	0.282	1/4	−0.023
P	$4c$	0.095	1/4	0.418
O1	$4c$	0.107	1/4	−0.268
O2	$4c$	0.460	1/4	0.208
O3	$8d$	0.165	0.043	0.288

$+ 0\ 1/2\ 0; 1/2\ 0\ 1/2; 1/2/\ 1/2\ 1/2$

而 $FePO_4$ 单胞中也包含 4 个 $FePO_4$ 分子，即 4 个 Fe 原子、4 个磷原子、16 个氧原子，共 24 个原子，其原子位置如下：

$$
\begin{array}{lllll}
 & & x & y & z \\
 & 4a & 0 & 0 & 0 \\
Fe & 4c & 0.277 & 1/4 & 0.9449 \\
P & 4c & 0.0935 & 1/4 & 0.3983 \\
O1 & 4c & 0.1167 & 1/4 & 0.7131 \\
O2 & 4c & 0.4417 & 1/4 & 0.1614 \\
O3 & 8d & 0.1684 & 0.0461 & 0.2513
\end{array}
$$

$+ \ 0 \ \ 1/2 \ \ 0; 1/2 \ 0 \ 1/2; 1/2/ \ 1/2 \ 1/2$

$LiFePO_4$ 和 $FePO_4$ 的晶体结构模型和化学键合情况分别如图 12.11 和图 12.12 所示。在 $LiFePO_4$ 点阵中 Li 原子有四种晶体学位置，即 000；0 1/2 0；1/2 0 1/2；1/2 1/2 1/2。从图 12.11 和图 12.12 可知，000 位置的键合力最弱，1/2 1/2 1/2 位置的键合力最强，0 1/2 0 和 1/2 0 1/2 两个位置的情况差不多，因此当充电开始时，在电场的作用下，首先离开 $LiFePO_4$ 的是化学键较长且在晶胞中的结合力较弱位于 000 位置的 Li 原子，继后才是位于 0 1/2 0；1/2 0 1/2 位的 Li 原子离开点阵，最后是位于 1/2 1/2 1/2 位置的 Li 原子脱离，所以在充电荷电态<30%时，引起的点阵参数和点阵应变的变化较缓慢，此后的变化率较大。可能在充放电曲线存在 4 个台阶，最前面的和最后的两个台阶差较大，中间两个台阶相差很小，实验的充放电曲线证明这点，见图 11.13。脱离 $LiFePO_4$ 点阵的 Li 原子，在正极-电解液表面失去电子，氧化成 Li^+，在正向电场的作用下定向地向负极运动；当放电时，从负极定向运动到达正极-电解液界面获得电子，还原成 Li 原子，并回嵌至 $FePO_4$ 原 Li 原子因脱离而留下的空位，$FePO_4$ 变成 $Li_{1-x}FePO_4$。可见放电是充电一个逆过程，但存在放电的滞后效应。

22.1.5 2H-石墨的脱嵌行为

充电过程的开始，电解液-负极界面的 Li^+ 从外电路获得电子，还原成 Li 原子，并嵌入石墨基面层之间，其优先进入的是石墨网格面间的间隙位置，因为 2H-石墨的 $ABAB$ 顺序堆垛不像密堆六方结构那样是密堆的，所以有较大的间隙空间，可容纳大量 Li 的间隙原子，故在充电小于 60%时不会形成 Li-C 化合物。只有当电池充电大于 60%后，才会相继形成 LiC_{24}、LiC_{12}、LiC_6 相。同样，新相的析出，有一个成核长大的过程，因此在此过程中会出现两相或多相共存的现象。放电是一个逆过程，先是碳化物中的 Li 原子离开石墨点阵，使碳化物分解，最后是间隙的 Li 原子离开 2H-石墨点阵。

还有很重要的一点，发生脱嵌在先，是因 H（或 Li）离子的脱嵌才引起电极活性材料主体点阵的上述变化,这种因果关系不能搞反了。另外,无论是充电还是放电,氧化和还原都分别在正负极上发生。

22.2　绿色二次电池离子导电机理

基于脱嵌理论的导电机理可总结如下:

在刚开始充电时,锂离子(氢离子)的迁移是从负极-电解液的界面开始的。由于锂离子(氢离子)在负极-电解液的界面从外电路得到(还原)电子后嵌入负极活性材料的主体点阵,界面上锂离子(氢离子)浓度下降,在溶液中锂离子(氢离子)在正向电场的作用下就像接力赛跑一样从正极向负极迁移来弥补这一浓度空缺。由于锂离子(氢离子)的定向迁移,正极-电解液界面也相应地产生锂离子(氢离子)浓度降低。在电场的作用下,正极活性材料($LiCoO_2$、$Li(Ni,Co,Mn)O_2$ 或 $LiFePO_4$)中的 Li 原子就离开主体点阵位置(β-Ni$(OH)_2$ 的氢原子离开点阵位置),到达正极-电解液界面时,失去电子(即氧化,该电子经外电路做功到达负极),进入电解液,以补充电解液中的锂离子(氢离子)。当这种离子流动达到动态平衡时,就对应于电池的充电平台。当电池达到满充后,正极中的 Li 原子(氢原子)耗尽,继续充电,Li^+(氢离子)只能靠电解液来提供,因此电解液的原始成分中必定有 Li^+(氢离子)。

放电过程则是从正极-电解液界面开始,在反向电场的作用下,在正极-电解液界面的电解液一侧的 Li^+(氢离子)从外电路获得电子(还原)后回嵌至正极活性材料的主体点阵,正极-电解液界面处电导离子浓度降低,在反向电场的作用下,就像接力赛跑一样,Li^+(氢离子)从负极向正极运动,在电解液-负极界面缺 Li^+(或 H^+),Li(或 H)原子脱离负极的间隙位置,通过界面失去电子(氧化,该电子经外电路到达正极),以 Li^+(或 H^+)状态进入电解液,于是形成 Li^+(或 H^+)从负极向正极的定向运动的电池(放电)使用状态的导电。

由上可知,绿色二次电池的离子电导,放电过程是充电的逆过程,但并非完全不可逆,都存在放电过程的滞后效应,对不同的电池系统,这种滞后效应明显不同。

22.3　电极过程脱嵌应力的来源[2]

在绿色二次电池中,导电离子的脱嵌行为已在第 10、11、12 章描述充放电过程时作了描述和讨论,22.1 节又作了系统总结。第 13～17 章为循环过程,每一个循环周期也是充放电过程。在锂离子电池中,有人把锂离子的脱嵌称为锂化/去锂化(lithiation /delithiation)。下面就锂离子电池讨论锂离子脱嵌引起的应力。

22.3.1　概述

Li 离子在锂离子电池的电化学周期中,嵌入(insertion into)和/或脱离(/removal from)主体点阵(电极活性材料)是引起电极材料中应力的主要部分。这种应力大小的变化达几个量级,并取决于很多因素,如特殊的电极材料、电极结构、电极组分、Li 的脱嵌机理、电化学周期率和所考虑的情况下的电位范围等。此外,应力在遍及活性电极材料范围内经常是不均匀的。产生这种应力的主要原因能分类概括为图 22.1(a)~(d)所示的机理,现说明如下。

(1) 活性材料中尺度变化的物理约束。当"外来"Li 离子嵌入或离开活性电极材料主体点阵时,主要的结构变化是点阵参数的变化,或新结晶相/非晶相的形成。关于这些机理更详细的描述在下面两小节进行讨论。然而,这种现象的主要效应是总体积的变化和/或形态的变化。大多情况下,这种尺度/体积/形态的变化将被近邻粒子、衬底/电流收集器或晶胞的空间限制/几何学所约束(图 22.1(a)和(b))。在许多电极材料中,这些约束效应是产生应力的最主要来源。表 22.1 列出锂化期间形成的各种主要物相、晶体结构、点阵参数、单胞体积以及理论容量等。

表 22.1　电化学锂化进程中形成的各主要物相、晶体结构、点阵参数、单胞体积及相对体积变化率

电极材料	物相	空间群	晶胞参数/Å			单胞体积/Å³	单胞体积变化率/%	理论 Li 容量/(mA·h/g)
			a	b	c			
石墨	C	$P6_3mmc$	2.464		6.711	51.38	0.0	
	LiC_{18}	$P6_3mmc$	2.47		6.711	54.37	0.58	71
	LiC_{18}	$P6_3mmc$	4.288		7.066	53.22	3.6	105
	LiC_{12}	$P6_3mmc$	2.288		7.066	53.76	4.6	185
	LiC_6	$P6_3mmc$	4.305		7.036	56.51	10.0	372
$LiCoO_2$	$LiCoO_2$	$R\text{-}3m$	2.817		14.058	96.85	0	270
	$Li_{0.9}CoO_2$	$R\text{-}3m$	2.817		14.08	96.80	0	
		$R\text{-}3m$	2.814		14.19	97.25	0.5	240
	$Li_{0.78}CoO_2$	$R\text{-}3m$	2.812		14.25	97.75	1.0	200
	$Li_{0.51}CoO_2$	$R\text{-}3m$	2.812		14.30	98.0	1.3	150
	$Li_{0.50}CoO_2$	$R\text{-}3m$	2.813		14.42	98.6	1.9	135
	$Li_{0.45}CoO_2$	$R\text{-}3m$	2.809		14.40	98.3	−0.3	120
	$Li_{0.22}CoO_2$	$R\text{-}3m$	2.81		14.0	95.7	−2.9	65
	CoO_2	$R\text{-}3m$	2.822		12.879	88.8	−9.9	
$LiFePO_4$	$LiFePO_4$	$Pnma$	10.33	6.01	4.69	29.2	0	
	$Li_{0.5}FePO_4$	$Pnma$	10.07	5.90	4.73	28.10	−3.8	170
	$FePO_4$	$Pnma$	9.81	5.79	4.78	27.5	−7.2	

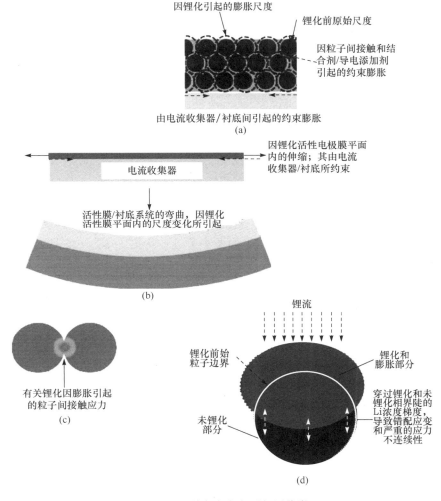

图 22.1　脱嵌应力主要起因分类

(a)近邻活性粒子、非活性基体和电流收集器/衬底对因多孔合成电极锂化的膨胀活性粒子约束影响的示意说明;(b)因锂化,由非活性电流收集器/衬底引起的薄膜电极平面内伸缩约束的示意说明;(c)因锂化膨胀电极粒子间相互接触产生的应力;(d)粒子的锂化和未锂化部分间 Li 浓度梯度,由此引起应力不连续性的发生,具有不同晶体结构/衬底的邻近区域同样是正确的

(2)粒子间的接触。最主要流行的电极构造由活性材料的颗粒组成,始终与结合剂和传导添加剂接触(多孔合成电极),由于锂化期间活性粒子体积增加,粒子间彼此接触是可能的(图 22.1(c)),这能在接触点处引起有效的应力。

(3)结晶相与 Li 浓度梯度间的失配。在 Li 嵌入/脱离期间发生的相变与 Li

浓度变化相联系,也就是由电化学电位的变化所驱使。此外,经过 Li 离子在活性材料体内扩散而发生锂化/去锂化,锂化时,从表面到芯部扩散,反之亦然。陡的 Li 浓度梯度能在活性材料中出现。这些差别取决于与 Li 的扩散性、电流密度相联系的输运限度,特别是在较高电化学周期率时更是这样。这种 Li 浓度梯度引起微分尺度/体积的变化,从而引起从表面到芯部的相变,这就意味着在相同活性材料内,相邻区域可能有不同的相(结构)和不同的克分子体积。此外,这种不同的共存相也可能具有不同的弹性性质。在连续的范围内的这种区域间的相互作用/接触会引起应力产生(图 22.1(d))而导致的失配。

必须注意的是,在电化学周期内发生的锂化/去锂化是动态的,从而重复地改变应力方向。由于这些应力的作用,如此重复改变方向能进一步增加损坏蓄电池的严重程度。

类似地,在循环过程能引起更一般的疲劳机理,这描述了由于周期地加载/卸载引起的增加应力影响的严重性。下面两小节进一步提供起因的说明,给出锂化/去锂化引起的应力,并集中在特殊电极材料上。

22.3.2　负极材料石墨的脱嵌应力

石墨碳最广泛用作负极活性材料。这些材料被想象为层状片的堆垛(或石墨基面沿晶体学 c 轴的堆垛),层状片间具有 0.34nm 原子间距(即 0002 间距)。在电化学周期中,Li 离子可逆地嵌入石墨基面之间的空间,形成嵌入性化合物(Li-GIC)。

对应于基体最大可能的 Li 吸入量(LiC_6,阶段 I GIC)的成分为石墨的每个其他基面间有一个 Li 离子,这样,石墨能有每 6 个碳原子占有一个 Li 离子的 GIC,引起~372mA·h/g 最大理论比 Li 容量。在 Li 嵌入不同阶段,不同 Li-GIC 原子排列如图 22.2 所示。

在 0.01~0.3V 电位(与 Li/Li$^+$ 相应)下,石墨中发生锂的嵌入能被看成形成的电位平台,每一个平台对应于两种相的共存。由于石墨中 Li 的进入引起的主要结构变化是增加基面(0002)的层间距和典型的嵌入式化合物。理论研究表明,在满锂化(即 LiC_6)下,层间距增加 10%,沿基面(a 轴)的尺度变化明显较低,满锂化时为 1%。表 22.1 中给出沿 a 轴和 c 轴的点阵大小随充电状态的变化。这些变化引起石墨碳基负极净体积变化,满锂化时理论估算为 14%。在锂化/去锂化期间点阵尺度这些全部变化,伴随着不同 Li-GIC 相的共存(图 22.2),是石墨碳电极中 Li 嵌入/脱离引起应力主要来源,因此,从实验测量的推算来估计,锂化沿基面的逐渐降低弹性模量(全锂化降低 12%),而沿垂直于基面则增加弹性模量(满锂化增加 150%)。因此,在不同的共存 Li-GIC 相中的附加的尺度/应变失配,弹性模量失配也对应力有贡献。

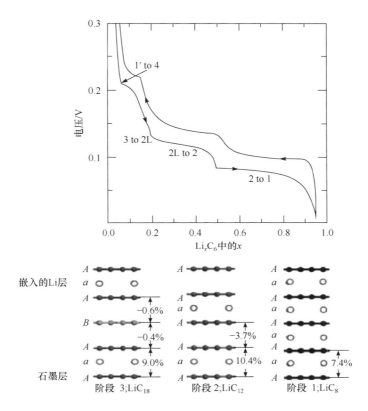

图 22.2　典型的电位（Li/Li⁺）对锂化/去锂化程度的作图
表示对应于不同 Li-GIC 相（阶段化合物）共存的不同平稳状态，
也示意地表示不同阶段化合物与石墨（0002）层相联系的
Li 离子嵌入层的排列

22.3.3　正极活性材料 LiCoO₂ 的脱嵌应力

过渡金属氧化物（如 LiCoO₂）是广泛应用的正极活性材料。假设全去锂化到 CoO₂，LiCoO₂ 具有约 270mA·h/g 的理论容量，目前大约仅能用一半（140mA·h/g）。这对应于 50%Li 离子量（即达 Li₀.₅CoO₂）和因 4.25V（Li/Li⁺）的 Li 离开相应的切断电压，这样 LiCoO₂ 能在 3.5～4.25V 电位范围间循环。

在 550℃ 以上退火形成的高温 LiCoO₂（HT-LiCoO₂）以三方点阵结晶，属 R-3m 空间群（No.166，α-NaFeO₂ 结构），具有以 ABCABC…堆垛的密堆六方点阵的氧原子，Li 和 Co 原子以交替层形式占据氧层之间的八面体位置。对应全锂化（化学剂量 HT-LiₓCoO₂，x=1）时，用六方表示的点阵参数，a=2.817Å，c=14.058Å。邻近荷负电的氧阳离子的排斥交互作用趋向于稳定层状结构，特别是沿 c 轴 CoO₂

层的排列。荷正电 Li 离子在 CoO_2 片间存在维持层状结构的结合能力。在去锂化时期,当 Li 离子从 CoO_2 片间离开时,Li-正离子的屏蔽效应降低,对应 c 轴的点阵参数单调增加,相反,对应 a 轴的点阵参数降低(图 22.3(a)和表 22.1)。在去 Li 量直到 0.9(3.5~3.9V)时,初始的 R-$3m$ 相仍保持着,但点阵参数不同,这样的"两种相"共存至 $x=0.78$,引起 3.9V 电位平台。之后,初始相 H1 消失。然后,相 H2 以单相存在,经历 c 轴点阵参数缓慢增加,a 轴点阵参数几乎不变,直至 $x=0.51$。在超过这样的去嵌入范围,单胞体积增加 1.8%。必须注意,易碎硅酸盐(氧化物)正极材料应变>0.1% 是相当严重的。

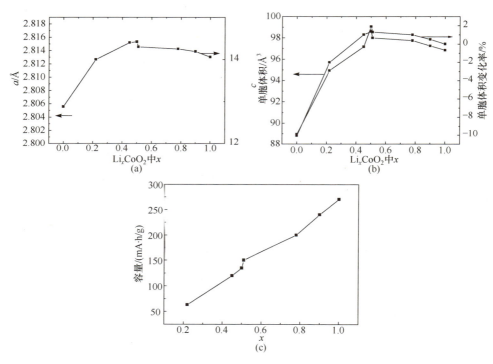

图 22.3　$LiCoO_2$ 点阵参数 a 和 c(a)、单胞体积 V 和单胞体积变化率(b)
以及理论 Li-容量(c)随 $LiCoO_2$ 去锂化程度的变化

当 $0.22<x<0.5$ 时,a 轴和 c 轴点阵参数缓慢降低,晶胞体积也缓慢降低;当 $x<0.22$ 以后,点阵参数和晶胞体积都以较大速率降低,但仍保持 R-$3m$ 的对称性。

多项研究确认,满去锂化时($x=0$),可能伴随着 CoO_2 的形成,结果是亚稳的六方晶体结构相的存在,$a=2.8222$Å,$c=12.879$Å。在锂化/去锂化期间,这些点阵参数和晶体结构的突然变化导致宏观尺度(体积)的变化以及体积变化的不均匀性,这是引起脱嵌应力的主要原因。

22.3.4　正极活性材料 LiFePO₄ 的脱嵌应力

LiFePO₄（磷酸锂铁矿）具有正交单胞（$Pnma$ 对称），由氧离子畸变六方密堆堆而成，Fe 和 Li 离子占八面体间隙位置，磷占四面体坐标。这种结构由 PO₄ 四面体、FePO₄ 八面体和沿 b 轴的 Li 离子通道组成。去锂化时，新相 FePO₄（异磷铁矿）形成，其属同一空间群。在这两个最终成员中都存在可忽略的固溶性，这导致在锂化和去锂化全部时间内两相共存，两相的分数都随净的 Li 浓度而变化。事实上，Li₀.₅FePO₄（部分去锂化）离子的观测已显示两相最终相交替窄条存在，窄条平行于（100）面。理论计算预期，Li 扩散沿平行于 b 轴或 c 轴通道发生，如图 22.4（c）和（d）所示，相界沿 a 轴行进。

即使两种相（LiFePO₄ 和 FePO₄）具有相同的晶体结构，但点阵参数有差别，对于 LiFePO₄，$a=10.33$，$b=6.01$，$c=4.69$，而对于 FePO₄，$a=9.81$，$b=5.79$，$c=4.78$。因此，锂化导致应变的三轴状态，$\varepsilon_a=5.03\%$，$\varepsilon_b=3.7\%$，$\varepsilon_c=-1.9\%$，而且锂化是可逆的。与这种相变相联系的体积变化为 -6.8%。这种相变的约束效应和两相共存相联系的错配应变，随着恒定变化，体积分数是 LiFePO₄ 基正极活性中应力发展主要贡献因素。平行于 c 轴的刃型位错已在以循环 LiFePO₄ 中观察到，它提示，沿 a 轴最巨大的失配应变导致这种位错的发生。理论模型也已发展，在反复循环过程中 Li 离子层的部分填入/抽出也导致半平面的形成，引起位错（图 22.4）和相关位错应力场产生。

22.3.5　由表面反应预期的应力

前面几小节描述相关电极材料中因锂化去锂化实际过程应力发展的原因。Mukhopadhyay 等[3,4]新近的工作也指出，在电化学循环中能引起明显应力发展的某些其他因素是电极材料与电解液直接接触，电解液一般都含有溶解于有机盐中以无机盐形式存在的 Li 离子。在电解液中，Li 离子在已溶的 Li 离子周围拥有可溶外壳，这使得它们明显大于未溶解 Li 离子尺寸。这种已溶解 Li 离子的结合能引起石墨基面（002）之间的结间距增加，如图 22.5(a) 所示。在石墨碳电极的情况下，在第一次锂化半周期内，在比实际嵌入电位（~0.3V）高得多的 1.2V 情况下，已溶解的 Li 离子嵌入石墨基面间的空间，形成三元的 Li（电解液）$_y$Cn 的 GIC，这已被许多研究者确认。在低 Li 浓度（C/LiP≥~18）情况下，与二元 Li-插入化合物相比较而言，相信这种三元 GIC 的形成是热动力学更有利。已报道，溶解的离子共嵌入能导致沿 c 轴约 150% 的膨胀，这比实际 Li 嵌入引起的 c 轴膨胀大一个数量级。此外，与 Li 嵌入相比，溶解离子共嵌入的过程是不可逆的，根据这种考虑，在线原子场显微镜（AFM）中已观察到，在第一次电化学周期，石墨基面间的间距不可逆地增加约 25%，这比实际 Li 嵌入时间距可逆变化（~17%）大。

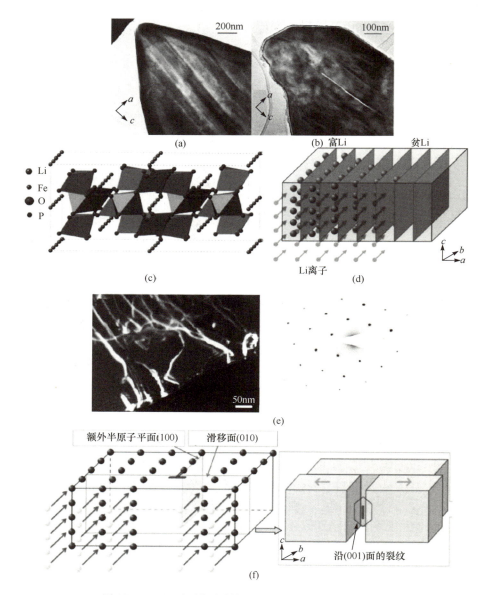

图 22.4　(a)、(b)循环过的 LiFePO$_4$ 粒子 TEM 像,显示
沿 c 轴排列条纹(畴)和沿 b-c 面的微裂纹存在;(c)、(d)Li 粒子沿 LiFePO$_4$
橄榄石结构 b 轴插入的通道;(e)循环后 LiFePO$_4$ 粒子暗场 TEM 像,
显示明显的位错活性;(f)在锂化时,沿 LiFePO$_4$ 的 b 轴部分填入一层或两层,
具有(100)额外半平面和(010)滑移面的刃型位错的产生,以及伴随着垂直于
(010)(电荷 I 下)裂纹表面

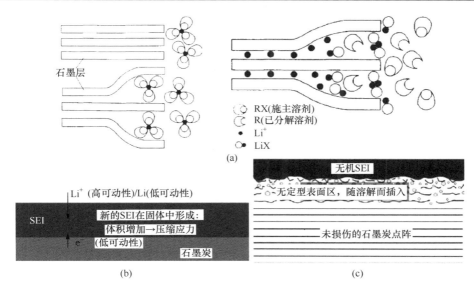

图 22.5　(a)溶解 Li 离子在石墨层嵌入的示意表示,层内溶解,伴生层间距明显膨胀;
(b)根据超饱和高可动性离子的沉积,提出了因 SEI 形成的应力发展模型;
(c)根据"已由溶解 Li 离子嵌入的表面区域,初始无定型化和接着发生的
无机粒子沉积"提出 SEI 形成的模型

在确定的电解液中,特别是包含碳酸丙烯酯(PC)作溶剂的电解液,即使电位达到实际 Li 嵌入电位,在非控制方式共嵌入仍继续。幸运地,还有更通用的电解液,如碳酸乙烯酯(EC)和碳酸二甲酯(DMC)的混合物,溶解离子嵌入被抑制一次,由电解液分解(还原)产物组成的保护层/膜在石墨电极(开始稍低 1.0V)表面形成。如同已知的固体电解液中间相,这种钝化层包含各种有机(如 $ROCO_2Li$)盐和无机($LiCoO_3$)盐。它在石墨炭电极上的形成,进一步阻止电极与电解液的直接接触,但仍允许 Li 离子扩散(但无电子传导)。这种钝化层对于阻止电极与电解液更多接触是有利的,但导致 Li 的非可逆消耗,这不能进一步用于附加的电化学周期。即使通过这层能阻止溶解离子的嵌入和对应的点阵畸变,但现仍观察到,与 SEI 形成有关的表面现象在超过 18 个电化学周期仍能导致压缩应力(体内是在第一周期),这明显比实际锂化引入的应力大。这种应力的发展可借助薄膜(在这种情况下,SEI)生长时的压缩应力的发展来解释,对于高运动性原子(在这种情况 Li^+),因为超饱和(图 22.5(b)),在非常靠近表面(深度达几纳米)观察到石墨点阵的破裂(图 22.5(c))。

类似地,可以讨论 β-$Ni(OH)_2$ 和 AB_5 储氢合金中脱嵌应力的由来,这里不再赘述。

还需要提及的是,脱嵌应力又分宏观应力和微观应力,宏观应力的作用与平衡范围为宏观尺寸,此范围包含了无数个小晶粒。微观应力的作用与平衡范围为晶粒尺寸数量级。两种应力的衍射效应分别是衍射线条的位移(点阵参数的变化)和衍射线条的宽化,这就是前面有关实验测定的宏观应变和微观应变,以及由应力发展引起的电极活性材料精细结构(如 β-Ni(OH)$_2$ 层错、六方石墨中的堆垛无序等)随充放电深度、循环周期和储存前后的变化。

22.4　电极材料中应力发展的影响[3]

正如 22.3 节所述,各种原因导致电池在电化学循环期间的应力发展。预期这种应力的发展将影响电极材料的功能和电池整体功能,可以相信,主要影响来自应力对机械行为/电极材料的完整性(integrity)的影响。然而,电极中的应力也能影响与电化学行为相关的各种现象。下面几小节将阐明这些影响和它们的总体影响。

电池的功能借助于电池的能量密度、功率密度和循环寿命来度量,这些度量分别与电极活性材料可用 Li-容量、可达到的锂化/去锂化率和电极的能力相联系,在许多情况下,这三种能力又存在内在联系。

22.4.1　应力对电极机械完整性的影响

应力能直接引起电极材料的机械退化,这种退化程度取决于电极材料和电极结构,并几乎都用锂化/去锂化时的体积变化大小、材料的机械性能和机械约束来度量。许多研究表明,电化学周期率和锂化/去锂化的程度也影响电极材料的退化。机械退化常用电极活性材料的破裂/蜕化来证明,电子显微镜像显示因循环引起的正极和负极的裂纹,如图 22.6 所示。在大多情况下,裂纹部分或是失去与集流体的接触,或是保持与活性材料的接触,这会导致电学绝缘。进一步的裂开会减少电极活性材料的量,降低电池的 Li 容量。此外,应力发展也破坏结合料和减少孔的体积,并进一步影响电极的机械完整性,所有这些效应因电化学循环的继续而导致容量衰减,降低电池的能量密度。这些与应力相关的裂纹/破坏可能是电池最后失效的主要原因之一。

除因裂纹颗粒的电学绝缘引起容量衰减之外,裂纹会产生新鲜电极表面的建立。当这种新鲜表面与电解液接触时,会发生电解液的退化,导致新的 SEI 形成,这样,与裂纹相关的应力会产生 Li 的不可逆消耗,进而影响电池的净容量。活性材料的尺度变化还会引起刚形成的 SEI 层开裂,如图 22.6(a)所示,这样就产生 SEI 形成和再形成的动力学过程。另外,现已确定,有效的应力也与 SEI 层的形成(沉积)相联系。这进一步影响机械的完整性和 SEI 的钝化效应。SEI 层的应力和破裂产生这种层的连续增加,产生该系统连续不可逆 Li 离子消耗。

关于应力发展对倍率容量的影响,与裂纹相关的应力已在 LiFePO$_4$ 为基的电极的较高电化学周期下观察到。对已循环的 LiFePO$_4$ 颗粒的应力相关的裂纹,可在 SEM 和 TEM 像中观察到,如图 22.6(b)和(c)所示。

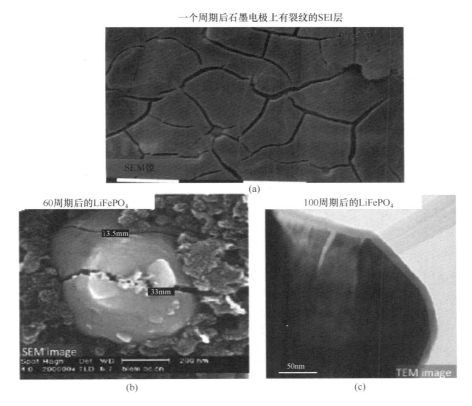

图 22.6　循环周期后所观察到的负极(a)、正极 $LiFePO_4$ 扫描电镜像(b)和透射
电镜像(c),显示出在充电/放电循环期间由于应力发展所形成的裂纹

22.4.2　应力对电化学现象的热动力学的影响

相变、错配应变和伴随的应力发展也将影响电化学过程的热动力学,特别是锂化/去锂化电位。根据基本热动力学,应力状态对开路电压的影响可用改进的化学电势关系表示为

$$\Gamma_i = (\delta G/\delta N_i)_{T,P} = \mu_i^0 + RT\ln(\gamma_i N_i/\sum N_i) + Z_i F\varphi + V_{\sigma_{jj}}(\delta\varepsilon_{jj}/\delta N_i)_{T,P}$$

(22.1)

其中,G 和 V 是总的吉布斯自由能和材料的体积;N_i 是组分 i(在这里是 Li 离子)物质的量;μ_i^0 和 γ_i 是组分 i 的参考化学势和活性系数;Z_i 是组分 i 的电荷(对 Li 离子为 $+1$);φ 是电学电位;F 是法拉第常量($\sim 96500C/mol$);σ_{jj} 和 ε_{jj} 分别是弹性应力张量和应变张量。方程(22.1)第二个等号右边第二项是来自电学电位的贡献,然而,最后一项为材料的弹性应变能。

应变调节和形变消耗了能量,其降低了与锂化/去锂化相关的相变可利用的能量。换言之,电极材料的弹性-塑性形变时的能量调节降低锂化平衡势,增加去锂化平衡势(相对于无应变情况下)。在锂化/去锂化时的调节可估算出 Li_xFePO_4 随

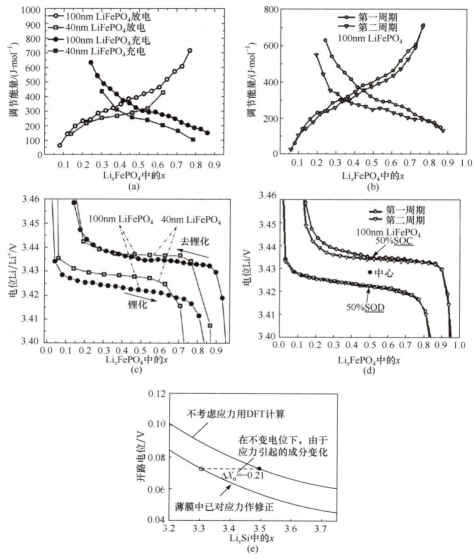

图 22.7　所提供能量随 $LiFePO_4$ 粒子中 Li 浓度的变化

(a)不同尺度(40nm 和 100nm)的粒子;(b)尺度为 100nm 的粒子在不同周期

(第1周期和第2周期)时,潜在滞后作用随 $LiFePO_4$ 粒子中 Li 浓度的变化;

(c)不同尺度(40nm 和 100nm)的 $LiFePO_4$ 粒子;(d)100nm 粒子在不同周期(第1和第2);(e)非晶 Si 薄膜

x 的变化,如图 22.7(a)和(b)所示。锂化平衡能的降低($\Delta E_{锂化}$)可表示为

$$\Delta E_{锂化} = E_0 - E_{de} = (\Delta G_{弹性} + \Delta G_{塑性})/nF \tag{22.2}$$

其中,E_0 为无应变情况下理论平衡势;E_{de} 为嵌锂时调节观察条件下实际放电平衡势;$\Delta G_{弹性}$ 和 $\Delta G_{塑性}$ 分别为锂化时的弹性和塑性调节能;n 为起作用主体材料每个原子锂化反应中可用的电子数,这导致锂化和去锂化($\Delta E_{锂化} + \Delta E_{去锂化}$)间的滞后现象。

　　在 Si 基负极和 $LiFePO_4$ 正极的电池上已观察到锂化/去锂化电势的滞后现象,如图 22.7(c)～(e)所示。从图 22.7(c)可看到,与较大粒子尺寸(100nm)相比较,较小的粒子尺寸(～40nm)引起稍低的滞后现象。此外,对于 $LiFePO_4$,第二次循环时的滞后损失要比第一次循环小,这可能是由形变、位错的产生、裂纹和已在第一次循环时的粒子重排造成的,有助于形变和第二次循环时体积变化的调节。必须注意,滞后环的面积对应于单次锂化-去锂化全周期时的能量消耗。因此,由于应力发展而发生的滞后现象和伴随的较大面积的滞后环,在电化学循环中导致相当大的能量损失,还附加到因电化学电池中的过电位和电阻损失而引起的能量损失上。

　　以上仅介绍宏观应力的影响,未涉及微观应力的影响。正如本书所提,引起衍射线宽化效应的微观应力也随充放电、循环、储存过程而变化,这种变化又因充放电、循环和储存条件不同而异。微观应力又能引起电极材料晶体缺陷,如层错、堆垛无序、位错等,这些也使得电极活性材料的活性改变,进而影响电池的功能和寿命。这里对此不作深入讨论。

参 考 文 献

[1] 张建,杨传铮,娄豫皖,等. 绿色二次电池的脱嵌理论和导电机理. 2014,待发表

[2] Mukhopadhyay A,Sheldon W B. Deformation and stress in electrode materials for Li-ion batteries. Prog. Materials Science,2014,63:58～116

[3] Mukhopadhyay A,Tokranov A,Xiao X,et al. Stress development due to surface processes in graphite electrodes for Li-ion batteries:a first report. Electrochem. Acta,2012,66:28

[4] Tokranov A,Sheldon B W,Lu P,et al. The origin of stress in the solid electrolyte interphase on carbon electrodes for Li-ion batteries. J. Electrochem. Soc.,2014,161:A58

附录　三位教授级专家的推荐意见

　　"我在上海空间电源研究所长期从事化学电源研究,国内外出版关于氢镍电池和锂离子电池方面的书籍不少,我和我的同事们也编辑出版了《新型化学电源技术概论》(上海科学技术出版社,2007),但专门描述电池材料表征和电极过程机理的书确实未见,特别是应用 X 射线衍射方法来研究电池材料和电极过程的专著——《绿色二次电池的材料表征和电极过程机理》值得欢迎,所以我愿意推荐这部书及时出版。理由如下:

　　(1) 这本书内容丰富、全面、系统,既包括氢镍电池电极活性材料和锂离子电池的电极活性材料的制备、X 射线衍射表征,还对这类电池在充放电、循环、储存等电极过程的物理机制作了详细描述和探讨,是一部内容新颖的化学电源专著;

　　(2) 在充放电的电极过程研究中,在实验和导电相变理论基础上提出崭新离子脱嵌理论和导电机制,具有较高的理论水平;

　　(3) 对相关电池的循环过程、储存过程的研究,取得许多创新性成果,揭示了电极过程的物理机制、循环性能和储存性能的衰减机理,使理解电极过程上了一个新的层次,具有较高的学术水平;

　　(4) 作者在解释循环性能和储存性能衰减机理的基础上,描述了许多提高电池性能的实验探索和研究成果,这方面的成果与化学电源的生产及应用密切相关,具有较高的工程实用价值。

　　总之,《绿色二次电池的材料表征和电极过程机理》是一部内容丰富、新颖、系统的著作,具有较高的理论学术水平和实际应用价值。所以,我全力推荐《绿色二次电池的材料表征和电极过程机理》尽早出版,供科技工作者和研究生学习参考。"
(2014.7)

李国欣　上海空间电源研究所

　　"我是长期从事金属材料和 X 射线衍射的教学和研究的,深知 X 射线衍射与材料表征和研究之间的重要性。杨传铮教授在退休之后,应聘到中国科学院上海微系统与信息技术研究所,把 X 射线衍射与电池活性材料表征及电池电极过程研究结合起来,取得了丰硕的创新成果,与合作者一起发表论文 40 多篇。《绿色二次电池的材料表征和电极过程机理》集中介绍了这方面的研究成果,因此我毫无保留地推荐这部书的出版。理由如下:

(1) 这部书是材料物理、X 射线衍射专家与电化学、化学电源专家紧密合作研究的成果,是学科交叉取得的创新成果,值得支持和推荐;

(2) 作者与合作者在电池材料表征方面提出了许多新的 X 射线分析方法,并实际应用于相关电池材料的测试和电极过程的研究,取得了许多具有普适性的创新成果,如多重微结构参数的求解、石墨无序度的实验测定,$Li(Ni_xCo_yMn_{1-x-y})O_2$ 材料中 Li/Ni 混合占位参数求解等;

(3) 在充放电的电极过程研究中,从 X 射线应力的分析这一新角度阐述离子脱嵌理论和导电机制,既有理论根据也有实验基础;

(4) 将 X 射线分析方法用于电池循环过程、储存过程的研究,不仅揭示了电极过程的物理机制,而且对循环性能和储存性能衰减机理有了更深刻的理解,进而在此基础上探索出了提高电池性能的方法,取得一系列创新性的成果,是一部理论与实际相结合的好书。"(2014.6)

姜传海　上海交通大学材料科学与工程学院

"编著者把 X 射线衍射实验分析技术用于氢镍电池、石墨/$LiMeO_2$ 和石墨/$LiFePO_4$ 电池相关活性材料的表征和充放电、循环、储存等电极过程研究,取得一系列重要的创新成果。我积极地无保留地推荐《绿色二次电池的材料表征和电极过程机理》一书出版,理由是:

(1) 把 X 射线衍射实验分析技术用于电池材料的表征和电极过程机理研究,提出了一系列表征电池活性材料的 X 射线衍射新方法,并把这些新方法用于电池的充放电、循环和储存等电极过程的研究,是值得支持和赞扬的;

(2) 在充放电电极过程的研究中提出导电离子的脱嵌理论,使得对充放电过程机制和导电机制有了更正确的理解;

(3) 在介绍这类电池的循环、储存过程研究成果时,在实验结果的基础上,既描述了电极过程的物理机制,又描述了循环性能和储存性能衰减机制,并在此基础上介绍提高这类电池性能的方法。该书既在理论学术上有很大创新,也对电池生产和实际应用有重要的指导和参考意义。

总之,《绿色二次电池的材料表征和电极过程机理》是一部内容丰富、新颖,又比较系统全面的学术专著,是化学电源(电池)行业具有较高理论学术价值和实际意义的新书,我极盼望它早日出版,供同行学习参考。"(2014.7)

王然　上海奥威科技开发有限公司

索　引